油气管道腐蚀控制工程

石仁委　卢明昌　编著

中国石化出版社

内 容 提 要

本书从油气管道腐蚀因素及腐蚀特点、腐蚀监检测、腐蚀控制等方面出发，重点介绍了油气管道腐蚀监检测与评价技术、油气管道腐蚀控制技术、陆上与海底油气管道腐蚀控制工程、非金属管道工程的技术、工艺和方法。本书紧密结合生产实际，内容丰富、案例经典，具有很强的实用性和可操作性。

本书可供油气管道、市政管道工程设计、施工、运行维护技术人员及管理人员阅读，也可作为企业管道腐蚀控制培训教材，亦可供高等院校相关专业的师生学习参考。

图书在版编目(CIP)数据

油气管道腐蚀控制工程 / 石仁委，卢明昌编著 .
—北京：中国石化出版社，2017. 9
ISBN 978-7-5114-4619-0

Ⅰ. ①油… Ⅱ. ①石… ②卢… Ⅲ. ①石油管道-防腐 ②天然气管道-防腐 Ⅳ. ①TE988. 2

中国版本图书馆 CIP 数据核字(2017)第 204676 号

中国石化出版社出版发行
地址：北京市朝阳区吉市口路 9 号
邮编：100020　电话：(010)59964500
发行部电话：(010)59964526
http://www. sinopec-press. com
E-mail：press@ sinopec. com
北京科信印刷有限公司印刷
全国各地新华书店经销
*
787×1092 毫米 16 开本 17. 75 印张 446 千字
2017 年 9 月第 1 版　2017 年 9 月第 1 次印刷
定价：60. 00 元

前　言

我们知道，大气、海水、土壤、日照、地震、海啸、工业介质、微生物、杂散电流、动植物活动、核辐射等各种因素均会造成或引起管道腐蚀。因管道腐蚀等引起的安全事故不断冲击着人们的神经，特别是2013年造成62人遇难、136人受伤、直接经济损失7.5亿元的青岛“11·22”东黄输油管道泄漏爆炸特别重大事故更是让人难以忘怀。根据国务院重大事故调查组的报告，该事故的直接原因就是“输油管道与排水暗渠交汇处管道腐蚀减薄、管道破裂”而引发爆炸。2014年8月1日台湾高雄因管道老旧造成的接缝泄漏，或是雨水造成的管道腐蚀，最终造成燃气泄漏、引起爆炸，事故造成22人遇难、270人受伤。据统计，2014年中国自然灾害经济损失为3378.8亿元，腐蚀所造成的损失为台风、地震、干旱、洪水等各种自然灾害总和的4~6倍。这些事故一再警醒人们，必须高度重视管道的腐蚀控制工作，不断总结实践经验，提高管道腐蚀控制工作水平。

管道的腐蚀控制是一个系统工程，必须从最初的勘察设计、选材到施工、调试、验收、使用、维护、检测评估、退役处置等可能引发或影响腐蚀的全过程的各个环节实施控制。任何一个环节出了差错，都可能造成重大损失。

被誉为美俄在油气输送领域争夺地缘政治主导权的标志性工程——BTC原油管道(巴杰线)，因为选用弹性与附着性都不足的SPC288液态环氧化物涂料作补口外涂层用，结果2003年8月BP公司开始在补口上使用，2008年11月巡线员就发现补口出现裂缝，涂层脱落。而该管线从阿塞拜疆到格鲁吉亚段，有6万多个补口用了这种涂层，返工损失可想而知，更何况还有工期延长、技术信誉丧失可能会导致的融资成本的增加及其他问题。因此，BP公司最终不得不采取隐瞒实情的方式来换取世界银行、欧洲复兴银行贷款的按时拨付、维持自己的全球信誉，但是却也吞下了由此引发的一系列其他问题与经济损失这个苦果。这条全球知名大公司所建设的关注度与知名度最高的管道尚且如此，更何况大量的其他次等级的管道呢？

因此，管道腐蚀控制的经验与教训必须重视并及时总结探索。如本书作者与龙媛媛女士2008年编著的《油气管道防腐蚀工程》一书就是这种实践经验总结的成果之一。与此同时，自2008年以来，中国管道建设获得飞速发展，城市地下管网工程建设被列入国家重点基础设施建设项目之一，特别是以中亚油气管道、西气东输、中缅油气管道、中俄油气管道等为代表的中国长输油气骨干网建设以及区域性天然气管网、成品油管网建设发展尤为迅猛。除此之外，在减排压力之下，为了实现节能低碳目标，矿石输送、水煤浆包括煤炭输送等也正在被逐步纳入管道输送的范围，使管道输送获得更加广阔的前景。

一方面，伴随着管道里程的延伸和应用领域的扩大，管道输送距离更远、管径更大、压力更高、范围更广，管道连接着城市与乡村、工厂与矿山，千家万户已经生活在这个由管道连接起来的世界中，管道已经成为关系国计民生的重大基础设施。另一方面，新技术、新工艺、新材料不断涌现，需要我们不断总结经验，深入研究与管道的安全密切相关的腐蚀控制方法特别是具体的工程技术。

为了及时吸收近年来管道腐蚀控制研究与工程实践方面的最新成果和经验做法，更好地服务于广大读者，服务于管道尤其是油气管道的施工、维修、检测、运行和完整性管理工作特别是腐蚀控制工作，我们编写了这部《油气管道腐蚀控制工程》。力图使本书较多地反映新技术、新工艺、新材料的应用，并着重于讨论油气管道腐蚀控制技术、腐蚀控制工程施工方法、运行维护维修等方面的内容；以油气长输与集输管道腐蚀控制工程为主，适当兼顾了其他类型管道腐蚀控制工程的内容；根据技术发展以及我们对新技术和发展趋势的理解，对油气管道腐蚀控制工程涉及的技术与方法进行了梳理。

本书由中国工业防腐蚀技术协会全国腐蚀控制工程检测检验专业委员会副主任委员石仁委与胜利新大集团公司教授级高级工程师卢明昌编著。参与编写的人员还有：新大集团公司陶佳栋、金立群、曾万蓉、纪晓飞工程师，胜利油建公司秦卫华、杨学丽高级工程师以及胜利油田腐蚀与防护研究所孙振华高级工程师等。新大集团公司吴永太董事长给予了大力支持，多次组织专家进行讨论。在此表示感谢！

本书在编写过程中查阅、参考了大量学术期刊论文、学术专著，浏览并借鉴了大量网站和平台资料及观点，甚至直接选取了部分论述。在此向有关作者表示感谢！书后附有详细的参考文献清单，但是也有少量参考文献由于查不到具体刊号、出版商、作者署名等原因未尽列其中，特此致歉！

由于编者水平有限，书中难免有不妥之处，敬请指正。

目　　录

第 1 章　油气管道腐蚀与监检测

管道运输是五大运输方式(铁路运输、公路运输、水路运输、航空运输及管道运输)之一，其主要特点是经济、安全、环保和不间断。管道运输是石油及天然气最主要的运输方式，与铁路、公路、水运相比，它具有运输量大、密闭安全、便于管理、易于实现远程集中监控等优点，在全世界得到了广泛应用和迅速发展。其最大的威胁来自腐蚀，腐蚀破坏引起突发的恶性事故，往往造成巨大的经济损失和严重的社会后果。因此，油气管道腐蚀控制就成为油气管道建设与运行维护的一项重要工作。

1.1　管道腐蚀的基本知识

管道腐蚀控制工程是要保证管道在整体工程生命周期内，使腐蚀得到有效控制，符合安全、经济、长生命周期运行的目标。可以说，管道的腐蚀控制是一个系统工程。必须对腐蚀源、管道的工况条件、材料、技术、开发、设计、制造、装卸储存和运输、施工与安装、调试、验收、运行、维护、评估、维修、报废等要素作出规定并全面控制。例如，管道工程设计勘测选址时要尽可能远离腐蚀性强、高压线等外部环境，保持管道与周围适当的间距；施工时，要确保遵守设计和标准规定，保证腐蚀防护层完好，保证管道不在施工期间遭受破坏，保证良好的焊接质量、接口规范、回填合规等。显然，要做好腐蚀控制，首先要了解可能导致管道腐蚀的腐蚀源是什么，腐蚀是如何发生的，有什么特点规律等。

1.1.1　腐蚀的概念与基本类型

1. 什么是腐蚀

对于“腐蚀”一词，人们并不陌生。《辞海》对“腐蚀”进行了定义：物质的表面因发生化学或电化学反应而受到破坏的现象就叫作腐蚀。

英国著名腐蚀科学家伊文思(Evans)提出：金属腐蚀是金属从元素态转变为化合态的化学变化及电化学变化。

现在，一般将腐蚀表述为：物质(或材料)的腐蚀是物质(或材料)受环境介质的化学或电化学作用而破坏的现象。简言之：腐蚀就是材料受环境介质的化学作用而破坏的现象。

2. 腐蚀类型

1）依据环境介质划分

依据环境介质可划分为自然环境腐蚀与工业环境腐蚀两类。两者还可以根据具体介质特性再细分，如自然环境腐蚀可分为大气腐蚀、土壤腐蚀、海水腐蚀三种。

2）依据受腐蚀材料的类型划分

依据受腐蚀材料的类型可划分为金属腐蚀、非金属材料腐蚀。

3）依据腐蚀机理划分

依据腐蚀机理可划分为化学腐蚀、电化学腐蚀。

(1) 化学腐蚀　金属的化学腐蚀是指金属和纯的非电解质直接发生纯化学作用而引起的

金属破坏，在腐蚀过程中没有电流产生。例如，铝在纯四氯化碳和甲烷中的腐蚀，镁、钛在纯甲醇中的腐蚀等，都属于化学腐蚀。实际上单纯的化学腐蚀是很少见的，其原因是在上述的介质中，往往都含有少量的水分，而使金属的化学腐蚀转变为电化学腐蚀。

(2) 电化学腐蚀　金属的电化学腐蚀是指金属和电解质发生电化学作用而引起金属的破坏。它的主要特点是：在腐蚀过程中同时存在两个相对独立的反应过程——阳极反应和阴极反应，并有电流产生。例如，钢铁在酸、碱、盐溶液中的腐蚀就属于电化学腐蚀。金属的电化学腐蚀是最普遍的一种腐蚀现象，电化学腐蚀造成的破坏损失也是最严重的。

4) 依据腐蚀的形态划分

依据腐蚀的形态可将腐蚀划分为普遍性(全面)腐蚀、局部腐蚀、应力腐蚀开裂(断裂)。

其中，普遍性腐蚀是指腐蚀分布在整个金属的表面，可以是均匀的，也可以是不均匀的。在均匀的普遍性腐蚀情况下，依据腐蚀速率可进行相关金属构件的设计。

局部腐蚀是指腐蚀出现在金属的局部区域，可以是部位的，也可以是成分的。部位的，表现为脓疮、斑点、点、焊接区、表面下、晶间腐蚀。成分的，主要以失去金属中的某种元素造成腐蚀破坏，如黄铜脱锌破坏、铸铁石墨化等。

应力腐蚀开裂(断裂)是指应力与腐蚀的协同作用，导致材料的开裂及断裂。

3. 管道腐蚀原理

油田集输管道相对于长输管道所处的环境腐蚀更复杂、所输送的介质也更具有腐蚀性，且腐蚀类型多。所以，油田集输管道的腐蚀包括了长输管道的腐蚀类型与形态。本书以油田集输管道腐蚀过程为例，对腐蚀的基本原理作一通俗表述，有兴趣深入了解腐蚀机理的读者，可以参考相关专业书籍的分析介绍。

油、气田生产中的集输管道，常遇到的腐蚀介质是硫化氢、二氧化碳、有机硫化物、盐、地层水、矿物质及氧等。暴露于空气中和埋地的钢质管道，还要遭受大气、土壤的腐蚀。

油、气田生产中遇到的腐蚀，绝大多数是电化学腐蚀。埋地钢质管道与电解质溶解接触时，由于表面的不均匀性(如管道材质种类、组织、结晶方向、内应力、表面粗糙度、表面处理状况等的差异)，或埋地钢质管道不同部位接触的电解液种类、浓度、温度、流速等有差别时，就会在表面出现阳极区和阴极区。阳极区和阴极区通过埋地钢质管道本身互相闭合而形成许多腐蚀微观电池和宏观电池。埋地钢质管道电化学腐蚀就是一个发生阳极和阴极反应的过程。例如，在介质溶液里碳钢中的铁碳化合物是阴极，而铁是阳极；表面膜有微孔时，孔内金属是阳极，表面膜是阴极；受到不均匀应力时，应力集中较大的部分为阳极；表面温度不均匀时，温度较高区域为阳极；溶液中氧或氧化剂浓度不均匀时，浓度较小的地方为阳极等。因而形成了腐蚀电池。腐蚀电池有些是大电池(宏观电池)，而更多出现的是微电池(微观电池)。

有关油气管道(包括集输管道)常见的内、外腐蚀特点与防护对策等，本书将在后续相关章节作具体的分析介绍。

4. 管道腐蚀源

管道腐蚀源包括内部因素和外部因素。内部因素应考虑材料成分、结构、应力、表面状态等因素；外部因素应考虑不同环境条件下与材料作用的形式、介质特点及工况条件。

在管道腐蚀控制工程生命周期内，应根据腐蚀源对管道的不同影响，对腐蚀源进行调查分析，采取有针对性的管道腐蚀控制工程技术和管理措施。

应识别管道腐蚀控制工程相对应的管道整体工况条件，包括但不限于管道的运行温度、压力、介质、流速、微生物、电磁场、辐射、日照、风速、动物活动、植物生长、地震和海啸等与腐蚀相关的工况条件。

1.1.2 油气管道腐蚀现象

管道腐蚀不仅会造成被输送介质流失甚至导致输送中断，还常常引起事故，造成意外的危险。如腐蚀对环境产生很大的影响：有毒有害物料进入大气、土壤和水源，既污染了环境又造成生产原料浪费。为了减轻腐蚀，保护设备，使用某些涂料和缓蚀剂(如水处理中的铬酸盐、聚磷酸盐)，这对环境有害。当腐蚀导致失火、爆炸、桥梁坍塌、飞机坠毁、核反应堆泄漏等重大事故时，其后果更是灾难性的。1971 年 5 月，四川天然气输送管线因发生硫化氢应力腐蚀而爆炸，引起特大火灾，死亡 24 人。1997 年 6 月，北京某化工厂 18 个乙烯原料储罐因硫化物腐蚀发生火灾，直接经济损失达 2 亿多元。

下面以油气田的油气集输管道和油气输送企业的长输油气管道为例，来具体分析管道的腐蚀现象，其他类型的管道腐蚀现象有与此类似的地方，也有因所输送介质及工况的不同而不同的现象。

1. 油气田集输管道腐蚀现象

油气田集输管道的腐蚀按特征主要分为内腐蚀和外腐蚀。外腐蚀主要是土壤腐蚀、地下水腐蚀、杂散电流腐蚀和宏观电池腐蚀等；内腐蚀由内部介质所导致，是目前的研究难点和热点。

在油气集输环节，随着原油开发进入中后期，采出液综合含水率逐渐上升，由于采出液矿化度高，氯离子含量大，含有 H_2S、CO_2、溶解氧、泥沙和硫酸盐还原菌(SRB)等微生物，同时高温、高压、流速、流态变化等相互作用，对油气田管线、设备造成严重腐蚀，加之土壤介质、杂散电流、微生物等对埋地钢质管道造成的外腐蚀，油气管道腐蚀问题已成为制约油气田安全生产与降本增效的重要因素之一。

在中国部分油田进入高含水期开发的油田，有的新油管下井一年后即发生穿孔，3 年就得全部更换(见图 1-1)。据初步分析与统计，注水井套管的腐蚀速率约为每年 0.5~0.6mm (见图 1-2)，维护费逐年增大，油管、抽油杆、泵等设备的更换，每年约为 2.5 亿元。注水井套管使用寿命一般在 6 年左右，油井套管使用寿命一般在 8 年左右。

图 1-1　油管腐蚀穿孔形貌

图 1-2　套管腐蚀穿孔形貌

图 1-3　集输管线腐蚀形貌

四川酸性气田特别是磨溪气田，由于天然气中含有带 H_2S、CO_2、Cl^- 与硫酸盐还原菌(SRB)的地层水，对集输管线腐蚀十分严重。特别是井下油管，最短在两年左右便发生腐蚀断裂，造成内部堵塞，压力下降，产量下降。胜利油田进入特高含水开发期以来，采出污水中含有溶解氧、硫酸盐还原菌、H_2S、CO_2 与 Cl^-，对集输管线腐蚀也相当严重(见图 1-3)，腐蚀速度达到 1~7mm/a，应力作用下的点蚀速度最高甚至可以达到 14mm/a。胜利油田现有地面管线约 20000km，其中原油集输、污水、注水管线占 85%，钢管年更换率为 2.5%，每年至少更换 400km，更换管线费用达 6000 万元。中原油田因水质偏酸性且极不稳定，引发腐蚀造成的直接经济损失每年约为 7000 万元，间接经济损失约为 2 亿元。大庆油田现有地面管线约为 40000km，平均寿命为 9 年，年更换率为 12.9%；油管柱约为 50000km，平均寿命为 3 年。无论是中国石油还是中国石化所属的油田，都存在管道腐蚀、老化严重，穿孔、漏油事故频繁发生的问题。

2. 长输油气管道腐蚀现象

在储运环节，腐蚀破坏引起突发的恶性事故，往往造成巨大的经济损失和严重的社会后果。据美国国家运输安全局对 1969~1978 年发生的管道事故报告的统计结果，管道失效原因中腐蚀占 43.6%。世界各国每年仅管道腐蚀就造成巨大的经济损失，美国约为 20 亿美元，英国约为 17 亿美元，德国和日本约为 33 亿美元。

1977 年完工的美国阿拉斯加一条长约 1287km、管径 ϕ1219.2mm 的原油输送管道，一半埋地一半外露，每天输送原油约为 $2.31\times10^6m^3$，造价 80 亿美元。由于对腐蚀研究不充分和施工时采取的防腐蚀措施不当，12 年后发生腐蚀穿孔达 826 处之多，仅修复费用一项就耗资 15 亿美元。

腐蚀造成的损失不仅是金属资源的浪费，而且腐蚀产物形成垢层将影响传热和介质流速，增加能源消耗；同时，由于腐蚀穿孔或腐蚀失效引起的管道泄漏，轻则造成能源浪费和环境污染，重则还会引起火灾、爆炸、急性中毒等恶性事故，威胁人民的生命安全。

油气管道，尤其是长输油气埋地管道，由于处在不同的地理环境中，如通过江河、湿地、各种性质的土壤，或者处于腐蚀性大气环境之中，必须施加防护措施。在设计和施工阶段，应充分估计环境和管内介质对管道的腐蚀作用，采用实用的耐蚀材料、积极的防护措施；在使用和维护阶段，要对管道的腐蚀状况定期做准确的检测和评估，对管道进行适当的清理，对失效的防护层进行及时的修复，保证管道正常运行。

1.1.3　腐蚀破坏形式及其形态分析

按照前面的介绍，油气金属管道的腐蚀破坏形式(腐蚀形态)可分为普遍性(全面)腐蚀、局部腐蚀、应力腐蚀开裂(断裂)。下面就对这些腐蚀形态或破坏形式作进一步的分析。

1. 普遍性(全面)腐蚀

1) 普遍性(全面)腐蚀的特征

普遍性(全面)腐蚀的主要特征是：各部位腐蚀速率接近；金属表面比较均匀地减薄，

无明显的腐蚀形态差别；同时允许具有一定程度的不均匀性。其腐蚀经常用均匀腐蚀速率(失重或失厚)来表示。

根据其腐蚀形态是否均匀又可以分为均匀腐蚀与不均匀腐蚀。其中，均匀腐蚀的危险性相对较小，因为若知道了腐蚀的速度，即可推知材料的使用寿命与其腐蚀容差，并在设计时将此因素考虑在内。

2）普遍性(全面)腐蚀发生条件

腐蚀介质能够均匀地抵达金属表面的各个部位，而且金属成分和组织也比较匀质化。

3）普遍性(全面)腐蚀的电化学特点

腐蚀原电池的阴、阳极面积非常小，甚至用微观方法也无法辨认，而且微阳极和微阴极的位置随机变化；整个金属表面在溶液中处于活化状态，只是各点随时间(或地点)有能量起伏，能量高时(处)呈阳极，能量低时(处)呈阴极，从而使整个金属表面遭受腐蚀。

2. 局部腐蚀

整个金属管道仅局限于一定的区域腐蚀，而其他部位则几乎未被腐蚀。局部腐蚀可分为如下类型：

1）小孔腐蚀

又称点蚀，在金属管道某些部位，被腐蚀成一些小而深的孔，并向深处发展，严重时发生穿孔。

(1)小孔腐蚀的特征

小孔腐蚀的产生与临界电位有关，只有金属表面局部地区的电极电位达到并高于临界电位值时，才能形成小孔腐蚀，该电位称作“小孔腐蚀电位”或“击穿电位”，一般用 E_b 表示。这时阳极溶解电流显著增大，即钝化膜被破坏，发生小孔腐蚀。

小孔腐蚀发生于有特殊离子的介质中，例如在有氧化剂(空气中的氧)和同时有活性阴离子存在的溶液中。活性阴离子，例如卤素离子会破坏金属的钝性而引起小孔腐蚀，卤素离子对不锈钢引起小孔腐蚀敏感性的作用顺序为 $Cl^->Br^->I^-$。另外也有 ClO_4^- 和 SCN 等介质中产生小孔腐蚀的报道。这些特殊阴离子在合金表面的不均匀腐蚀，导致膜的不均匀破坏。所以溶液中存在活性阴离子，是发生小孔腐蚀的必要条件。

小孔腐蚀多发生在表面生成钝化膜的金属或合金上，如不锈钢、铝及铝合金等。在这些金属或合金表面的某些局部地区膜受到了破坏，膜未受破坏的区域和受到破坏已裸露基体金属的区域形成了活化-钝化腐蚀电池，钝化表面为阴极而且面积比膜破坏处的活化区大得多，腐蚀就向深处发展而形成蚀孔。

小孔腐蚀的形貌特殊，其断面形式多样，一般有窄深型、椭圆形、宽浅型、皮下型、底切型、水平型与垂直型等。

(2)小孔腐蚀的影响因素

① 金属的性质　铝及其合金在含卤素离子的介质中遭受小孔腐蚀，是与氧化膜的状态、第二相的存在、合金的退火温度及时间有关；铁如果处于钝态，并且溶液中同时存在 Cl^-、Br^-、I^-或 ClO_4^-，它在酸性、中性及碱性溶液中均遭受小孔腐蚀；锆在盐酸溶液中有高的腐蚀稳定性，但它在稀盐酸溶液中阳极极化或有氧化剂存在时遭受强烈的小孔腐浊；钛的小孔腐蚀仅发生在高浓度氯化物的沸腾溶液中(42% $MgCl_2$、61% $CaCl_2$、86% $ZnCl_2$，均指质量分数)以及加有少量水的溴的甲醇溶液中；镍在含有 Cl^-、Br^-、I^-的溶液中阳极极化时，发生小孔腐蚀；不锈钢中 Cr、Mo、N 及 Ni 含量增加，会提高对其对小孔腐蚀的耐蚀性，Cr 提高

钝化膜的稳定性，Mo 抑制金属溶解。

② 腐蚀性介质　通常含卤素离子的溶液会使金属发生小孔腐蚀。孔蚀受卤素离子的种类、浓度和与其共存的其他阴离子的种类和浓度的影响。卤素化合物中 Cl^- 的侵蚀性高于 Br^- 和 I^-。在阳极极化时，介质中只要含有氯离子，即可导致金属发生孔蚀，且随介质中氯离子浓度的增加，孔蚀电位下降，使孔蚀易于发生。

③ 电位与 pH 值　小孔腐蚀与电极电位和 pH 值有着密切的关系。随着电极电位升高，小孔腐蚀敏感性加剧；而随着 pH 值的增高，小孔腐蚀倾向反而减小。

③ 流动状态　在流动介质中金属不容易发生孔蚀，而在停滞液体中容易发生，这是因为介质流动有利于消除溶液的不均匀性，所以输送海水的不锈钢泵在停运期间应将泵内海水排尽。

(3) 小孔腐蚀的主要危害与控制措施

小孔腐蚀危害：导致金属的蚀失量或失重非常小，由于阳极面积很小，局部腐蚀速度很快，常使设备和管壁穿孔，导致突发事故；小孔尺寸小且经常被腐蚀产物遮盖，腐蚀检查比较困难，测量与评估其腐蚀程度也很困难，是破坏性和隐蔽性比较大的腐蚀形态。

主要控制措施：改善介质环境；应用缓蚀剂；电化学保护；合理选择耐蚀材料。

2) 缝隙腐蚀

金属部件在介质中，由于金属与金属或金属与非金属之间形成特别小的缝隙(其宽度一般为 0.025~0.1mm)足以使介质进入缝隙内并使这些介质处于停滞状态而引起缝内金属的加速腐蚀，这种腐蚀称为缝隙腐蚀。

(1) 缝隙腐蚀的特征

① 产生缝隙腐蚀的必要条件是，任何金属与非金属之间形成的缝隙，其宽度必须在 0.025~0.1mm 的范围内，有介质滞流在缝内，才会发生缝隙腐蚀。当宽度大于 0.1mm 时，介质不再处于滞流状态，则不发生缝隙腐蚀。

② 造成缝隙腐蚀的条件比较广泛。如金属结构的连接(如焊线、直焊接、螺栓连接、铆接等)、金属与非金属的连接(如金属与塑料、橡胶、木材、石棉、织物等以及各种法兰盘之间的衬垫)、金属表面的沉积物、附着物、腐蚀产物(灰尘、砂粒、焊渣溅沫、锈层、污垢等)结垢都会形成缝隙。由于缝隙在工程结构中是不可避免的，因此缝隙腐蚀也经常发生。

③ 几乎所有的金属或合金都会产生缝隙腐蚀。从普通不锈钢到特种不锈钢只要有一定的缝隙存在，即可发生缝隙腐蚀。而不锈钢等自钝化能力较强的合金或金属，对缝隙腐蚀的敏感性愈高，愈易发生缝隙腐蚀。

④ 几乎所有腐蚀介质都会引起金属缝隙腐蚀。它包括酸性、中性或淡水介质，其中又以充气含氯化物等活性阴离子溶液最为容易。

(2) 缝隙腐蚀的影响因素

① 缝隙宽度　它对缝隙腐蚀深度和速率有较大影响。缝隙腐蚀速率随缝隙外面积增大而加快。

② 氧浓度影响　溶液中氧浓度增加，缝隙外的氧在阴极上还原反应更易进行，缝隙腐蚀加速。溶解氧小于 0.5×10^{-6} 时，有可能不会引起缝隙腐蚀。

③ 温度影响　一般而言，温度升高会导致阳极反应加快，腐蚀速度增加，愈易引起缝隙腐蚀。

④ 流速影响　腐蚀液流速的影响可分为两种情况：一种情况是，当流速增加时，缝隙外含氧相应增加，缝隙腐蚀速度加快；另一种情况是，当流速加大时，可把沉积物冲掉，闭塞电池不易形成，从而减轻缝隙腐蚀。

3）晶间腐蚀

腐蚀发生在金属晶体的边界上，并沿晶界向纵深处发展，晶粒间的结合力减小，内部组织变得很松弛，从而机械强度大大降低。例如奥氏体不锈钢、铁素体不锈钢管道常出现这种腐蚀。

（1）晶间腐蚀的产生因素

一是内因，即金属或合金本身晶粒与晶界化学成分差异、晶界结构、元素的固溶特点、沉淀析出过程、固态扩散等金属学问题，导致电化学不均匀性，使金属具有晶间腐蚀倾向；二是外因，在腐蚀介质中导致晶粒与晶界的电化学不均匀性。

（2）晶间腐蚀的特征

晶间腐蚀是一种危害性很大的局部腐蚀。宏观上可能没有任何明显的变化，但是材料的强度几乎完全丧失，经常导致管道或设备突然破坏。晶间腐蚀常常还会转变成为沿晶应力腐蚀开裂，成为应力腐蚀裂纹的起源。

（3）晶间腐蚀的影响因素

① 温度和时间　600~700℃之间，晶间腐蚀最严重；750℃以上或低于450℃，不易产生晶间腐蚀；低于600℃，晶间腐蚀需要更长时间才能形成。

② 合金成分　奥氏体不锈钢中碳量愈高，晶间腐蚀倾向愈严重；Cr、Mo 含量增高，可降低 C 的活度，有利于减弱晶间腐蚀倾向；Ti 和 Nb 与 C 亲合力大于 Cr 与 C 的亲合力，高温时于易形成稳定的碳化物 TiC 及 NbC，从而大大降低了钢中的固溶碳量，使铬碳化物难以析出，从而减弱晶间腐蚀。

（4）晶间腐蚀的控制措施

通过合金化、热处理及冷加工等措施来控制合金晶界的吸附及晶界的沉淀，以提高耐晶间腐蚀性能，如降低含碳量、加入适量的钛和铌、适当热处理、采用适当的冷处理、采用双向合金等。

4）选择性腐蚀

多元合金管道中的某一组分，由于腐蚀优先溶解到溶液中去，从而造成其他组分富集在合金表面上，如黄铜脱锌。

（1）选择性腐蚀的特征

在二元或多元合金中，较贵的金属为阴极，较贱的金属为阳极，构成成分差异腐蚀原电池。贵的金属保持稳定或与较活泼的组分同时溶解后再沉积在合金表面，而较贱的金属发生溶解。

比较典型的选择性腐蚀是黄铜脱锌和铸铁的石墨化腐蚀。

（2）黄铜脱锌

黄铜脱锌是锌选择溶解。即合金表面的锌发生选择性溶解，表面层稍里处的锌原子通过表面层上的空位经扩散抵达发生溶解反应的地点继续被溶解，留下疏松的铜层。也有人认为黄铜脱锌是：先是黄铜溶解，而锌离子留在溶液中；其次是铜重新沉积在基体上。

黄铜脱锌的影响因素：黄铜中含锌量越高，其脱锌倾向越大；随着温度升高，含 Zn 越高的铜腐蚀速度增加越快。

防止黄铜脱锌的措施是：采用脱锌不敏感的合金，如加入某些“缓蚀”合金元素改善黄铜脱锌。

(3) 石墨化腐蚀

灰口铸铁中的石墨以网络状分布在铁素体中，在介质为盐水、矿水、土壤或极稀的酸性溶液中，发生了铁素体的选择性腐蚀，而石墨沉积在铸铁的表面，铸铁被“石墨化”了，铸铁失去了强度和金属性。

5) 磨损腐蚀

介质运动速度大或介质与金属管道相对运动速度大，而使金属管道局部表面遭受严重的腐蚀损坏的一种腐蚀形式。

(1) 腐蚀磨损的影响因素

① 耐磨损腐蚀性能与它的耐蚀性和耐磨性都有关系。

② 表面膜的保护性能和损坏后的修复能力，对材料耐磨损腐蚀性能有决定性的作用。

③ 流速对金属材料腐蚀的影响是复杂的，当液体流动有利于金属钝化时，流速增加将使腐蚀速度下降。流动也能消除液体停滞而使孔蚀等局部腐蚀不发生。只有当流速和流动状态影响到金属表面膜的形成、破坏和修复时，才会发生磨损腐蚀。

④ 液体中含有悬浮固体颗粒(如泥浆、料浆)或气泡，气体中含有微液滴(如蒸气中含冷凝水滴)，都会使磨损腐蚀破坏加重。

(2) 磨损腐蚀的两种重要形式

① 湍流腐蚀或冲击腐蚀　高速流体或流动截面突然变化形成了湍流或冲击，对金属材料表面施加切应力，使表面膜破坏。湍流形成的切应力使表面膜破坏，不规则的表面使流动方向更为紊乱，产生更强的切应力，在磨损和腐蚀的协同作用下形成腐蚀坑。

② 空泡腐蚀　当高速流体流经形状复杂的金属部件表面时，在某些区域流体静压可降低到液体蒸气压之下，因而形成气泡，在高压区气泡受压力而破灭。气泡的反复生成和破灭产生很大的机械力使表面膜局部毁坏，裸露出的金属受介质腐蚀形成蚀坑。蚀坑表面可再钝化，气泡破灭再使表面膜破坏。

6) 电偶腐蚀

具有不同电极电位的金属互相接触，并在一定的介质中发生电化学腐蚀，电位相对较负的金属被腐蚀。如在两种不同材质管道的连接处、管道基体与焊缝之间易发生电偶腐蚀。

(1) 电偶腐蚀的影响因素

① 电化学因素　金属电位差、极化程度、溶液电阻；

② 介质因素　当介质条件(成分、浓度、pH 值、温度等)发生变化时，金属的电偶腐蚀行为有时会因出现电位逆转而发生变化；

③ 面积效应　阳极面积越小，阴极面积越大，腐蚀越快。

(2) 电偶腐蚀的控制措施

① 设计和组装时，要避免“小阳极、大阴极”的组合，尽量选择在电偶序中位置靠近的金属进行组装；在不同的金属部件之间采取绝缘措施可以有效防止电偶腐蚀；

② 采用涂层防护；

③ 采用阴极保护。

7) 其他腐蚀

(1) 氢脆　金属管道在某些介质溶液中，因腐蚀或其他原因所产生的氢原子渗入金属管道内部，使管道变脆，并在应力的作用下发生脆裂。其类型有氢鼓泡、氢脆、脱碳、氢蚀四种。如含硫化氢(H_2S)的油、气输送管线中常发生这种腐蚀。

(2) 细菌腐蚀　在细菌繁殖活动参与下发生的腐蚀。油气集输介质中常见的细菌包括硫酸盐还原菌(SRB)、腐生菌(TGB)和铁细菌(FB)等，其对管道的腐蚀作用和控制腐蚀的方法将在有关章节作介绍。

(3) 垢下腐蚀　由于管道结垢，而垢层比铁的电位高，形成电偶电池引起垢下腐蚀。垢下腐蚀均为孔蚀，严重时造成管线穿孔。垢下腐蚀的原因及控制方法将在有关章节作介绍。

(4) 微振腐蚀、浓差电池腐蚀等也是局部腐蚀的常见形态。

3. 应力腐蚀

1) 应力腐蚀破裂(SCC)

金属管道在拉应力和介质的共同作用下所引起的腐蚀破裂。如含 H_2S 井的油管腐蚀。

应力腐蚀是一种更为复杂的现象，即在某一特定介质中，材料不受应力时腐蚀甚微；而受到一定拉伸应力时，经过一段时间即使延性很好的金属也会发生脆性断裂。

(1) 应力腐蚀特征

一般认为发生应力腐蚀需具备三个基本条件，即敏感材料、特定环境和拉伸应力。

① 从金到钛、锆，几乎所有金属的合金在特定环境中都有某种应力腐蚀敏感性。合金比纯金属更容易产生应力腐蚀破裂。

② 每种合金的应力腐蚀破裂只是对某些特定的介质敏感。随着合金使用环境不断增加，现已发现能引起各种合金发生应力腐蚀的环境非常广泛。

③ 发生应力腐蚀必须有拉伸应力作用。

④ 应力腐蚀破裂是一个典型的滞后破坏，是材料在应力与环境介质共同作用下，经一定时间的裂纹形核、裂纹亚临界扩展，最终达到临界尺寸，此时由于裂纹尖端的应力强度因子达到材料的断裂韧性，而发生失稳断裂。这种滞后破坏过程可分为孕育期、裂纹扩展期和快速断裂期三个阶段。

⑤ 应力腐蚀的裂纹有晶间型、穿晶型和混合型三种类型。裂纹的途径与具体的金属-环境体系有关。同一材料因环境变化，裂纹途径也可能改变。应力腐蚀裂纹的主要特点是：裂纹起源于表面；裂纹的长宽不成比例，相差几个数量级；裂纹扩展方向一般垂直于主拉伸应力的方向；裂纹一般呈树枝状。

⑥ 应力腐蚀裂纹扩展速度一般为 $10^{-6}\sim10^{-3}$mm/min，比均匀腐蚀要快大约 10^6 倍，但仅约为纯机械断裂速度的 10^{-10}。

⑦ 应力腐蚀破裂是一种低应力脆性断裂。断裂前没有明显的宏观塑性变形，大多数条件下是脆性断口，由于腐蚀介质作用，断口表面颜色暗淡，显微断口往往可见腐蚀坑和二次裂纹。穿晶微观断口往往具有河流花样、扇形花样、羽毛状花样等形貌特征；晶间显微断口呈冰糖块状。

(2) 应力腐蚀的影响因素

金属的应力腐蚀受各方面因素的影响。内因包括金属的组成、组织结构等；外因包括介质的种类、浓度和温度等。

① 应力　发生腐蚀的应力虽然来自材料的加工和使用过程，在外加拉应力小时，应力对破裂时间影响不大；在外加应力大时，材料的破裂时间缩短。不同材料到达破裂时所需的最小应力值不同。合金到达破裂的时间对应力腐蚀的研究有很大的参考价值。由于破裂主要

发生在试件受拉应力的后期阶段，起初裂纹扩展速度随裂纹深度的增加而增加，当到达破裂点时，材料截面缩小到其所受的力等于或大于合金的极限强度时，合金便迅速发生机械断裂。

② 金属和合金　虽然纯度很高的金属也有产生应力腐蚀的现象，但以二元和多元合金的敏感性较高，不锈钢中，加入适量的镍、铝、硅有利于提高钢的抗应力腐蚀性能。同一成分的合金，通过不同的加工方法处理，获得不同的组织结构，对应力腐蚀的敏感性可以产生很大的差别。

③ 介质　介质对腐蚀的影响相当复杂，而且对不同腐蚀体系的影响都不同。不同金属在一定介质中，引起脆性断裂过程所需的温度并不相同。例如，镁合金通常在室温下便发生脆性断裂过程；软钢一般要在介质的沸腾温度下才破裂；大多数金属在破裂前都是在低于100℃的温度下产生脆性断裂。不过金属在破裂前都有一个最小的温度，这个温度称为破裂临界温度，高于此值材料才破裂，低于此值材料不会破裂。

④ 氯化物　一般认为，凡遇水分解为酸性的氯化物溶液均能引起奥氏体不锈钢的应力腐蚀断裂，例如镁、钙、钡、锌、汞、锂、钠、钾、铁、钴、锰、铜、铵的氯化物。

（3）应力腐蚀的控制措施

控制脆性断裂的途径有两种，一是从内因入手，合理选材；二是从外因入手，控制应力、介质或电位等。

2）腐蚀疲劳

金属材料在循环应力或脉动应力和腐蚀介质共同作用下产生脆性断裂。

（1）疲劳分类

按其受力方式不同可分为：弯曲疲劳、拉压疲劳、扭转疲劳、冲击疲劳、复合疲劳等。

按介质、温度、接触情况不同可分为：一般（空气）疲劳、腐蚀疲劳、常温疲劳、低温疲劳、高温疲劳、接触疲劳、微动磨损疲劳和冷热反复循环的热疲劳。

（2）腐蚀疲劳的特征

腐蚀疲劳形成的条件：绝大多数金属或合金在交变应力下都可以发生，而且不要求特定的介质，在容易引起孔蚀的介质中更容易发生。

金属遭受疲劳腐蚀后，表面容易观察到短而粗的裂缝群。裂缝容易在原有的坑蚀或蚀孔的底部开始，亦可从金属表面的缺陷部位开始。

裂缝多半穿越晶粒发展，只有主干，没有分支。裂缝的前缘较“钝”，所受的应力不像应力腐蚀那样高度集中，裂缝扩展速度比应力腐蚀缓慢。断口大部分有腐蚀产物覆盖，小部分断口较为光滑，呈脆性断裂。在扫描电镜观察下，断口呈贝壳状，或带有疲劳纹。

（3）腐蚀疲劳的控制措施

① 合理选材　一般来说，抗点蚀能力高的材料，其腐蚀疲劳极限也较高；而应力腐蚀断裂敏感性高的材料，其腐蚀疲劳极限也低。但是应注意的是，提高金属或合金抗拉强度对改善疲劳有利，但对腐蚀疲劳有害，这是由于高强度材料虽能阻止裂纹成核，但一旦产生裂纹，裂纹的扩展速度和低强材料相比更快。

② 减少腐蚀措施　常用的有涂层、缓蚀剂及电化学保护。采用这些措施时，应注意表面层的残余内应力及渗氢问题。介质中添加铬酸盐或乳化油，均可延长钢材的腐蚀疲劳的寿命。采用阴极保护已广泛用于海洋金属结构的防腐蚀疲劳中，但应注意出现氢脆问题。

1.2 油气管道腐蚀因素分析

通过对以油气输送管道为代表的各种失效的分析，我们可以看出：腐蚀因素是管道失效的主要因素，即使许多看似与腐蚀表面无关的失效方式也有腐蚀因素的助推作用。如埋弧焊缝焊趾裂纹、电焊钢管沟状裂纹、现场环焊缝未焊透、未熔合等缺陷如果没有腐蚀的进一步作用，或许不会导致管道的失效，但是焊区内选择性内腐蚀却事实上成为导致管道从焊接缺陷处引起管道失效的最后推手。

通过分析，可以将影响管道失效腐蚀的因素归集成自然环境的腐蚀(包括大气腐蚀、土壤腐蚀、海洋腐蚀)、介质腐蚀、杂散电流腐蚀以及其他缺陷引发的腐蚀等四类因素。区分不同影响因素的不同特点、规律、作用方式，是我们研究治理管道安全隐患的基础。

1.2.1 大气腐蚀

1. 大气腐蚀现象与机理

1）现象

金属材料在大气自然环境条件下，受大气中的水、氧、二氧化碳等物质的作用而引起的腐蚀，称为大气腐蚀。钢铁在大气自然环境条件下生锈，就是一种最常见的大气腐蚀现象。

在干燥的大气环境中，普通金属在室温下产生不可见的氧化膜，钢铁的表面将保持着光泽。在潮湿的大气环境中，管道会因存在于大气中的水、氧、酸性污染物等物质的作用而引起腐蚀。

在肉眼看不见的薄膜层下的金属管道，腐蚀实质上是水膜下的电化学腐蚀。此时大气中存在着水汽，当水汽浓度超过临界湿度(如铁的临界湿度约为65%)，且相对湿度低于100%时，金属表面有很薄的一层水膜存在，就会发生均匀腐蚀。若大气中有酸性污染物 CO_2、H_2S、SO_2等，腐蚀会显著加快。

当水分在金属表面上已成液滴凝聚，存在肉眼看得见的水膜情况下，当空气中的相对湿度为100%左右，或在雨中及其他水溶液中，金属也会产生腐蚀。

2）机理

大气腐蚀是金属处于表面薄层电解液下的腐蚀过程，因而与浸没在电解液内的腐蚀过程不同。金属表面含饱和氧的电解液膜，使大气腐蚀的电化学过程中氧去极化过程变得容易进行。在工业大气中，液膜常常呈酸性，这时可能产生氢去极化腐蚀。但由于氧极易到达阴极，所以氧的去极化作用仍然是主要的。

在薄液膜层下，腐蚀微电池的电阻显著增大，微电池作用变小。阳极区反应产物的金属离子和阴极区生成的离子，将在与金属表面紧密连接的电解液薄层中相互作用，生成不溶性腐蚀产物，并附着于金属表面，成为具有一定保护性能的腐蚀产物层。因此，大气腐蚀的腐蚀形态较为均匀一致。

一般说来，在大气中长期暴露的钢的腐蚀速率会逐渐减慢。这是因为，一方面锈层的逐步变化会导致其电阻增加和氧渗入困难，另一方面锈层的内层附着性好，将减少活性的阳极面积，增加了阳极极化，最终使腐蚀速率减慢。

2. 大气腐蚀的影响因素

影响大气腐蚀的两个主要因素是：①水或水汽的存在。水不仅能溶解大量的离子，从而引起金属的腐蚀，而且水可离解成 H^+和 OH^-，pH 值的不同对金属和氧化物的溶解腐蚀具有明显的影响。②在受工业废气污染地区，SO_2对钢材腐蚀的影响最为严重，其他酸性污染物也有一定的促进作用。

显然，裸露在空气中的管道或防腐层存在缺陷的管道会在大气环境中发生腐蚀。当然，实际的影响要复杂得多，这里重点分析一下大气中的污染物质的影响。

1）大气中有害气体的影响

在大气污染物质中，SO_2的影响最为严重。大气中 SO_2的来源有两个，一是硫化氢产物在空气中的氧化；二是含硫燃料的燃烧，在工业城市中这个因素是主要的。以石油、天然气、煤为燃料的废气中都含有大量的 SO_2，由于冬季大气中 SO_2含量比夏季多，SO_2的污染以及对大气腐蚀的影响也更严重。SO_2污染的大气中，铁、锌等金属生成易溶的硫酸盐化合物，进一步氧化并由于强烈的水解作用生成硫酸，同铁起反应。整个过程具有自催化反应的特点，反应式为：

$$Fe+SO_2+O_2 \rightleftharpoons FeSO_4$$

$$4FeSO_4+O_2+6H_2O \rightleftharpoons 4FeOOH+4H_2SO_4$$

$$2H_2SO_4+2Fe+2H_2O \rightleftharpoons 2FeSO_4+2H_2O$$

其腐蚀速率随大气中 SO_2含量的增加而直线上升，如图 1-4 所示。

HCl 也是腐蚀性较强的一种气体，溶于水膜中生成盐酸，对金属的腐蚀破坏甚大。H_2S气体在潮湿大气中会加速铜、黄铜、镍特别是铁和镁的腐蚀。H_2S 溶于水中使水膜酸化，使水膜的导电性增加，进而加速腐蚀。NH_3易溶于水膜中，使 pH 值增加，对钢铁起到缓蚀作用，但对有色金属不利。

2）盐粒的影响

在海洋附近的大气中，含有较多的海盐颗粒，主要成分是 NaCl，因它具有吸湿性及增大表面液膜的电导作用，且 Cl^-本身又有极强的侵蚀性，因而它可加剧腐蚀，海洋大气环境中的金属就很容易产生严重的孔蚀。离海洋越远，大气中的海盐粒子越少，腐蚀量也变小。离海岸距离与大气中海盐的含量及钢腐蚀量的关系如图 1-5 所示。

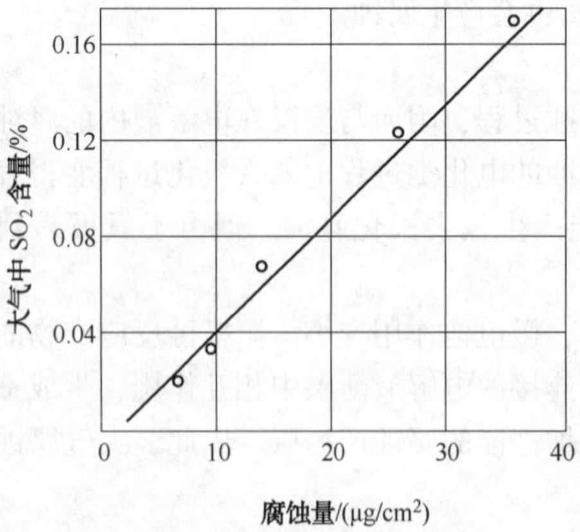

图 1-4　大气中的 SO_2 含量对碳钢腐蚀的影响

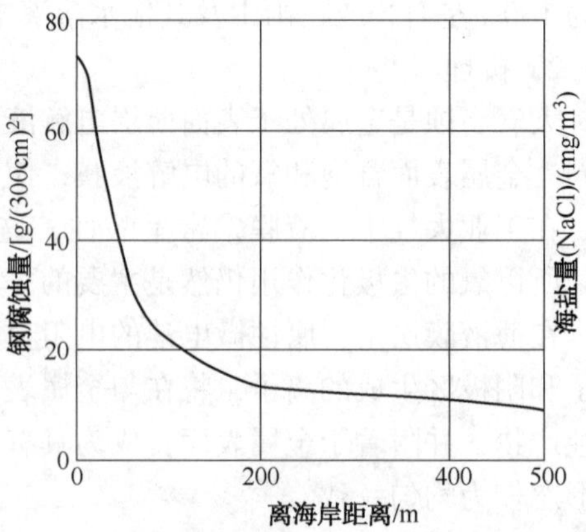

图 1-5　离海岸距离与大气中海盐含量及钢腐蚀量的关系

3）固体尘粒的影响

大气中的固体尘粒也能加速腐蚀。它的成分比较复杂，除海盐颗粒外，还有碳化物、铵盐、氮化物等固体颗粒。

固体尘粒对大气腐蚀的影响可分为三类：一是尘粒本身是腐蚀性的，如重工业地区的铵盐颗粒，它溶于金属表面水膜，提高了电导率或酸度，起促进腐蚀的作用；二是尘粒本身没有腐蚀性，但它能吸附腐蚀性物质，如炭粒吸附 SO_2和水汽后，生成腐蚀性的酸性溶液；三是尘粒本身即无腐蚀性又不吸收腐蚀活性物质，但是它们落在金属表面能形成缝隙而凝聚水分，如沙粒形成的缝隙处较易吸收水分而形成氧浓差的局部腐蚀。

除以上几种污染物质外，在石化工业区的大气环境中，还可能有大量的 Cl_2、NH_3和 H_2S等有害杂质，它们也将对处于大气环境中的管道、设备等造成腐蚀破坏。

3. 金属材料在大气环境中的耐蚀性

金属的材质不同，其耐蚀性也各不相同。碳钢的大气腐蚀速率较高，所以在碳钢的表面常涂以油漆、涂料一类的保护层，以防止腐蚀。含有铜、磷、铬、镍等合金组分的低合金钢，其耐大气腐蚀能力较碳钢有很大提高，甚至可以裸露使用。此类钢耐蚀的原因是在大气中能生成一层具有良好保护性能的锈层。它的锈层由粗糙的外层和附着性良好的致密内层组成，紧邻金属表面的是 50~100μm 厚的非晶态 Fe_3O_4致密锈层，它能显著阻碍 O_2、OH^-等的通过，减少活性阳极面积，增加锈层电阻，从而降低腐蚀速率。但这类钢若在浸没于溶液的条件下，并不比碳钢耐蚀。

锌在大气中的耐腐蚀性优于碳钢，它在湿度高的大气中生成碱式碳酸锌的白色腐蚀产物，也称为“白锈”。所以镀锌铁皮常被用于管线、容器的防腐保温的外保护层。

铜在大气中具有很好的耐蚀性，其原因是铜的热力学稳定性高，以及它在大气中能形成一层绿色腐蚀产物的保护膜。其主要成分为 $CuSO_4 \cdot 3Cu(OH)_2$，通常被称为“铜绿”。

铝的耐大气腐蚀性很好，已被广泛应用于建筑安装等方面。它在工业大气中不受 H_2S和 CO_2的作用，但对 SO_2一类的强酸性物质以及 Cl^-却很敏感，易产生孔蚀等局部腐蚀。但这类材料在油气田生产系统中很少使用。

1.2.2 土壤腐蚀

1. 土壤腐蚀的环境特点

溶解于土壤中的氧和二氧化碳等气体都可以成为土壤腐蚀的腐蚀剂。但电解质的存在是产生土壤电化学腐蚀的必要条件。在土壤体系中，土壤胶体往往带有电荷，并吸附一定数量的负离子，当土壤中存在水分时，土壤即成为一个带电胶体与离子组成的导体，因此可认为土壤是一个腐蚀性多相电解质体系。这种电解质不同于水溶液和大气等腐蚀介质，有其自身的特点，主要表现在以下几个方面：

(1) 土壤的多相性　土壤是一个由固、液、气三相组成的多相体系。其中固相主要由含多种无机矿物质以及有机物的土壤颗粒组成；液相主要指土壤中的水分，包括地下水和雨水等；气相即为空气。土壤的多相性还在于不同时间、不同地点各相的组成与含量也是不同的。同时土壤还具有各种不同的形状：粒状、块状和片状。不同的土壤，土壤颗粒的大小也不相同。例如，砂砾土的粒径为 0.07~2mm，粉砂土的粒径为 0.005~0.07mm，而黏土的粒径则小于 0.005mm。实际上土壤往往是这几种土粒的复杂组合。土壤的这种多相性决定了土壤腐蚀的复杂性。

(2) 土壤的不均一性　土壤性质和结构的不均一性是土壤电解质的最显著特征。这种不均一性使得土壤的各种理化性质，尤其是与腐蚀有关的电化学性质也随之不同，导致土壤腐蚀性的差异。钢铁在理化性质较一致的土壤中平均腐蚀速率是很小的，美国国家标准局(NBS)进行的长期土壤埋件的试验结果表明，较均一的土壤中金属的平均腐蚀速率仅为0.02mm/a，最大为0.064mm/a。而在差异较大的土壤中，腐蚀速率可达0.46mm/a。

(3) 土壤的多孔性　在土壤的颗粒间存在着许多微小孔隙，这些毛细管孔隙就成为土壤中气液两相的载体。其中，水分可直接填满孔隙或在孔壁上形成水膜，也可以溶解和吸附一些固体成分形成一种带电胶体。正是由于水的这种胶体形成作用，使土壤成为一种由各种有机物、无机物胶凝物质颗粒组成的聚集体。土壤为离子导体正是水的存在所致，因而可把土壤看作腐蚀性电解质。土壤的孔隙度和含水量，又影响着土壤的透气性和电导率的大小。

(4) 土壤的相对稳定性　土壤的固体部分对于埋设在土壤中的管道，可以认为是固定不动的，仅有土壤中的气相和液相作有限的运动。例如，土壤孔隙中气体的扩散和地下水的移动等。

上述土壤所具有的腐蚀性介质的特点，使土壤腐蚀和其他电化学腐蚀过程具有不同的特征，就是氧的传递。氧在溶液中是通过溶液本体输送，在大气腐蚀时通过电解液薄膜传递，而在土壤腐蚀时则通过土壤的孔隙输送。因而土壤中氧的传递速度，取决于土壤的结构和湿度。在不同的土壤中，氧的渗透率会有很大差别，幅度可达3~5个数量级。土壤腐蚀时氧浓差电池将起很大作用。

2. 土壤腐蚀的影响因素

土壤腐蚀速率的大小与土壤的各种物理、化学性质及环境因素有关，这些因素间的相互作用，使得土壤腐蚀性比其他介质更为复杂。在众多的因素中，以土壤的含水量、含氧量、含盐量、孔隙率、酸碱度及电阻率等因素影响最大。

1) 含水量

土壤中含水量对腐蚀的影响很大。土壤的水分对于金属溶解的离子化过程及土壤电解质的离子化都是必需的，土壤中若没有水分，则没有电解液，电化学腐蚀就不能进行。土壤是由各种矿物质和有机质所组成的，因而总含有一定量的水分，所以金属在土壤中的腐蚀是不可避免的。但含水量不同，造成的腐蚀速率也不一样。

一般而言，土壤含水量高，有利于土壤中各种可溶盐的溶解，土壤回路电阻减小，腐蚀电流增加。但含水量过高时，由于可溶盐量已全部溶解，不再有新的盐分溶解，而土壤胶粒的膨胀会阻塞土壤孔隙，使得空气中氧不能充分扩散到金属表面，不利于氧的溶解和吸附，去极化作用因此降低，腐蚀速率反而会减小。土壤中的水分除了直接参与腐蚀的基本过程外，还影响到土壤腐蚀的其他因素，如土壤的透气性、离子活度、电阻率以及细菌的活动等。如土壤含水量增加，土壤电阻率将减小，透气性降低，从而使得氧浓差电池作用增大。实际观察到的埋地管道底部腐蚀往往比上部严重，就是因为管道底部接近地下水位，湿度较大，含氧低，成为腐蚀电池的阳极而遭到腐蚀。而顶部因埋得较浅，含水少，成为腐蚀电池的阴极而不腐蚀。

2) 含氧量

氧不仅作为腐蚀剂成为影响土壤腐蚀的一个重要因素，而且它还在不同的土壤与管道接触部位形成氧浓差电池而导致腐蚀。就管道材料而言，土壤含氧量愈高，腐蚀速率愈大，因为氧的去极化作用是随着到达阴极的氧量增加而加快的。土壤中氧的来源主要是空气的渗透，另外雨水及地下水中的溶解也会带来少量的氧。因此，土壤的密度、结构、渗透性、含水量及温度等都会影响到土壤中的氧含量。

在通常情况下，就宏观电池腐蚀和细菌腐蚀而言，黏性较大的土壤比透气性好的土壤腐蚀性要强，但如果发生腐蚀的原因是由氧浓差腐蚀电池引起的，则两种土壤都对腐蚀不利。

3）含盐量

通常土壤中可溶盐含量在2%以内，约为0.008%~0.15%，它是形成土壤电解液的主要因素。含盐量愈高，土壤电阻率愈小，腐蚀速率愈大。土壤中可溶盐的种类很多，与腐蚀关系密切的阴离子类型主要有CO_3^{2-}、Cl^-、SO_4^{2-}，其中以Cl^-对土壤腐蚀促进作用较大，所以海底管道在防护不当时腐蚀十分严重。阳离子主要有K^+、Na^+、Ca^{2+}、Mg^{2+}，一般来说对腐蚀的影响不大，只是通过增加土壤溶液的导电性来影响土壤的腐蚀性。但在非酸性土壤中Ca^{2+}和Mg^{2+}能形成难溶的氧化物和碳酸盐，在金属表面上形成保护层，能减轻腐蚀。如埋在石灰质土壤中的管道腐蚀轻微，就是很典型的例子。

我国各油田的土壤多半是盐碱地，pH值在7~9之间，含可溶盐的情况如表1-1所示。

比较这几个地区，以含氯化物盐的土壤腐蚀性最强。胜利油田地区氯化物盐含量最高达5225.6mg/L。据调查，胜利油田含氯化物盐地区的腐蚀速率比大庆油田含碳酸盐地区的腐蚀速率大8倍。

表1-1　国内部分油田土壤含可溶盐的情况

地名	胜利油田、青海	大庆	玉门、新疆	四川	中原
含盐主要成分	氯化物盐	碳酸盐	硫化物盐	硫酸盐、氯化物盐	氯化物盐

4）酸碱度

土壤的酸碱度取决于土壤中H^+浓度的高低。H^+来源较多，有的来源于土壤的酸性矿物质的分解，有的来自生物或微生物的生命活动形成的有机酸和无机酸，也有的来自工业污水等活动造成的土壤污染，但其主要来源还是空气中的CO_2溶于水后电离产生的H^+。土壤酸碱度对腐蚀的影响非常复杂。一般认为，随着土壤pH值降低，金属腐蚀速率增加。因为介质酸性愈大，氢的过电位就愈小，阴极反应愈易进行，因而金属腐蚀速率也愈快。管道在中性土壤中的氢过电位比在酸性土壤中要高，故中性土壤中金属的腐蚀速率一般比在酸性土壤中要慢。但在近中性土壤中，管道有可能发生应力腐蚀破裂(SCC)。近年来加拿大油气输送管线事故调查及研究表明，随着管道服役时间的延长，在近中性土壤环境中，管道发生SCC的可能性会不断增大。我国大部分土壤的pH值在6~8之间，属于中性。部分土壤是pH值为8~10的碱性土壤及pH值为3~6的酸性土壤。

5）孔隙度

较大的孔隙度有利于氧渗透和水分的保存，而它们都是腐蚀发生的促进因素。透气性良好的土壤会加速腐蚀过程，但在透气性良好的土壤中也更易生成具有保护能力的腐蚀产物层，阻碍金属的阳极溶解，使腐蚀速率减慢下来。

6）电阻率

土壤电阻率是表征土壤导电能力的指标，在土壤电化学腐蚀机理研究过程中是一个很重要的因素。在长输地下金属管道的宏电池腐蚀过程中，土壤电阻率起主导作用。因为在宏电池腐蚀中，电极电位可达数百毫伏，此时腐蚀电流大小将受欧姆电阻控制。所以，在其他条件相同的情况下，土壤电阻率愈小，腐蚀电流愈大，土壤腐蚀性愈强。

土壤电阻率大小取决于土壤中的含盐量、含水量、孔隙度、有机质含量及颗粒、温度等因素。由于土壤电阻率与多种土壤理化性质有关，能比较综合地反映土壤腐蚀性，又比较容易测量，所以国内外常以土壤电阻率作为判断土壤腐蚀性的分级指标，见表 1-2。

一般来说，电阻率在数十 Ω · m 以上，土壤对管道金属的腐蚀较轻微，而当电阻率低至 10Ω · m 甚至以下时，其腐蚀性相当强。所以管道通过低洼地段时，产生腐蚀的可能性很大。

表 1-2　按土壤电阻率(ρ)判断土壤腐蚀性的指标　　Ω · m

国名	等级					
	低	较低	中等	较高	高	特高
中国	≥ 50		$20\leq\rho<50$		<20	
英国	≥ 35		$15\leq\rho<35$		<15	
美国	≥ 50		$20\leq\rho<50$	$10\leq\rho<20$	$7\leq\rho<10$	<7
前苏联	≥ 100		$20\leq\rho<100$	$10\leq\rho<20$	$5\leq\rho<10$	<5
日本	≥ 60	$45\leq\rho<60$	$20\leq\rho<45$		<20	
法国	≥ 100	$50\leq\rho<100$	$20\leq\rho<50$		<20	

另外，土壤电阻率对阴极保护电流的分布影响很大，当土壤电阻率均匀，管道电阻忽略不计时，与阳极距离最近点的电流密度最大，距阳极愈远，电流愈小。如果沿管道土壤电阻率分布不均，则对管道电流分布产生较大影响，电阻率小的部位，保护电流较大，从而使保护电位下降，造成腐蚀。

除了土壤的特有性质外，管道服役的外部环境诸如杂散电流和人为施加的外部环境如阴极保护等都会引起一些特定形式的腐蚀。

3. 油气管道土壤腐蚀的典型腐蚀类型

土壤腐蚀除了由于氧和二氧化碳等腐蚀性气体在土壤电解质中造成的一般均匀腐蚀和点腐蚀外，还由于外部服役环境的特点而造成下述几种特有的腐蚀类型。

1）土壤中的微生物或化学腐蚀

土壤对管线外部的腐蚀既是化学腐蚀，也是电化学腐蚀。化学腐蚀主要与土壤中所含的有机质以及各种盐类对金属的腐蚀有关。电化学腐蚀是因为土壤是一种导电介质，因而含水的土壤具有电解溶液的特性，从而在不均匀的土壤中构成原生电池，而产生电化学腐蚀。

产生化学腐蚀的主要是土壤的微生物或细菌腐蚀。微生物腐蚀是指在土壤中某些种类的细菌参加或促进的电化学腐蚀，引起埋地管线腐蚀的细菌主要是硫酸盐还原菌(SRB)。SRB 通过对硫酸根的还原获得能量生存。SRB 能将土壤中的硫酸盐转化为硫化氢，硫化氢一方面消耗钢材生成硫化亚铁，另一方面使土壤中的氢离子浓度升高，从而加剧电极反应，加速腐蚀。

微生物腐蚀的最直观表现是管道表面出现成片的腐蚀性锈斑。它不仅出现在管道与土壤直接接触的部位，也出现在防腐层老化剥离但却仍然隔离着土壤与管道的部位。

2）土壤中的电化学腐蚀

电化学腐蚀是土壤腐蚀的主要形式。由于土壤具有多相性和不均匀性，并且具有很多微孔可以渗透水及气体，因此不同土壤具有不同的腐蚀性，又由于土壤具有相对的稳定性，使得土壤腐蚀和其他电化学腐蚀过程不同。在土壤中，氧的传递通过土壤孔隙输送，其传送速度取决于土壤的结构和湿度，在不同的土壤中氧的渗透率会有很大差别。在土壤中除具有可能生成的与多相组织不均一性有关的腐蚀微电池外，还会因土壤介质的宏观差别而造成宏腐蚀电池。

宏电池腐蚀包括由于土壤程度的差异与土壤组成差异造成的原电池腐蚀。长输管道穿越不同(含盐量、含氧量、温度)土壤，形成横向的氧浓差电池腐蚀、盐浓差电池腐蚀、温差电池腐蚀等；管体不同材料差异在土壤中也产生宏电池腐蚀；由于管道埋深不同，上、下部位土壤的密实性等差别造成管道上下部电极电位不同形成宏电池腐蚀。

宏电池腐蚀的阳极相对固定和集中，造成强烈的局部腐蚀，是管线穿孔泄漏的主要原因，对管线的危害极大。

微电池腐蚀主要是由钢管金相组织的不均匀性、土壤微结构的不均匀性及钢管焊缝与管材间存在的差异等原因引起的。这些原因很难彻底消除，但由于这些微电池在宏观上是随机均布的，所以腐蚀形态为均匀腐蚀。

3）土壤应力腐蚀破裂

土壤应力腐蚀破裂(SCC)是管道服役所遇到的另一类腐蚀问题。管道在土壤中的应力腐蚀破裂是由埋地管道外表面的小裂纹扩展造成的。这些小裂纹最初是以肉眼看不见的、处于同一方向排列的许多独立的小裂纹组成的裂纹丛的形式存在的。有研究表明，这些裂纹丛中的小裂纹可能萌生于材料表面的夹杂点，经过几年的时间，这些独立的小裂纹可能增长和加深，一个裂纹丛中的裂纹可能连接形成较长裂纹。管道土壤应力腐蚀破裂的形成、发展到失效的过程如图1-6所示。由于土壤应力腐蚀破裂发展很慢，因此它可以在管道上存在若干年而不造成问题。如果裂纹扩展到足够大，管线最终会失效，导致泄漏或爆裂。

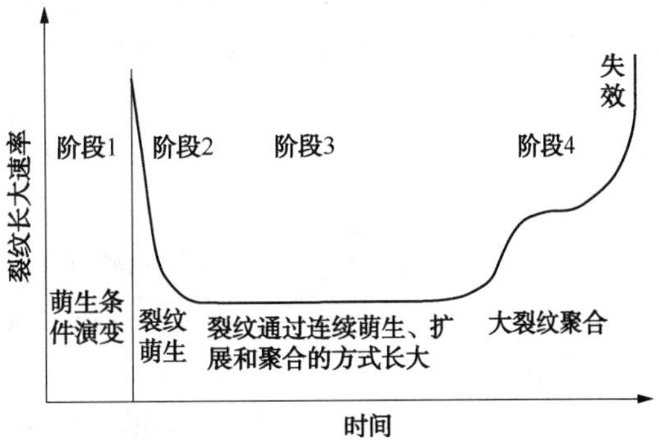

图1-6　土壤应力腐蚀破裂过程

对目前发现的土壤应力腐蚀破裂，根据其发生应力腐蚀破裂的土壤环境是偏酸性的还是碱性的而分为两类：近中性pH SCC和高pH SCC。两种类型的土壤应力腐蚀破裂的特点和比较如表1-3所示。

表1-3　管线近中性pH SCC和高pH SCC的特点与比较

影响因子	近中性pH SCC	高pH SCC
发生地点	65%发生在加压站至加压站下游第一个截止阀之间(阀的典型间距是16~30km) 12%发生在第一和第二个阀之间 5%发生在第二和第三个阀之间 18%发生在第三个阀的下游 SCC的发生与一定的地域条件有关，如交替的干湿土壤或趋向于阴极剥离和涂层损伤的土壤	一般在加压站下游20km之内 失效次数明显随着距加压站距离的增加和管体温度的降低而减少 SCC的发生与一定的地域条件有关，如交替的干湿土壤，或趋向于阴极剥离和涂层损伤的土壤
温度	与管体温度没有明显关系 出现在地下水中CO_2含量较高的比较冷的气候环境下	裂纹扩展速率随着温度降低呈指数形式降低

续表

影响因子	近中性 pH SCC	高 pH SCC
相关的电解液	pH 值处于 5.5 到 7.5 之间的近中性 pH 稀亚碳酸盐溶液	pH 值大于 9.3 的浓缩的碱性碳酸盐、亚碳酸盐溶液
电化学电位	处于自然腐蚀电位：-760mV 至-790mV（$Cu/CuSO_4$）在应力腐蚀发生部位，阴极保护没有到达管体表面	-650~-750mV（$Cu/CuSO_4$）阴极保护可以达到该电位范围
开裂通道和形状	主要是穿晶的（穿越钢的晶粒），裂纹较宽，沿裂纹壁有大量腐蚀产物	主要是沿晶的（沿着钢的晶界），窄间隙裂纹，沿裂纹壁无二次腐蚀产物
失效机理	膜破裂的机理	溶解与氢脆交互作用的机理

1.2.3 海洋环境腐蚀

1. 海洋环境对管道的腐蚀类型

海洋环境对管道的腐蚀类型主要有：

（1）电偶腐蚀　海水是一种极好的电解质，海水中不仅有微观腐蚀电池作用，还有宏观腐蚀电池作用。在海水中，两种金属的接触引起的电偶腐蚀具有重要的破坏作用。

（2）缝隙腐蚀　管道金属部件如金属与金属或金属与非金属、金属与黏着在其上的海洋生物（如海蛎子等）之间形成缝隙，若缝隙内滞留的海水中的氧为弥合钝化膜中的新裂口而消耗的速度大于新鲜氧从外面扩散进去的速度，则在缝隙下面就有发生快速腐蚀之趋势。腐蚀的驱动力来自氧浓差电池，缝隙外侧与含氧海水接触的面积起阴极作用。因为缝隙下阳极的面积很小，故电流密度或局部腐蚀速率可能是极高的，且一旦形成就很难加以控制。缝隙腐蚀通常在全浸条件下或者在飞溅区最严重，在海洋大气中也发现有缝隙腐蚀。

（3）点蚀　海水环境中大量 Cl^- 的存在可能会对管道金属表面造成点蚀。

（4）冲击腐蚀　在涡流清况下，常有空气泡卷入海水中，夹带气泡且快速流动的海水冲击金属表面时，保护膜可能被破坏，金属便可能产生局部腐蚀。

（5）空泡腐蚀　在海水温度下，如果周围的压力低于海水的蒸汽压，海水就会沸腾，产生蒸汽泡。这些蒸汽泡破裂，反复冲击金属表面，使其受到局部破坏。金属碎片掉落后，新的活化金属便暴露在腐蚀性的海水中，所以海水中的空泡腐蚀造成的金属损失既有机械损伤又有海水腐蚀。

当然关于海洋环境腐蚀的形式有许多种分类方法，图 1-7 是一种海底管道腐蚀形式示意图。

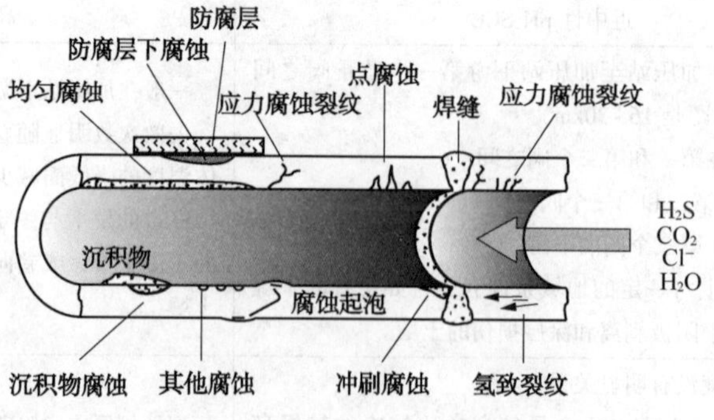

图 1-7　海底管道腐蚀形式

2. 海底管道腐蚀原因

引发海底管道内腐蚀的因素有：防腐蚀设计缺陷、施工质量、管内输送介质和运行中的防腐蚀管理不当等。

(1) 防腐蚀设计缺陷主要表现为初始设计参数与投产后不符，如文昌油田某海底管道原设计CO_2含量仅为7.48%，且不含H_2S，投产后CO_2含量最高达到20%，且存在少量H_2S，因而发生腐蚀穿孔事件；

(2) 施工质量得不到保证，管道制作及安装过程存在焊接、内涂等过程，任何一个环节没有按照相关标准和规范操作，都会埋下腐蚀隐患。如焊接时的夹杂、内涂时的针孔等都会导致局部腐蚀的发生；

(3) 管内输送介质通常含有H_2S、CO_2、Cl^-、CO_3^{2-}、SO_4^{2-}、水、细菌、固体沉凝物等，它们都会引起管壁减薄、坑蚀氢脆或应力腐蚀开裂，从而导致管体破坏；

(4) 运营阶段防腐蚀管理不当，海底管道投用后没有根据实际生产工况进行化学药剂筛选，没有采取除氧、脱硫、除砂、脱水和露点控制等防腐蚀工艺，都会导致腐蚀加剧。

就外腐蚀的影响因素而言，海水是丰富的天然电解质。除了含有大量盐类外，海水中还含有溶解氧、海洋生物和腐败的有机物，这些都为发生腐蚀创造了良好的条件。此外，海水的温度、流速以及pH值等因素对海水腐蚀也有很大的影响。

1.2.4 输送介质腐蚀

管道输送的介质不仅在与管道内表面接触时，会与之发生化学的或电化学的作用，而且随着时间的推移还可能以各种方式浸入管道金属的晶格之间，从而使金属管道发生腐蚀、材质劣化。即使是非金属管道，腐蚀性介质或烃类分子也会逐步浸入非金属管道的"肌体"内部，从而使之老化。另外还会因为长期冲刷作用而破坏管道的安全可靠性。这些统一称作管道内腐蚀。

1. 输送介质腐蚀(内腐蚀)的特点、影响因素及形式

1) 内腐蚀的特点

内腐蚀引起的事故往往具有突发性和隐蔽性，后果相对严重。国内外由于内腐蚀而造成的腐蚀案例很多，1980~1990年俄罗斯输气干线共发生事故752次，内腐蚀事故占7%；四川的威远-成都输气干线在1968~1997年共发生过管道事故110余起，其中因内腐蚀造成的事故约占总数的77%，造成事故的主要原因是天然气中硫化氢含量超标，以及商品天然气的水露点控制不严，大量饱和水汽进入输气干线。

2) 内腐蚀的影响因素

影响内腐蚀的几个主要因素有：

(1)水及水汽。水汽是发生腐蚀的必要条件。输水管道自不必谈，即使输送原油、成品油的管道，也存在一定的水分。天然气管道一般输送的是干气，在输送过程中，一般不易析出水。但在一定的压力和温度下，天然气具有一定的饱和含水率。如果压力高，温度低，饱和含水率就低；反之则饱和率就高。另外，输气管道压力逐渐降低，也会增加水的含量。分析发现，在天然气管道运行期间，控制不住进入管道的天然气中水汽含量，是管道内水分出现的主要原因。

(2) H_2S、CO_2、溶解氧、盐类、细菌、含水量等。

(3) 管道倾角。管道内腐蚀主要发生在某些特定的地段和部位，主要是在低洼地段(尤其是四季积水变化段)，而且往往分布在管线的侧面约四五点和八九点位置处。对于天然气管道而言，管道倾角的影响尤为关键。

（4）固相颗粒。输送介质中的固相颗粒会对管道内壁形成磨蚀、冲蚀。当然，腐蚀气体也有一定的冲蚀效应。

3）内腐蚀的破坏形式

（1）开裂疲劳　管道的开裂或断裂有脆性断裂、韧性断裂、疲劳断裂、过量变形几种。其中，脆性断裂又分为低温脆断、应力腐蚀、氢致开裂；疲劳断裂又分为应力疲劳、应变疲劳、腐蚀疲劳等；过量变形是在过载情况下引起管道膨胀、屈曲、延伸、外力引起的压扁、弯曲变形等。显然开裂疲劳既有材料自身老化性能下降的结果，也有技术欠缺的结果，更有外力作用和各种内腐蚀综合作用的结果。

（2）穿孔泄漏　由内腐蚀所引起的穿孔泄漏有：腐蚀性介质在管道非金属夹杂物或材质不均匀处找到薄弱点从而导致腐蚀开始发生；起始于细菌腐蚀、缝隙腐蚀、气泡腐蚀、晶间腐蚀、与氢相关的腐蚀、合金管中的浸析腐蚀等，逐步发展成泄漏。

（3）大面积溃疡性腐蚀　如金属管在水蒸气中发生的腐蚀、厌氧环境下的细菌腐蚀等都可能导致管道大面积腐蚀失效。

（4）冲蚀沟槽或爆穿　当油气田采出液中含有石英砂时，即使在直管段没有阻挡的地方也会因冲蚀而将管道冲成一道道的沟槽，这种现象在油田的集输管网中非常普遍。另外，在管线弯管的外弧处、补焊点突起处、环焊缝内余高偏高处会产生流体涡流作用，造成冲蚀，使壁厚减薄，甚至穿孔。流体中有固相颗粒或腐蚀气体时会加速冲蚀。例如，2000 年某甲醇厂转化气流程一锅炉给水预热器出口处一个弯头发生爆穿孔，原因就在于弯管外弧侧受带液滴高速气流剧烈冲刷，气流中的冷凝水量超过设计允许值，在该工作温度（160℃）下的 CO_2腐蚀加速壁厚减薄，至壁厚减薄至 1mm时，因承受不住内压而爆穿。

2. 油气管道输送介质腐蚀的典型腐蚀类型

由于油气管道内腐蚀环境的特点，油气管道的内腐蚀主要包括溶解氧腐蚀、H_2S 腐蚀、CO_2腐蚀、多相流冲刷腐蚀和硫酸盐还原菌（SRB）腐蚀等几种类型。其中溶解氧腐蚀主要指对钻柱系统的腐蚀，H_2S 腐蚀、CO_2腐蚀、多相流冲刷腐蚀和 SRB 腐蚀则主要发生在油套管、集输管线和长输管线上。

1）溶解氧腐蚀

如果存在溶解的 H_2S 和 CO_2，即使微量的溶解氧也会使其腐蚀性急剧增加。产出水中不含溶解氧，但是当水带到地面时会与氧接触而使溶解氧进入。地表水一般含氧量很高，浅井中的水也可能含有部分溶解氧。只要可能，氧都需要严格排除。

氧在水中的溶解度是压力、温度和氯化物含量的函数。氧在盐水中的溶解度小于在淡水中的溶解度。如果 pH 值大于 4，$Fe(OH)_3$ 是不溶性的，可以形成沉淀物。

在多数情况下，氧因其去极化剂的作用而剧烈地加速腐蚀，氧容易与阴极上的电子相结合，并使腐蚀反应按照氧扩散到阴极的过程进行。在无氧的情况下，腐蚀反应由电子与其他物质反应的速率所控制，例如在水中氢离子与电子的反应。当氧存在时，氧的去极化反应消耗了更多的电子，从而能够加速腐蚀。氧腐蚀在自然界中通常是点腐蚀。

在达到某一临界含量之前，纯水的腐蚀性随溶解氧含量的增加而增加。如果水中有足够的氧，$Fe^{2+} \rightarrow Fe^{3+}$的反应可能在 Fe^{2+}扩散离开金属表面前迅速进行，这种情况下 $Fe(OH)_3$ 可以在金属表面形成，从而使金属具有保护性。然而，油田水中存在的足够的氯离子阻止了表面保护膜的形成，从而使腐蚀可以随着氧含量的提高而继续增强。

2）硫化氢腐蚀及其氢损伤

油气生产过程中，H_2S 腐蚀是一种常见的、较为严重的腐蚀破坏现象，往往造成油气储罐开裂、输油和输气管道泄漏的严重事故。世界油气田中大约 1/3 含有硫化氢气体。我国许多油气田如四川、长庆、华北、新疆、江汉、胜利等油田的油气层中都含有硫化氢，其中四川油气田是世界上腐蚀最严重的油气田之一。1991 年 1 月 25 日，川东油气田 H_2S 腐蚀造成井喷，死亡 2 人，受伤 7 人。近年来，随着国内一些油田原油品质进一步劣化和进口高硫原油加工量的不断增加，湿硫化氢环境下服役的一些碳钢和低合金钢设备及管道上的开裂事故率呈上升的趋势。

油气生产过程中造成硫化氢腐蚀的 H_2S 主要来自地层中的气体或伴生气，但油气开采过程中滋生的硫酸盐还原菌(SRB)和某些化学添加剂也会释放出 H_2S。H_2S 在水中溶解度很高，从而使水显现出弱酸性。H_2S 的离解度是 pH 值的函数，在油田生产环境中通常所遇到的 pH 值范围内，酸性水中将含有 H_2S 和 HS^-。在水中溶解的 H_2S 所造成的腐蚀被称为酸性腐蚀，通常的腐蚀行为为点蚀。腐蚀反应为：

$$Fe^{+}+H_2S+H_2O \rightleftharpoons FeS+H_2+H_2O$$

硫化亚铁腐蚀产物的溶解度非常低，通常黏着于金属表面成为产物膜。当生成的硫化亚铁致密且与基体结合良好时，对腐蚀有一定的减缓作用；但当生成的硫化亚铁不致密时，对钢铁而言，硫化亚铁为阴极，它在钢表面沉积，并与钢表面构成电偶，反而促使钢表面继续被腐蚀，造成很深的点蚀。因此，许多学者认为，在 H_2S 腐蚀过程中，硫化铁产物膜的结构和性质将成为控制最终腐蚀速率与破坏形状的主要因素。

研究表明，H_2S 和 CO_2 共存时腐蚀性比 H_2S 单独存在时更强。此外，微量氧的存在可以使 H_2S 的腐蚀更具灾难性。

H_2S 作为阴极去极化剂，不仅因电化学腐蚀造成点蚀，还经常因氢原子进入金属而导致硫化物应力开裂(SSC)和氢致开裂(HIC)。在酸性气体造成腐蚀的过程中，氢原子会在金属表面生成。对于 CO_2 腐蚀，氢原子会在金属表面结合成氢分子而随后溶入液体中。但在含硫系统中，硫化物离子将会减慢金属表面氢原子结合成氢分子的速率，这样会造成金属表面氢分子的积累，从而为氢原子扩散进入金属提供了足够的驱动力。原子氢扩散进入金属可以导致四种类型的损伤：氢鼓泡(HB)、氢致开裂(HIC)、硫化氢应力腐蚀开裂(SSC)、应力导向氢致开裂(SOHIC)四种形式。

（1）氢鼓泡　H_2S 腐蚀过程中析出的氢原子向钢中扩散，在钢材的非金属夹杂物、分层和其他不连续处易聚集形成氢分子，由于氢分子较大难以从钢组织内部逸出，从而形成巨大内压导致其周围组织屈服，形成表面层下的平面孔穴结构称为氢鼓泡，如图 1-8 所示。氢鼓泡的发生无需外加应力，一般在低强度钢中发生(拉伸强度 410～470MPa、硬度低于 22HRC)，高强度钢通常发生开裂而不是鼓泡。氢鼓泡主要与钢的纯度有关，而纯度又与钢中的杂质含量和制造工艺有关。

（2）氢致开裂　在氢气压力的作用下，不同层面上的相邻氢鼓泡裂纹相互连接，形成阶梯状特征的内部裂纹称为氢致开裂，有时又称为阶梯型开裂或鼓泡开裂。氢致开裂是氢鼓泡的一种。当钢中含有大量平行于表面的拉长的缺陷时，易于发生氢鼓泡。氢分子沿着缺陷聚集并造成微型鼓泡或裂纹，当一个平面上的裂纹倾向于与相邻平面的裂纹在厚度方向相连接时，就会形成如图 1-9 所示的阶梯。裂纹可以减小有效壁厚，直到管体过载和破裂。开裂有时伴随着表面的鼓泡。

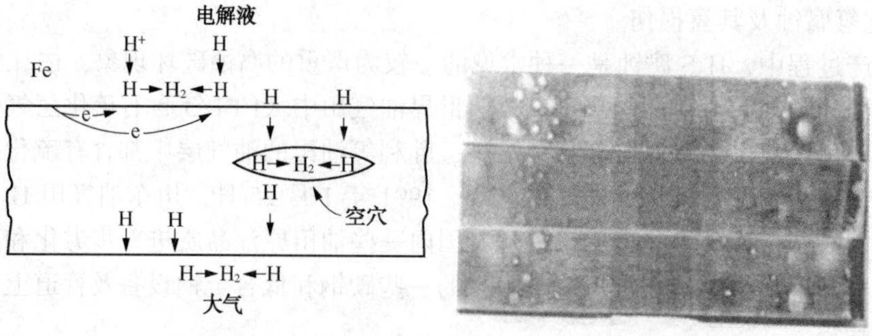

(a) 氢鼓泡示意图　　(b) 氢鼓泡照片

图 1-8　氢鼓泡的机制

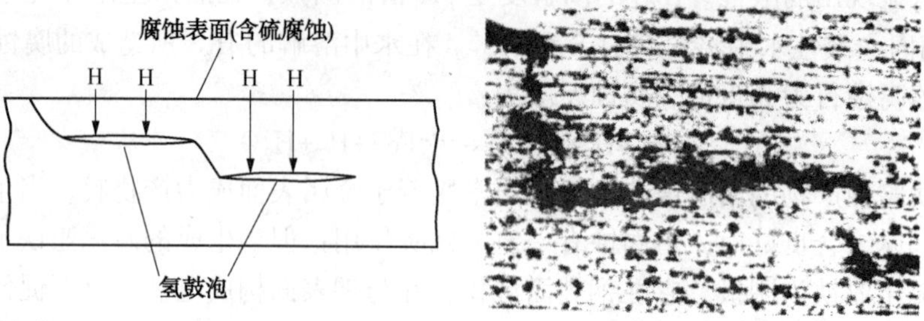

(a) 氢致开裂示意图　　(b) 氢致开裂照片

图 1-9　氢致开裂的机制

（3）硫化氢应力腐蚀开裂(SSC)　氢脆是指暴露于原子氢的氛围中使钢的脆性增加，从而在应力水平低于材料屈服强度时发生的脆性破坏。硫化物应力腐蚀开裂是指硫化氢腐蚀导致氢原子进入金属所造成的氢脆的一种特殊形式。硫化物应力腐蚀开裂只有同时满足以下条件时才会发生：①湿 H_2S 环境；②高强度钢或焊缝及其热影响区等硬度较高的区域；③有拉伸应力和拉伸载荷。应力可能是残余的或外加的。如果上述条件都满足，经过几小时、几天或几年的服役，硫化物应力腐蚀开裂就有可能发生。图 1-10 所示为四川南干线焊缝嘛嘴形成的附加应力与 H_2S 协同作用造成的管道硫化氢应力腐蚀开裂的取样照片。

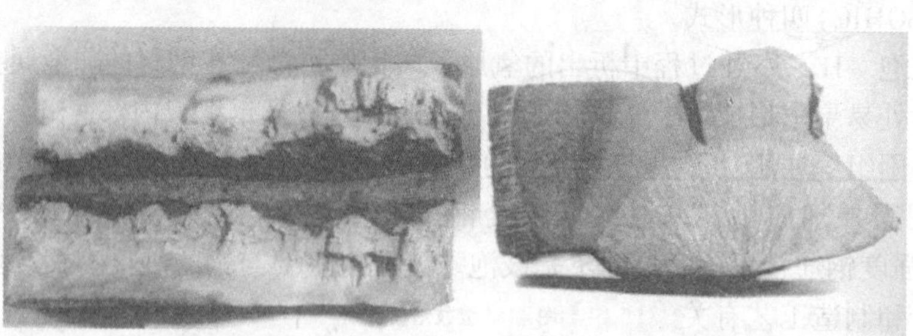

(a) 应力腐蚀裂纹　　(b) 裂纹从起裂

图 1-10　附加应力与 H_2S 协同作用造成的管道应力腐蚀开裂取样照片

（4）应力导向氢致开裂(SOHIC)　在应力引导下，夹杂物或缺陷处因氢聚集而形成的小裂纹叠加沿着垂直于应力的方向(即钢板的壁厚方向)发展导致的开裂，称为应力导向氢致开裂，其典型特征是裂纹沿之字形扩展。SOHIC 也常发生在焊缝热影响区及其他高应力集中区，与通常所说的SSC不同的是它对钢中的夹杂物比较敏感。应力集中常由裂纹状缺陷或应力腐蚀裂纹所引起。据报道，在多个开裂案例中都曾观测到SSC和SOHIC并存的情况。

以上4种氢损伤形式中，SSC和SOHIC是最具危害性的开裂形式。

3）二氧化碳腐蚀

当二氧化碳溶于水时形成碳酸，可降低溶液的pH值和增加溶液的腐蚀性。二氧化碳的腐蚀性没有氧那么强，通常造成点蚀。

像其他气体一样，水中CO_2的溶解度是水上部气体中CO_2分压的函数。分压越大，溶解度越大。因此，在两相系统(气相+水)中，腐蚀速率随着CO_2分压增加而升高。低碳钢在蒸馏水中时CO_2分压对腐蚀速率的影响如图1-11所示。

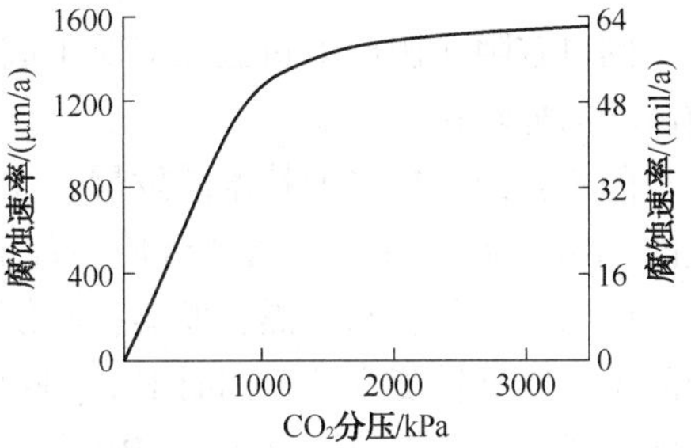

图1-11　CO_2分压对腐蚀速率的影响

高CO_2分压下测得的腐蚀速率相当高。随着腐蚀产物层的形成，均匀腐蚀将减弱，但点蚀便成为非常严重的问题。随着温度增加，一个保护性的碳酸亚铁层可能在表面形成，从而降低腐蚀速率。保护性的碳酸亚铁膜是否形成受到CO_2分压、流速和水等许多因素的影响。多数情况下，碳酸亚铁膜是没有保护性的，并且在垢下促进腐蚀。另外，在一定条件下，液相烃类的出现会减小腐蚀速率。在含有碳酸氢盐的水系统中，造成腐蚀的CO_2量将服从有关CO_2^-碳酸氢盐-碳酸盐的平衡关系，而成为pH值的函数。如前所述，氧的存在将增加CO_2的腐蚀性。

4）多相流腐蚀

从广义上讲，多相流冲刷腐蚀包括多相流在力学和化学的协同作用下所发生的所有的腐蚀行为。根据力学和化学的相对支配作用的强弱程度，可将多相流腐蚀划分为三种不同类型：①冲刷腐蚀，主要是由多相流体的力学作用导致金属表面材料的损失和减薄；②流动促进腐蚀，主要是流动促进反应介质或腐蚀产物传质速率加快或金属表面反应速率加快等导致材料表面的快速腐蚀；③冲蚀腐蚀，主要是多相流力学冲刷作用造成腐蚀产物膜的破坏，从而促进材料表面快速腐蚀。

流型和流速是影响多相流冲刷腐蚀的最重要的因素。当油、气、水、固多相共存时，其流型组合是非常复杂的。流型往往与各相的流速和流动的方向有关。

可以说，不同的流型具有不同的腐蚀机理，很难用一个简单的物理模型来对所有的多相流腐蚀行为进行描述。总之，多相流冲刷腐蚀的机理可以用流体的力学作用对材料造成损伤的机制或流体的力学作用加速材料表面的腐蚀过程的机制来进行描述。随着流速增加，腐蚀介质到达管壁表面的速度增加，腐蚀产物离开金属表面的速度增加，因而腐蚀速率加快。另一方面，当流速增加促使液体达到湍流状态时，湍流液体能击穿紧贴金属表面的几乎静止的边界层，并对金属表面产生很高的切应力，而流体的切应力能剥除金属表面的保护膜，因而使腐蚀速率提高。在构件截面突然变化或方向突然改变的地方，水流往往呈湍流状态，并带有气泡。湍流的机械作用和气泡的冲击作用往往造成严重的局部腐蚀，使管壁迅速减薄。此时，金属表面往往呈现沟槽、凹谷等形态，表面光亮，并且没有腐蚀产物沉积。

冲刷腐蚀速率和流速呈四次方的幂函数关系，因此流速微小的变化便能引起冲刷腐蚀速率巨大的变化。在油气生产过程中，对于产出流体往往有一个临界极限速率，超出这个临界速率，就会出现严重的冲刷腐蚀。

5）SRB 腐蚀

SRB 是一种以有机物为营养的厌氧菌，仅在缺乏游离氧或几乎不含游离氧的环境中生存，而在含氧环境中反而不能繁殖生存。SRB 能使硫酸盐还原成硫化物。

$$Na_2SO_4+4H_2 \xrightarrow{SRB} Na_2S+4H_2O$$

硫化物与介质中的碳酸等作用生成硫化氢，进而与铁反应形成硫化铁，加速了管道的腐蚀，即

$$Na_2S+2H_2CO_3 \longrightarrow 2NaHCO_3+H_2S$$

$$Fe+H_2S \longrightarrow FeS+H_2$$

同时它阻止阴极上析氢反应所生成的氢原子的复合，促进氢向金属的渗入，增加设备氢脆破坏的危险性。

随着我国二次采油技术的发展，在绝大多数的油田集输系统的油井和注水井中发现有大量的 SRB 存在。SRB 的繁殖可使系统 H_2S 含量增加，腐蚀产物中有黑色的 FeS 等存在，导致水质明显恶化，水变黑、发臭，不仅使设备、管道遭受严重腐蚀，而且还可能把杂质引入油品中，使其性能变差。同时 FeS、$Fe(OH)_2$等腐蚀产物还会与水中成垢离子共同沉积成污垢而造成管道的堵塞。此外，SRB 菌体聚集物和腐蚀产物随注水进入地层还可能引起地层堵塞，造成注水压力上升，注水量减少，直接影响原油产量。

1.2.5　其他缺陷引起的腐蚀

各种缺陷诱发腐蚀或加速腐蚀是一种普遍现象，特别是管道应力腐蚀、与硫化氢有关的腐蚀更是与管道本身存在的各种缺陷高度相关。

1. 长时效下的金属管道性能退化助推腐蚀

长期服役的管道，即使在正常输送条件下，由于长期受输送压力、温差波动、输送压力波动、其他持续性应力作用等综合作用，材料的组织结构会发生缓慢变化，并引发材料性能劣化，加剧材料失效。特别是一些输送高温、高压介质(如油田开采中的高压注汽、电厂热力蒸汽)的管道，其材质劣化更为明显。一旦材质出现劣化，则腐蚀就很容易发生。如高温条件下产生氧化腐蚀，在管道发生缓慢塑性变形的情况下就很容易产生应力腐蚀疲劳等。

2. 在焊接区域发生应力腐蚀或疲劳腐蚀

由于焊接时管线钢经历着一系列复杂的非平衡的物理化学过程，造成焊缝和热影响区化学成分的不均匀性，出现淬硬组织、力学性能的不均质性及焊接接头区域电化学腐蚀特性的不同等，这些都将影响焊接接头处的腐蚀抗力。特别是当焊接时选择的焊接材料或工艺与母材匹配不好时，会在焊接区域产生应力的不均衡，进而影响该处抗 SSCC 的性能。最早有文献记录的管道脆性断裂事故是 1950 年美国一条 ϕ762mm 的管道在试气时发生断裂。1974 年冬，我国大庆至铁岭输油管道复线气压试验时发生脆性断裂事故。四川气田 1970~1990 年共发生 100 余次输气管道断裂事故，大部分是焊缝处脆性开裂。

3. 焊接缺陷加剧腐蚀

关于焊接缺陷导致腐蚀加剧的例子很多。例如：①1984 年国内某含硫气田采用日本某厂生产的无缝管，投产不足 1 年，先后 3 次发生环焊缝爆裂事故。原因在于环焊缝焊趾未融合，在使用过程中，因湿的 H_2S、CO_2腐蚀产生的氢侵入，并在该缺陷应力集中作用下聚集，产生应力导致氢致裂纹，进而失稳扩展而爆裂。②某运行 16 年的天然气主干线在螺旋焊管

内焊缝处爆裂，发现内焊道有补焊层，融合区有裂纹，裂纹为硫化物应力腐蚀开裂。原因是焊趾的高应力集中和焊趾附近的高硬度马氏体组织，使焊区应力腐蚀敏感性增大，萌生应力腐蚀裂纹，裂纹开展至临界尺寸，在内压作用下发生爆裂。③焊缝不规范，如在管线补焊点突起处、环焊缝内余高偏高处会造成流体涡流作用，造成冲蚀，使壁厚减薄，甚至穿孔。

4. 在机械损伤处或各种应力集中部位诱发或加速腐蚀

在管道存在机械损伤的地方以及由于地面塌陷、蠕变等原因导致管道应力集中的管道部位，一般而言，也是管道腐蚀最容易发生和发展的部位。随着管径增加，输送压力提高，由于钢管制造、施工等方面存在的缺陷或不足，腐蚀坑、应力腐蚀、腐蚀疲劳裂纹出现频次增加，增加了管道启裂的可能性，在很大程度上其实都与应力过大有关。

5. 材质缺陷处诱发腐蚀

材质缺陷种类很多。如管道的非金属夹杂物处就是极易成为点蚀萌生并导致管道发生穿孔事故的地方。再如管线的部分外腐蚀，特别是经常在 ERW 钢管焊线上缺陷处发生的沟状裂纹，其引起机制是：在管材原有的未熔合缺陷处发生腐蚀；由于焊线和母材间显微组织不同造成的阳极溶解。又如 1987 年，国内某油田 ϕ245mm×16mm无缝高压注水管线在做水压试验时，压力仅达到 12MPa 就发生爆裂，分析表明，该管道组织晶粒粗大、塑韧性差是爆裂的原因。

1.2.6　杂散电流腐蚀

杂散电流通过土壤而衍生腐蚀，但是其本身不是土壤所固有的，是电车、地铁、电气化铁路、电磁波发射、以接地为回路的输配电系统、电解装置等，在其规定的电路中流动的电流或空间电磁波信号的感应电流，其中一部分自回路中流出，流入大地、水等环境中，形成了杂散电流。当环境中存在埋地管线时，杂散电流的一部分又可能流入、流出埋地管线并产生干扰腐蚀。

杂散电流干扰源分为动态干扰源（包括自然干扰源——地电流和人为干扰源——电气化铁路、高压交、直流电力输配线路和电焊、电解、电镀等直流用电装置）和静态干扰源（如其他管道的阴极保护电流、其他装置的阳极地床等）。杂散干扰源对于埋地管道是不可避免地存在着。杂散电流腐蚀类似于电化学腐蚀，在管道的阳极区、绝缘缺陷处腐蚀破坏尤为严重，是一种相当严重的局部腐蚀，几个月内就可能导致新建的管道在杂散电流流出的地方穿孔。

1. 电磁波发射装置的影响

广播、电视、通讯系统的发射装置产生的空间电磁场也会对地下管线产生干扰作用。在其干扰作用下，地下导电介质或铁磁性材料（如钢管）中会产生涡流电流。管线中所产生的涡流大小与空间电磁场的场源频率、辐射范围及强弱等有关。管线中的涡流电流不仅可能产生杂散电流腐蚀，还可能导致防腐层提前失效，并严重干扰管道上监测装置的运行以及对管道隐患缺陷检测工作的开展。

2. 交流架空电力线路的影响

交流架空电力线路对埋地管道的影响主要表现在两个方面：一是长期存在着的感应电压对金属管道的干扰；二是电力线路故障状态下（一般不会超过 0.5s）瞬态感应电压可能击穿防腐层、阴保设备，并对操作人员的人身安全构成直接的威胁。

交流架空电力线路对埋地管线形成杂散干扰的方式主要通过容性耦合（静电感应）、感性耦合（磁感应）、阻性耦合（地电位升）三种途径来实现。其中，输电线路电压所产生的电场，通过电容耦合在油气管线上产生静电感应电压，由于地下油气管线完全处于土壤中，相当于被屏蔽，故埋地油气管线不受输电线路静电感应影响，但正在施工的油气管线会受到静电感应影响。而磁感应和地电位升产生的杂散干扰在交流架空电力线路正常运行与故障瞬间(0.5s 以内)运行状态下有明显的区别。

在电力线路正常负荷运行状态下，电力线路上交变的电流同时会在空中产生一个电磁场，从而在与线路平行的管道上产生感应电动势。如果相电流完全平衡，且三相线与管道之间的距离完全相等，那么感性干扰也可以避免。实际上由于这种理想情况是不存在的，因此，磁感应始终存在，即使正常状态下也可以达到几十伏特。在线路故障运行状态下，除了相线上比较大的短路电流流过之外，还伴随着一个很大的入地电流，因此还存在一个阻性耦合。在此情况下，由于相电位的不平衡不对称，使得管道上的感应电压比较高，对于阻性耦合引起的地电位上升，在短路点附近最高，随着与短路点距离的增大，地电位显著降低。而且根据瞬态电磁场原理，我们不难知道，在短路发生后的瞬间，瞬态干扰电位比我们可以计算或测量到的稳态干扰电压有效值还要高 1~2 倍，容易导致管道击穿。

电力线路对埋地管道电磁干扰程度的影响因素主要有：土壤电阻率、线路与管道间距、并行长度、电力线路杆塔接地电阻、电力线路负荷电流、管道泄漏电阻、线路故障点的位置等。

3. 直流输电工程的影响

无论是地下管道还是水下管道均容易受到高压直流(HVDC)输电系统中的直流杂散电流的影响而发生腐蚀。高压直流输电技术有单极和双极，单极输电系统采用大地甚至海水作为回路；双极输电系统只有在电力系统异常时才用大地或者海水作为回路。在此情况下，流入接地极的故障电流可以达到数千安培。而且，直流系统的故障电流是一种稳态电流，能够持续几分钟甚至更长时间，如此大的接地电流只要有很少一部分通过地下管道，并沿管壁运移相当长的距离后从另一个外防层缺陷部位放电，放电部位就会造成严重的腐蚀损伤。

高压直流(HVDC)输电系统对埋地管道的影响主要有谐波电流、单极短路电流、杆塔遭雷击的冲击电流等。

4. 电气化列车、地铁的影响

地铁和交流电气化铁道是以轨道作为第二根导线来传送电流的。由于轨道和地之间并非完全绝缘，因此轨道沿线总会有部分泄漏电流进入大地。在入地电流点或牵引变电所周围大地中将形成高电位，会对附近的油气管道及油库产生影响。对于油气管道而言，主要是阻性耦合影响起作用。

5. 电焊、电解、电镀等直流用电装置以及其他干扰

电焊、电解、电镀等直流用电装置在工作过程中也会对附近的地下管道产生杂散电流而导致地下管道腐蚀，其作用机理与地铁、电气化列车的影响类似。另外，邻近管道的地下电缆、其他管道或装置的阴极保护电流也会对目标管道产生杂散干扰腐蚀。

1.3 埋地管道腐蚀环境与外防护系统检测

埋地管道的腐蚀环境与外防护系统状况检测是管道腐蚀控制工程的重要环节。对于埋地管道而言，腐蚀环境主要包括土壤腐蚀性和杂散电流干扰状况；外防护系统主要包括管道外防护层以及阴极保护、排流系统等。对于埋地管道的腐蚀环境和外保护系统状况进行系统的定期检测，有助于我们准确掌握管道所面临的腐蚀威胁以及保护系统的脆弱性状态，从而采取更有效的腐蚀控制措施。

1.3.1 腐蚀环境调查与土壤腐蚀性测试

1. 腐蚀环境调查

埋地钢质管道沿线的腐蚀环境调查，应包括土壤腐蚀性调查和杂散电流干扰调查。在进行腐蚀控制系统设计之前、发现腐蚀控制系统失效或开展管道全面检验时，都应进行腐蚀环境调查。

1）土壤腐蚀性调查

一般情况下，土壤腐蚀性调查应包括土壤电阻率、管道自然腐蚀电位、氧化还原电位、土壤 pH 值、土壤性质、土壤含水量、土壤含盐量、土壤氯离子含量等 8 个参数的测试，测试数据宜视不同季节分别给出，特殊条件下可适当调整。

2）杂散电流干扰调查

杂散电流干扰分为直流干扰和交流干扰。直流干扰源有直流电气化铁路、电车装置、直流电网、直流电话电缆网络、直流电解装置、电焊机及其他构筑物阴极保护系统等，交流干扰源有高压交流电力线路设施和交流电气化铁路设施等。

干扰源侧的调查内容一般包括：交直流铁路供电系统分布与运行情况、交直流铁路轨道电位分布与漏泄电流趋向与地电位梯度、高压输电线路运行情况与线塔接地情况、构筑物阴极保护系统的电位分布、电车运行情况等，以及其他需调查的内容。

被干扰管道侧的调查内容一般包括：腐蚀案例、交直流管地电位分布(包括沿管道的管地电位分布以及随时间变化的分布)、流入与流出管道的干扰电流大小以及位置、管道沿线大地的土壤电位梯度、管道沿线的环境腐蚀性、管道防腐层状况、管道阴极保护设施与排流设施运行参数与状况、管道与铁轨之间的电压及方向等，以及其他需调查的内容。

3）管材类型及输送介质腐蚀性调查

管线类型特别是材质，管道内输送介质成分的构成、温度、压力、输送方式等均会对管道腐蚀形式等产生影响，是腐蚀检测中进行腐蚀分析的基础，必须在检测之前根据相关标准的规定，进行这方面的资料收集和现场调查。

2. 沿线土壤(介质)电阻率与土壤腐蚀性测试

1）土壤电阻率测试

（1）测量步骤

① 在测量点使用接地电阻测量仪(常用仪器为 ZC-8，误差不大于 3%)，采用四电极法进行测试。测量接线如图 1-12 所示；

② 将测量仪的四个电极以等间距 a 布置在一条直线上，电极入土深度应小于 $a/20$；

③ 转动接地电阻测量仪的手柄，使手摇发电机达到额定转速，调节平衡旋钮，直至电表指针停在黑线上，此时黑线指示的刻度盘值乘以倍率即为土壤电阻 R 值。

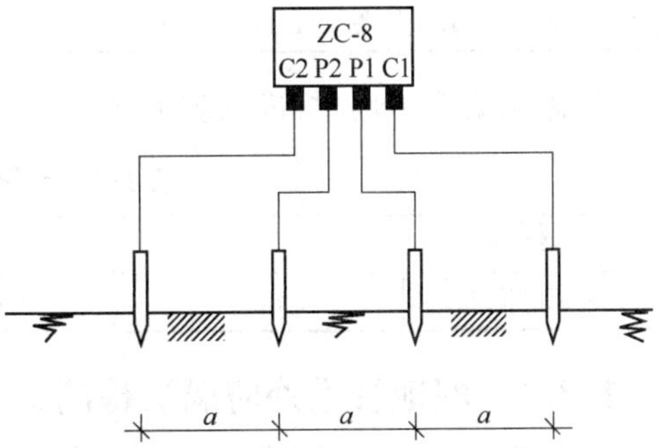

图 1-12　土壤电阻率测量接线图

（2）数据处理

从地表至深度 a 的平均土壤电阻率按下式计算：

$$\rho=2\pi \cdot a \cdot R$$

式中 ρ——从地表至深度 a 涂层的平均土壤电阻率，Ω·m；

a——相邻两电极之间的距离，m；

R——接地电阻仪示值，Ω。

2）土壤腐蚀性测试

土壤腐蚀性测试应使用灵敏度高、性能稳定的测试仪器，推荐采用 CMS-140 多功能土壤腐蚀测试仪。土壤腐蚀性测量参数为：极化阻力(R_p)、腐蚀电流密度(I_{corr})、年腐蚀深度(MMA)、氧化还原电位(U)。

土壤腐蚀传感器的埋设：将随机携带的预孔器打入待测土壤中，然后将预孔器取出，将土壤腐蚀传感器插入土壤中；将硫酸铜电极埋入土壤腐蚀传感器附近距地表 10cm 处，踩踏密实，且埋设硫酸铜电极处的土壤应为潮湿的土壤；通过电缆线连接腐蚀传感器、硫酸铜电极与测试仪。

应使用专用软件进行数据处理，推荐采用 CMS-140 多功能土壤腐蚀测试仪数据处理系统。

3. 土壤腐蚀性的评价

对土壤的腐蚀性进行评价，然后根据腐蚀等级，有针对性地采取相应的防护措施。

一般地区的土壤腐蚀性，通常按土壤电阻率大小分级，见表 1-4。

表 1-4 一般地区土壤腐蚀性分级标准

腐蚀性等级	强	中	弱
土壤电阻率/Ω·m	<20	20~50	>50

因土壤是一个极为复杂的、不均一的多相体系，所以凡能影响土壤中金属电极电位、土壤电阻和极化电阻的各种土壤物理化学性质，都能直接或间接地影响土壤的腐蚀性，仅用土壤电阻率来划分土壤腐蚀性等级就不够全面，建议采用 SY/T 0087.1—2006 中的土壤腐蚀性评价指标，见表 1-5。

表 1-5 土壤腐蚀性评价指标

指　标	极轻	较轻	轻	中	强
电流密度(原位极化法)/(μA/cm²)	<0.1	0.1~<3	3~<6	6~<9	≥9
平均腐蚀速率(试片失重法)/[g/(dm²·a)]	<1	1~<3	3~<5	5~<7	≥7

土壤细菌腐蚀评价标准见表 1-6。

表 1-6 土壤细菌腐蚀评价指标

腐蚀级别	强	较强	中	弱
氧化还原电位/mV	<100	100~<200	200~<400	≥400

1.3.2 埋地管道外防腐层检测

埋地管道的防腐层可能因多种原因产生缺陷失去防腐效果导致管道腐蚀。因此，有计划地开展管道防腐层检测和修复工作十分重要。

1. 埋地管道外防腐层破损点检测技术

检测防腐(保温)层破损点的常用方法包括电位分布与电位梯度法、磁场分布法、等效电流梯度法等。检测方法与常用仪器的对应关系见表1-7。

表1-7　防腐(保温)层破损、缺陷点检测方法与常用仪器

检测方法	常用仪器	检测方法	常用仪器
电位分布与电位梯度法	RD-PCM，DCVG，SL-2098系列	等效电流梯度法	RD-PCM，C-SCAN
磁场分布法	RD-PCM，C-SCAN		

虽然RD-PCM、DCVG、C-SCAN、SL-2098等仪器都可以用来检测防腐层的破损缺陷，但由于使用者对方法原理和仪器结构理解程度的不同，检测结果往往差别较大。

1）电位分布与电位梯度法

电位梯度法也称为皮尔逊法。其原理为：向管道施加一个特定的检测信号，信号沿管道传播，当管道的防腐层出现破损点或补口缺陷导致管体金属与管周土壤介质直接连通时，以破损点为中心，在管道周围形成叠加的点源电场。在土壤电阻率均匀的条件下，通过测量电场的强度和寻找“场源点”在地表的投影，就可得知破损或补口缺陷点的位置。

2）磁场分布法

从原理上讲，如果管道沿线周围没有铁磁性回填物质，磁场分布法不受土壤介质不均匀的影响，而且观测时不用接地，这是磁场分布法的一大优势。但该方法易受管道埋深变化的影响。在其他条件不变的情况下，破损、缺陷点的埋深越大，其磁场值就越小。与电位、电场不同的是，利用水平磁场区分两个破损时，要求其间距大于2倍埋深才可能被区分出来，而且观测点距也要适当。

3）等效电流梯度法

等效电流梯度法的原理是：对管道施加交变电流信号，电流沿管道向远方传送，在管道周围形成电磁场，磁场强度与管道中的信号电流相关，通过接收机可直接得到管道中的等效电流数值，当管道外防腐层存在破损或缺陷时，电流从破损缺陷处流失，会造成经过破损点后的电流读数值陡降，根据电流降低程度就可以定性地分析出防腐层破损点的破损程度，同时也可以定位管道破损位置。

以上三种方法的具体运用技巧读者可参考石仁委主编、中国石化出版社出版的《油气管道泄漏监测巡查技术》或《油气管道隐患排查与治理》相关章节的论述。

2. 埋地管道防腐层性能检测评价技术

评价防腐层防护性能的常用检测方法包括综合参数异常评价法、变频选频法、阴极保护参数法、NACE检测方法等。检测方法与常用的仪器的对应关系见表1-8。

表1-8　评价防腐层防护性能的检测方法与常用仪器

检测评价方法	评价参数	常用仪器
综合参数异常评价法	绝缘电阻、视电容率	RD-PCM、RD-4000
变频选频法	绝缘电阻	AY508Ⅲ
阴极保护参数评价法	空隙系数	电位差计、电流计
NACE检测方法	归一化的防腐层电导率	电位差计、电流计

1）综合参数异常评价法

综合参数异常评价法原理是：对管道施加交变电流信号，电流沿管道向远方传送，在管道周围形成电磁场。电磁场传播的衰减系数是与管道直径、管壁厚度、管道材质、管内输送介质、管道外防腐层和围土电阻率有关的函数。通过不同频率检测管道敷设条件下所得到的衰减系数，根据管道的规格、管材与管内外介质电磁特性等实际情况，即可解算出防腐层绝缘电阻、视电容率和管体视电阻等具有实际意义的物理参量。因此，综合参数异常评价法是“一体化”的检测方法，只要所采用的检测仪器具有三个以上频率的发-收功能，即可应用此方法。

(1) 综合参数异常评价法的用途

综合参数异常评价法(简称 FER)与其他地面检测方法不同，它除了检测防腐层的绝缘电阻以外，还能检测防腐层的视电容、管体的视电阻以及管道周围土壤电阻率。它在埋地钢质管道不开挖检测工作中的主要用途是：

① 探查管体及其配设管件的金属腐蚀或疲劳损伤状况；确定腐蚀或疲劳损伤段(点)的位置；

② 按 QSH 0314—2009 等有关规定分级评价管道防腐(保温)层的绝缘性能和介电特征；确定防腐(保温)层缺陷(老化、渗水、剥离、破损)和防护失效部位；

③ 在多频(三频以上)观测条件下，评估管道周围土壤介质的电阻率。

(2) 检测方法

① 现场踏勘。了解管线的基本情况，制订现场检测计划。

② 测点布置。根据踏勘结果，选择电流衰减法中前后 2 测点间合适的点距(一般为 20~50m)。

③ 开始检测。

等效电流梯度法：在管线的一端加载信号，设加载信号处为 0 点。然后从 0 点向管线另一端，每隔确定好的点距(如 25m)对管线进行一次精确定位，同时在定位处读取并记录一组电流值，一直检测到管线另一端。

电位分布与电位梯度法：在上述的工作完成后，实际已同步完成了被测管线的定位工作，这时沿着管线的实际位置，每隔 2~3m 查找一次变向点(地表电位零值点)，直到检测完全部管线。

④ 数据分析计算。根据采集的电流读数，利用视综合参数异常评价法等评价技术，计算出每个点距间外防腐层绝缘电阻大小，结合电位梯度检测出的破损点，对被测管线进行分级评价。

(3) 防腐(保温)层性能评价准则

使用综合参数异常评价法时，相对简单可靠的做法是采用防腐层的绝缘电阻和视电容率两个参量综合描述防腐(保温)层的性能。绝缘电阻、视电容率的分极标准参见 QSH 0314—2009(见表 1-9)。其中，绝缘电阻的分级标准在 SY/T 5919—2009 中也有规定。

表 1-9 防腐层参量分级表

防腐层等级	一级(优)	二级(良)	三级(可)	四级(差)	五级(劣)
$F/\Omega\cdot m^2$	$F\geqslant 10000$	$5000\leqslant F<10000$	$3000\leqslant F<5000$	$1000\leqslant F<3000$	$F<1000$
$E/(\mu F/m^2)$	$E<100$	$100\leqslant E<200$	$200\leqslant E<500$	$500\leqslant E<1000$	$E\geqslant 1000$
老化程度及表现	基本无老化	老化轻微，无剥离和损坏	老化较轻，基本完整，沥青发脆	老化较严重，有剥离和较严重的吸水现象	老化和剥离严重，轻剥即掉

评价防腐层性能时，采用检测参量的级别加权值作为量化界限。计算方法如下：

$$Q = \frac{\sum_{i=1}^{n} J_i}{n}$$

式中　Q——防腐层的参量级别加权平均值；

n——参与评价的检测参量的个数，个；

J_i——某参量独立分级的级别值。

最后，根据防腐层的参量级别加权平均值评定防腐层的性能等级并提出采取措施(见表1-10)。

表1-10　防腐(保温)层性能分级评价表

属性	优	良	可	差	劣
等级	1	2	3	4	5
Q	$Q≤1$	$1<Q≤2$	$2<Q≤3$	$3<Q≤4$	$Q>4$
处置意见	正常运行管理	正常运行管理、缩短再评价周期	计划维修、调整阴极保护、缩短再评价周期	立即维修、调整阴极保护并确定再评价周期	报废该管段的防腐层

利用综合参数评价法进行防腐层性能评价时，会遇到一系列的特殊情况。如架空、出露管段防腐层评价影响；防腐层破损点对防腐层性能的影响等，需要进行一些特殊处理或改进，此方面的内容建议读者参考石仁委主编、中国石化出版社出版的《油气管道泄漏监测巡查技术》及《天然气管道安全与管理》等相关专业书籍。

2）变频选频法

变频选频法最初是为石油长输钢质管道防腐层大修理选段而开发的一种评估防腐层绝缘电阻“优”、“劣”的检测技术，在埋地管道防腐层不开挖检测评价技术发展过程中发挥了重要作用。该方法适用于不同管径、不同钢质材料、不同防腐绝缘材料、不同防腐层结构、处于不同土壤环境的埋地管道。检测结果可作为防腐层检漏、维修、大修的依据。

测量时只需在被测管段两端与金属管体实现电气连通(可在检测桩、阀门处，连接示意图见图1-13)，不需开挖管道，不影响管道正常运行，测量方法简便迅速，在长输管道检测工作中得到了较广泛的应用。被测管道管径从$\phi159\sim\phi2200$，有效检测范围为20~3000m，使用测量频率为0.8~300kHz连续可调的正弦信号。

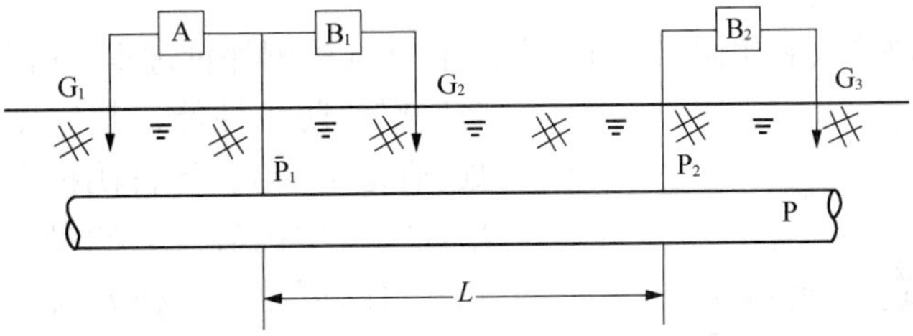

图1-13　变频-选频法测量防腐层绝缘电阻率接线示意图

A—变频信号源；B_1，B_2—选频指示器；G_1，G_2，G_3—金属接地极；P—管道

变频信号在被测管段内的传输规律(定量)与管道特性参数有关，包括管道内阻抗、管道外电感、土壤内阻抗、土壤横向导纳、管道防腐层横向导纳，需要求得的管道防腐层绝缘

电阻就包含在横向导纳之中。如果上述参数都能够定量地求出，那么管道防腐层绝缘电阻也就可以定量地求得了。

AY508Ⅲ型管道防腐层绝缘电阻测量仪是该方法的专用仪器，包括 1 台变频信号源和 2 台选频指示器，频率连续可调。该仪器去掉了以前不必要的功能，特别增加了“选频锁相”及“频率跟踪”功能，不会再出现因不同人员操作而产生的读数差别。

变频选频法建立在单线-大地传输理论基础上，由于被测管道规格、材料及所处的环境不同，被测管段的质量状况也不同，所以按变频选频法理论建立的数学模型编制的计算软件在定量求得被测管道防腐层绝缘电阻时，应取得以下两部分参数：

(1) 现场实测参数

信号频率值、被测段电平衰耗值、被测管段距离。

(2) 计算输入参数

管道参数：金属管道外径、管壁厚度、防腐层厚度(可以为不同结构)；

材料参数：金属管材电导率、相对磁导率、绝缘材料介电常数、损耗角正切；

环境参数：土壤介电常数、土壤电阻率。

变频选频法在计算防腐层绝缘电阻的过程中需要输入的诸多物理参量是通过查表获得的。当管道埋入地下以后，随着时间和环境情况的变化，所需输入物理量的数值都不会再与原材料的相同。任何一个参与计算的物理量与实际情况的差别，都会影响到所计算的绝缘电阻值准确性，由此也就必然会影响分级评价的可靠性。

变频选频法加载、接受信号都需要“接地”，而且往往采用较高的频率，特别是被测管段较短的时候更需如此。即使在简单的检测环境中，管道以外的物体或分布介质对高频信号的响应就足以影响防腐层绝缘电阻值的计算结果。至于在复杂检测环境下(被测管段自身结构复杂或与其他管网交错分布)，互感作用对防腐层检测计算结果的影响则更不容忽视。

理论与实践都已证明：管道防腐层绝缘电阻计算值与信号频率的变化关系十分密切。如果采用改变频率使信号衰减到某个电平的办法来求取信号传播常数的近似值，那么每个检测段上所得到的实际上是某个特定环境条件下的传播常数近似值。由此计算出的防腐层绝缘电阻值可以用来评价同一检测段上防腐层绝缘电阻随管道运行时间而变化的情况(如果被检管段所处的环境未发生变化，则可以限定频率，对比电平变化；或者限定电平，对比所选频率的差别)，用于不同检测段之间防腐层绝缘电阻的比较和评价则需要根据检测环境的实际变化情况予以斟酌。

3) 阴极保护参数评价法

阴极保护参数评价法利用阴极保护系统运行状况检测评价过程中所获得的管地电位评估防腐层的防护性能，其优点在于采集同一套数据(管地电位)，评价阴极保护状况和管道防腐层性能两项内容。其测量示意图如图 1-14 所示。由图可见，这种方法评估的是两个测试标桩之间管段的防腐层性能。

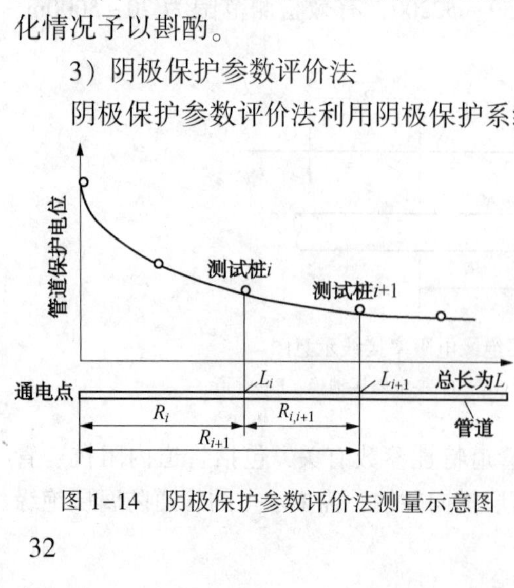

图 1-14　阴极保护参数评价法测量示意图

阴极保护参数评价法在标桩处测量管地电位，评价一段管道防腐层的总体破损程度。由于需要把电位差计直接连接在管体和大地之间，所以不可能任意缩短观测间距，也就是说，此种方法不能用来确定防腐层破损点的准确位置。

由于需要测量阴极保护电流在管道上的电位降，当防腐层存在破损点的时候不可避免地会受到杂散电流的影响。特别是当防腐层破损点处或其绝缘性能严重下降部位的土壤介质电阻率变化较大时，*IR* 降的变化将会严重地影响测量数据，因此，最终拟合出的衰减系数可信度就必然会降低，据以计算的防腐层绝缘电阻值也不会准确。

阴极保护参数评价法采用“空隙系数”表示一段管道防腐层的平均破损情况。它是通过防腐层绝缘电阻(本身已经是一个导出参量)与厚度、土壤介质电阻率等物理量计算得来的结果，而防腐层绝缘电阻则是在已知管道纵向电阻的条件下，根据拟合电位分布曲线所得到的衰减系数计算来的。可以说，“空隙系数”是一个“多级导出参量”。尽管它几乎与防腐层的材料电阻无关，但误差传递的影响却是难以忽视的。

4) NACE 检测方法

NACE 发布的《埋地管道防腐层电导率测量标准》(TM 102—2002)见表 1-11。

表 1-11　防腐层的归一化(围土电阻率 10Ω · m)特征电导与质量级别对照表

防腐层的质量	归一化特征电导(G_n)范围/(μS/m^2)	防腐层的质量	归一化特征电导(G_n)范围/(μS/m^2)
很好	<100	一般	501~2000
好	101~500	差	>2000

与国内情况对比，NACE 的分级标准有如下特点：采用 4 分制；以 μS/m^2为单位；以围土电阻率等于 10Ω · m 的条件作了归一化(标准化)处理。

NACE 的《埋地管道防腐层电导率测量标准》适用于两个测试桩之间的管段的防腐层性能评价，采用的检测方法是直流电位差法和电流衰减法。

采用直流方法可以只检测防腐层的绝缘电阻，但是管体电阻以及管道周围土壤介质电阻的大小和变化对检测结果有较大的影响。NACE Standard TM 102—2002 在规定两种检测方法的时候，给出了通用的管道电阻率，同时又作出了用管道周围土壤电阻率对检测结果进行归一化的要求，这在土壤电阻率变化较大的地方是难以实现的。

1.3.3　阴极保护效果检测与评估

阴极保护与外防腐层共同构成了埋地管道的防腐保护系统，当外防腐层性能部分失效时，阴极保护的作用更为显要。因此，必须确保管道得到有效的阴极保护才能防止腐蚀。

1. 概述

当防腐层局部破损或剥离情况出现时，就会出现防护的死角区域，防腐层就不能很好地保护管道本体，这时就必须通过保证阴极保护(CP)电流的畅通来达到防护效果。随着防腐层性能的降低，阴极保护的作用会逐渐增加，否则管道本体将迅速腐蚀破坏。对油气管道实施阴极保护后，其保护效果如何，即阴极保护有效性如何，应根据阴极保护判据进行测量和分析来确认。用作阴极保护判据的指标一般是电位参数(保护电位)，大量的理论分析、实验室试验和许多工业项目实践证明了-850mV(CSE)是钢铁材料在暴露于空气的海水和土壤环境介质中的有效的最小保护单位。

1) 阴极保护效果评估技术判据准则现状

国外的阴极保护有效性评价技术起步较早。20 世纪 80 年代就已经非常成熟，得到了广泛的应用。国内受硬件和认识水平的制约，有效性评价技术应用较为迟缓。80 年代已经采用管道挂片评价阴极保护度，*IR* 降的研究已有 10 多年历史，更有人用断电法测试管道的极化电位，到 90 年代中期阴极保护有效性评价技术已被应用。现在很多的先进测试技术如 PCM 电流测绘系统、SCM 杂散电流测试仪、DCVG-LIPS 电位梯度密间距测试仪等都可用于 CP 有效性评价。但是到目前为止，系统地应用各种技术综合评价阴极保护有效性的研究还较少见到。

目前，阴极保护效果评价主要采用电位准则判据方法，它主要围绕着一个基本的最小保护电位，也就是著名的以-850mV(CSE)作判据。但是，-850mV(CSE)只是经常使用的电位准则，并不是唯一准则，单纯依靠-850mV(CSE)作判据，在一些工况下会出现误判的。因此，目前很多国外专家开始致力于阴极保护电流密度判据的研究。

目前关于阴极保护电位的判据主要有以下规定：

(1) 施加阴极保护时的负(阴极的)电位至少为 850mV。这一电位是相对于接触电解质的饱和铜/硫酸铜参比电极测量的。

(2) 相对于饱和铜/硫酸铜参比电极的负极化电位至少为 850mV。

(3) 在结构物表面与接触电解质的稳定参比电极之间的阴极极化值最少为 100mV。可以通过极化的形成或衰减进行测量，以满足这一判据。

其中，运用最普遍的是第一种准则。由于该指标的方便、直观性，受到很多管理人员和工程技术人员的青睐，甚至把它作为阴极保护工程设计与工程验收的唯一指标。运用起来最困难的是第二种准则。该准则要求测得的电位必须是埋地管道的极化电位，然而，完全消除阴极保护电位测量中的 *IR* 降是不可能实现的，尤其是在杂散电流干扰的情况下。运用最少的是第三种准则。常守文等指出，100mV 极化值准则与-850mV 准则之间存在矛盾之处，并举例说明管道的阴极极化值满足 100mV 准则时，管地电位低于-850mV，使人们对 100mV 极化值准则难以接受。

2) 阴极保护效果评估常用方法

目前，国内最常用的方法是测量通电电位。管地电位测量值中存在各种电流和电阻产生的 *IR* 降误差，简称 *IR* 降。*IR* 降的存在会影响阴极保护的有效性。目前常用的测量技术有断电法、极化试片法、极化探头法、近参比法、密间隔电位测量和远地法等。具体应用见后述。

3) 阴极保护效果评估的难点

(1) *IR* 降的影响　通常采用管道对其临近土壤中参比电极的电位差来反映管道阴极极化程度和阴极保护的效果。保护电位测量中由于杂散电流和 *IR* 降的存在，会影响电位测量的精确度。尤其是在杂散电流严重区域和我国西部土壤电阻率较高的区域，*IR* 降经常成为埋地油气管道阴极保护最棘手的问题。最近几年虽然涌现出了诸如断电法等消除 *IR* 降的测量技术，但由于它们需要承担额外的装置费用，并且还不能确保完全消除 *IR* 降，因此难以得到真正的推广应用。*IR* 降构成的因素复杂，涉及某些随机因素，目前仍无法靠计算确定。

(2) 阴极保护屏蔽问题　屏蔽问题是油气管道阴极保护系统中一直存在的问题。油气管道附近的金属结构或绝缘体会对管道本体产生屏蔽作用，影响阴极保护电流的流动，使管道不能得到良好的保护。目前，阴极保护屏蔽问题一般有以下几种：

① 管道穿越公路、铁路和河流时套管的屏蔽；

② 固定墩钢筋的屏蔽；

③ “管中管”防腐保温结构的屏蔽；

④ 绝缘防腐层的屏蔽；

⑤ 区域性阴极保护中土壤的屏蔽。

(3) 交、直流电的影响　有研究人员通过实验研究得出结论：经典的保护电位为-850mV(CSE)的埋地金属管道阴极保护判据，在交流干扰存在的环境中将不再适用。在交流干扰存在的环境下，阴极保护电流会发生周期性的波动，随着交流干扰强度的增加，所需的保护电流密度增大，而且阴极保护电流波动的幅度增大。交流干扰对阴极保护系统的影响是通过影响地电场和试样的表面状态以及通过交流干扰电场和保护电场的交互作用来实现的。在交流干扰的作用下，被保护的金属试样处于一种加速腐蚀-自然腐蚀-阻碍腐蚀的周期性状态，从而降低了阴极保护的保护度，使被保护金属发生了明显的腐蚀。

4) 关于电流密度判据

由于 *IR* 降、防腐层破损等因素的影响，保护电位在-850mV(参比电极 $Cu/CuSO_4$，下同)甚至更负的情况下，埋地油气管道也存在严重的腐蚀问题，使管道处于未保护状态。很多专家学者开始致力于阴极保护电流密度对阴极保护效果评估应用的研究，目前，还没有研究出成熟的、系统的理论及开发出相应的应用软件。

阴极保护电流密度不是固定不变的数值，所以，一般不用它作为阴极保护的控制参数，但通过定期计算阴极保护站所辖管段平均保护电流密度并与历史数据进行对比分析，可以发现阴极保护或者防腐层的异常并及时查找原因。

有人通过不同防腐层电流密度值大小对防腐层进行分级，对电流密度异常进行分析，从而判断防腐层有效性，结果发现，阴极保护电流密度在评价防腐层性能与阴极保护有效性方面具有很强的指导意义。

通过分析阴极保护电流的影响因素，进行一系列相关的实验，得出电流密度与防腐层、土壤电阻率等之间的衰减规律，建立电流密度分布的的衰减模型，指出阴极保护效果正常情况下的阴极保护电流密度的衰减范围。基于得到的数据，开发油气管道阴极保护电流与防腐层状况联合评估软件，建立起利用阴极保护现场的实测数据监测防腐层和管道防腐情况的实用技术，为阴极保护在管道上的高效利用提供了理论基础和技术支持，提高了系统的工作效率。

5) 阴极保护效果检测评价的发展展望

-850mV 电位准则是阴极保护效果评估技术最常用、较为成熟的判据，但在测量管地电位的过程中，始终受 *IR* 降的影响，导致测量的管地电位比实际电位要负，测量电位为-850mV时，管道的保护电位达不到保护电位-850mV，必定受到腐蚀的侵害。虽然已有多种消除 *IR* 降的电位测量技术出现，但都有自己的局限性，不能完全消除 *IR* 降的影响。

因此，以后的阴极保护评估技术发展重点应在以下几个方面：

(1) 阴极保护电流密度作为阴极保护效果评估技术的适用性研究；

(2) 杂散电流干扰下，阴极保护技术的判据研究；

(3) 研究测量管地电位的新技术，将 *IR* 降的影响降至最低。

2. 电位测量

1) 自然电位测量

本方法适用于未施加阴极保护的管道腐蚀电位(自然电位)的测量。

(1) 测量前，应确认管道是处于没有施加阴极保护的状态下，对已实施过阴极保护的管道宜在完全断电 24h 后进行。

(2) 测量时，将硫酸铜电极放置在管道上方地表的潮湿土壤上，应保证硫酸铜电极底部与土壤接触良好。

(3) 将电压表与管道及硫酸铜电极相连接，并将电压表调至适宜的量程上，读取数据；作好管地电位值及极性记录，注明该电位值的名称。

2) 通电电位测量

本方法适用于施加阴极保护电流时，管道对电解质(土壤)电位的测量。本方法测得的电位是包括管道极化后的电位与回路中其他所有电压降的和。

测量前，应确认阴极保护运行正常，管道已充分极化；其他两步与自然电位测量第2、3步相同。

3) 断电电位测量

本方法不适用于保护电流不能同步中断(多组牺牲阳极、牺牲阳极与管道直接连接、存在不能被中断的外部强制电流设备)或受直流杂散电流干扰的管道。本方法测得的断电电位(V_{off})是消除了由保护电流所引起的 *IR* 降后的管道保护电位。测量步骤如下：

(1) 在测量之前，应确认阴极保护正常运行，管道已充分极化。

(2) 测量时，对测量区间有影响的阴极保护电源应安装电流同步断续器，并设置合理的通/断周期，同步误差小于0.1s。合理的通/断周期和断电时间设置原则是断电时间应尽可能地短，但又应有足够长的时间在消除冲击电压影响后采集数据。断电期不宜大于3s，典型的通/断周期设置为：通电12s，断电3s。

(3) 将硫酸铜电极放置在管道上方地表的潮湿土壤上，应保证硫酸铜电极底部与土壤接触良好。

(4) 将电压表调至适宜的量程上，读取数据，读数应在通/断电0.5s之后进行。

(5) 记录下通电电位(V_{on})和断电电位(V_{off})以及相对于硫酸铜电极的极性。所测得的断电电位(V_{off})即为硫酸铜电极安放处的管道保护电位。

(6) 如果对冲击电压的影响存在怀疑时，应使用脉冲示波器或高速记录仪对所测结果进行核实。

4) 密间隔电位测量

适用于对管道阴极保护系统的有效性进行全面评价的测试。本方法可测得管道沿线的通电电位和断电电位，全面评价管线阴极保护系统的状况。

对保护电流不能同步中断(如存在多组牺牲阳极与待检管道直接相连，不可拆开，或待检管道的外部强制电流设备不能被中断)的管道本方法不适用。另外下列情况会使本方法应用困难或测量结果的准确性受到影响：管道上方覆盖物导电性很差的管段，如位于钢筋混凝土铺砌路面、沥青路面、冻土、含有大量岩石回填物下的管段；剥离防腐层下或绝缘物造成电屏蔽的位置，如破损点处外包覆或衬垫绝缘物的管道。

使用仪器有：密间隔电位测量仪/数字万用表、同步断续器、探管仪。

(1) 测量步骤

① 在测量之前，应确认阴极保护正常运行，管道已充分极化。测量简图如图1-15所示。

② 同步断续器的连接。测量时，对测量区间有影响的阴极保护电源应安装电流同步断续器，并设置合理的通/断周期，同步误差小于0.1s。合理的通/断周期和断电时间设置原则是：断电时间应尽可能地短，但又应有足够长的时间在消除冲击电压影响后采集数据。断

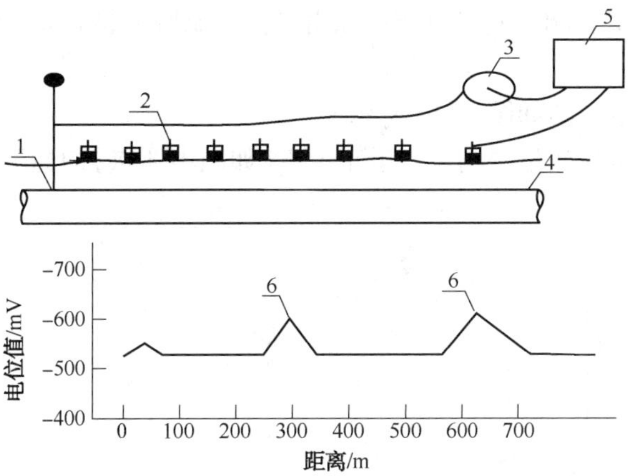

图 1-15 密间隔电位测量简图

1—测试点；2—参比电极位置；3—电连线轴；4—管道；
5—测量主机或数字万用表；6—测量值

电期不宜大于 3s，典型的通/断周期设置为：通电 12s、断电 3s。

③ 密间隔电位测量仪/数字万用表的连接。将长测量导线一端与密间隔电位测量仪主机(或数字万用表)相连，另一端与测试桩连接，将一支 CSE 与密间隔电位测量仪主机(或数字万用表)连接。

④ 打开密间隔电位测量仪主机，设置密间隔电位测量仪测量模式，设置与同步断续器保持同步运行的通/断循环时间与断电时间，并设置合理的断电电位测量延迟时间。典型的延迟时间设置宜为 50~100ms。

⑤ 当采用数字式万用表时，将仪器调至适宜的量程上，读取数据，读数应在通/断电 0.5s 之后进行。

⑥ 测量时，利用探管仪对管道定位，保证 CSE 放置在管道的正上方。

⑦ 从测试桩开始，沿管线管顶地表以密间隔(一般是 1~3m)逐次移动 CSE(数据采集间距可以根据实际需要确定)，每移动一次就记录一组通电电位和一组断电电位，按此完成全线的测量。

⑧ 同时应使用米尺、GPS 坐标测量或其他方法，确定 CSE 安放处的位置，应记录沿线的永久性标志、参照物等信息，并应对通电电位和断电电位异常位置处作好标志与记录。

⑨ 某段密间隔测量完成后，若当天不再测量，应通知阴极保护站维护人员恢复连续供电状态。

(2) 数据处理

① 将现场测量数据输入到计算机中，进行数据处理分析；

② 对每处的通电电位和断电电位，分别取其算术平均值，代表该测量点的通电电位和断电电位；

③ 以距离为横坐标、电位为纵坐标分别绘出测量段的通电电位和断电电位分布曲线图，在直流干扰和平衡电流影响可忽略不计地方，断电电位曲线代表阴极保护保护电位分布曲线。

5) 加强测量法

加强测量法适用于防腐层破损点多的管段的断电电位的修正测量。该方法不仅能消除由

保护电流所引起的 *IR* 降影响，同时也能消除由平衡电流所引起的 *IR* 降影响。

（1）测量方法

① 加强测量法测量简图如图 1-16 所示。

② 按密间隔管地电位测量法测量管道正上方（如图中 *A* 点）的通电电位（V_{on}）和断电电位（V_{off}）。

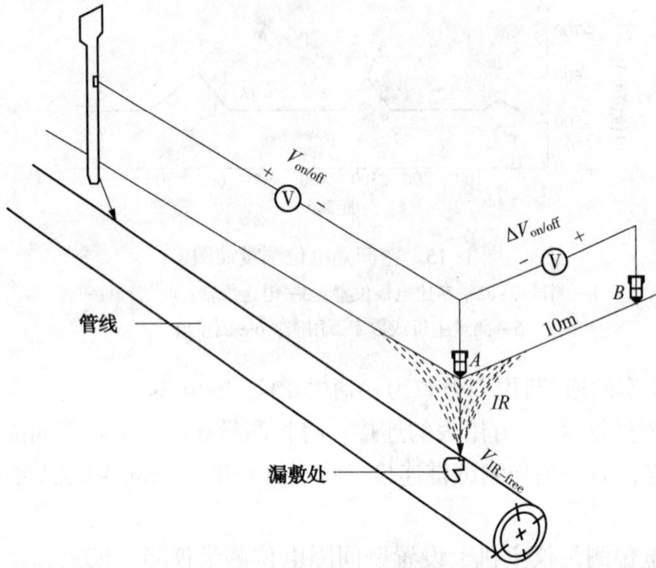

图 1-16　加强测量法测量简图

③ 采用已校准过的另一支硫酸铜电极，将其置于与管道方向相垂直，距离管顶测量点（*A* 点）10m 位置处（如图中 *B* 点），测量并记录两点（*A*、*B*）间的通电电位梯度 ΔV_{on} 和断电电位梯度 ΔV_{off}。

④ 使用米尺、GPS 坐标测量或其他方法，确定管顶测量点的位置，同时应记录沿线的永久性标志、参照物、沿线测量的通/断电位梯度差（$\Delta V_{on}-\Delta V_{off}$）的峰值位置等信息。

⑤ 按上述方法完成全管段的测量。若当天不再测量，应通知阴极保护站恢复为连续供电状态。

（2）计算方法

修正后的断电电位 $V_{IR-free}$ 按下式计算：

$$V_{IR-free}=V_{off}-\frac{\Delta V_{off}}{\Delta V_{on}-\Delta V_{off}}(V_{on}-V_{off})$$

式中　$V_{IR-free}$——*A* 测量点修正后的断电电位，mV；

V_{on}——*A* 测量点的通电电位，mV；

V_{off}——*A* 测量点的断电电位，mV；

ΔV_{on}——通电状态下，*A* 与 *B* 两测量点间的直流地电位梯度，mV；

ΔV_{off}——断电状态下，*A* 与 *B* 两测量点间的直流地电位梯度，mV。

（3）数据处理

① 将现场测量数据输入到计算机中，进行数据处理分析。

② 以距离为横坐标、电位为纵坐标分别画出测量段的通电电位、断电电位、修正后的

断电电位分布曲线图，修正后的断电电位曲线代表对断电电位修正后的管道保护电位分布曲线。

6）阴极极化电位测量

本方法适用于防腐层质量差或无防腐层的裸管道阴极保护效果的测量。通过管道极化衰减或极化形成来判定测量点处管道是否达到阴极保护。

（1）阴极极化曲线

① 极化衰减曲线如图 1-17 所示。

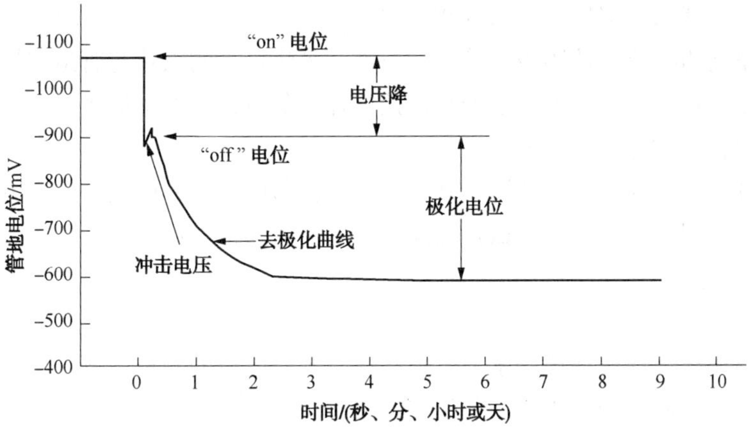

图 1-17　阴极极化衰减曲线

② 极化形成曲线如图 1-18 所示。

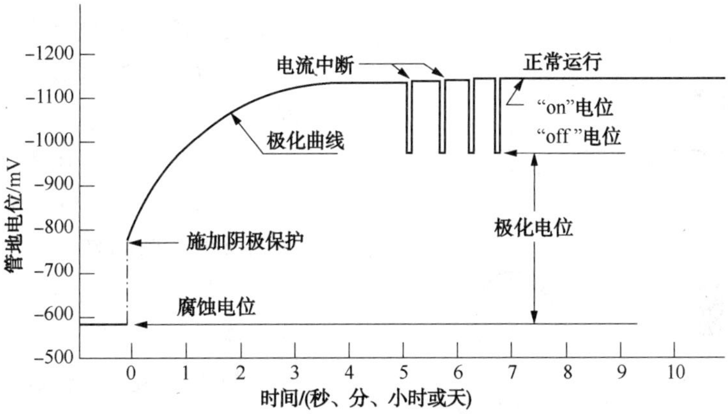

图 1-18　阴极极化形成曲线图

（2）管道阴极极化衰减的测量

① 在测量之前，应确认阴极保护正常运行，管道已充分极化。

② 测量时，对测量区间有影响的阴极保护电源应安装电流同步中断器，同步中断所有阴极保护电流。

③ 将硫酸铜电极放置在管道上方地表的潮湿土壤上，应保证硫酸铜电极底部与土壤接触良好。

④ 将电压表调至适宜的量程上，读取数据，记录通电电位和断电电位以及相对硫酸铜

电极的极性。将断电仅 0.5~1s 的断电电位作为计算极化衰减的基准电位，继续观察直到达到稳定的去极化水平后记录管道的去极化电位。

⑤ 上述两个电位之差(去极化电位与基准电位)，即为极化电位值。

(3) 管道阴极极化衰减的测量(略，见 GB/T 19285)

7) 极化探头法

本方法适用于受杂散电流干扰或无法同步中断保护电流的管道，用极化探头测量埋设位置处管道保护电位。测量方法如下：

(1) 极化探头埋深及回填状态与管道相同；

(2) 在测量之前，应确认阴极保护运行正常，极化探头的试片与管道和试片充分极化；

(3) 测量中，将直流数字电压表的正极接试片，负极接硫酸铜电极；

(4) 测量并记录试片的通电电位；

(5) 将试片与管道断开，立即测量并记录试片的断电电位。所测得的断电电位，代表埋设点附近防腐层破损点面积不大于试片裸露面积的管道保护电位。

3. 牺牲阳极测试

1) 开路电位测试

适用于牺牲阳极在埋设环境中未与管道相连时开路电位的测量。测量步骤如下：

(1) 测量前，应断开牺牲阳极与管道的连接；

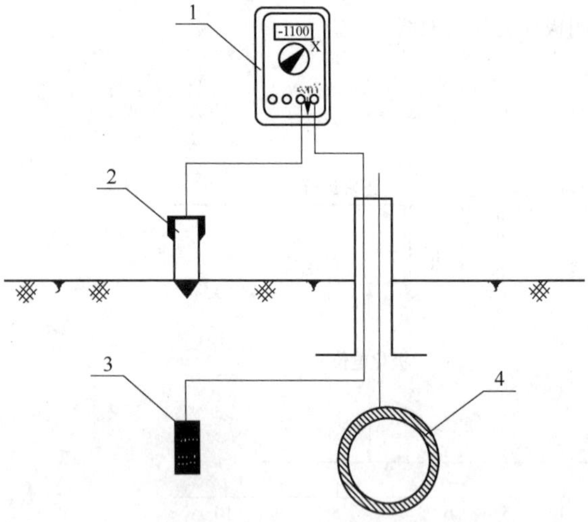

图 1-19　牺牲阳极开路电位测量接线图
1—数字万用表；2—参比电极；
3—牺牲阳极；4—埋地管道

(2) 按图 1-19 所示的测量接线方式接线，将数字万用表的正极与牺牲阳极连接，负极与 CSE 连接；

(3) 将 CSE 放置在牺牲阳极埋设位置正上方的潮湿土壤上，应保证 CSE 底部与土壤接触良好；

(4) 将数字万用表调至适宜的量程上，读取数据，作好电位值及极性记录，注明该电位值的名称；

(5) 测量完成后将牺牲阳极与管道恢复连通。

2) 闭路电位测试(牺牲阳极接入点管地电位)

适用于牺牲阳极闭路电位测量。为消除牺牲阳极工作时产生的电位正偏移所引起的管地电位测量误差，可采用远参比法消除。测量步骤如下：

(1) 远参比法的测量接线如图 1-20 所示。

(2) 将 CSE 朝远离牺牲阳极的方向逐次安放在地表上，第一个安放点距管道测试点不小于 20m，以后逐次移动 5m。将数字万用表调至适宜的量程上，读取数据，作好电位值和极性记录，当相邻两个安放点测试的管地电位相差小于 2.5mV 时，CSE 不再往远方移动，取最远处的管地电位值作为该测试点的管道对远方大地的电位值。

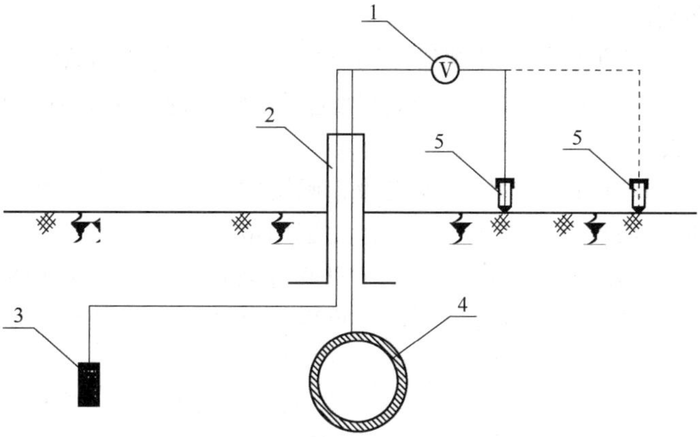

图 1-20　远参比法测量接线图

1—数字万用表；2—测试桩；3—牺牲阳极；4—管道；5—CSE

3）输出电流测试

（1）标准电阻法

当采用 0.1Ω 或 0.01Ω 标准电阻时，牺牲阳极(组)的输出电流采用标准电阻法。标准电阻法按图 1-21 接线。

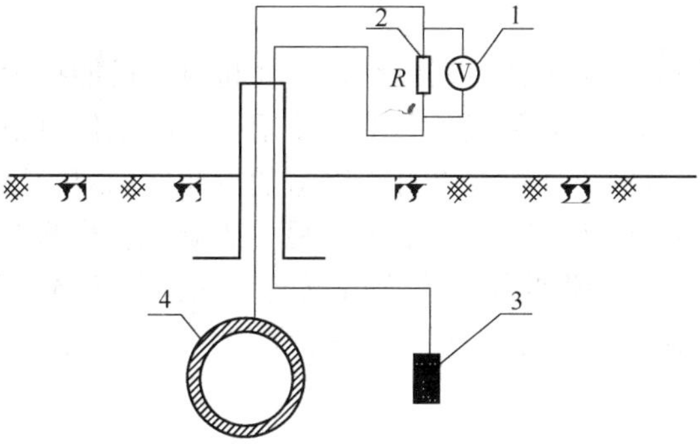

图 1-21　标准电阻法测试接线示意图

1—数字万用表；2—标准电阻；3—牺牲阳极；4—埋地管道

① 标准电阻的两个电流接线柱分别接到管道和牺牲阳极的接线柱上，两个电位接线柱分别接数字万用表，并将数字万用表置于 DC 200mV 量程。接入导线的总长度不大于 1m，截面积不宜小于 $2.5mm^2$。

② 标准电阻的阻值宜为 0.1Ω，准确度为 0.02 级。为了获得更准确的测量结果，标准电阻可为 0.01Ω，此时采用的数字万用表，DC 电压量程的分辨率应不大于 0.01mV。

③ 牺牲阳极的输出电流计算：$I=\Delta V/R$。

（2）直测法

当不采用 0.1Ω 或 0.001Ω 标准电阻时，牺牲阳极(组)的输出电流应采用直测法。直测法按图 1-22 连线，用 DC 10A 量程直接读出电流值。

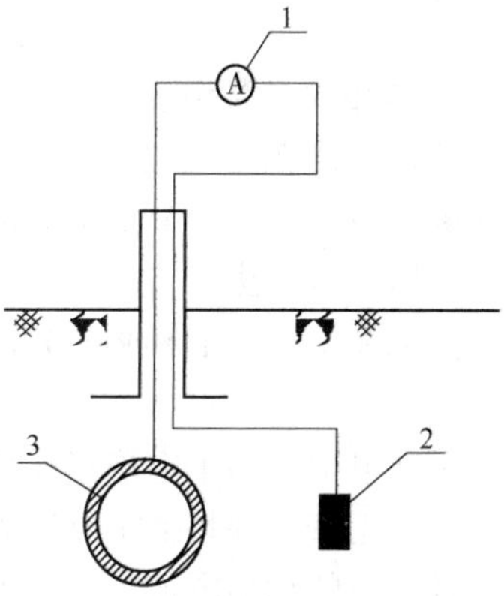

图 1-22　直测法测试接线示意图

1—数字万用表；2—牺牲阳极；3—埋地管道

4. 管道阳极区定位

本方法适用于未实施阴极保护的裸管或防腐层质量很差管道的管道阳极区(本节以下简称为阳极区)的定位。管道阳极区可通过双参比电极法和管地电位法沿管道测量来判定。

1) 双参比电极法

(1) 测量前，选用已校正过的硫酸铜电极，确定两支硫酸铜电极间的电位差。

(2) 测量时，应使用直流数字式电压表，并选用最低量程。

(3) 测量时，两个硫酸铜电极沿测量方向以同等间距(通常为 3m)布置在管道上方，电压表正极与行进方向前面的硫酸铜电极相连，负极与行进方向后面的硫酸铜电极相连，如图 1-23 所示。

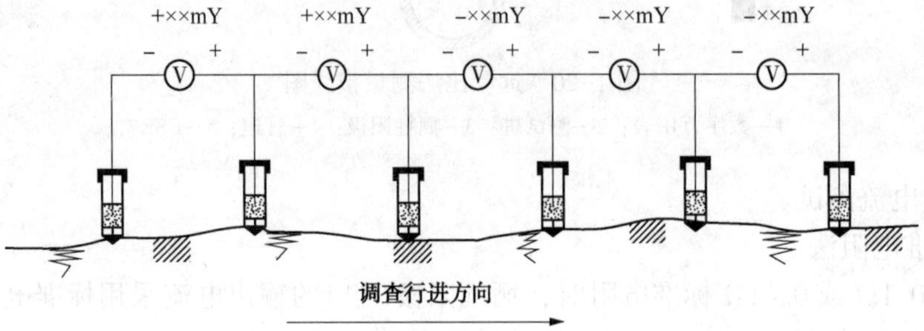

图 1-23　双参比电极法测量图

(4) 记录所测电压的数值和极性。当极性发生变化时，可能指示存在一个阳极区。初步确定阳极区后可将硫酸铜电极的间距减半，从而使阳极区的定位更精确。

(5) 阳极区的强度和范围可通过在垂直于管道的方向使用双参比电极测量确定。此时与电压表正极相接的硫酸铜电极置于管道正上方，另一支硫酸铜电极位于管道一侧(一般距离为 3m)。若测得结果为正值，说明电流从管道流向大地，此区域为阳极区。反之，若测得负值则说明此区域为阴极区。此种测量需在管道两侧分别进行，从而使阳极区的定位更准确。

2) 管地电位法

(1) 用万用表在管道正上方沿管线以 3m 为间隔测量并记录电位数据。初步确定阳极区后，测量间距可以缩短，从而使阳极区的定位更精确。

(2) 将测得管地电位随距离变化的数据绘制成曲线图。负电位最高的区域表明为阳极区。

5. 其他相关参数测量

1) 牺牲阳极输出电流

有两种检测方法，分别是标准电阻法和直测法

(1) 标准电阻法

当测试单位有 0.1Ω 或 0.01Ω 标准电阻时，牺牲阳极(组)的输出电流测量可采用标准电阻法。

将标准电阻的两个电流接线柱分别接到管道和牺牲阳极的接线柱上，两个电位接线柱分别接数字万用表，并将数字万用表置于 DC 电压最低量程。

牺牲阳极的输出电流为数字万用表读数(mV)与标准电阻阻值(Ω)之比。

(2) 直测法

直测法应选 4½位的数字万用表，用 DC 10A 量程直接读出电流值。

2）管道外防腐层电阻率

通过沿线设置的电流测试桩(或相距 10~30m 探坑)，测量各点上的通电电位、断电电位和管内电流，以此分别计算各测量段的平均电位偏移和管内保护电流漏失量，再计算出各测量段防腐层电阻率。

3）绝缘接头(法兰)绝缘性能

(1) 兆欧表法

本方法适用于测量未安装到管道上的绝缘接头(法兰)的绝缘电阻值。

(2) 电位法

本方法适用于定性判别有阴极保护运行的绝缘接头(法兰)的绝缘性能。

① 测量方法　电位法测量接线图参见 GB/T 19285—2015 附录 F 图 F.2；保持硫酸铜电极位置不变，采用数字万用表分别测量绝缘接头(法兰)非保护端 a 点的管地电位 V_a 和保护端 b 点的管地电位 V_b。

② 数据分析　若 V_b 明显地比 V_a 更负，则认为绝缘接头(法兰)的绝缘性能良好；若 V_b 接近 V_a 值，则认为绝缘接头(法兰)的绝缘性能可疑。若辅助阳极距绝缘接头(法兰)足够远，且判明与非保护端相连的管道没同保护端的管道接近或交叉，则可判定为绝缘接头(法兰)的绝缘性能很差(严重漏电或短路)；否则应按 PCM 漏电率测量法或接地电阻仪测量法进一步测量。

(3) PCM 漏电率测量法

本方法适用于用 PCM 测量在役管道绝缘接头(法兰)的漏电率，判断其绝缘性能。具体测量方法如下：

① 测量接线如图 1-24 所示。

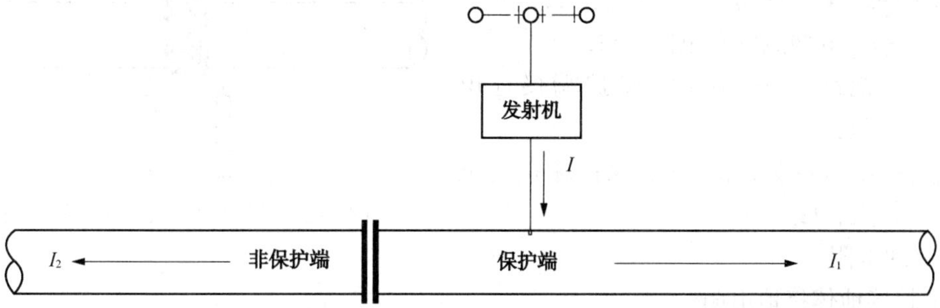

图 1-24　PCM 漏电率测量接线图

② 断开保护端阴极保护电源和跨接电缆。

③ 按 PCM 操作步骤，用 PCM 发射机在保护端接近绝缘接头(法兰)处向管道输入电流 I。

④ 在保护端电流输入点外侧，用 PCM 接收机测量并记录该侧管道电流 I_1。

⑤ 在非保护端用 PCM 接收机测量并记录该侧管道电流 I_2。

⑥ 计算绝缘接头(法兰)漏电率 η。

$$\eta=\frac{I_2}{I_1+I_2}\times 100\%$$

(4) 接地电阻仪测量法

本方法适用于用接地电阻仪测量在役管道绝缘接头(法兰)的绝缘电阻。具体测量方法如下：

① 先测量绝缘接头(法兰)两端管道的接地电阻，其测量接线如图 1-25 所示。分别对 a 点和 b 点按长接地体接地电阻的测量方法进行测量，读取并记录仪表读数值 R_a 和 R_b。

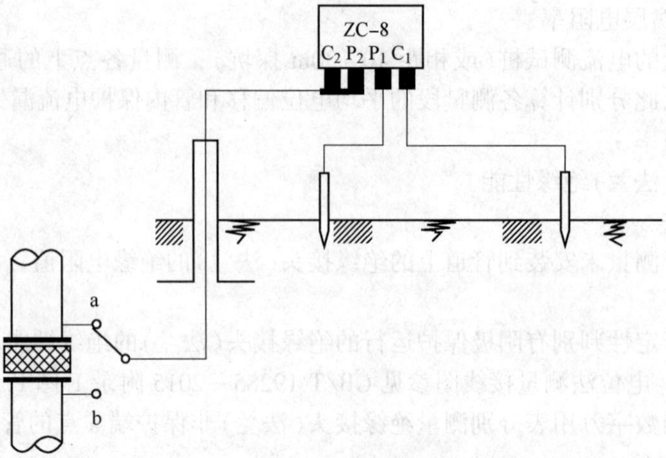

图 1-25 绝缘接头(法兰)两端接地电阻测量接线图

② 再测量 a、b 两点的总电阻，其测量接线如图 1-26 所示。测量并记录仪表读数值 R_r。当 $R_r \leq 1\Omega$ 时，相邻两测量接线点的间隔应不小于 πD；当 $R_r > 1\Omega$ 时，相邻两测量接线点(a 点与 c 点，b 点与 d 点)可合二为一，此时 C_1 与 P_1、C_2 与 P_2 可短接。

③ 数据处理。绝缘接头(法兰)的绝缘电阻按下式计算：

$$R=\frac{R_r(R_a+R_b)}{(R_a+R_b)-R_r}$$

式中 R——绝缘接头(法兰)的电阻，Ω；

R_r——a、b 两点的总电阻，Ω；

R_a——绝线接头(法兰)保护端接地电阻，Ω；

R_b——绝缘接头(法兰)非保护端接地电阻，Ω。

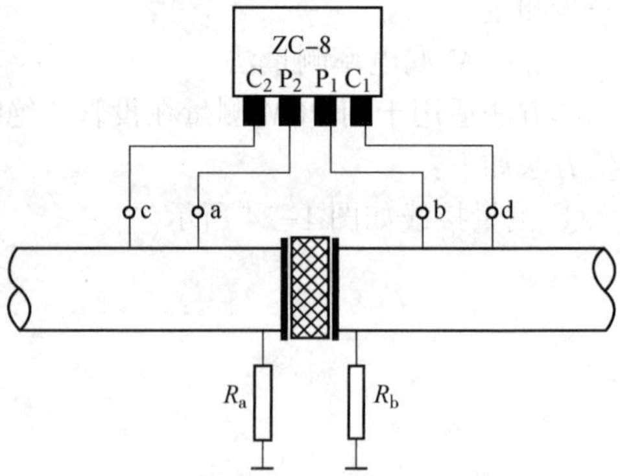

图 1-26 接地电阻仪法测量接线图

4）接地电阻

(1) 长接地体接地电阻

本方法适用于测量对角线长度大于 8m 的接地体的接地电阻。具体测量方法如下：

① 测量接线如图 1-27 所示。

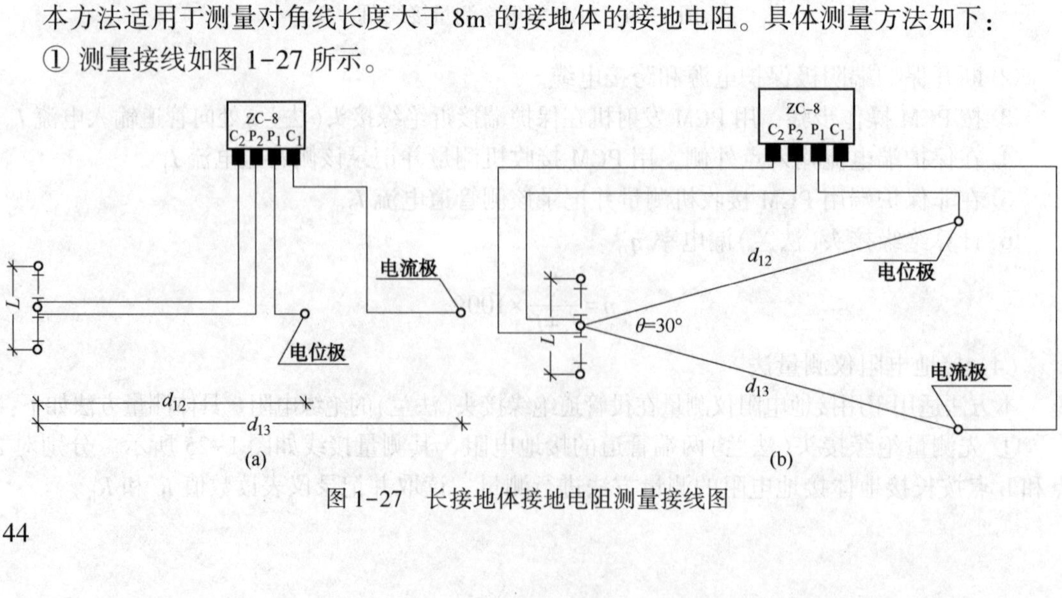

图 1-27 长接地体接地电阻测量接线图

② 当采用图 1-27(a)测量时，d_{13}不得小于 40m，d_{12}不得小于 20m。在土壤电阻率较均匀的地区，d_{13}取 $2L$，d_{12}取 L；在土壤电阻率不均匀的地区，d_{13}取 $3L$，d_{12}取 $1.7L$。

③ 在测量过程中，电位极沿接地体与电流极的连线移动三次，每次移动的距离为 d_{13}的 5%左右，若三次测量值接近，取其平均值作为长接地体的接地电阻值；若测量值不接近，将电位极往电流极方向移动，直至测量值接近为止。长接地体的接地电阻也可以采用图 1-27(b)所示的三角形布极法测试，此时 $d_{13}=d_{12}\geqslant 2L$。

④ 转动接地电阻测量仪的手柄，使手摇发电机达到额定转速，调节平衡旋钮，直至电表指针停在黑线上，此时黑线指示的度盘值乘以倍率即为接地电阻值。

(2) 短接地体接地电阻

本方法适用于测量对角线长度小于 8m 的接地体的接地电阻。

测量前，应将接地体与管道断开，然后按图 1-28 所示的接线图沿垂直于管道的一条直线布置电极，d_{13}约 40m，d_{12}取 20m 左右，按上述长接地体接地电阻测量的操作步骤测量接地电阻值。

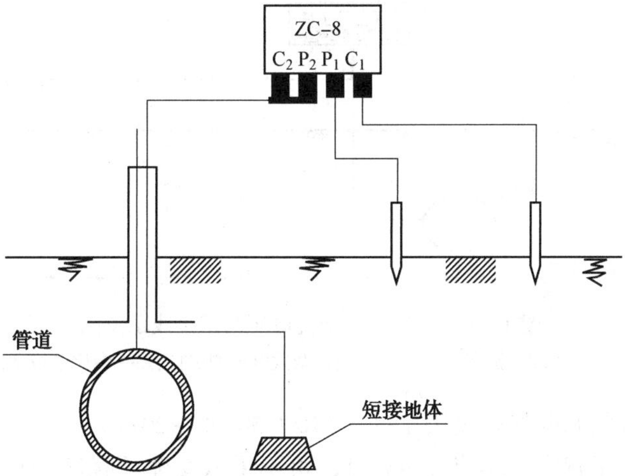

图 1-28　短接地体接地电阻测量接线图

1.3.4　杂散电流干扰检测

杂散电流的流动过程形成了两个由外加电位差建立的腐蚀电池，加速了金属管道的腐蚀。杂散电流引起的腐蚀比一般土壤腐蚀更为严重，无杂散电流时，腐蚀电池两极的电位差仅为 0.35V，有杂散电流时，管地电位高达 8~9V，其对埋地长输油气管道的使用寿命和安全运行影响很大。

图 1-29 为杂散电流对管道的干扰示意图，杂散电流必须在某一部位从外部流到受影响的管道上，再流到受影响管道的某些特定部位，并在这些特定部位离开受影响的管道进入大地，返回到原来的直流电源；其他直流干扰源产生的杂散电流腐蚀也具有同样的特点。

1. 管道交流干扰调查

交流干扰调查是指通过长时间连续记录管道交流电压，分析管道交流电压波动情况，评价交流干扰强弱。管道交流干扰电压测试的参比电极可采用钢棒电极和硫酸铜电极。图 1-30为其测试接线示意图。

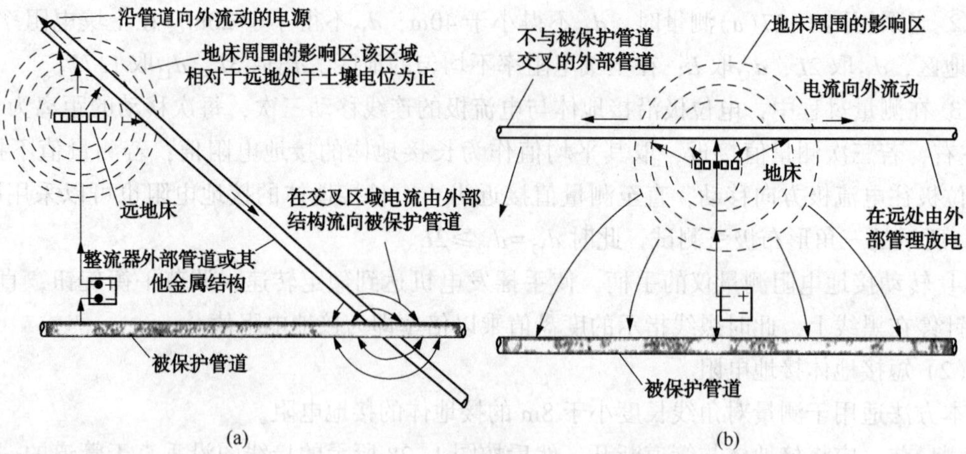

图 1-29　杂散电流对管道的干扰

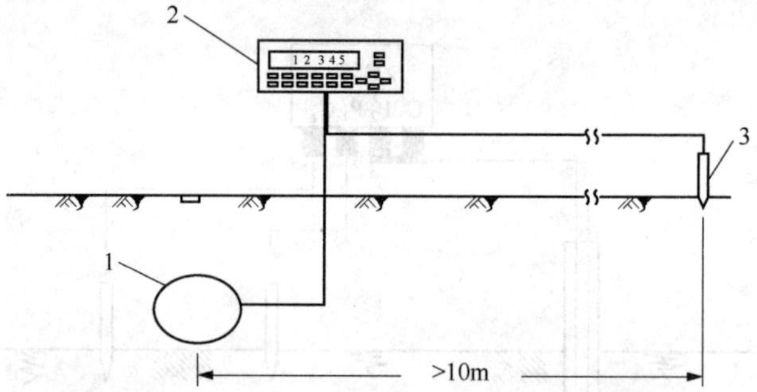

图 1-30　管道交流干扰电压测试接线示意图

1—管道(被测体)；2—存储式杂散电流测试仪；3—参比电极

管道交流电干扰的判断指标见表 1-12(GB/T 50698—2011)。

当管道上的交流干扰电压不高于 4V 时，可不采取交流干扰防护措施；高于 4V 时，应采用交流电流密度进行评估。

表 1-12　交流干扰程度的判断指标

交流干扰程度	弱	中	强
交流电流密度/(A/m^2)	<30	30~100	>100

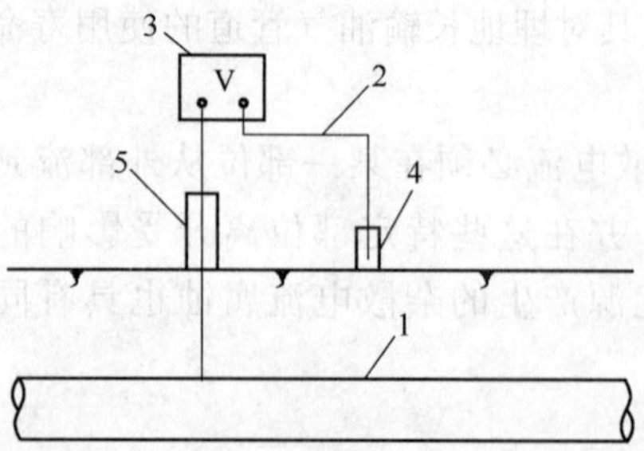

图 1-31　管地电位测试接线图

1—管道(被测体)；2—测试导线(多股铜芯塑料软线)；3—存储式杂散电流测试仪；4—参比电极；5—测试桩

2. 管道直流干扰调查

直流杂散电流干扰调查分为两个阶段：

第一阶段对干扰区域内的测试桩进行管地电位监测，对比不同测试桩管地电位时间和空间的分布特征，判断干扰源大致位置。管地电位测试接线如图 1-31 所示。

第二阶段通过地电位梯度和杂散电流方向测试判断杂散电流源的方位。沿着某一干扰段选取几个地点，重复进行测试及数据处理，通过几个测试点电位梯度的大小和方向，判断杂散电流源的方位。

管道直流干扰程度一般按管地电位较自然电位正向偏移值按表 1-13 所列指标判定；当管地电位较自然电位正向偏移值难以测取时，可采用土壤电位梯度按表 1-14 所列指标判定杂散电流强弱程度。

表 1-13　直流干扰程度的判断指标

直流干扰程度	弱	中	强
管地电位正向偏移值/mV	<20	20~200	>200

表 1-14　杂散电流强弱程度的判断指标

杂散电流强弱程度	弱	中	强
土壤电位梯度/(mV/m)	<0.5	0.5~5	>5

3. SCM 杂散电流测绘仪

英国雷迪公司推出的 SCM 杂散电流测绘仪如图 1-32 所示。

图 1-32　SCM 杂散电流测绘仪

该仪器在国际上得到了广泛的应用，该仪器无需与管道连接，在地面就可快速评估管道中的杂散电流；可连续存储不间断工作的记录，便于对杂散电流的变化情况作出动态分析。该仪器能够确定受杂散电流影响的管道区段、精确定位杂散电流流入点和流出点、检测杂散电流的大小和方向、识别杂散电流的来源。

4. 同步频谱分析法

传统的杂散电流测量方法是测量管地电位，然后对测量数据进行统计分析，从而推断出杂散电流的干扰情况。通过测试桩进行电压的测量和比较，如果两个测试桩测试的时间不同，干扰源的干扰规律在测试时间内可能发生变化，使得在两个测试桩测得的电压值无可比性，因而无法对干扰源与干扰规律进行准确判断。另外，交流电压一般测试的频率为 50Hz，杂散电流的多源性、复杂性等这些特点表明，在检测杂散电流及其来源分析时，若仅从时域的角度进行分析和判断对于交流成分则无法把握，获取的信息非常有限，还需知道其频率特性，这样才能准确地分析其特点并找出干扰源。

为此，国内一些检测机构研发了存储式杂散电流测试仪。该仪器使用高速高精度数据采集卡，采集频率可达到 1kHz；GPS 授时同步，时间误差<100μs；使用傅里叶变换处理数字

信号。准确地判断出杂散电流的频率成分，为找出干扰源的分布、排除隐患、解决问题提供了重要的依据。

1.4 管体腐蚀检测与剩余寿命评估

管道本体腐蚀损伤是引发管道事故的直接原因之一，无论是均匀腐蚀、局部腐蚀还是点腐蚀，无论是外部腐蚀还是内部腐蚀，其结果一样是管道的金属损失，在一定的条件下均可能成为油气管道事故的起因。因此，必须进行检测，以为提前治理提供依据。

管道本体腐蚀损伤状况主要检测技术方法有：瞬变电磁检测技术、磁力层析检测技术、超声导波检测技术、管道内检测技术等。

1.4.1 瞬变电磁检测

1. 瞬变电磁检测基本原理

瞬变电磁(TEM)检测是基于瞬变电磁原理，在地面(不需开挖)检测埋地管道管体金属损失的一种方法，简称 TEM 检测。行业标准 SY/T 0087.2《钢质管道及储罐腐蚀评价标准 埋地钢质管道内腐蚀直接评价》将该方法作为间接检测环节判断管体腐蚀的首选方法。本方法也可用于地面以上各类金属管道储罐剩余管壁厚度的检测。由于采用非接触式信号加载方式，最适用的检测对象是单根或可视为单根的金属管道。本方法不适宜用于孔(点)蚀的检测。

如图 1-33 所示，在稳定激励电流小回线周围建立起一次磁场，瞬间断开激励电流便形成了一次磁场“关断”脉冲。这一随时间陡变的磁场在管体中激励起随时间变化的“衰变涡流”，从而在周围空间产生与一次场方向相同的二次“衰变磁场”，二次磁场穿过接收回线中的磁通量随时间变化，在回线中激励起感生电动势，最终观测到用激励电流归一化的二次磁场衰变曲线——瞬变响应。

管体瞬变响应的幅值及其时变特征与管体几何尺寸和管内外介质等因素有关(见图 1-34)。图中 h 为管道中心埋深；a、b、c 分别为管道的内半径、外半径和防腐层外半径；μ_E、σ_E、ε_E，μ_F、σ_F、ε_F 和 μ_J、σ_J、ε_J 分别为管外介质、防腐层和管内介质的磁导率、电导率与介电常数；μ_G、σ_G 为管体的磁导率与电导率。

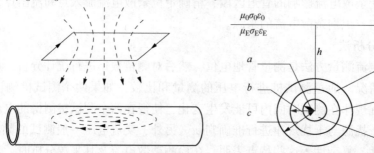

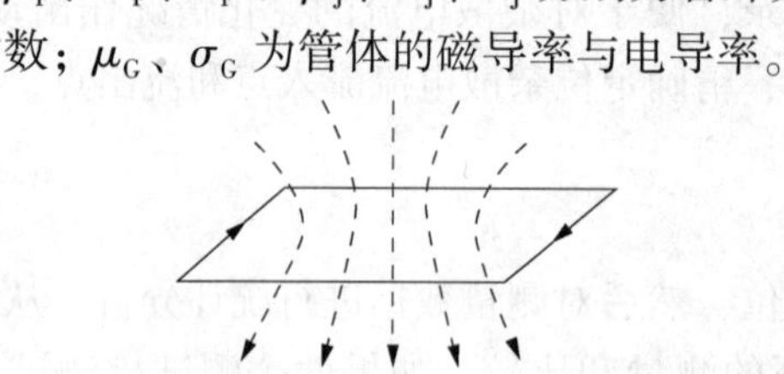

图 1-33 瞬变电磁管道检测原理

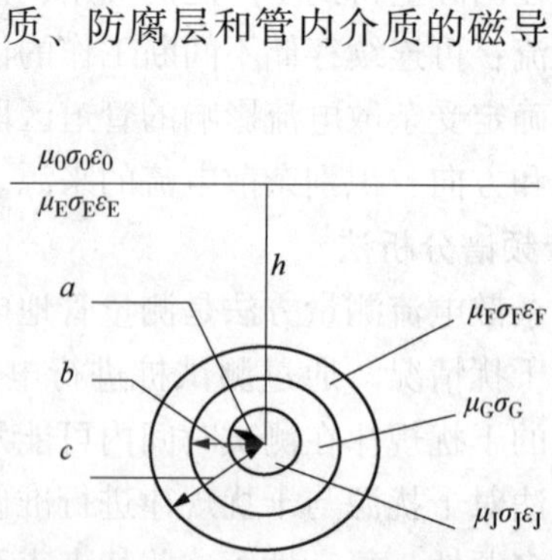

图 1-34 物理模型断面

瞬变电磁(TEM)检测方法所给出的检测结果是管体金属损失率或者平均剩余管壁厚度。理论上讲，金属损失发生在管壁内、外是有区别的，但实际检测过程中却难予区分。

自然的和人为的电磁干扰是影响瞬变电磁(TEM)检测方法检测精度的主要因素。瞬间电磁干扰可以通过提高信噪比的办法予以抑制，加大激励信号(包括激励电流的增大和发、收回线匝数、面积的增加)、提高叠加次数、避开干扰时间段等，都是常用的手段。

瞬变电磁(TEM)检测方法所谓的被检管段是指每个TEM检测(点)覆盖的管长，等于所采用的回线边长(对圆形回线而言则为直径)与2倍管道中心埋深之和($L+2h$)。

瞬变电磁(TEM)检测方法所说的检测精度是指TEM检测所得管壁厚度与实际管壁厚度(均指被检管段范围内平均管壁厚度)之间的偏差，用百分比表示，一般情况下不超出±5%。管壁厚度偏差不超出±5%的情况称作检测壁厚与实际壁厚符合。实际工作中还有一个技术指标——验证符合率，它是指验证符合点数相对总验证点数的百分比，一般情况下应不低于80%。验证时采用高精度(0.1~0.01mm)测厚仪实际测量管壁厚度，测量点应均匀分布并具有统计意义；也可采用称量的办法实测金属损失量。

2. 埋地管道检测

1）瞬变电磁(TEM)检测步骤

(1) 收集资料和现场调查

接受检测任务之后，应首先收集待检管道的相关资料，包括管道材质、规格(管径与壁厚)以及焊缝类型、防腐(保温)结构和腐蚀控制措施、埋设年份和路由环境、运行和维修历史等。根据已有资料情况进行实地调查，划分TEM检测段，每个检测段应至少有一个管壁厚度已知点作为该段TEM检测的基准(标定)点。对于条件相同的管段应考虑使用相同的检测参数。

(2) 编制检测设计

方法适用性：必须首先考虑方法的适用性。对于电磁噪声干扰严重，数据采集精度不能控制在±5%之内，或者待测管道与邻近管道之间距离小于其埋深之和，不符合“单管”条件的管段，不宜使用瞬变电磁(TEM)检测方法。

检测精度设计：检测设计要根据检测流程中各工序(环节)的具体测试内容、所用仪器和装备的技术性能以及数据处理方式等合理地分配、控制该工序(环节)的施测精度，总均方相对误差不应超出±5%。必要时，可通过实验确认符合或满足检测精度要求的数据采集方案。

检测点布设方法：合理地布设检测点不仅能获得科学的评价依据和良好的检测效果，而且能节约检测成本。

① 根据历史数据、腐蚀影响因素、维修历史/记录等，分析腐蚀可能性较大位置的分布情况，确定检测间距，一般情况下应当采用在基本检测点距基础上适当加密的措施，必要时可进行全覆盖(点距不大于被检管道埋深的2倍)检测。

② 对于根据管道日常管理中汇集的管道穿孔及泄漏、介质腐蚀性等数据判断可能发生腐蚀较严重的管段，可按25~50m基本点距基础上适当加密的方式布设测点。防腐(保温)层破损、缺陷点及其两侧、阴极保护失效部位、杂散干扰显著地段及怀疑发生腐蚀的管段应布置加密检测点。弯头或接头两侧、土壤介质明显变化处、环境因素明显分界处、第三方破坏频发处可适当布置加密检测点。

③ 也可以根据管道运行方要求进行抽检。抽检时需考虑检测位置的代表性，一般应布置在根据管壁腐蚀影响因素、维修历史/记录和其他任何管壁腐蚀/破裂历史等资料所分析的腐蚀可能性较大的管段位置上。

检测点位置测量：瞬变电磁(TEM)检测设计中还应包含定位测量的内容，具体方法可根据管道运行方对定位测量精度的要求按相关标准确定。

(3) 现场检测作业

① 操作数据采集器　无论使用 GBH-1 还是使用其他脉冲瞬变电磁仪采集数据时，要按照相应说明书中规定的步骤操作仪器和附属设备。

② 实地布设检测点　根据实地情况布设测点，必要时可适当调整，要避免布置在靠近强干扰源、强磁场、有金属干扰物的地方。观测前，应首先校对测点号是否正确，随即作好现场记录，对干扰、周围地物以及必要的点位移动情况要详细记录。

③ 安放发射-接收回线　在已确定的观测点上安放发射-接收回线使其平面接近水平，回线中心偏离管道轴线在地面投影的距离不应超过管道中心埋深的 10%。对于矩形回线，要使回线的一组边与管道走向大致平行。

④ 采集 TEM 数据　正确地连接发射机、接收机、发射-接收回线和电源；启动系统采集数据并监视数据精度达到要求后停止采集；回放数据，观察数据曲线合格后移至下一个测点，否则重新采集。

⑤ 抑制干扰，提高观测质量　可通过提高信噪比(包括增加激励电流、收-发磁矩，增大迭加次数等手段)的办法抑制电磁干扰。每个测点至少应重复观测 2 次，2 次观测数据的相对误差不应超过 3%，若不符合可进行多次观测，取其偏差最小的 2~3 组数据的平均值作为该测点的 TEM 数据。

⑥ 故障应对措施　检测中如遇故障，要及时查明原因，并回到已测过的测点上作对比检测，确认正常后方可继续工作。

(4) 检测数据处理

① 数据整理

每日收工后及时将现场所采集的瞬变电磁(TEM)数据传送到计算机中整理并保存以便作进一步处理。内容包括：被检管道的编号及属性(埋深、材质、管径、壁厚、输送介质)等；检测时间、检测点号、回线参数、发射频率、发射电流、响应曲线等；检测点 GPS 记录与/或大地坐标，基准(标定)点实测管壁厚度记录等；管道沿线地物、干扰源注记，照片、栓点图等。

② 计算管道金属损失率和管壁厚度　采用《管壁厚度 TEM 评价系统 PWTE2.0》专用软件或其他适当的方法计算管体金属横截面积平均损失率和平均剩余管壁厚度。

2) 连续诊断管体金属腐蚀与缺陷的全覆盖瞬变电磁检测

全覆盖瞬变电磁检测采用连续移动式瞬变电磁响应信号的采集分析技术方法，覆盖整个被检管段，可检测金属腐蚀以及制管、机械、焊接、应力变形等全方位管体缺陷的问题。与常规“点测”的数据采集方法相比：采用连续移动式瞬变电磁响应信号的采集分析技术，以≤0.2m 的检测点间距实现了全覆盖检测，大大降低了缺陷漏检率，检测效果更为突出。

由于金属管体与防腐层以及周围介质的电磁特性差异显著，金属管道异常点的瞬变响应曲线与正常管道的瞬变响应曲线具有明显的时间可分性，通过反演、属性异常指数、缺陷异常指数的计算，计算管壁厚度，筛查出管道异常点；通过设置风险阈值、焊接阈值，定位高风险管段。

具体实施方法如下：

(1) 工作前的准备：使用管道定位方法，确定管道地表中心位置和中心埋深，确定两倍中心埋深范围内无其他金属管道以及三通、拐点等特征点；根据现场情况确定检测段长度及传感器大小。

(2) 传感器水平放置在管道中心正上方，发射-接收回线(组件)以 0.5m/s 的速度沿管道方向平稳移动，在移动开始时启动发射机发出频率为 4Hz 或 8Hz、占空比为 1∶1 的双极性激励方波，在发射机断电期间控制接收机记录管体的瞬变响应，此过程一直持续到一段管道检测结束。

(3) 数据采集、保存。

(4) 通过专用程序正则化所记录的瞬变电磁响应数据，包括：依据先验模型识别并剔除非规则性响应数据；沿管道方向滤波，减小随机干扰的影响。

(5) 通过专用程序分析已正则化的瞬变电磁响应数据，包括：反演管壁厚度；计算属性异常指数并进行异常分类；计算缺陷异常指数并进行异常分类；设置风险阈值，筛查高风险管段；设置焊痕阈值，筛查疑似焊接痕迹(如盗油、气卡子等)。

(6) 划分、标定管道缺陷异常类别，筛查、定位高风险管段。通过滤波窗口筛查、定位管道属性(埋深、规格、材质)变化点；定位疑似焊接点(补强、盗卡等)的位置。

1.4.2 磁力层析检测

就已发表的文献来看，国内的磁记忆 MMM(俄罗斯动力公司)、磁层析 MTM(川斯科)、磁应力(POLYINFORM)等埋地管道缺陷磁法检测技术均是基于磁法勘探手段与金属磁记忆检测原理。目前市场上各种磁法检测设备，都是源于俄罗斯杜波夫教授的金属磁记忆理论，只是不同的公司名称不同、所研制的检测设备具有不同的构造形式而已(见图 1-35)。

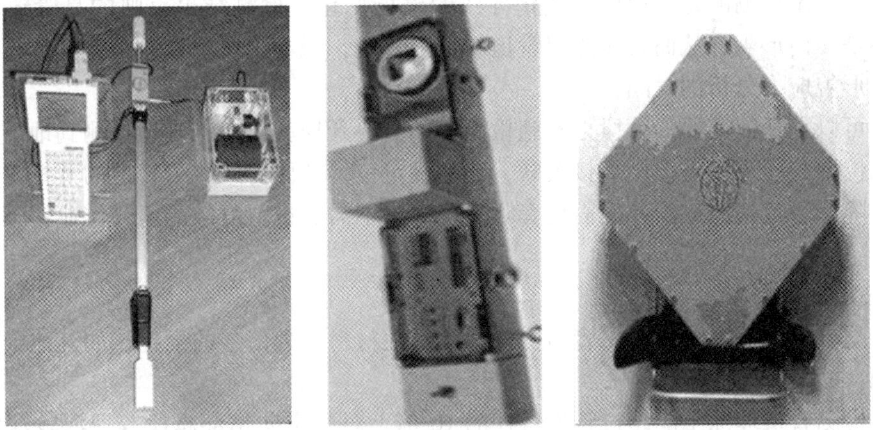

(a) 磁记忆检测设备　(b) 磁层析检测设备　(c) 磁应力检测设备

图 1-35　磁法检测设备

1. 磁力层析检测基本原理

地球是一个巨大的磁体，钢制管道埋设在地球的土壤中会受到地磁场的磁化作用，从而产生磁场具有磁性。

如果埋设在土壤中的管道存在缺陷，同时管道中有周期性变化的负荷压力，那么在压力增大的过程中，管体的缺陷处就会形成较大的内应力。由于铁磁物质的磁弹性效应，在管道内部产生的应力作用下，管道缺陷处的磁场增强，产生外漏的磁场也叫漏磁场。当管道中压力减小时，缺陷处的应力减小，该处的磁场也随之变小，但由于铁磁性材料存在磁滞效应，该处的磁场无法恢复到原来的数值，而是比原磁场强度少量地增大。当管道压力发生周期性变化时，管道缺陷处的磁场就会不断地增强，管道在这个过程中相当于记忆了以前磁场的强度并且不断地增强，这个过程也就是管道磁记忆的过程。

无论由何种原因造成管道缺陷磁记忆效应，缺陷磁场总是叠加在地磁场背景和管道磁场上。由于管道缺陷处的磁场强度不断地累计，并且铁磁性的管道即使在管道中的压力不复存在的情况下，也能够将该磁场的强度保持，所以通过灵敏的磁力计，可以在管道的上方检测该磁场，从而标定管道的缺陷位置。

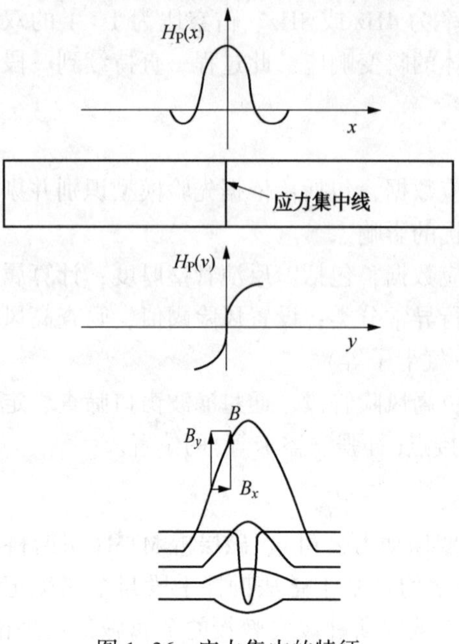

图 1-36　应力集中的特征

非接触式磁测诊断基于测量磁场（H_P）的畸变，此畸变与应力集中区和发展中锈蚀-疲劳故障区内管道金属磁导率的变化相关联，此时磁场（H_P）变化的特点（频率、幅度）与管道的变形有关，这个变形是由许多因素的作用而发生的，如加工的残余应力、工作负荷以及外界空气与介质（土壤、水等）温度波动时自补偿应力等。在应力集中区金属磁导率最小，漏磁场最大，磁场的切向分量 $H_P(x)$ 具有最大值，而法向分量 $H_P(y)$ 改变符号并具有零值（见图 1-36）。

1）技术特点

（1）该技术检测的是管道应力变化导致的磁场变化，检测结果反映的是管道的应力情况，而不是几何形貌，从而直接给出管道的危险等级，减小了管道检测信号的分析处理以及根据几何形貌应力分析的时间；

（2）可以在任何需要的管段上实施检测，不需要开挖就可以准确地检测到地下管道的缺陷，缺陷位置与管道地理坐标直接关联，能准确定位，从而有效减少管道的开挖工程量；

（3）降低管道检测成本：无需配套收发球筒；不需要进行复杂的清管作业；不影响管道正常运行。

2）技术局限性

（1）受自然环境影响较大，容易受外部铁磁性材料磁力信号的干扰，如其他金属体或经过的车辆；

（2）检测管道埋深不能超过管道直径的 10 倍，对于定向钻穿越段等埋深较深的管段难以实施有效检测；

（3）该技术在缺陷评价准确性上有待提高，需要在开挖条件下配合其他无损检测技术方能确定缺陷性质。

2. 检测流程

1）收集资料

在实施检测前，首先收集管道的基础数据，包括管道规格、管体材质、输送介质、投产时间、最大设计压力、实际运行压力、管线长度、维修记录、以往检测报告等信息。然后进行现场踏勘，确认管道基础数据、各个管段的地面路由通过情况，制订检测方案，确定检测计划。

2）采集数据

采集数据过程需要两名技术人员，一人使用管线仪定位管道路由的精确位置，另一人使用磁力检测仪采集并储存管道磁场分布数据，同时记录管道特征点坐标、地物特征、检测长度等信息。

3）初步分析数据，确定异常点

分析数据，确定异常点位置、类型等信息，提出校验和验证缺陷点的开挖位置。

4）异常标定

使用直接检测工具对异常点管体进行接触式检测，检测工具包括测量工具（放大镜、游标卡尺、卷尺、金属直尺等）、磁记忆工具、超声检测仪、超声波测厚仪等。完成管体校验过程之后，进行最终数据分析，提交检测评价报告。

5）出具检测评价报告

检测评价报告包括：总体评价结果、管道安全操作压力、管体异常点分布情况［异常数量、位置、长度、类型（焊缝、裂纹、全面腐蚀、局部腐蚀、几何变形、应力集中）等］、再检测周期等。

综上所述，磁测技术装备轻便、检测效率高、成本低，可以检测细小缺陷和应力集中产生的磁场信息（取决于所用磁力计的灵敏度和稳定性），由于地磁场、管道磁场、缺陷磁场、干扰磁场的信息同时叠加在所采集的磁场数据中，因此数据处理手段与异常识别能力成了检测效果好坏的关键。

1.4.3 超声导波检测

目前，国内外用于长距离管道检测的超声导波技术主要有两种：一种是以传统压电晶片的压电效应为基础的多晶片探头卡环式超声导波检测系统，如英国超声导波有限公司（Guided UltrasonicsLtd）的 Wavemaker 系列和英国焊接研究所（TWI）下属的 PI 公司的 Teletest 系列；另一种是以铁磁性材料的磁致伸缩效应及其逆效应为基础的条带式 MsS 超声导波检测系统，由美国西南研究院（SwRI）研发。

1. 导波检测技术

1）基本原理

一般而言，管壁中沿圆管轴向传播的导波有以下模式：

① 轴对称纵向模式：$L(0, m)$，$m=1, 2, 3\cdots\cdots$。

② 轴对称扭转模式：$T(0, m)$，$m=1, 2, 3\cdots\cdots$

③ 非轴对称模式：$n=1, 2, 3\cdots\cdots$，$m=1, 2, 3\cdots\cdots$。

这里，m 反映该模式导波在管壁厚度方向上的振动位移形态，n 反映该模式绕整个圆管壁螺旋式向前传播形态，且当 $n=0$ 时，该模式是轴对称的无环绕圆管螺旋传播的形式。

根据被检构件特征，采用一定的方式在构件中激励出沿构件传播的导波，当该导波遇到缺陷时，会产生反射回波，采用接收传感器接收到该回波信号，通过分析回波信号特征和传播时间，即可实现对缺陷位置和大小的判别。图 1-37 是超声导波检测示意图。

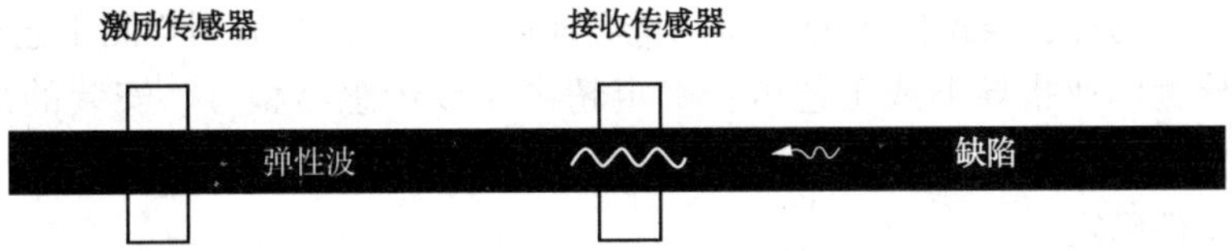

图 1-37　超声导波检测示意图

2）超声导波检测方法的特点

（1）单点激励即可实现构件的长距离检测；

（2）导波传播需要波导横截面上全部质点的参与，因而能够实现同时对内外部缺陷进行检测；

（3）通过选用适当的模态和频率，根据缺陷的反射信号实现检测；

（4）可实现对地下构件、水下构件、带包覆层构件、多层结构构件及混凝土内构件的检测；

（5）能够对人很难或根本无法接近的构件进行检测；

（6）多模态、多频率导波在缺陷检测、定位、定性、定量等方面具有潜力；

（7）检测成本低、速度快。

3）超声导波检测方法的局限性

（1）由于频散现象的存在，导波随传播距离增加，波形会发生变化，从而使导波波形复杂；

（2）由于多模态存在，导波在遇到不连续等边界条件发生变化时会产生模态转换，从而使导波信号成分复杂；

（3）信号解释难度大；

（4）缺陷检测的灵敏度及精度较低，无法直接测量管道壁厚，对于发现的缺陷无法有效定量，需要其他无损检测手段辅助测量缺陷尺寸；

（5）受外界条件和环境影响大，如构件承载、外带包覆层材料特性等，对于沥青防腐层、结腊原油管道信号急剧衰减，检测距离短。

2. 检测流程

1）检测前的准备

（1）资料审查

资料审查应包括下列内容：

① 被检构件制造文件资料　产品合格证、质量证明文件、竣工图等，重点了解其类型、结构特征和材质特性等；

② 被检构件运行记录资料　运行参数、工作环境、载荷变化情况以及运行中出现的异常情况等；

③ 被检构件检验资料　历次检验与检测报告；

④ 被检构件其他资料　维护、保养、修理和改造的文件资料等。

（2）现场勘察

在勘察现场时，应找出所有可能影响检测的障碍和可能出现的噪声源，如内部或外部附件的移动、电磁干扰、机械振动和流体流动等；应设法尽可能排除这些噪声源。

（3）检测作业指导书或工艺卡的编制

对于每个被检构件，根据使用的仪器和现场实际情况，按照通用检测工艺规程编制被检构件超声导波检测作业指导书或工艺卡；确定超声导波传感器型号、安装的部位和表面条件，画出被检构件结构示意图，确定检测的次序等。

（4）检测条件确定

根据被检件材料特性、结构特征、几何尺寸的大小、被检件对比试件的距离-幅度曲线以及检测的目的，确定传感器安装的部位和表面条件要求。

(5) 距离-幅度曲线的绘制

应采用对比试样在实验室内经过实测绘制距离-幅度曲线。该曲线族由记录线、评定线和判废线组成。记录线由3%截面损失率的人工缺陷反射波幅直接绘制而成，评定线由6%截面损失率的人工缺陷反射波幅直接绘制而成，判废线由9%截面损失率的人工缺陷反射波幅直接绘制而成。

记录线以下(包括记录线)为Ⅰ区，记录线与评定线(包括评定线)之间为Ⅱ区，评定线与判废线之间为Ⅲ区，判废线及其以上区域为Ⅳ区，如图1-38所示。

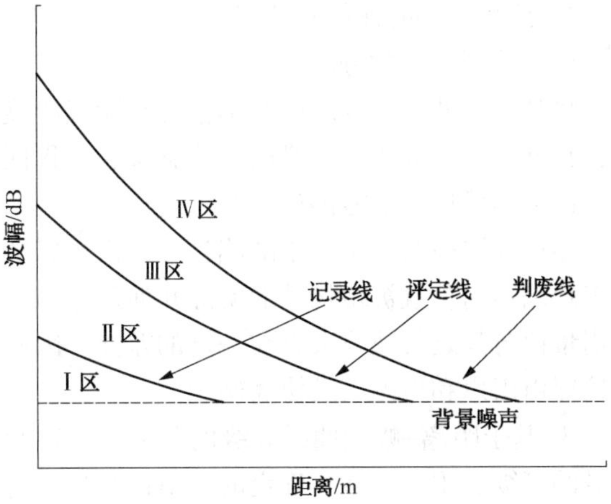

图1-38 距离-幅度曲线示意图

(6) 传感器的安装

传感器的安装应满足如下要求：

① 按照确定的检测方案在被检件上确定传感器安装的具体位置，传感器的安装部位应尽可能远离被检件连接、支吊架、支座等结构复杂部位；

② 对传感器的安装部位进行表面处理，使其满足传感器的安装要求；

③ 将传感器压在被检件的表面，使传感器与被检件表面达到良好的声耦合状态；

④ 采用机械夹具、磁夹具或其他方式将传感器牢固固定在被检件上，并保持传感器与被检件和固定装置的绝缘；

⑤ 对于高温构件的超声导波检测，可以采用高温传感器或非接触的电磁超声与磁致伸缩超声导波传感器。

2) 实施检测

(1) 检测仪器调试

检测仪器的调试包括下列步骤：

① 将传感器、前置放大器与仪器主机连接；

② 打开仪器开关通电，并按仪器制造商规定的时间预热，使仪器达到稳定工作状态；

③ 按照被检件的具体情况和频散曲线计算确定的检测频率等设定仪器的工作参数；

④ 对被检构件发射超声导波信号，观察构件的端头、接头、焊缝、外部支撑等部位产生的超声导波反射信号，测量被检件超声导波传播的波速；

⑤ 进一步调节仪器工作参数，使仪器处于良好的工作状态。

(2) 检测信号的分析和解释

检测信号的分析和解释通常需要参考相关实验建立的数据库，至少应包括如下内容：

① 采用调节好的仪器，对被检构件进行检测，观察和记录出现的超声导波反射回波信号；

② 对于出现的超声导波反射回波信号，首先确定这些信号是否是由构件的端头、接头、焊缝、外部支撑等部位产生的，如果确定即可排除；

③ 对于被检件上无明显几何形状变化部位的超声导波回波信号，可以确定为材料损失缺陷引起的超声导波回波信号，应首先确定这一回波信号的反射部位，并加以标识，然后进

行检测结果评价和处理。

3）检测结果的评价和处理

（1）检测结果的分级

将超声导波检测发现的缺陷信号与距离幅度曲线进行比对分级，反射波幅在Ⅰ区的为Ⅰ级，在Ⅱ区的为Ⅱ级，在Ⅲ区的为Ⅲ级，在Ⅳ区的为Ⅳ级。

（2）不可接受信号的确定与处理

超声导波检测给出的是缺陷当量，由于腐蚀、机械损伤等金属损失缺陷的大小和形状与人工缺陷不同，且被检构件的实际几何尺寸与对比试样间存在差异，导致检测结果显示的缺陷当量值与其真实缺陷会存在一定的差异，因此不可接受信号水平的确定应根据被检件的具体情况由用户和检测人员协商确定。

① 基于距离-幅度曲线分级的确定　用户参与确定的，以用户的要求为准确定不可接受信号的等级。用户不参与确定的，由检验员确定不可接受信号的等级，一般检测结果判为Ⅲ级和Ⅳ级的信号，即为不可接受的信号。

② 基于被检件上真实缺陷的确定　可以首先对检测发现的前三个最大的缺陷信号部位，按下一步"不可接受信号的处理"规定的方法进行复检，根据复检结果来逐步确定不可接受缺陷信号的水平。

③ 不可接受信号的处理　对于确定的不可接受信号，需要采用以下方法进行复检：首先采用目视和小锤敲击的方法进行检测，用以分辨是位于外表面或内部的缺陷；对于外表面缺陷可采用深度尺直接测量缺陷的深度。

对于管状或板状的内表面缺陷，应采用双晶直探头进行超声检测测量，以更精确地测量缺陷的深度，超声检测方法按 NB/T47013.3 执行；对于其他形状的构件可以采用射线、超声、漏磁等各种无损检测方法进行复检；必要时，经用户同意，也可采用解剖抽查的方式进行验证。

1.4.4　管道内检测

管道内检测是利用在管道内运行的可实时采集并记录管道信息的检测器所完成的检测。管道内检测是用于辨别管道缺陷并使之量化的一种管道完整性管理工具，通过检测可以提供管道异常点的准确位置和尺寸，以便运营者确定处理异常点的优先次序和制订未来维护计划，实现管道完整性管理。对具备内检测条件的管道，可采用管道内检测器对管道内外腐蚀状况、几何形状进行检测。内检测技术有漏磁、超声、涡流、电磁超声法等。目前漏磁法和超声法应用较为广泛。管道内检测是一个系统工程，它需要根据管道工艺情况和输送介质的特性以及检测需求确定检测方案。

1. 检测技术与方法

对具备内检测条件的管道，可采用管道内检测器对管道内外腐蚀状况、几何形状进行检测。内检测技术有漏磁法、超声法、涡流法、电磁超声法等。

1）漏磁法

在所有管道内检测技术中，漏磁检测技术历史最长，因其能检测出管道内、外腐蚀产生的体积型缺陷，对检测环境要求低，可兼用于输油和输气管道，可间接判断涂层状况，其应用范围最为广泛。

漏磁检测利用被检管体是铁磁性材料的特点，施加外磁场将其被检测段局部磁化。当该位置无缺陷时，磁力线绝大部分通过钢管，此时磁力线均匀分布；当该位置存在缺陷时，由于钢管缺陷处磁导率远小于钢管的磁导率，磁力线将发生畸变，一部分仍从管壁中通过，另一部分从缺陷处通过，还有一部分泄漏出管体表面，形成漏磁场(见图 1-39)。试验表明，缺陷的形状将直接影响励磁系统中磁场的分布形式，利用有效的检测手段测量磁场参量的变化情况，可以获得各种缺陷形状的信号。通过对信号的分析，也可以有效回归缺陷几何形状。

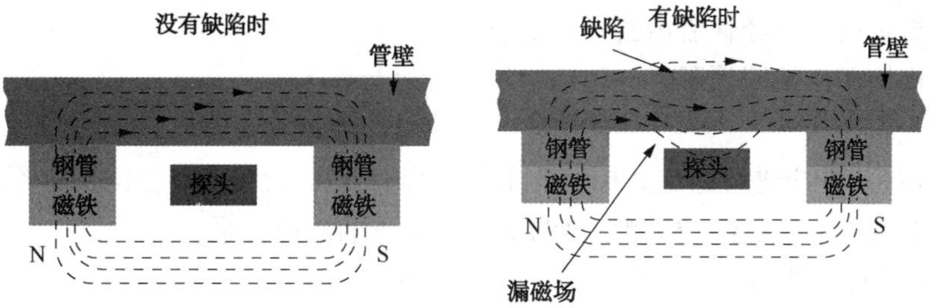

图 1-39　漏磁检测原理图

2）超声法

超声波检测技术由来已久，目前也是无损检测领域的主要方法，在液体管道中广泛应用。该技术是将超声波探头与管壁垂直入射布置，能够直接测量管道壁厚减薄的金属损失，灵敏度高，缺陷量化准确。将超声波探头按与管壁以一定角度入射布置，可以检测裂纹类缺陷，这是管道裂纹检测的主要手段，目前国外知名的管道检测公司都拥有该技术。

3）涡流法

涡流检测是以电磁场理论为基础的电磁无损探伤方法。该技术的基本原理是：在激励线圈内通以微弱的电流，使钢管表面因电磁感应而产生涡流，用检测线圈进行检测。若被测管道表面存在缺陷，磁通发生紊乱，磁力线扭曲，由于涡流磁场的影响，检测线圈的阻抗发生变化。通过对该阻抗的分析，获取被测管道的表面缺陷和腐蚀情况。

4）电磁超声法

从 20 世纪 50 年代开始，随着天然气管道的大量使用和传输介质压力的不断提高，因管材产生裂纹引起的安全问题受到了越来越多的关注。由于裂纹形态和分布的特殊性，将常规的腐蚀缺陷检测方法应用于裂纹检测时都显得无能为力。为此，在将管道检测的重点转到裂纹在役检测上的同时，国内外管道无损检测界做了大量的尝试性研究，取得了一些阶段性成果。超声波是最可靠的裂纹检测方法之一，但由于天然气管道中没有耦合剂，因此耦合方法是其研究的重点。目前，美国 GEPII 公司和德国 ROSEN 公司已经开发出 EMAT 检测器，已有商业应用，但某些技术方面还有待改进，尤其对输气量大和站间距较长的管道检测是一个严峻的挑战。据了解，这种技术的检测器还未实现系列化。

2. 内检测步骤

管道内检测是一个系统工程，它需要根据管道工艺情况和输送介质的特性以及检测需求确定检测方案，工作步骤一般为施工准备、清管、投运几何变形检测器、投运检测器、数据处理、管道安全评价、检测结果验证。

1）施工准备

(1) 管道调查

① 管道运营企业应详细填写管线调查表，并对填写内容的可靠性负责。

② 管道运营企业应提供与检测相关的管道建设、维修、维护资料及以前的检测结果。

③ 检测机构应在管道运营企业的配合下对管道调查表中的内容进行现场勘察和核实。

(2) 管道及附属设施改造

对不满足检测器通过性能指标的管道及管道附属设施应进行改造或更换。

(3) 施工组织设计

① 检测机构应依据核实后的管线调查表及实际情况，制定施工组织设计。

② 施工组织设计应经管道运营企业认可。

③ 检测机构严格按照认可后的施工组织设计进行施工。

(4) 设备标定

检测器在投运前应进行标定。标定的主要内容有：探头的输入输出比例；检测信号与实际金属损失尺寸的对应关系；检测信号与实际变形量的对应关系。

标定过程应有记录。

(5) 踏线选点

若使用地面标记器作为设标工具，检测前检测机构应在管道运营企业的配合下对管道沿线进行现场勘察，了解管道走向及路况，并选择设标点位置。设标间距宜为 1km。

2) 清管

(1) 常规清管

首次清管应使用通过能力不低于管道运营企业日常维护所使用的清管器进行清管。

(2) 测径清管

使用带测径板的清管器至少进行一次清管。测径板的直径不应小于检测器的最小通过直径。若测径板发生损伤，应及时分析损伤原因。若通过分析确定损伤是由管道变形造成的，应确定变形位置；若无法定位变形点的准确位置，应实施管道几何变形检测。

(3) 特殊清管

测径清管后，检测机构应根据测径清管的结果和输送介质的特点选择适用的机械清管器进行清管。清管器应装有跟踪仪器。检测前宜采用磁力清管器清除管内的铁磁性杂质。

(4) 管道清管作业

输油管道清管作业应符合 SY/T 5536—2004 中第 8 章的规定；输气管道清管作业应符合 SY/T 5922—2003 中 8.7 的规定。

清管次数由检测机构视清管效果决定，清管效果应满足检测器检测的要求。

3) 投运几何变形检测器

管道有下列情况之一应投运几何变形检测器：

① 测径清管器铝盘发生严重变形且无法确定变形点的准确位置；

② 新建管道在投入试运营前；

③ 投入运营一年以上的管道；

④ 运营管道被超负荷物体长期占压或机械破坏；

⑤ 管道通过地区发生泥石流、山体滑坡等自然灾害；

⑥ 管道通过地区发生里氏 5 级以上的地震；

⑦ 管道安全评估需要。

4) 投运模拟器

管道检测器通过能力确认后，宜投运模拟器来决定是否发送检测器。

5）投运金属损失检测器

包括发送检测器、跟踪设标、接收检测器、数据检查几个步骤。

6）检测数据预处理

几何变形检测数据预处理：变形检测器运行完成后，应在现场完成检测数据预处理，报告变形量超过管道外径5%的几何变形点的相关信息。

金属损失检测数据预处理：检测器运行完成后，应在现场完成检测数据预处理，报告金属损失大于管道公称壁厚的50%以上的金属损失点的相关信息。

7）检测报告

（1）几何变形检测报告

几何变形检测报告应包括以下基本信息：检测器运行数据、几何变形特征列表、数据统计总结。

① 检测器运行数据　管道检测运行数据至少应包括：数据采样距离/频率；探头尺寸及环向间隔；检测阈值；报告阈值；凹陷检测精度及可信度；椭圆度检测精度及可信度；定位精度；全线检测器运行速度图。

② 几何变形特征列表　几何变形检测特征列表应包括：凹陷、椭圆度变形、壁厚变化(可选项)及造成管道内径变化的管道附件等。对变形点的描述至少应包括：特征里程位置、特征名称；管道几何变形的变形量、管节的长度、距上游环焊缝的距离、距最近参考点的距离。

③ 数据统计总结　几何变形检测数据统计总结应包括：凹陷总数；$2\%OD \leqslant$几何变形量$<6\%OD$的凹陷总数；几何变形量$\geqslant 6\%OD$凹陷总数；椭圆度总数；$1\%OD \leqslant$几何变形量$<5\%OD$的椭圆度总数；几何变形量$\geqslant 5\%OD$的椭圆度总数(OD指管道外径)。

（2）金属损失检测报告

金属损失检测报告应包括：检测器运行数据、焊缝记录、特征列表、数据统计总结、特征全面评价表。

① 检测器运行数据　检测器运行数据应至少包括：磁场方向；数据取样间距/频率；探头尺寸及环向间隔；检测阈值；报告阈值；坑状金属损失的检测精度及可信度；普通金属损失的检测精度及可信度；缺陷的轴向和周向定位精度；管线全长检测器速度图。

② 焊缝记录　焊缝记录以列表的形式表现管道全线环焊缝信息，应至少包括：环焊缝的里程位置、管节长度、管节壁厚、距最近参考点的距离。

③ 特征列表　管道特征列表应包括所有检测器检测出的管道附件及异常点，至少应包括：特征的里程位置、特征类型、特征的尺寸、特征环向位置、内/外部指示、ERF(可选项)、距上游环焊缝距离、上游环焊缝名称、管节长度、距最近参考点距离、最近参考点名称、备注。

④ 数据统计总结　金属损失检测数据统计至少应包括以下内容：金属损失统计表、金属损失分布柱状图、金属损失分布图。

⑤ 严重金属损失全面评价表(开挖表)　严重金属损失全面评价表至少应提供5个最深的金属损失点或5个ERF值最高的金属损失点的相关信息，具体内容应至少包括：金属损失距环焊缝的距离；金属损失所在管节及相邻上下游各两个管节的长度；上游参考环焊缝距上游标记点的距离；下游参考环焊缝距下游标记点的距离；金属损失的环向位置；特征描述和尺寸；ERF(可选项)；内/外部指示。

8）检测结果验证

检测报告提供后，应选择适当缺陷进行开挖验证、测绘，并形成检测结果验证报告。每个站间距验证点的数量宜为2个，全线的检验点应不少于5个。报告中应以表格的形式详细描述开挖验证点的检测结果和实测结果。

将验证点的现场测量结果与检测结果进行比对，若事先没有具体约定，检测概率和可信度均不应低于80%。

检测结果验证合格，管道运营企业现场代表应在检测结果验证报告上签字确认。

验证报告应包括：验证点的全面描述；验证点现场实测结果；检测结果与实测结果之间的误差及分项可信度，包括：深度误差及可信度、长度误差及可信度、轴向定位误差及可信度、周向定位误差(金属损失检测)及可信度。

1.4.5 管道腐蚀剩余寿命评估

1. 腐蚀剩余寿命预测方法

1）经验公式剩余寿命预测法

国际材料试验协会(International Association for Testing Materials)，利用指数函数来近似腐蚀深度变化与管道使用年限的关系。根据腐蚀深度与使用年限推荐的经验公式如下：

$$S=pt^{q}$$

式中 S——管道壁腐蚀深度，mm；

t——使用的年数，a；

p，q——待定常数。

对上式两边取对数得到：

$$\lg S=\lg p+q\lg t$$

令：$\lg S=x$，$\lg p=A$，$q=B$，$\lg t=x$，则上述方程变为：

$$y=A+Bx$$

根据现场实测的管道腐蚀深度数据，采用最小二乘法求得待定系数A和B，然后通过计算得到常数p和q。因此管道剩余寿命可写为：

$$RL=\left(\frac{s_{\max}}{p}\right)^{1/q}-T_0$$

式中 RL——剩余寿命，a；

$s_{\max}$——临界腐蚀深度，mm；

T_0——已使用年数，a。

2）管道外壁腐蚀的直接预测法

美国腐蚀工程师协会制定的RP 0502—2002《管道外腐蚀直接评价方法》(Pipeline External Corrosion Directassessment，ECDA)的推荐作法中，对缺少分析方法和分析数据的情况下，推荐用以下方程进行估计：

$$RL=C\times SM\,\frac{t}{GR}$$

式中 RL——管道剩余寿命，a；

C——校正系数，一般取0.85；

SM——安全余量(失效压力比减去最大操作压力比)；

t——管壁厚度，mm；

GR——腐蚀增长速率，mm/a。

3）外壁点蚀引发首次泄漏模型预测

在埋地管线外防护层失效后，由于受到土壤环境的作用，管外壁会发生局部腐蚀。其防腐层失效处首先发生大面积均匀腐蚀，接着会产生点腐蚀而发生管道穿孔引起首次泄漏，因此建立由点蚀而引发的首次泄漏寿命的数学预测模型十分必要。

美国 USA-CERL 提出用腐蚀状态指数 *CSI*(Corrosion Status Index)来描述埋地管线的腐蚀状态，规定 *CSI* 的取值范围为 0～100，当 *CSI*＝100 时，表示该管道外防护层为新的；当 *CSI*＝0 时，表示管道防护层完全破坏或腐蚀穿孔。其数学表达式如下：

$$CSI=100-100(d_{av}/b_0)$$

式中 d_{av}——管段的平均点蚀深度，mm；

b_0——管段的壁厚，mm。

可以从点蚀增长率的统计数据中回归得到半经验、半统计公式：

$$SCI=100-70\left(\frac{Age}{Life}\right)^{0.58}$$

式中 *Age*——管道从安装完工之日起运行的年数，a；

Life——管道首次泄漏时运行年数，a。

美国 USA-CERL 机构通过长期的观察得到的经验结论：当管段的腐蚀状态指数为 0 时，该段管子可能发生首次泄漏，此时：$d_{av}=0.7b_0$。

因此依据上面两个公式可以得到基于腐蚀状态指数的埋地管道外壁点蚀首次泄漏寿命模型为：

$$Life=Age/\left(\frac{10\,d_{av}}{7\,b_0}\right)^{1/0.58}$$

$$T_R=Life-Age-\Delta T=Age/\left(\frac{10\,d_{av}}{7\,b_0}\right)^{1/0.58}-Age-\Delta T$$

式中 T_R——管段的剩余寿命，a；

ΔT——从腐蚀检测数据获取之时到当前的时间，a。

4）电化学腐蚀的剩余寿命预测

(1) 只考虑外腐蚀的剩余寿命计算

在不考虑管道内腐蚀的情况下，主要基于管道外部腐蚀进行剩余寿命预测。

均匀腐蚀计算方程为：

$$\frac{\mathrm{d}H}{\mathrm{d}T}=\frac{K\Delta V_h}{H\xi\rho}$$

式中 H——腐蚀(缺陷)深度；mm；

T——腐蚀时间，a；

K——腐蚀缺陷长度与深度的比值；

ΔV_h——腐蚀过程中的管地电位差，V；

ξ——材料的电阻率，Ω · m；

ρ——输送介质密度，kg/m³。

局部腐蚀计算方程为：

$$\frac{\mathrm{d}H}{\mathrm{d}T}=\frac{12C_1^4K\Delta V_h}{\pi(3C_1^2+4C_2)(4C_2+C_1^2)\xi\rho H}$$

式中　C_1——腐蚀缺陷的轴向长度与深度比，$C_1=2a/H$；

C_2——腐蚀缺陷的轴向长度与宽度比，$C_2=a/b$。

其中：a、b 分别代表一个椭圆形局部腐蚀缺陷的长轴半长与短轴半长(见图 1-40)。

点蚀计算方程为(见图 1-41)：

$$\frac{\mathrm{d}H}{\mathrm{d}T}=\frac{2\mathrm{ctg}^2\alpha K\Delta V_{\mathrm{h}}}{\xi\rho H}$$

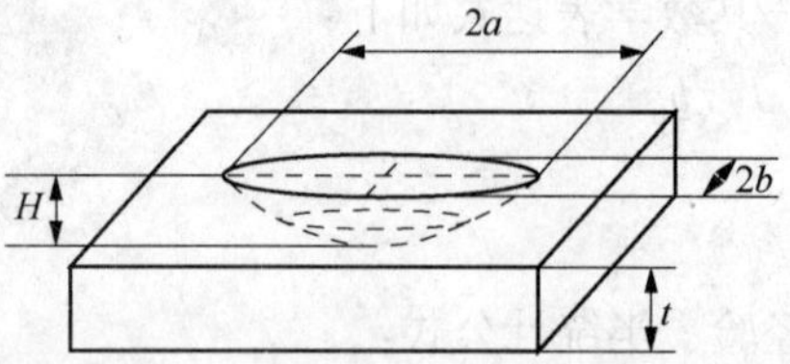

图 1-40　局部腐蚀缺陷几何形态模型示意图

a—椭圆长轴半长；b—椭圆短轴半长；

t—管线的壁厚；H—缺陷深度(抛物线高)

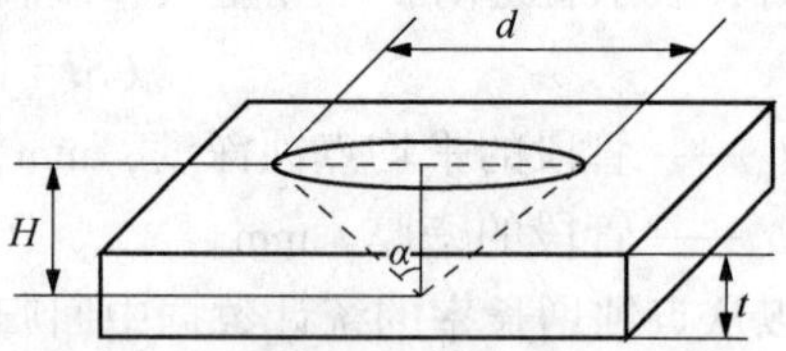

图 1-41　点腐蚀缺陷几何形态模型示意图

d—圆锥直径；H—圆锥高；

α—锥顶半角

以上表达式分别为均匀腐蚀、局部腐蚀、点蚀的腐蚀速率表达式，通过积分即可得到管道剩余寿命计算方程。

① 均匀腐蚀　对于管道外壁均匀腐蚀缺陷失效形式一般表现为破裂，其极限腐蚀深度 $H_{\max}$ 可由计算机编程来计算。在开始腐蚀时：$T=0$，$H=H_0$；腐蚀终止时：$T=T$，$H=H_{\max}$。根据积分上下限由均匀腐蚀计算方程式积分得到：

$$T=\frac{\rho\xi}{K\Delta V_{\mathrm{h}}}(H_{\max}^2-H_0^2)$$

式中　T——管道腐蚀剩余寿命，a；

$H_{\max}$——极限腐蚀深度，mm；

H_0——实测腐蚀深度，mm。

② 局部腐蚀　与均匀腐蚀类似，由局部腐蚀计算方程式积分得到：

$$T=\frac{(3C_1^2+4C_2)(4C_2+C_1^2)\rho\xi}{24C_1^4K\Delta V_{\mathrm{h}}}(H_{\max}^2-H_0^2)$$

③ 点蚀　对于点蚀其失效形式为管道穿孔，失效时的腐蚀深度为原始壁厚 t_0，由点蚀计算方程式积分可得：

$$T=\frac{\tan^2\alpha\rho\xi}{4K\Delta V_{\mathrm{h}}}(t_0^2-H_0^2)$$

(2) 考虑内腐蚀的剩余寿命计算

对于某些管道，其输送介质具有很强的腐蚀性，因此管道内壁介质腐蚀是不可忽略的，其腐蚀的速率与介质的化学性质和管道本身的材质有关，可通过测量确定内腐蚀速率。假定其速率为 V_{i}，则有：

$$H_{\mathrm{i}}=V_{\mathrm{i}}T_{\mathrm{i}}$$

式中　H_{i}——管道内腐蚀深度，mm；

T_{i}——内腐蚀时间，a；

V_{i}——内腐蚀速率，mm/a。

将内腐蚀初始实测腐蚀深度设为 H_{i0}，则可得到仅有内腐蚀的腐蚀剩余寿命计表达式为：

$$H_i-H_{i0}=V_iT$$

对于外腐蚀：

$$T=k(H^2-H_0^2)$$

其中：

$$k=\begin{cases}\dfrac{\rho\xi}{K\Delta V_h}\\[2ex]\dfrac{(3C_1^2+4C_2)(4C_2+C_1^2)\rho\xi}{24C_1^4K\Delta V_h}\\[2ex]\dfrac{\rho\xi\tan^2\alpha}{4K\Delta V_h}\end{cases}$$

由以上结果可得外腐蚀与内腐蚀的深度的关系：

$$H+H_i=H_{max}$$

当管线到达极限腐蚀深度时，内外腐蚀时间相等 $T=T_i$，因此可以得到一元二次方程表达式：

$$V_i^2T^2-\left[2(H_{max}-H_{i0})V_i+\frac{1}{k}\right]T+[(H_{max}-H_{i0})^2-H_0^2]=0$$

通过解方程就可以得到包含内腐蚀在内的腐蚀剩余寿命。

2. 预测方法对比分析

（1）用经验公式预测管道剩余寿命，至少需要两次以上的检测数据，并且预测的精确性和检测数据的量有关，其数据量越大，预测精度就越高。由于过去国内对管道的腐蚀检测还不够重视，因此该预测方法在国内应用比较局限。

（2）管道外壁腐蚀直接预测法假定腐蚀速率均匀，但是由腐蚀速率电化学模型和现场测定证明实际管道的腐蚀速率并不均匀，而且情况较为复杂。通常情况下管道腐蚀速率会随着时间有所降低，该方法估计值比较保守。当然外腐蚀速率可以通过直接开挖检测，或者利用在线检测技术采集数据，通过比较管道壁厚随时间的变化来确定；电化学方法可以及时准确地提供瞬间腐蚀速率信息，但它们的可靠性需要验证。总地来讲，该方法对管道剩余寿命预测需要的工作量较大，耗费时间长，精度较经验公式法有所提高。

（3）外壁点蚀引发的首次泄漏模型预测主要应用在现场检测手段健全，管线平均腐蚀深度可以通过检测获得的情况下，可以直接应用上式进行管线剩余寿命的预测。当现场无法获得准确的平均腐蚀深度测量值时，需要采用统计的方法获得腐蚀深度平均值，然后代入相应方程式进行剩余寿命的预测。该方法适用于点腐蚀比较严重的管线或设备，不适用其他腐蚀情况。

（4）电化学腐蚀的剩余寿命预测法需要众多计算参数，计算过程繁琐，但是计算精度最高，适合于大多数管道、设备的腐蚀剩余寿命预测。该方法涉及的参数主要有管道几何参数、电化学参数、力学参数等。在进行预测计算之前首先要对相关参数作准确的录取、计算和分析，这是保证结果可靠性的先决条件，否则不能保证预测的准确性。

1.5 油气管道腐蚀在线监测技术

在线腐蚀监测方法很多，从原理上可分为物理测试法、电化学测试法、化学分析法等几类。腐蚀监测技术随着理论和生产中的需要不断地发展，到目前为止国内外的监测技术有很多，本书仅介绍一些目前比较常用的技术或方法。

1.5.1 腐蚀监测的物理方法

这类方法所检测的信息都是物理量，是用与管道金属的材质和加工工艺完全一样的材料做成试片或探针，将其浸入设备的工作介质中进行检测的，如挂片法、电阻法和氢压法等。警戒孔监视法也是一种物理监测方法，可以直接对设备腐蚀状况进行监测，但它却给设备带来一定的损伤，现在较少采用。

1. 腐蚀挂片法

挂片法是管道设备腐蚀检测中应用最广泛的方法之一。它是将装有试片的腐蚀结垢检测装置固定在管道内，在管道运行一定时间后，取出挂片，对试样进行外观形貌和失重检查，以判断管道设备的腐蚀状况；如果采用专门支架，使试样处于一定的应力状态下，还可以考查其应力腐蚀倾向。

挂片法的优点是能直观地了解腐蚀现象，确定腐蚀类型，定量地测定试验周期内的平均腐蚀速度。它的局限性主要在于腐蚀试片法测试的腐蚀速率是监测周期内的平均腐蚀速率，腐蚀试片法不适用于瞬时腐蚀速率的测量，也不能对腐蚀变化发生的具体时间有任何的指示。

在设备装置上附加一个供安装挂片试样架的旁路系统，通过切断旁路，可以随时装取试片，进行检测，这样使挂片的应用比较灵活；另一种改进方法是，在设备的特定位置安装一个可伸缩支架，在设备运转时，可以通过用填料盖密封的阀门随时装取试片。

通常用失重法确定挂片腐蚀量和计算腐蚀速度。当发生点腐蚀时，也可采用最大点蚀深度和点蚀系数等评定方法。

2. 电阻法

电阻法常被称为可自动测量的失重挂片法。它既能在液相(电解质或非电解质)中测定，也能在气相中测定，方法简单，易于掌握和解释结果。目前电阻法已经发展成为一项应用非常普遍和成熟的腐蚀监测技术。

电阻法所测量的是金属元件横截面积因腐蚀而减少引起的电阻变化。电阻探针由暴露在腐蚀介质中的测量元件和不与腐蚀介质接触的参考元件组成。参考元件引起温度补偿作用，从而消除了温度变化对测量的影响。测量元件有丝状、片状、管状。从前后两次读数，以及两次读数的时间间隔，就可以计算腐蚀速度。通过元件灵敏度的选择，可以测定腐蚀速度较快的变化。

电阻探针因其简单、灵敏、适用性强(在任何介质中均可使用)以及可在设备运行条件下定量监测腐蚀速率等特点，已成功地在石油炼化、采输工业及核电站和海水净化装置等许多领域获得了广泛的应用。环境介质的温度、流速、流动方向、电极材料的成分和热处理状态以及其表面状况等都会影响到测量结果的精度和可靠性。一般说来，这种方法不适用于监测局部腐蚀的情况。

3. 氢压法

氢是腐蚀反应的产物。当阴极反应为析氢反应时，由析氢量便可测量腐蚀速度。氢进入金属则会降低材料的延性，使金属变脆，这些都可能导致管道设备破坏。检测由腐蚀所生成的氢或介质中所含的氢向设备构件渗入倾向的物理方法有以下两种。

1）压力型氢探针

它是由一根细长的薄壁钢管和内部环形叠片构成。钢管外壁因腐蚀而产生的氢原子扩散通过管壳(厚1~2mm)进入体积很小的环形空间，在此处结合形成气态氢分子。氢分子的不断积聚导致压力升高，直接由压力计指示出来。

压力型氢探针在低温和液相介质中应用相当方便。为获得高灵敏度，应使探针外部暴露的表面积尽量大，而内部的环形空间、连接管道和压力表的体积尽可能小。这种设计结构需要用一个泄压阀，定期泄压减小表压，以免薄壁管破裂。压力型氢探针须待钢壳金属为氢完全饱和，扩散过程达到稳态时才能开始有效地测量氢压。设备安装完毕后，一般需6~48h才能达到稳态。

2）真空型氢探针

探针的传感元件是由一根钢管组成，外壁析氢反应放出的氢原子在钢管壁中扩散，进入真空阀。这时氢原子在真空中离子化($H \rightarrow H^{+}+e$)，直接测定其离子化的反应电流，即可计算出析氢腐蚀速度。

1.5.2 腐蚀监测的电化学方法

电化学腐蚀监测方法是利用金属在电解质溶液中的腐蚀速度(或状态)与腐蚀电流(或电位)之间的关系，通过插入设备工作介质中并与设备材质完全一样的测量电极(探针)对设备的腐蚀过程进行监测。常用的方法有线性极化阻力法、交流阻抗法、电位法、电偶法等。化学方法则是通过对介质中某种活性物质或腐蚀产物的组分的测量，判断设备的腐蚀状况。

1. 线性极化阻力法

线性极化阻力腐蚀监测方法所依据的原理是测量腐蚀电流的线性极化阻力即电阻 R_P。由于腐蚀电流 i_{corr} 与极化电阻 R_P 呈反比关系，即

$$i_{corr}=\frac{B}{R_P}$$

式中 B 为给定常数，这时腐蚀监测的主要任务便是测量极化电阻 R_P。极化阻力测量探针有双电极型和三电极型，如图1-42所示。三电极探针测量与经典的极化测量过程相同。在腐蚀电位附近($\leq \pm 20mV$)，电位变化与电流变化成直线关系，其比值即为极化电阻 R_P。

$$R_P=\frac{\Delta E}{\Delta i}$$

双电极探针的测量过程是在两电极之间依次施加不同极性的小电位(例如±20mV)，分别测量流过两电极的正、反向电流密度 i_1 和 i_2。它们的算术平均值表征瞬时的全面腐蚀速度；而正、反向电流差(i_1-i_2)则为设备发生点蚀或其他局部腐蚀的标志，被称为“点蚀指数”。

线性极化阻力腐蚀监测方法的优点是其对生产过程的干扰小，测量迅速，而且比较灵敏，能及时反映设备工况的变化，非常适用于设备腐蚀的在线监测。但是这种方法只适用于电解质中的腐蚀，而且介质的电阻率一般不应大于10kΩ·m。此外探针的测量电极表面除了金属腐蚀外，不应存在其他的电化学反应，否则将会导致附加的误差，甚至得出错误的

结果。

2. 交流阻抗法

如前所述，电化学腐蚀过程可以用腐蚀原电池模型来描述。在最简单的情况下，它等效于一个阻容并联电路，如图 1-43 所示。

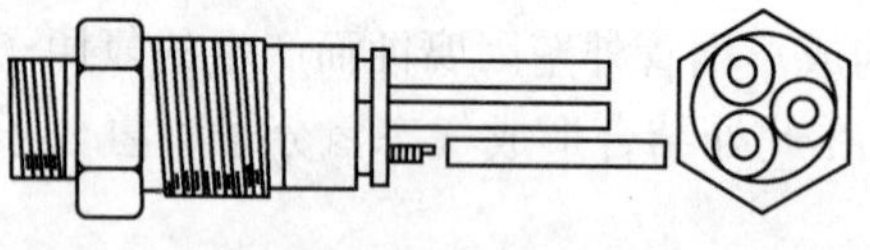

图 1-42 典型的三电极型极化阻力探针

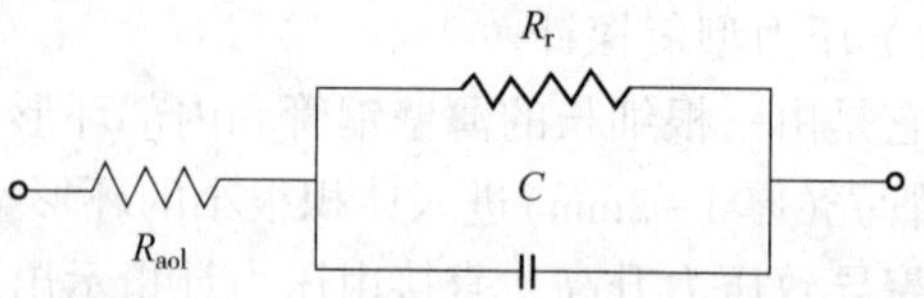

图 1-43 最简单的腐蚀原电池的等效电路

为了适应工业设备在线实时监测的要求，发展出一种基于交流阻抗原理，又有自动测量记录金属瞬时腐蚀速度的腐蚀监测装置，即交流阻抗探针。由这种探针测得的腐蚀速率不包含溶液电阻带来的误差，可适用于高溶液电阻率体系，腐蚀速度的测量范围较宽。

另外交流阻抗法还可以用于监测局部腐蚀，可以将它制成多通道和遥测形式的仪器。这是一种很有发展前途的腐蚀监测技术。

3. 腐蚀电位监测法

金属的腐蚀电位与它的腐蚀状态之间存在着某种特殊的相互关系。活化-钝化转变、孔蚀、缝隙腐蚀、应力腐蚀破裂以及某些选择性腐蚀都存在各自的临界电位。它们可以用来作为是否产生这些类型腐蚀的判据。广泛应用的阴极保护和阳极保护便是电位监测方法控制腐蚀的典型例子。

腐蚀电位监测方法就是用一个高阻($>10^7\Omega$)伏特计测量设备金属材料相对于某参比电极的电位。参比电极不仅应当电位稳定，而且要坚实耐用。最常用的 Ag/AgCl 电极，它适用于允许有恒量氯离子存在的大多数电解质溶液体系。此外，用铅丝或银丝作参比电极也很方便；在某些情况下，还可以直接使用不锈钢零件作为参比电极。参比电极的形式可以根据腐蚀探针的结构，专门设计。

腐蚀电位监测法的优点是可以直接从设备本身获取腐蚀状态的信息，而无需另外设置测量元件。同时其测量过程不改变金属的表面状态，对设备的正常运行过程没有影响。但是这种方法仅能给出定性的指示，而不能得到定量的腐蚀速度值。与其他电化学测量方法一样，它只适用于电解质体系，并且要求介质有良好的分散能力，以便探测到的是整个装置全面的电位状态。为有效实施电位监测，要求被监测体系不同腐蚀状态的特征电位之间的间隔要足够大，例如 100mV 或更大，以避免由于温度、流速或浓度微小波动引起电位振荡所产生的干扰。

4. 电偶法

电偶法是一种很简单的电化学方法，只需一台零阻电流表就可以测量浸于同一电解质溶液中的两种金属电极之间流过的电偶电流，从而可以求出电位较负金属的腐蚀程度。电偶探针一般由两支不同金属的电极制成。它不需外加电流，设备简单，可以测定瞬时腐蚀速度的变化，以及介质组成、流速或温度等环境因素变化所造成的影响。其缺点是测量结果一般只能作相对的定性比较。

5. 氢渗透法

基于电化学原理的氢渗透法装置，如图 1-44 所示。它是在探测器内灌满 0.1mol/L 的 $NaOH$ 溶液，用 Ni/NiO 电极控制钢管内壁面的电位，使之保持在氢原子很容易离子化的电位。在探测器的前端装有一个薄金属试片，试片外表面与腐蚀介质相接触，内表面与 NaOH 溶液相通。试片外表面腐蚀生成的氢原子可以通过试片进入探针内部并被氧化成离子($H \rightarrow H^{+}+e$)。测量该原电池电流(即离子化电流)可以求得从探针外部渗入试片的氢量，由此可监测析氢腐蚀的强度。

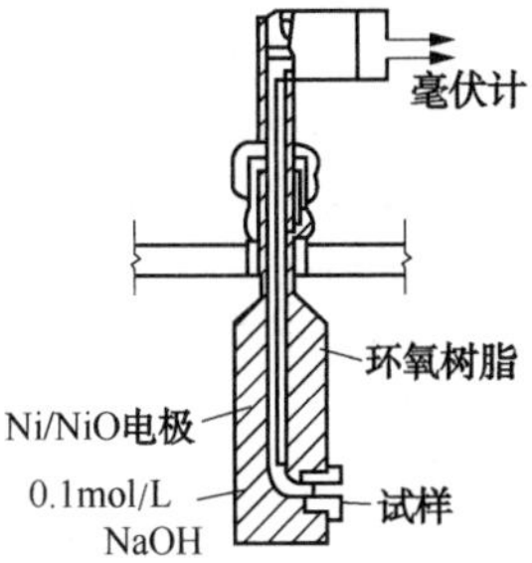

图 1-44 基于电化学原理的氢探针

氢探针可用于监视碳钢或低合金钢在某些介质(主要是含有硫化物或氰化物等的弱酸性水溶液，其他非氧化性介质或高温气体)中遭受到的氢损伤，即氢裂、氢脆或氢鼓泡。氢探针反映的是渗氢的速率，它是确定氢损伤相对程度的一种有效方法。虽然它的测量是连续的，但对腐蚀变化的响应相当慢。

氢探针被成功地用于监视酸性油气输送管道、高压油气井及化工设备中的酸腐蚀。氢探针在炼油厂中还是一种监视氢活性的有效手段。

6. 电化学噪声技术

电化学噪声是指腐蚀着的电极表面所出现的一种电位或电流随机自发波动的现象。它的测量对被测体系没有扰动，可以反映材料腐蚀的真实情况。与其他方法相比，该方法特别适用于监测点蚀、缝隙腐蚀以及应力腐蚀开裂等局部腐蚀。而其他电化学方法则很难用于监测局部腐蚀。

电化学噪声相对于传统腐蚀监测技术的优点是：在测量过程中无需对被测电极施加可能改变电极腐蚀过程的外界扰动；无需预先建立被测体系的电极过程模型；系统扰动与响应之间是否具有因果关系、被测系统是否是线性系统、被测系统对于扰动信号是否稳定等均不是电化学噪声监测技术使用的前提条件；电化学噪声检测设备简单可靠，且可以实现远距离监测。

1999 年以来，美国在某油田的水处理厂进行了较长时间的实时电化学噪声腐蚀监测现场试验。结果表明：在生产环境下，实时噪声腐蚀监测数据可靠，并提供了有价值的设备运行信息。2005 年以来，华中科技大学与四川天然气研究院合作开发了用于全面腐蚀与局部腐蚀监测的自动腐蚀监测装置，现场运行良好，可以比较准确地评估局部腐蚀倾向。

1.5.3 电场指纹监测技术

电场指纹(Field Signature Method，FSM)是一种通过分析、处理电场特征信号来判断管道缺陷状态的非侵入式无损检测新技术。电场指纹技术可以监测管道腐蚀、裂纹和侵蚀，这种在役监测系统能够在管道被造成损伤之前，揭示管道的微小损伤，对管道泄漏进行预警。电场指纹技术具有检测灵敏度高，适用于高温、高压等不易接触位置的管道连续检测。其中基于 FSM 的管道内腐蚀监测系统主要由监测点测量系统和监测中心组成，典型的 FSM 监测系统如图 1-45 所示。

1. 电场指纹技术的基本原理

电场指纹监测技术(FSM)的基本原理是，向被检测结构馈入电流从而形成电场。将 FSM 电极在待测区域布置成电极矩阵，由电流馈入点馈入的电流从矩阵的一边传向另一边，连续测量每对相邻电极之间电压随时间的变化。

因为被测管道的几何形状、壁厚及材料的导电率不同，所以通入电流后，被测管道中产生的电场也会不同。FSM 技术独特之处在于将所有测量的电位同监测的初始值进行比较，这些初始值代表了待测部件最初的几何形状，因此可以将它看作部件的“指纹”，电场指纹

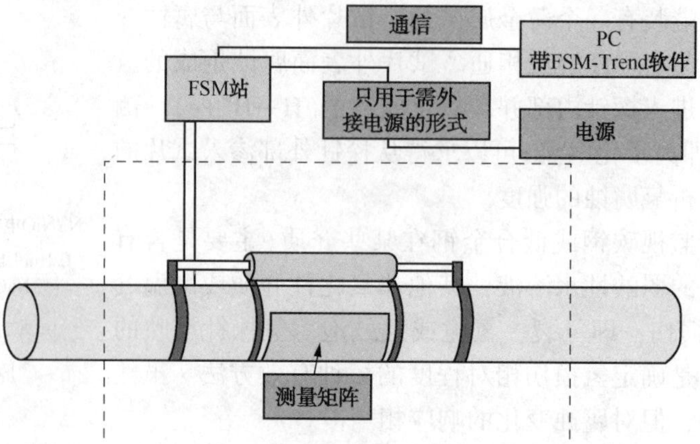

图 1-45 FSM 在线检监测系统示意图

技术也因此而得名。

初始测量的电极之间的电压被当作一个参照值，当管道内部发生腐蚀、磨蚀或裂纹时，电极之间的电压降就会发生变化，之后每次测量所得的电极对电压值均会与初始状态的测量值进行比较。通过分析被测金属结构表面微小电压的变化曲线，以及电压变化与金属缺失量之间的关系，对腐蚀缺陷、凹坑、凹槽、裂纹以及它们的扩展情况进行高精度的检测。FSM 技术原理如图 1-46 所示。

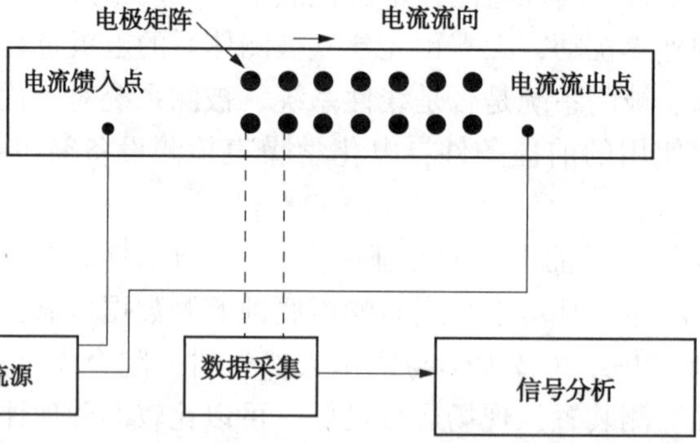

图 1-46 电场指纹技术(FSM)检测原理示意图

FSM 技术的理论基础是欧姆定律，即 $U=IR$。具体到电场指纹技术中，测量时电流不变，电压会随着电阻的变化而变化。电阻是待测导体本身一种固有的性质，由于被检测结构的材料是一定的，馈入的电流也是固定的，电极阵列布置好之后，两个小电极之间的导体长度和宽度都可以看作是长度，所以两个电极之间的电压会随着被检测结构厚度的变化而变化，如图 1-47 所示。

由图 1-47 可知，电流 I 由 FSM 监测系统设定，导体长度 L、宽度 W 由电极矩阵的排列所决定，所以测量过程中，只有一个厚度 T 为变量。当管道产生缺陷时，厚度 T 会变小，电极之间的电压会随之增大；反之，电极之间的电压减小。但测量中，导体的电阻率 ρ 会受到温度的影响发生变化，而 FSM 技术的目的是通过电极间电阻的变化分析来得到管壁变化，所以 FSM 系统测量时除了测量电极之间的电压外，还需要一个温度传感器来测量环境温度的变化，通过温度补偿来排除

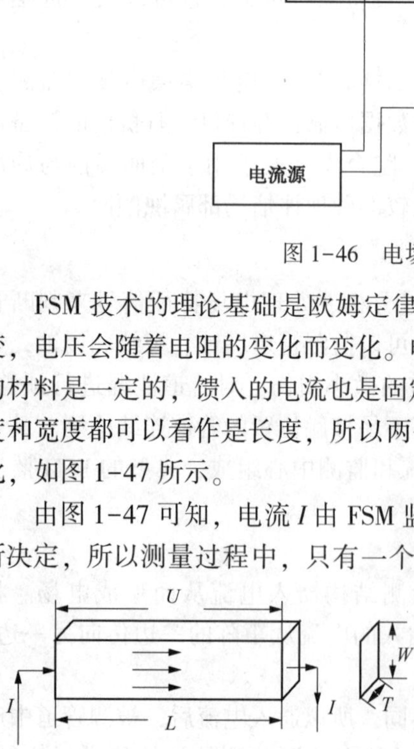

图 1-47 FSM 技术的欧姆原理示意图

温度变化对监测结果的影响。

综上所述，FSM 即是以众多小探测杆或电极在监测区上形成阵列用以监测该结构区域电场图形的变化。通过测量任意两个选定电极之间的电位与参考电极对(用以补偿温度和电流的波动)之间电位进行比较，对照监控开始时响应的原始电场数据即可得到监测的结果。

该技术可以直接检测局部典型范围内在役管道的腐蚀量、腐蚀速率、蚀坑、焊缝腐蚀以及冲蚀，与传统的腐蚀在线监测技术相比，电场指纹技术具有如下的优点：

（1）测量元器件在测量过程中没有暴露在易腐蚀、易磨损和高温高压环境中；

（2）在管道上安装 FSM 系统时无需停产，不会导致管道泄漏风险；

（3）监测系统的寿命由管道的使用寿命来决定，测量系统在整个生命周期内几乎没有损耗；

（4）可以在高达 350℃的高温环境中使用。

2. FSM 在线监测

1）电极的布置

被检测结构上只有一对电流馈入点和电流输出点，电流输入后管道中的场强大致分布如图 1-48 所示。电流被馈入后经过一段区域才能分布均匀，为了测量方便，应把电极矩阵布置在这段电场线分布均匀的区域。阵列间隙或杆与杆之间的距离，可以按要求检测出最小凹坑所需的灵敏度，从 2~3cm 到 10~15cm 变化。阵列间隙为 2~3cm 的系统已证实能检测和监测焊缝内直径与深度均为 1~2mm 的凹坑生成。

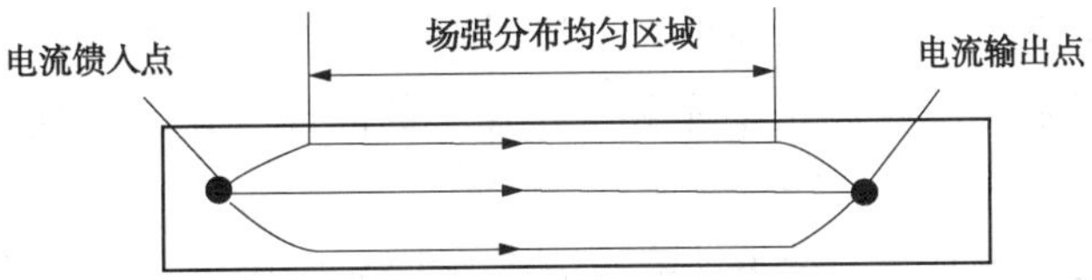

图 1-48　管道电场强度分布示意图

电极的安装有焊接和电极夹套两种方式，夹套外形设计要求保证与检测面能很好地吻合。螺柱焊接时，按照探针矩阵的设计图纸，首先使用打标装置在电极焊接位置上作标记，并将结构表面打磨干净，焊接电极时应尽量使用与被测物体相同或相近的材料，焊接完成之后还应对焊接效果进行测量，以保证焊接效果。对于埋地或深水管道，还必须将测量矩阵进行密封绝缘、绝热等处理，以保护线路和检测装置。

2）馈电及电压测量

FSM 技术馈入的是直流电或低频的方波直流电而不是交流电，这是因为导体或电极中的感应电压会干扰测量信号，还有趋肤效应会使得电荷只集中在导体表面区域流动，而不是在整个导体内部流动导致管壁内部缺陷无法识别。馈电时，因为电极产生的热量与电流的平方成正比，电流过大会导致短时间内产生大量的热量，测量读数不稳定，测量区和参考区之间较大的温度差异也会使测量数据缺乏可比性；而电流过小，则会由于金属导体的电阻小使得电压信号微弱而造成电压不易测量。激励电流的选择往往会根据被测结构自身几何形状而定，电流的大小一般选择 10~100A 之间。

为了保证参比电极与被检测结构中的电流相同，参考电极与被检测结构是串联的。安装好电极矩阵之后，测量电压的方式可以有多种选择，电极电压测量示意图如图 1-49 所示。

测量电压时，既可以测量沿电流方向相邻电极之间的电压变化，也可以测量相隔电极之间的电压变化。如何检测电压变化，需要根据使用场合来决定。容易发生全面腐蚀的部位，可以检测相隔径向电极之间的电压变化，而在设备的关键部位则通常检测相邻径向电极之间的电压变化，这样可以检测出较小的缺陷。

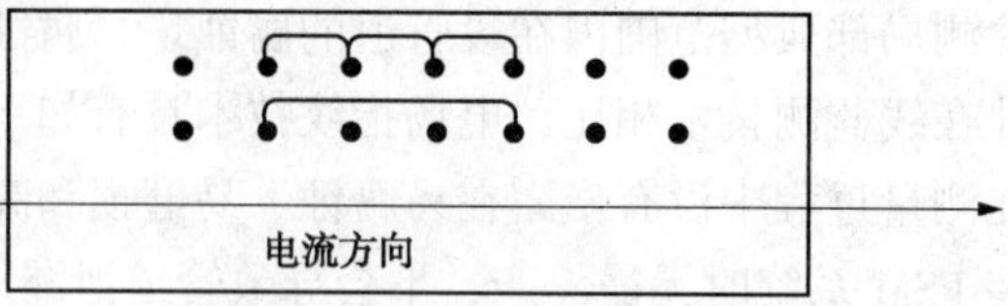

图 1-49　电极电压测量示意图

一般来说，FSM 系统在监测时馈入电流经过一段时间的变化后才可以稳定下来。实际应用过程中，电流通入等待一段时间之后，到其稳定再进行测量是较为适宜的。

3. FSM 监测数据的处理和分析

FSM 系统的"指纹值"可以在任意时间进行测量，但是根据 FSM 原理，所有的监测数据都需要和初始"指纹值"进行比对，所以系统只能分析初始指纹值测量之后的结构变化。缺陷尺寸的量化经过一定的算法或者统计分析可以反演求解。

从公开文献来看，利用 FSM 系统监测结构腐蚀均采用 *FC* 电场指纹系数公式进行计算求解。但实际应用过程中发现，利用 *FC* 指纹系数进行计算会出现 *FC* 为负值或降低的现象。当 *FC* 系数为负或降低时，表示测量电极之间的电阻减小，管道的厚度增加，显然这是不符合实际情况的。产生负值的原因不外乎：①仪器误差，特别是仪器中前置放大器的直流漂移；②温度影响，特别是温度修正不完善。此外，负值现象在很大程度上是由于"牵扯效应"导致的。

FSM 的本质就是监测管道因产生缺陷而造成的 FSM 电极对之间电阻的变化。当 FSM 电极之间有缺陷存在时，其间的电阻就会变大，根据检测原理可以将被检测管道抽象为一个电阻网络，如图 1-50 所示。每对被检测电极之间可以抽象为一个小电阻，当管道足够长时，电流在被检测区域可以认为是均匀分布的。

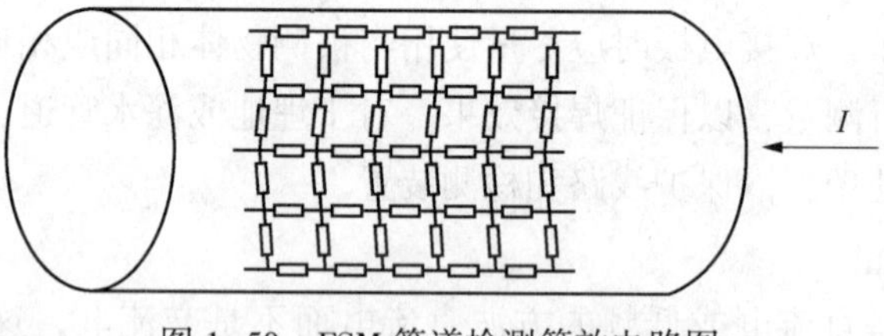

图 1-50　FSM 管道检测等效电路图

四川大学廖俊必等人对等效电阻网络中 8×6 的电阻网络进行了计算，当设定量两电极间电阻增加 10%时，它的电压相对增加 4.8%，但是在其他未发生腐蚀的地方电压也有相应的变化，使得该电阻上下相临的电阻 *FC* 值增加，前后相邻的 *FC* 值减小为负值。产生上述现象的原因就是当某一区域电阻发生变化时，电流场的分布也发生变化，该区域前后的电流将减少，上下的电流将增加，特别是变化电阻的临近区域影响很大，这就是所谓的"牵扯效应"。

如果能找到牵扯效应对整个测量区域电流场中各个子块电阻的影响因素—即牵扯因子，通过量化、处理和分析，在 FSM 应用中将会消除牵扯效应的影响。根据基尔霍夫定律，可以建立任意环路中电压、电流方程，通过求解这些方程组，可以求解出每个电阻上面流过的电流值。再根据求 *FC* 值的公式来推导当某一个电阻变化时其他电阻 *FC* 值相对于变化电阻的 *FC* 值的变化率：

$$\frac{FC_x}{FC_0}=\frac{\frac{I_{(n)(n+1)}R}{IR}-1}{\frac{I_{(m-1)(m)}(R+R')}{IR}-1}=\frac{I_{(n)(n+1)}R-IR}{I_{(m-1)(m)}(R+R')-IR}$$

将求解得到的电流值带入上式就可以求解得到牵扯因子矩阵，在进行牵扯效应的消除后，经试验验证其他电阻未变化的区域 *FC* 值基本为 0，*FC* 值可以真实地反映电阻网络中相应电阻值的变化，可以真实地反映局部坑蚀、冲蚀的情况。

第2章　油气管道腐蚀控制技术

2.1　油气管道腐蚀控制主要环节与基本要求

从前面的分析论述我们得到一个结论：腐蚀的形式多种多样，影响因素复杂。但是，从腐蚀起因的角度来看，可以归集为自然环境的腐蚀、介质腐蚀、杂散电流腐蚀以及其他缺陷引发的腐蚀等四类；每一种类型的不同腐蚀形式均有自己的特点，不仅腐蚀的起因不同、方式不同，且其腐蚀的速度、所形成的破坏性等也有所不同。根据这些特点，制订有针对性的治理措施。如对于自然环境导致的腐蚀，目前最有效的治理方式就是采取防腐层加阴极保护的方法来治理；而对于介质腐蚀，则要通过净化介质、合理投注药剂、定期清管、优选管材、尽可能实行内防、优化输送工艺、科学调度运行等各种手段综合运用来治理；对于杂散电流腐蚀影响，则需要通过合理的工程设计，使管道尽量远离杂散电流源，使管道与之保持一定的距离，同时通过加强排流、科学屏蔽、长期监测相结合，才可能取得满意的治理效果；而对于因各种缺陷诱发的腐蚀，则重点在于对管线钢轧制过程、运输、施工特别是焊接、运行维护过程的科学管控，尽可能减少管道缺陷。同时要通过选择耐蚀材料、优化工艺设计等措施来增强腐蚀控制措施的有效性。

总之，管道腐蚀控制必须从控制腐蚀源开始，设法改善管道运行的工况条件。同时，要从材料、技术、开发、设计、制造、装卸储存和运输、施工与安装、调试、验收、运行、维护、评估、维修、报废、管理等要素入手，按照整体性、系统性、协调优化性的原则，实现管道安全、经济和长生命周期运行的目标。

2.1.1　选材、优化设计与管道制造过程控制

1. 材料选择

油气管道是由材料加工而成的，所以油气管道的防腐蚀首先应考虑从选材和材料开发方面解决问题。由于金属材料具有良好的机械强度和易加工性，在控制油气管道内腐蚀问题时首先应考虑耐蚀金属。

1）金属耐蚀材料选择应遵循的原则

在选材时，应遵循的基本步骤是：对腐蚀环境进行实地勘察，确定腐蚀参数、腐蚀等级；查阅相关标准和手册，使选用的材料满足耐腐蚀性能和理化性能的要求；对材料进行腐蚀性评估，在没有相同工程或相似应用时，应通过实验室模拟试验或现场试验筛选材料；在保证使用年限的基础上，应优先考虑经济性，但在各种条件下优先考虑材料的通用性和耐用性；选用新型耐蚀材料时，应通过有关测试检验和论证。具体要求如下：

(1) 材料的耐腐蚀性能要满足生产要求　根据油气管道设备所处的环境条件，选择耐蚀性能好的材料。也就是说设计人员应了解金属及合金的耐蚀性能以及腐蚀环境的特征。因此，使用者与设计者应密切配合，详细列出环境介质参数；参考已有的腐蚀数据资料，选出在相应腐蚀环境下的耐蚀材料。

（2）材料的物理、机械和加工工艺性能要能满足油气管道设备设计与加工制造的要求　作为整体的工程结构材料，在具有一定耐蚀性的前提下，一般还要有一定的强度、抗冲击韧性、弹性和塑性。强度小的铅、纯铝及一些非金属材料，往往只可作为管道设备的衬里。

（3）结合必要的腐蚀试验结果选材　虽然材料的腐蚀性能已有许多资料可供查阅，但有些时候往往和实际使用条件并不完全一致，当选用一种新型材料时，必须预先进行腐蚀试验。例如，进行接近于管线实际服役环境下的多相流动态腐蚀试验，或在类似实际情况下的模拟实验，在条件许可时则应进行现场中试，以得到选材的可靠数据和依据。

（4）经济性与耐用性的统一　一般总是希望选用耐蚀性较好的材料，但还必须考虑到材料的经济性。例如，用不锈钢代替碳钢以防止大气腐蚀，虽然有效，但不锈钢价格较贵，故不能普遍实行。而某些大型的单系列连续工艺过程的设备，以及从设备的关键部位上考虑到寿命、产品质量、停产损失、安全等方面，选用耐蚀性好的材料是非常必要的，有时甚至采用更昂贵的金属材料。而对短期运转、有备用机台的设备以及容易更换的零部件，则可选用较低成本的材料。应该统筹兼顾考虑材料的经济性与可靠性，寻求最佳方案。

（5）整体协调性　在选材同时，还应考虑与之相适应的防护措施。适当的防护，如涂层、镀层、电化学保护等，不仅可以降低基体金属材料的选择标准，而且有利于延长材料的使用寿命。

2）非金属材料选择

在油气生产中，通常采用的耐腐蚀非金属管材有以下三种：

（1）挤压热塑性管　适用于含水系统，主要包括：聚氯乙烯（PVC）、氯化聚氯乙烯（CPVC）、聚乙烯、聚丙烯、丙烯腈-丁二烯-苯乙烯（ABS）。其中应用最广的是PVC。

（2）玻璃纤维增强热固塑料管（FRP）　通常使用的有两种：玻璃纤维增强环氧树脂和玻璃纤维增强聚酯。玻璃纤维增强环氧树脂，是强度最高的非金属管材，也是最贵的。它具有其他非金属管不具备的特色，即在断裂或是爆裂前发生渗漏。由于具有高强度和相对高的耐热性（300°F），玻璃纤维增强环氧树脂已经用在高压注水系统中。玻璃纤维增强管应当按照API规范购买：API 15LR适用低压管线（<1000psi）；API 15HR适用高压管线（>1000psi）。

（3）水泥石棉　水泥石棉由普通水泥、石棉纤维和石英组成，是三种非金属材料中最老的一种。这种材料的最大工作压力可达1035kPa（150psi），而且相对易碎，必须小心使用。

非金属管具有耐水腐蚀、质量轻、易于连接和安装、不需外部防护、流体压力损失小等优点。但它也有以下缺点：工作温度和工作压力极限低；工作温度和工作压力极限难以准确预测，且温度越高，许用工作压力越低；非金属管的物理性能还会随时间而改变；容易碰伤，阳光辐射、冷冻和燃火均会导致其老化或失效；对振动和压力波动比较敏感；玻璃纤维增强环氧树脂管会发生渗漏等。

2. 腐蚀控制工程设计

应根据管道运营环境情况，针对管道腐蚀控制工程生命周期内的腐蚀问题，采取相应的腐蚀控制设计方案。设计应保护环境，节约能源，根据不同的腐蚀环境，对关键材料、设备和工艺进行优化设计，确定最经济合理的设计方案；根据工程实际提出可采用新技术、新工艺、新设备、新材料；制订设计控制措施，确保规定的技术要求和质量标准纳入设计方案中；制订设计控制程序，控制对原设计要求和质量标准的变更和偏离。

腐蚀控制工程设计内容包括腐蚀环境勘察、管道腐蚀控制方法、选材、产品设计、制造工艺、安装施工方案、保护措施、验收标准等。

设计需要进行验证：即在相似的环境、工况等条件下进行满足管道腐蚀控制工程目标的验证；通过设计审查、其他计算、执行试验大纲等措施进行验证；采用试验大纲作为设计验证方法时，应包括适当的原型试验件的鉴定试验。该试验应在最苛刻的设计工况下进行验证。当最苛刻的设计工况无法模拟时，可在其他工况下验证设计特性，并将结果外推到最苛刻设计工况。

设计变更的管理：制订设计变更程序，并形成文件；设计变更一般应采用与原设计相同的设计控制措施；除特别指定外，设计变更文件应由原设计方审核和批准。

3. 管道的制造

管道制造要依据最新颁布的相关技术规范、产品标准、检验标准、设计文件及图纸等进行生产。

制造单位应当具有法定资格，并取得所在地政府部门合法注册，同时制造单位应具备证明其生产制造能力的资质。制造单位应具有满足制造产品需要的专业技术人员、检验人员和技术工人，具备满足制造产品需要的生产条件和相关检验条件。具备健全有效的质量、安全、环保体系。

制造过程要求：制造应按照确定的质量目标，依据相关的产品标准、工艺文件、作业指导书的要求进行，并定期考核；制造单位应制定相应的质量管理保证体系，并有效实施；制造单位应对其所进行分包的工作质量、所采购原材料的质量向用户负责。制造所用材料在使用前应根据相关技术规范、设计文件及图纸、产品标准、检验标准等进行复检。

产品应标有产品标志，并随带产品合格证。

产品标志应包括：管道的规格、编号、材质；腐蚀防护的结构、防护类型、等级、执行标准、制造厂名称、生产日期。

产品合格证应包括：生产厂及厂址；产品名称及规格；腐蚀防护的结构、类型、等级、厚度及检验员编号等。

2.1.2 施工与调试验收

1. 装卸、储存和运输

应制订管道装卸、储存和运输措施(含应急措施)，包括专用夹具、标记移植、防雨雪措施，并且形成文件，避免装卸、储存和运输期间对管道及其涂层产生损伤、腐蚀或丢失管道。

对有特殊要求的管道材料、设备及零部件，应规定和提供专用覆盖物、专用装卸设备及特定(温湿度控制)的保护环境。

2. 施工与安装

现场施工与安装管理应包括计划管理、技术管理、安全和质量管理、物资管理、生态环境、工程交接等，并针对以上内容制定施工与安装的控制管理程序。

制订管道安装保护措施(含应急措施)，并且形成文件，避免安装期间对管道产生损伤、腐蚀或丢失管道。

对有特殊要求的管道材料、设备及零部件，应规定专用的安装设备及特定的保护设施。

管道腐蚀控制工程的施工与安装应按照设计文件和相关标准制定安装流程。

管件腐蚀防护：管件腐蚀防护的等级及性能应与主体管道的腐蚀防护要求一致。

管道连接施工：应采用适当的工艺技术，所用材料应与主体管道相同或为同类工程应用过的其他材料，并且其性能应达到设计指标要求。如采用异种金属材料连接，需要有尽量降低电偶腐蚀的措施。焊接部位如容易发生应力腐蚀，则需要进行局部热处理消除应力；其防护等级不低于主管部位。

测试及监控系统的安装：管道腐蚀阴极保护测试及腐蚀在线监控系统应与管道系统同步安装。

安全施工措施：动土、动火、用电许可，通风、消防和高空施工措施的落实，机械除锈、物理清洗除尘、化学清洗排污措施、高压射流清洗设备完好情况。

3. 调试与验收

1）调试

管道腐蚀控制工程，投运前应制定调试程序并按程序进行调试。调试前应对管道腐蚀控制工程系统进行详细检测，并作记录；调试时，应按设计或有关标准要求的保护准则逐步调整控制参数；调试过程应严格按照调试程序或相应的规范标准执行；调试过程应有人员监护，避免触电、机械伤害等安全风险；调试完成后，应在系统运行稳定后按设计或有关标准测量，评价管道腐蚀控制工程系统的有效性；调试结果不满足设计要求的，应对工程进行改造、维修或重建；调试过程应有详细的记录；调试结果形成的记录，应有编写、审核、批准三级会签。

2）验收

管道防腐工程质量不符合设计要求时，不得验收，达到要求后方可验收。管道腐蚀控制工程完工验收应提交：管道出厂合格证、质量检验报告；对于压力管道，需要生产、施工单位的资质证明；勘察、设计及变更文件；管道腐蚀防护及质量控制过程，包括隐蔽工程文件；管道施工与安装过程文件；管道腐蚀控制工程系统及调试过程文件；施工监理文件；不符合项处理记录；生态环境影响评估报告；安全监督文件等资料。

2.1.3 腐蚀控制技术与运行管理

1. 腐蚀控制技术

在管道腐蚀控制工程中采用适宜的一种或多种技术或方法实施腐蚀控制是一个基本的思路，其基本要求如下。

1）基本技术

从目前来说，可采用的管道腐蚀控制技术包括但不限于：①正确选材应符合前述要求；②合理结构设计；③涂层保护；④电化学保护；⑤缓蚀、杀菌、阻垢药剂；⑥清洗。

2）技术评价

应对管道腐蚀控制技术进行综合评价，并遵循以下原则：首要考虑管道蚀控制工程运行的安全性，评价能否满足安全性能；在满足技术要求的基础上，应选用先进的技术、工艺、设备和材料，并同时考虑选用经济性高的腐蚀控制措施；选用的管道腐蚀控制技术应满足环境适应性，确保长生命周期运行。

3）新技术开发

有材料及技术不能满足腐蚀控制要求时，应进行材料和技术开发。新技术开发过程应符合：使腐蚀得到有效控制，符合安全、经济、长生命周期运行的目标。可维修或更换的材料和设备的使用寿命可短于主体管道的生命周期；不可维修和更换的材料和设备使用寿命应与主体管道生命周期一致。技术开发内容包括材料和技术开发、工艺改进、设备和产品研制。开发的程序是提出需求，确定需求的技术指标，确定方案，实施开发，验证和评价。对新材料和技术应在验证和评价合格后方可推广应用。

2. 运行管理

1）管道腐蚀控制在运行时应考虑的因素

根据主体管道和腐蚀源现状来实施系统化的腐蚀控制，包括但不限于涂层保护、电化学保护、药剂缓蚀措施等；管道运行、维护人员应了解管道腐蚀控制的基本知识，并参与定期培训和考核；处理复杂的腐蚀问题应多专业、多部门参与；建立有效的内部交流及外部交流、经验反馈的机制；编制运行管道腐蚀控制管理手册；建立运行管道腐蚀控制工程系统管理数据库。

2）运行管理方法

依据管道腐蚀控制管理手册、相关的法规、标准等制定运行管理方法。使用单位应确保和提供满足管道腐蚀控制的资源；做好现场巡检、问题处置、过程记录、过程分析、经验反馈等。

3）管道运行中的腐蚀控制

外腐蚀控制：应遵循有关标准及法规的要求，建立外腐蚀控制程序；应定期检查腐蚀监测系统，对不满足腐蚀控制工程保护准则的，应调查原因并采取措施；定期检测评价外防护系统现状特别是保护的有效性；应识别、测试、减缓环境因素对管道的影响；对发现的腐蚀防护缺陷应及时修复。

内腐蚀控制：应对管道输送介质的腐蚀性进行监测并持续分析，并依据分析结果选择合适的内腐蚀控制措施；对于内腐蚀可通过安装探针、电阻监测装置、直接测量壁厚、腐蚀电位等方法检测或监测，可利用现代通讯技术进行进行数据传输、远程控制调节。

3. 报废

为减少腐蚀失效风险，该报废的应及时进行报废处理，管道报废一般应按以下规定进行处理：

（1）对运行的腐蚀防护设施及腐蚀控制系统经论证其安全性、功能性已不能满足设计要求，且无法修复或修复不经济时，应报废。

（2）根据管道完整性评价及专业评估团队的评估结果不适应继续使用时，管道宜报废。

（3）由使用部门提出报废申请、相关部门审核、单位负责人批准，办理报废手续。

2.1.4 维护保养

1. 一般性原则

根据管道工程项目和腐蚀源状况，制订日常、定期、全面维护保养周期及计划，并编制相应维护保养程序，包括：日常维护保养，包括巡视、检查和清洁等；定期维护保养，包括性能状态检查和计划性能修理等；维护保养程序文件应与材料或设备维护手册、技术规范书及相关标准要求一致。

维护保养工作应安排专业人员实施，并符合：维护保养人员应具备相应的技能和经验；应使用专用的维护保养工具；维护保养前应充分评估可能存在的风险，并制订相应的应急措施，做好相关检查及维护记录。

维护保养工作后，应及时向相关负责人汇报腐蚀控制工程所出现的问题，并及时跟踪和处理。

维护保养工作不应对设备设施造成新的腐蚀或损坏风险。

2. 重点维护保养内容

应定期对腐蚀防护及腐蚀控制系统进行检查和测试，以确认腐蚀防护及腐蚀控制系统运行是否正常，运行期间的参数是否符合相关标准的保护准则，并对检查与测试所得的数据和所发现的情况进行分析，进而完成：评价管道腐蚀控制管理是否适当；指出可能存在的差异及改进措施；说明对管道腐蚀控制状况进行详细调查评价的必要性。

3. 缺陷修复

对评估结果为不可接受的腐蚀防护控制缺陷应依据有关标准进行修复；对临时修复的缺陷应及时进行永久性修复。

4. 维修

根据管道腐蚀控制工程投产后的腐蚀控制运行状况调查、检测、评估结果，开展的维修工作应不影响管道整体安全功能，并符合规范、标准及其他相关规定。管道腐蚀控制工程维修质量应不低于原建造时的要求。对生产系统产生影响的管道腐蚀控制工程维修，应由具有相应资质的单位承担。管道腐蚀控制工程维修完成后应按照规定验收。

2.1.5 腐蚀调查、检测与评估

应制订管道腐蚀控制工程投产后的腐蚀控制运行状况调查、检测、评估计划和周期，列入管道运营日常管理。

1. 管道腐蚀控制调查检测

管道腐蚀控制调查分为一般性调查和专项调查。

(1) 一般性调查　在管道运行一年内，应调查：管道腐蚀防护体系缺陷；腐蚀控制监测系统有效性。

(2) 专项调查　必要时，可针对某一目的或内容进行专项调查，专项调查应有专门培训的人员使用专用的仪器和设备进行，包括但不局限于：管道腐蚀防护体系及腐蚀控制系统缺陷调查检测；环境腐蚀性调查检测；应力腐蚀裂纹调查检测；管道外腐蚀调查检测；管道内腐蚀调查检测等。

2. 管道腐蚀检测及控制评估

对管道腐蚀控制工程各要素以及要素间的整体性、系统性、相互协调和优化性进行评估，确保管道腐蚀控制工程的安全性、经济性、长生命周期运行。

对于管道腐蚀控制可靠性的评估是建立在检测的基础上。检测包括上述一般性调查时的检测，也包括专项调查中的检测。管道的腐蚀与防护状况检测工作应尽可能地定期进行，并保证检测项目的完整性、科学性。

根据管道腐蚀调查及检测结果，对管道的腐蚀状况进行评价，并进行现场抽样实地验证。

对管道腐蚀控制工程生命周期的不同阶段进行全过程评估、使用部门评估和综合性评估。

管道腐蚀控制风险评估，应出具评估报告。评估结果应作为：新建管道腐蚀控制工程设计、过程管理、验收及持续改进、完善的依据；在役运营旧管道维修、报废的依据。

评估结果应满足主体管道工程的生命周期要求。

对于已停用的管道，在重新启用前应按有关标准要求进行完整性评价，并根据完整性评价结果评估重启管道的安全性和经济性。

2.2 管道腐蚀控制的结构设计

在探索各种腐蚀控制措施来防止或减轻油气管道的腐蚀过程中，结构设计具有基础性作用。腐蚀控制的结构设计应包括：管道本体防蚀结构设计、管道内外防蚀层结构设计、防蚀强度设计、介质腐蚀减缓药剂投加系统设计、阴极保护及排流系统设计等方面。

2.2.1 管道及设备本体结构设计

在设计油气管道等生产设备本体时，应同时考虑腐蚀控制方面的要求，以防止或减轻管道及设备在使用中所产生的腐蚀危害。在结构设计中一般应遵循下述原则。

1. 结构件形状应尽可能简单和合理

形状简单的结构件容易采取防腐蚀措施，而形状复杂的结构件，其表面积必然增大，与介质的接触机会增多，死角、缝隙、接头处容易使腐蚀液积存和浓缩。在可能的情况下，采用球形、圆筒形结构比其他框架结构好。简单的构件还便于排除故障，有利于维修、保养和检查。

2. 避免残留液和沉积物造成腐蚀

容器出口管及容器底部的结构设计应力求容器内部的液体可排净，以免滞留部分液体引起浓差腐蚀，或留下固体物料造成沉积物腐蚀，如图 2-1 所示。在条件许可情况下，储液容器内部应设计成流线形，如图 2-2 所示。

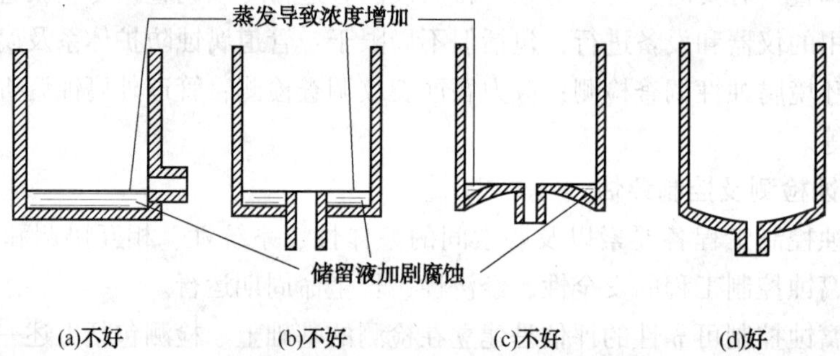

图 2-1　容器底部与出口管的结构

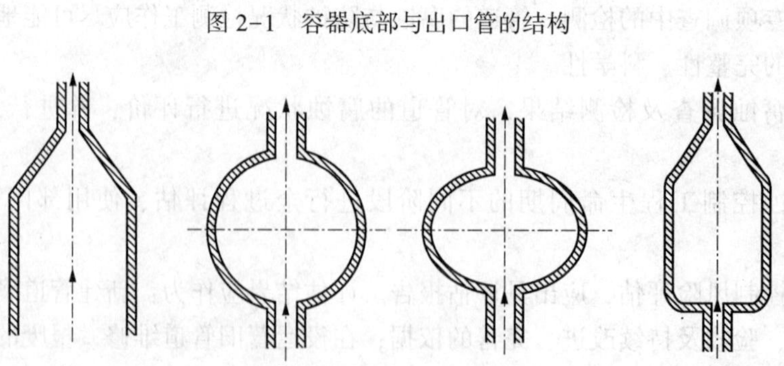

图 2-2　容器流线形设计

3. 防止电偶腐蚀

（1）在同一结构中应尽量采用相同的材料。

(2) 在必须采用不同金属组成同一设备时，选用在电偶序中相近的材料。

(3) 不同金属连接时，尽量采用绝缘措施，加绝缘垫片(如合成橡胶、聚四氟乙烯等)，如图 2-3 所示。

(4) 不同金属相连接时，也可以在两种异种金属材料连接处加入第三种金属，使两种金属间电位差降低，如图 2-4 所示。

(5) 不同金属相连接时，应尽量采用大阳极小阴极的有利结合，避免大阴极小阳极的危险连接，如图 2-5 所示。

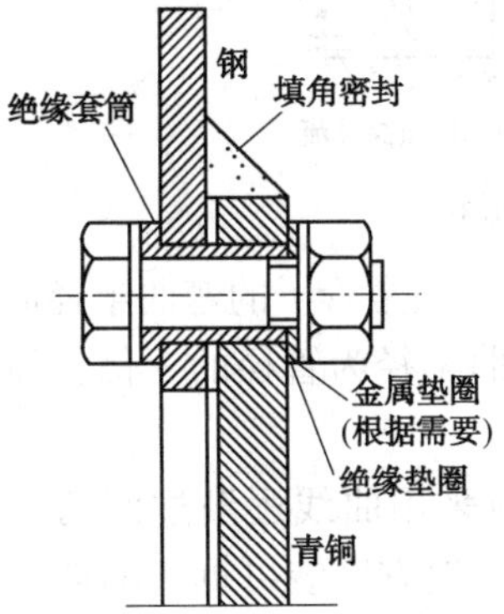

图 2-3　不同金属间采用隔离绝缘垫

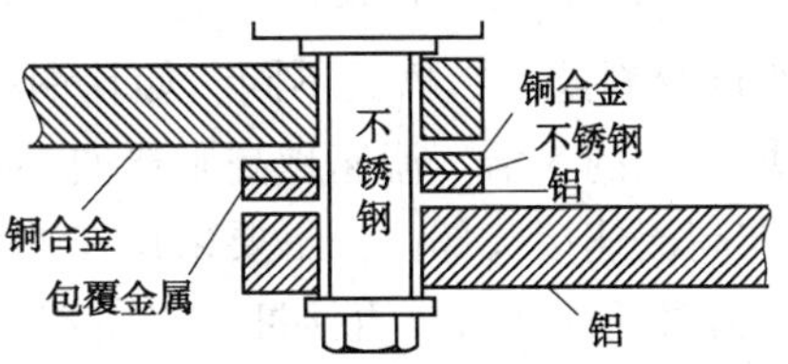

图 2-4　插入金属以降低两种金属间电位差

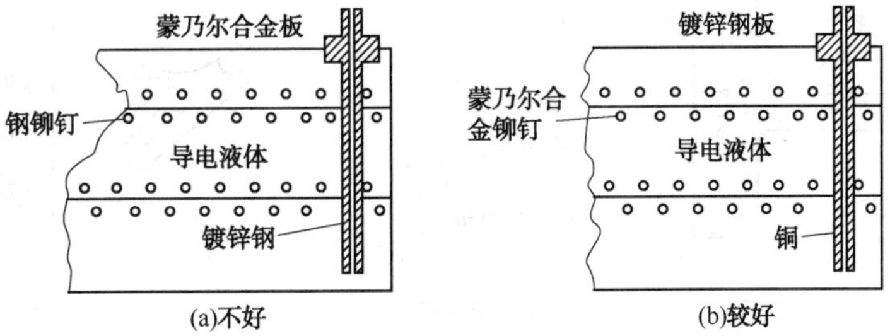

图 2-5　大阴极小阴极的结构设计对比图

4. 防止缝隙腐蚀

在设备装置上总是有各种各样部件的连接，除焊接外还有铆接、销钉连接、螺栓连接、法兰盘之间的连接。这些连接都带来了大量的缝隙，这些缝隙的存在，对构件的防蚀不利。因为缝隙将产生氧浓差电池，同时缝隙内常因酸化而导致加速腐蚀。特别像不锈钢和铁等材料，它们的耐蚀性是依靠金属钝化，这对缝隙腐蚀尤为敏感。为了防止缝隙腐蚀，可采用如下措施：

(1) 尽可能以焊接代替铆接。在采用焊接时，用双面对焊和连续焊比搭接焊和点焊好。

(2) 为改善铆接状况，在铆缝中可填入一层不吸潮的垫片。

(3) 容器底部不要直接与多孔基础(如土壤)接触，要用支座等与之隔离开。

(4) 法兰连接处垫片不宜过长，尽量采用不吸湿的材料作垫片，或者在垫片上涂上羊毛脂和铬酸锌的缓蚀脂膏，或采用圆形截面的密封环。

(5) 为避免加料时溶液飞溅到器壁，引起沉积物下的缝隙腐蚀，加料管口应尽量接近容器内的液面。

5. 防止液体流动形式(湍流、涡流等)造成的腐蚀

(1) 设计外形和形状的突变会引起超流速与湍流的发生。图 2-6 列举了凸台、沟槽、直角及高流速造成的涡流，这些在设计中应尽可能避免。

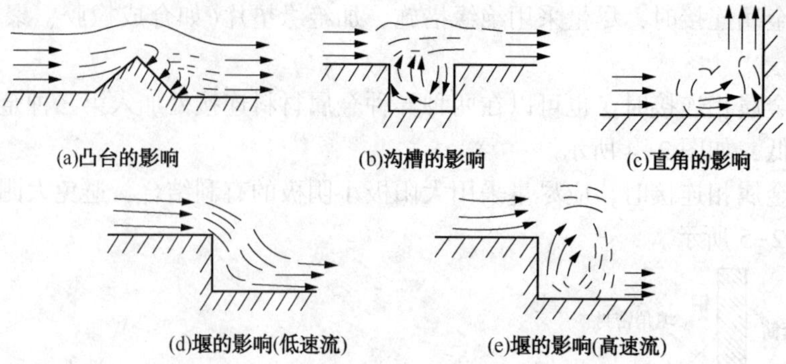

图 2-6　几种形成涡流的设计形状

（2）管线的弯曲半径应尽可能大，尽量避免直角弯曲。通常管子的弯曲半径应为管径的 3 倍。而不同材料这个数值又不同，如软钢和铜管线取弯曲半径为管径的 3 倍，强度特别小或高强钢取管径的 5 倍。流速越高则弯曲半径也应越大。

（3）在高流速接头部位，不要采用 T 形分叉结构，应采用曲线逐渐过渡的结构，如图 2-7所示。为避免高速流体直接冲击设备器壁，可在需要的地方安装可拆卸的挡板或折流板以减轻冲击腐蚀。

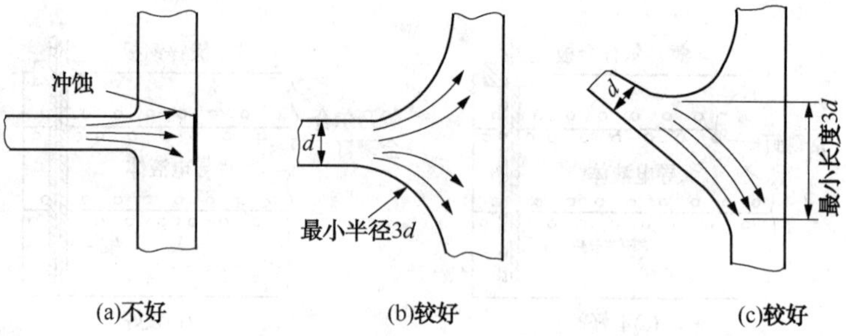

图 2-7　高流速接头部位设计

6. 避免应力过分集中

（1）零件在改变形状或尺寸时，不应有尖角而应以圆角过渡；当设备的筒体与容器底的厚度不等而施焊时，应当把焊口加工成相同的厚度。

（2）设备上尽量减少聚集的、交叉的和闭合的焊缝，以减少残余应力，如图 2-8 所示。施焊时应保证被焊接金属结构能自由伸缩。

（3）热交换管的管子与花板的连接采用内孔焊接法比涨管法好，这样既能减少缝隙，又能减小应力腐蚀破裂的危险性。

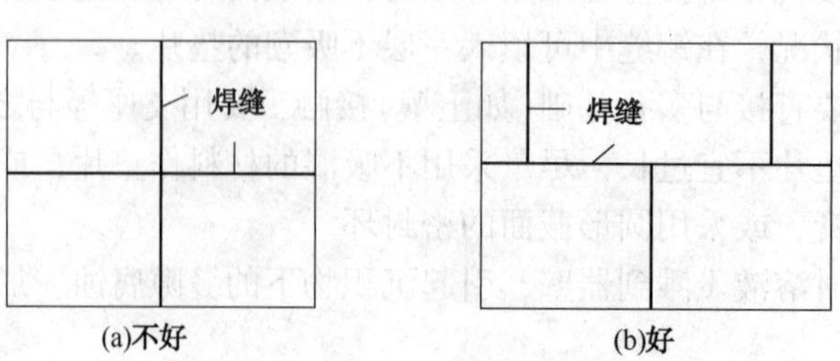

图 2-8　减少聚集与交叉焊缝

7. 避免局部温度过高

如给管道保温宜采用使管道整个截面均匀受热的方式，而不宜采用线缆局部加热的方式，以避免管道局部温度过高而引起温差腐蚀。

8. 设备和构筑物的位置要合理

设备装置的分布位置也应考虑相互之间的有害影响，避免设备排出的腐蚀性气体对其他设备造成腐蚀。

2.2.2 抗腐蚀强度设计

腐蚀失效是管道失效的主要原因之一，而且腐蚀往往很难避免，控制腐蚀失效的方法之一就是在管道设计时，要考虑抗腐蚀强度。这个问题归纳起来需考虑以下三点。

1. 腐蚀裕量设计

对于全面腐蚀(也称均匀腐蚀)的情况，在未考虑环境腐蚀算出构件材料尺寸后，应根据这种材料在使用介质中的腐蚀速度留取恰当的裕量，加大构件尺寸，这样就可以保证原设计的寿命要求。腐蚀裕量的考虑要根据构件使用部位的重要性及使用年限来决定。

在油气管道壁厚计算时，主要是依据管道所处地段或地区等级，输送介质(如介质类型、输送压力、温度等)、管道材质与管径等确定管道设计系数，最后确定出的管道壁厚还应根据各种载荷条件进行校核，在选取壁厚时，尽量选择优选壁厚。这其中事实上已经考虑了强度裕量。特别是对于长输大口径管道而言，随意提高裕量将会造成很大的经济损失。因此，一般按设计规范计算出的厚度选择略偏大点厚度的标准规格型号的管道就足够，不需要再额外增加裕量，但是对于大落差特殊地区的管道则还需要仔细评估其压力试验、特殊情况下憋压等的安全性问题。

增加腐蚀裕量是控制海底管道内腐蚀的常用方法，一般在计算壁厚的基础上增加 3～6mm 腐蚀裕量。

对于一般的管道而言，我们还可以给出一个相对具体一点的裕量数值，供参考。对于安装在操作现场的碳钢和低铬钢工艺管道，就大多数用途来说，建议采用 1/8in 的腐蚀裕量。对于那些腐蚀速度特高但腐蚀生成物造成的生垢现象不致成为危险性问题的管道来说，有时采用 3/16in 或 1/4in 的腐蚀裕量是合理的。不锈钢管道的设计寿命如要与设备的寿命相同(一般为 20 年)，通常规定其腐蚀裕量为 1/32～1/16in。对于那些不安装在操作现场的碳钢工艺管道以及安装在或不安装在操作现场的服务性管道，一般规定 1/16in 的腐蚀裕量。

2. 局部腐蚀的强度设计

从工程的角度来看，全面腐蚀并不是危害最大的腐蚀形态，局部腐蚀才是最常见也是危害最大的。如点蚀、缝隙腐蚀、电偶腐蚀、晶间腐蚀、应力腐蚀、氢致开裂、氢腐蚀、腐蚀疲劳、其他选择性腐蚀等多种多样的局部腐蚀才是考虑的重点。如在发生孔腐蚀的情况下，管道的腐蚀失效(使用寿命)时间，既不是决定于平均腐蚀失重，也不是决定于腐蚀孔的平均腐蚀深度，而是决定于最深的腐蚀孔的深度。因此，对于管道的腐蚀失效而言，我们关心的是管道最大腐蚀深度会出现在何处？会最快多久形成以及如何从设计强度上予以预防性技术处理？

但是，因材料、环境、条件不同，目前还很难根据局部腐蚀的强度降低，采用强度公式对腐蚀裕量进行估计。不过，目前理论界也对此进行了大量的试验研究，形成了一些理论观点。如关于最大腐蚀深度的分布规律研究中，发现最大孔蚀深度服从极大值分布；研究还发现，在埋地管线外防护层失效后，由于受到土壤环境的作用，管外壁会发生局部腐蚀。其防腐层失效处首先发生大面积均匀腐蚀，接着会产生点腐蚀而发生管道穿孔引起首次泄漏，因此提出了建立由点蚀而引发的首次泄漏寿命的数学预测模型，并已经建立了相关数学模型。这些无疑为提高管道抗腐蚀失效的强度设计提供了很好的指导。

从目前的应用研究来看，对于晶间腐蚀、孔蚀、缝隙腐蚀等只有采取正确选材或控制环境介质、注意结构设计等措施来防止。如果是应力腐蚀断裂、腐蚀疲劳，材料的数据资料齐全的话，就有可能做出合适可靠的设计。例如，只要能确定材料在实际应用环境中的应力腐蚀临界应力，在设计时构件承载的应力(包括内应力)低于此值便不会导致应力腐蚀断裂。对于腐蚀疲劳可以根据腐蚀疲劳寿命曲线 σ(应力)-N(循环次数)中的表观疲劳极限，使设计的设备在使用期限内安全运行。

3. 加工及施工特殊处理设计

在加工及施工处理时，可能会引起材料耐蚀强度特性的变化，应加以注意。如某些不锈钢在焊接时，由于敏化温度的影响产生晶间腐蚀，使材料强度下降，导致在使用中发生断裂事故。

2.2.3 陆上管道腐蚀控制涂覆层设计

仅仅依靠管道本体的结构设计以及选择耐蚀管材，控制腐蚀还是远远不够的。还必须增加适当的内外涂覆层结构，才能进一步控制管道的腐蚀。

1. 管道内表面腐蚀控制涂覆层

内涂层和内衬里是解决集输系统和注水系统管材腐蚀问题的又一种有效的方法。通常使用的有塑料涂层、水泥衬里和塑料衬里、耐蚀合金衬里等。为了保证腐蚀控制效果，应特别注意内涂内衬的厚度以及不同材质的涂覆顺序设计。

1) 塑料涂层

在涂层和衬里上使用的有两类塑料：热塑性塑料和热固性塑料。热塑性塑料在加热时变软，但它可以在冷却后重新获得它原来的物理性能，如 PVC 和聚乙烯。热固性塑料加热时变得更硬和更脆，冷却时不能恢复原来状态，如酚醛塑料和环氧树脂。

塑料涂层也按照厚度来进行分类。厚度为 5~9mils(127~178μm)的涂层称为薄膜涂层，厚度超过 9mils(178μm)的涂层称为厚膜涂层。尽管薄膜涂层也常常使用，但在注水系统中，优先推荐使用厚膜涂层，这是因为厚膜材料更易得到 100%的无缺陷涂层。涂层通常由液体涂敷和烧结两种途径形成。表 2-1 所示为注水系统目前推荐使用的典型涂层。

表 2-1 注水系统推荐的内涂层

涂层类型	厚度		最高使用温度	
	mils	mm	°F	℃
环氧树脂-聚酰胺	12~20	0.3~0.5	150	66
熔结环氧树脂	10~20	0.25~0.5	250	121
改性环氧树脂	8~15	0.2~0.4	300	149
环氧-酚醛树脂	5~9	0.13~0.23	250	121
酚醛树脂	5~9	0.13~0.23	400	204
尼龙	10~30	0.25~0.76	225	107

内涂层管线管的连接是一个非常重要且富有技巧性的技术。人们已经开发出许多方法来进行内涂层管线管的连接，下面介绍几例。

① 外沟槽连接　如图 2-9 所示，涂层的终点停止在管道外沟槽部，用橡胶等非金属密封件以夹钳方式来连接接头。这种连接通常用在低压注水管线。

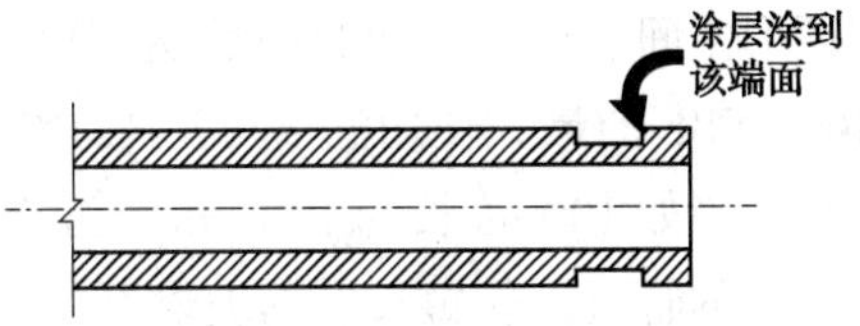

图 2-9　沟槽连接涂层

② 法兰盘连接　对于高压管线可以用法兰盘连接。法兰盘应当是事先制造好的，如果必要，应当在工厂进行涂层。

③ 可焊接接箍 AMF Thru-Kote 连接　它是普遍使用的可焊接接箍之一。这种连接系统使用机械加工或特定加工的内金属套管。套管进行内涂层，并缠绕耐热材料，防止焊接时对涂层的损伤。环氧树脂密封剂用来密封套管与钟形管连接的环空并提供光滑的轮廓以防止湍流，用 O 形环来防止焊接气体对环氧树脂密封剂的损伤如图 2-10 所示。

④ 机械干涉配合连接　不用焊接的机械干涉配合连接的方法也在普遍使用。图 2-11 所示的 Zap-Lok 连接就是这样的连接，管道的每个连接端部通过冷加工进行特殊调节以形成连接面。钟形端头的直径稍微扩大到其内径略小于管体原有的外径。销管端部具有一个沿圆周方向加工的沟槽，使其端部稍微向内缩减，以便使销管端部可以插入钟管端部。将环氧树脂加到钟管和销管的接头，用一个便携式的水力压缩机将两端装配在一起，产生一个可以控制的干涉面。环氧树脂既作为密封剂，又作为润滑剂，促进连接装配。

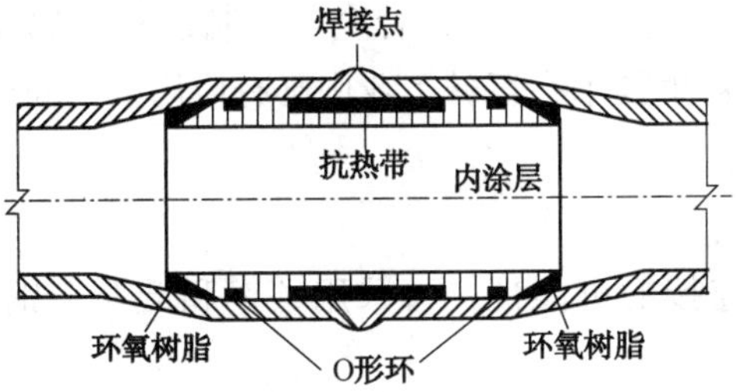

图 2-10　Thru-Kote 连接

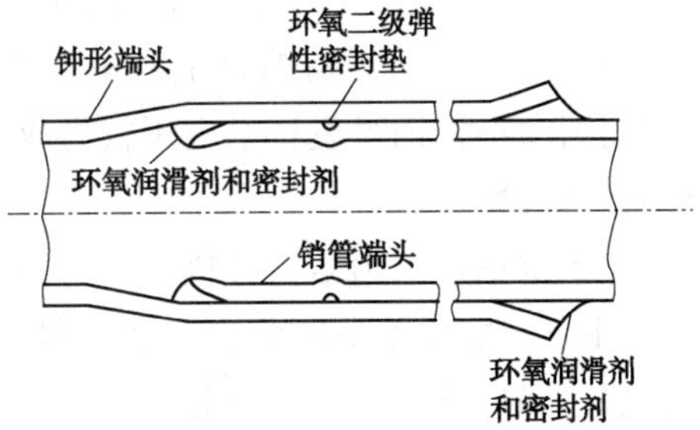

图 2-11　Zap-Lok 连接

2）水泥衬里

水泥衬里油管和管线管在注水系统中普遍使用。最广泛使用的衬里的成分是水泥和砂子。管子用离心浇注法将衬里做到平均厚度为 6.35～9.5mm，具体厚度取决于管子的尺寸。所用普通水泥中三钙铝酸盐的含量应不大于 3%，以便它可以抵抗水中的硫酸盐离子的侵蚀。三钙铝酸盐和硫酸盐离子之间的反应会导致水泥膨胀和开裂。ASTM 三型和 API B 型水泥可以抵御硫酸盐侵蚀。

水泥衬里的优点是：价格低；新旧管材都可用；即使有一定量的裂纹也具有腐蚀保护作用，这是因为管壁的 pH 值通常足够高，从而可以防止一定侵蚀。

水泥衬里的缺点是：水泥衬里会增加管子重量和减小管子内径；不能通过水泥衬里管材进行酸化，因为酸会熔解水泥；难以进行焊接连接，但可用石棉垫片和水硬性水泥进行连接；过分的压力波动会导致衬里严重开裂甚至失效。

3）塑料衬里

塑料管可以插进管线管或油管以提供内腐蚀保护。目前有三种塑料衬里在油田广泛使用。

① 水泥灌浆衬里　塑料管插入油管或管线管特殊接头，并将普通水泥泵入两个管之间

的环形空间。典型的塑料衬管为 PVC 和 FBE。PVC 的使用温度可达 71℃，超过 71℃可用 FBE，FBE 的最大使用温度可达 121℃。较长的塑料管插入实际运行的管线并可用普通水泥浇灌。诸如 1000m 长的 PVC 和聚乙烯热塑性管已经流行使用。这种工序通常用来维修已严重腐蚀的管道。较短长度的玻璃纤维管也已作为衬里使用。玻璃纤维除增加玻璃纤维/水泥浆/钢复合系统的强度外，还增加其爆破压力。

② 膨胀衬里　比聚乙烯具有更高韧性和延展性的高相对分子质量高密度聚乙烯塑料制造的衬管在管线中已得到广泛使用。这种衬管通常以 2500～5000ft 的长度插入管线，被衬里的管段用特种法兰连接。对衬里施压使塑料衬里膨胀直到衬里贴紧钢管的内壁。其最大操作温度可达 82℃。

③ 黏接衬里　对管线管和油管，也可以通过用热固黏结剂将 PVC 黏结到管体上的方法来施加衬里。黏接剂施加在油管内表面和 PVC 衬里的外表面，并使其晾干。然后将衬里插入管体，加热、加压。被热软化的塑料膨胀并黏结到油管的内壁。对管线管也可以用这种方法加衬里。

4）耐蚀合金衬里

石化生产中，为防止苛刻环境下集输管道的腐蚀，或满足某些特殊工况条件下单一金属难于满足的技术要求(如要求较高的强度、刚度、传热率)，同时出于经济性考虑，可采用在碳钢和低合金钢上衬耐蚀合金衬里，如不锈钢、镍基合金、钛合金等，制造双金属复合管。目前国内不锈钢衬里技术应用较为成熟，钛衬里技术在氯碱工业中已有应用。下面简要介绍不锈钢衬里。

（1）不锈钢衬里用结构材料

① 外壳　根据操作压力、温度及衬里材料连接的可能性，可采用碳钢和低合金钢板，厚度根据强度计算决定，一般大于等于 6mm。

② 衬层　根据介质浓度、温度等腐蚀因素，可选用各种牌号不锈钢，最好采用超低碳钢。衬层材料的单块尺寸取决于连接方法，而厚度则取决于材料的种类及耐蚀性能的要求，一般为 1.6～4.8mm。

③ 填充金属　取决于复层材料的种类，必须考虑熔焊中基层对焊缝金属的稀释，一般要求填充金属的合金含量比衬层高，且含碳量尽可能低。

（2）衬里方法

① 塞焊法　用填充金属将衬层或基层上的预制孔熔焊填满，使衬层与基层连接在一起，一般适用于温度 150℃以下。对于真空和反复加热冷却的设备，应尽可能避免采用，因强度较其他方法低，又易造成残余应力。焊接用手工焊、埋孤焊或气体保护焊，采用双层焊，第一层采用里合金型焊条，第二层采用衬层相近焊条。

② 条焊法　将不锈钢裁成一定尺寸条带，以连接焊缝与基层连接，同时条带也相互连接，最终成为严密的衬里。它的适应性较好，一般用于 150～300℃温度下。可用与塞焊同样的方法进行焊接，接头形式可分为对接与搭接。

③ 熔透法　利用电弧产生的热能，将不开坡口或无孔衬层熔化，将热能传递给基层，并将基层熔化而连接。它可以采用手工焊、埋弧焊或气体保护焊。

④ 爆炸法　利用炸药爆炸时产生的巨大能量，将不锈钢衬层紧密地压接在碳钢壳体上。

它操作简便，费用较低，由于不产生异种金属的稀释作用，衬层厚度可减薄至最小为0.3mm，壳体厚度应大于9mm。爆炸衬里是把预先焊制成并经过检验的壳体与衬里衬在一起，将炸药放置在壳体中心，使衬与壳层间保持真空，并在衬里内充水后用雷管引爆，即完成施工。

(3) 衬里处理与检验

由于衬层与基层膨胀系数不同，一般不进行热处理，对衬层表面必须进行酸化钝化处理。衬里完毕后，除进行外观检查外，必须进行泄漏检验和水压试验。水压试验后，再进行一次泄漏检验。

2. 管道外防腐层

1) 防腐层对金属保护作用

防腐层通过以下三个方面对金属起保护作用：

(1) 隔离作用　将金属与腐蚀性介质隔离。

(2) 缓蚀作用　借助涂料的内部组分(如铬锌黄等阻蚀性颜料)与金属反应，使金属表面钝化或生成保护性物质，提高防腐层的保护作用。

(3) 电化学保护作用　在涂料中使用比铁活性高的金属作填料(如锌等)，起到牺牲阳极保护作用，减轻腐蚀。

2) 影响防腐层保护效果的因素

(1) 环境因素　涂敷环境和使用环境。

(2) 材料因素　被涂覆设施的材质、表面状态、涂料性能及防腐层的配伍性(如底漆和面漆的配伍性等)。

(3) 施工因素　施工方法和施工质量。

防腐层材料和防腐技术也在不断发展，表2-2介绍了管道建设中通常使用的一些防腐层材料及适用的土壤环境。

表2-2　管道常用外防腐层材料的优缺点及适用的土壤环境

防腐层名称	主要优点	主要缺点	适用土壤
石油沥青	抗水、抗盐、抗碱性好，无毒；设计、施工技术成熟，原料足，价格便宜，易修补	抗有机溶剂和油性能力差，耐温性差，机械强度较低，施工条件较差，易受植物根系破坏，不耐紫外线	一般用于非石方地区，使用寿命一般为10~20年
煤焦油瓷漆	耐化学介质能力强，抗细菌和植物根系能力强，抗水性优良，价格较低，易修补	耐温性差，易机械损伤，施工条件差，对环境有一定影响，不耐紫外线	一般用于地下水位高、沼泽地段的土壤环境
环氧树脂煤沥青	耐潮湿环境，抗酸、碱、盐，附着力好，价格较低；耐细菌和植物根系能力强	有低温脆性，抗冲击性差，不耐紫外线	适用盐渍、沼泽等土壤环境
双层聚乙烯	机械性能好，耐低温、电绝缘性能好	与钢表面黏结性较差，补口质量要求高	适用于多石地段，一般盐渍土壤等
熔结环氧树脂粉末	黏结性强，耐温性好，抗阴极剥离性能强，耐蚀性良好	对施工质量要求高，价格较高，较易机械损伤	适用于环境腐蚀性高、盐渍化土壤及穿越管段等

续表

防腐层名称	主 要 优 点	主 要 缺 点	适 用 土 壤
聚乙烯胶黏带	机械性能较好，由于材料及结构的改进，在黏结性及防腐蚀性能上有所提高，施工方便，价格较便宜	有些产品黏结性有待进一步提高，特别对管道焊缝处施工质量有待提高	适用地下水位不高、土壤腐蚀性不强及无风沙地区
三层聚乙烯	黏结性能好，良好的机械性能，电绝缘性能好	成本高，对施工质量要求高	适用于腐蚀性高的土壤环境，复杂的地域，石方区等
聚氨醋泡沫-聚乙烯防腐蚀保温层	耐热性好，整体防腐蚀，绝缘性及机械性能方面有明显的优越性	价格较高，对施工质量要求高	埋地保温管道

2.2.4 海底管道腐蚀控制设计

海底管线在控制腐蚀失效方面，其内腐蚀控制措施与陆上管道没有原则性区别。为了防止海底管道遭受外界环境的腐蚀，钢管道的外表面采用防腐涂层覆盖和安装牺牲阳极的方法。

防腐涂层的选择主要与环境条件和输送介质温度有关，牺牲阳极设计除了要考虑环境条件外，还必须考虑外防腐涂层初始和最终的破损系数。管道的外防腐涂层破损系数与管道的结构形式、管道铺设方法以及其服役期间各种海上活动有关。

海底管道的结构形式主要取决于其输送介质的特性和其所在服役海域的环境条件。钢质海底管道的结构形式主要有 4 种，如图 2-12 所示。其中图(a)结构用于经脱水处理而不进行深分馏处理的天然气输送，图(b)结构用于未经处理酸性的天然气输送。而图(c)、图(d)结构用于原油输送的保温管的结构形式。

图 2-12 海底管道结构形式

1. 外防腐涂敷层与牺牲阳极的关系

海底管道外防腐涂层将钢管外表面与外部腐蚀环境隔离开，阻止环境中的腐蚀介质进入钢管的钢质外表面，以达到钢管外表面免遭环境介质引起腐蚀破坏的目的。

1）海底管道外防腐层选择

目前，我国长距离的海底管道防腐涂层基本上采用 3 层 PE 或 3 层 PP 材料。这种外防腐涂敷层是由直接喷涂在处理后钢管表面上的熔结环氧(FBE)涂层、中间的聚合物胶黏剂和外层聚乙烯(PE)或聚丙烯(PP)涂层组成，被分别称为 3LPE 或 3LPP 防腐涂层。

2）3LPE 和 3LPP 性能要求

海底管道外防腐涂层的主要性能要求是绝缘性能、黏结性能(附着力)、抗阴极剥离性能、抗机械损伤等指标满足要求，且 FBE 应具有良好的阻透气透水性能。黏结性是指 FBE 与处理后钢质表面的附着力，良好的附着力能提高其抗阴极剥离的性能和剪切应力传递能力。

3LPE 或 3LPP 防腐性能主要取决于 FBE 的厚度和致密程度，PE 或 PP 除了具有一定防腐作用外，主要增强 FBE 表面抗冲击能力，以防止在堆放、运输和施工过程中对 FBE 的损伤。

从理论上来讲，只要 FBE 能完全有效地覆盖管道钢质表面的锚纹，且无露点和针孔等缺陷，FBE 防腐性能与厚度无关。但在 FBE 喷涂过程中由于钢管直线度、椭圆度及喷涂挤塑系统等因素的影响，若 FBE 厚度太薄可能会产生露点和针孔等缺陷，适当增加 FBE 厚度可避免产生这些缺陷，工程实践表明，FBE 厚度以 200~300μm 为宜。

3）外防腐涂层与阴极保护的关系

对海底管道而言，由于受环境条件的限制，其阴极保护一般采用牺牲阳极法。

当防腐涂层完全有效地覆盖管道钢质表面时阴极保护系统不起作用，只有在防腐涂层本身存在缺陷或在运输、施工及服役过程中由于渔业活动等对防腐涂层产生损伤，以及在服役期间由于防腐涂层老化而产生防腐涂层局部剥落而导致钢管钢质裸露，这时裸露的钢质表面就很容易产生海水腐蚀，此时由牺牲阳极给钢管裸漏表面通以阴极电流，钢管金属表面阳极极化，使其处于阴极状态，裸露的钢管表面电子释放被抑制，从而达到防止钢管腐蚀的目的。

4）海底管道阴极保护设计

海底管道阴极保护设计参数主要取决于管道服役所处的环境条件，如海水海泥的电阻率、阳极电容量、防腐涂层破损系数、管道设计寿命等因素。其中管道防腐涂层破损率除去其固有的针孔、露点外，主要与管道的结构形式和施工方法以及服役过程中各种渔业活动有关。

对于仅有防腐涂层的管道，防腐层破损主要由堆放、吊装、运输、铺设和渔业活动等造成，导致钢管的钢质外表面裸露。而对于其他具有多层防护层结构形式的海底管道，除在铺设过程中托管架滚轮有可能造成现场节点涂敷层受损外，钢管基体防腐涂层产生机械损伤的几率很低，这主要是防腐层外的其他涂敷层对防腐层具有保护作用。因此，这种管道防腐涂层厚度可适当减薄，防腐层设计破损系数可相应地减小，或者相应减少牺牲阳极的数量。

2. 海底管道混凝土配重层设计

1）混凝土配重设计密度

混凝土配重层的材料是由砂、水泥、铅矿砂骨料和水按设计比例混合而成。混凝土配重主要作用是增大管道沉没质量，同时亦可增强管道的抗外荷载的冲击能力。作用于海底管道上的流体动力荷载有水平拖拽力、惯性力和升力。而拖拽力、升力与管道结构外径成正比，惯性与管道结构外径的平方成正比。对高密度配重混凝土，只有选用含铁量极高的铁矿砂作为其骨粒及增加水泥用量来实现。近些年来，铁矿石和水泥价格飞涨，因此，配重混凝土密度应根据管道结构对其作用的流体动力敏感度来合理地确定，以减少工程投资。

2）配重混凝土抗挤压强度

配重混凝土应具有足够的抗挤压强度，以保证管道铺设过程中配重层不因挤压而破碎，导致涂敷的配重层脱落。混凝土抗挤压强度越高，混凝土配重层刚度越大，涂敷钢管节点处应力集中系数越大，管节点处的应力越大。S 形曲线铺设海底管道过程中，张紧器对管道施加径向夹持力，加之上弯段管道弯曲，配重混凝土将承受最大的径向挤压应力和轴向挤压应力。

张紧器夹持爪对涂敷钢管挤压荷载可按下式计算：

$$F_S = F_T/\mu$$

式中 F_S——张紧器夹持爪对涂敷管总的挤压力，N；

F_T——管道的轴向张力，N；

μ——张紧器夹持爪表面与钢管外涂敷层之间的摩擦系数。

张紧器夹持爪对涂敷钢管挤压应力 R_{tc} 可按下式计算：

$$R_{tc} = F_S/N_t \cdot A_t$$

式中 N_t——张紧器夹持涂敷管夹持爪总个数；

A_t——张紧器夹持爪与管道的接触面积。

上列的计算公式适用于图 2-12 中图(a)、图(b)管道结构的混凝土配重层。对于图(c)管道结构，由于聚氨酯泡沫的抗压强度极差，如果混凝土配重层厚度小，即混凝土环刚度小，虽然混凝土具有足够的抗压强度，但有可能混凝土环被张紧器的夹持爪夹碎。因此，对图(c)海底管道混凝土配重层设计除了考虑混凝土的抗压强度外，还应计算混凝土环的最小刚度要求。

S 形海底管道铺设时可分为 3 个区段，铺管船作业区段为直线，托管架区段为上弯段，悬链区段为下弯段。带有混凝土配重层的海底管道应对其上弯段混凝土配重层的应变进行校核。

3. 海底管道钢管防腐层涂敷工艺设计

1) 3 层 PE 涂敷工艺和抗滑脱技术及其应用

钢管 3 层 PE 防腐涂敷层结构为钢管/环氧树脂/胶黏剂/聚乙烯。其涂敷工艺为钢管经过抛丸、除锈、加热、清除管体表面上油污和氧化物后，将钢管加热到 200~230℃，喷涂环氧树脂粉末，在环氧树脂粉末未完全固化之前涂敷胶黏剂，以便使环氧树脂粉末在固化之前将熔融的胶黏剂表面的强极性基团与环氧树脂基团充分接触而反应固化，将胶黏剂紧紧地结合到环氧树脂表面，然后缠绕 PE 带。在 PE 带缠绕过程中，聚乙烯的非极性聚烯烃分子链上引入胶黏剂的强极性的基团，使其具有较高的黏结性能。

以 3LPE 作为海底管道防腐层，其各层厚度为：FBE200~300μm；PE2. 5~3. 5mm。为增大混凝土配重层与防腐涂层接触面剪切应力传递能力，防腐涂敷工艺设计应在防腐涂敷同时完成防腐涂敷层表面粗糙度要求。分别用聚烯烃颗粒法、防滑颗粒法和起脊法进行表面粗化，然后再进行配重涂敷。

抛撒防滑颗粒的办法工艺比较简单，容易实现，但是防滑效果不如起脊法。起脊法特点是螺距可调，脊高也可调，防滑效果好，对于水比较深、铺管张力较大的项目适用；缺点是涂敷工艺比较复杂，相对前两种方法成本略高。

2) 混凝土配重层涂敷工艺

混凝土配重层涂敷工艺有喷射涂敷和挤压涂敷。前者用于混凝土的加强筋为笼式结构，后者用于混凝土加强筋和钢丝网式。混凝土配重层能更好地满足海底管道海底稳定性和防护的要求。

2. 2. 5 管道系统其他腐蚀控制措施设计

这类腐蚀控制设计主要包括：设计投加药剂装置，以便降低所输送油气介质本身的腐蚀性；加装阴极保护系统，对管道涂敷层的腐蚀控制薄弱环节起到补充控制作用；设计合理的杂散电流排流系统，以便消除杂散电流腐蚀。

1. 投加药剂系统设计

1）管道中投加药剂的必要性

我们知道，结垢会引起设备和管道的局部腐蚀，使之短期内穿孔而破坏，垢还会降低水流截面积，增大水流阻力和输送能量，增大清洗费用和停产检修时间，因此结垢会给生产带来严重危害。解决的办法是投加阻垢剂，通过它的加入可以防止和阻止垢的生成。阻垢作用是以各种机理把能形成垢的阳离子（钙、铁、钡）保持在“溶液”中来实现的。

管道或设备中的各种细菌也会导致腐蚀加剧，可能导致腐蚀加剧的细菌主要有：

（1）硫酸盐还原菌（SRB） 这是一种在厌氧条件下可使硫酸盐还原成硫化物，并以有机物为营养的细菌。在油田水系统中存在的主要部位有：①水管线的滞流点，也存在于垢下或管底沉积物中能够局部形成厌氧的环境中；②各种水罐罐壁垢下及罐底淤泥中；③滤罐滤料及垫层中；④回注污水的注水井油管与套管环形空间中。硫酸盐还原菌在厌氧环境下将水中无机硫酸盐还原成硫化氢，从而对系统形成腐蚀。硫酸盐还原菌是成群或成菌落地附着在管壁上。

（2）腐生菌（TGB） 在某些特定环境下，很多细菌都可以形成黏膜附着在设备或管线内壁上，也有些悬浮在水中。凡是能形成黏膜的细菌都称为黏泥形成菌。该菌是好气异养菌的一种，国内习惯称之为腐生菌。它们产生的黏液与铁细菌、藻类、原生动物等一起附着在管线和设备上，造成生物垢，产生氧浓差电池而引起腐蚀。

（3）铁细菌（FB） 它是在与水接触的结瘤腐蚀中常见的一种菌。它一方面像其他许多菌一样具有附着在金属表面的能力，能分泌大量的黏性物质从而造成注水井和过滤器的堵塞；另一方面能形成氧浓差电池，同时给硫酸盐还原菌提供局部的厌氧区，使腐蚀加剧。

在油田污水及注水系统中，除硫酸盐还原菌、腐生菌和铁细菌外，还存在着藻类、硫细菌、酵母菌和霉菌、原生动物等其他生物。它们也可能造成堵塞和产生浓差腐蚀电池等，但一般来说，产生的危害较上面几种细菌小。在各类细菌中危害最严重的还是硫酸盐还原菌。

油气中含有 H_2S 以及其他离子时，也会对管道构成腐蚀威胁。

解决上述问题的办法就是给管道系统投加缓蚀剂、阻垢剂、杀菌剂，以降低输送的油气介质的腐蚀风险。

2）缓蚀剂的投加设计

缓蚀剂可以在金属表面形成一层非金属膜，隔离溶液和金属，使金属材料免遭腐蚀。由于可在油气管道投入使用以后加注缓蚀剂，不必改变原有材料结构，所以在油田得到广泛应用。在一些高含腐蚀性成分的油气集输、输送管道中也得到应用。

（1）缓蚀剂的选择

缓蚀剂的选择通常要按照下述步骤来进行：①确定腐蚀原因和腐蚀类型，这通常需要测定溶解气体的类型和含量，分析腐蚀产物等；②如果已经清楚腐蚀问题所在，缓蚀剂根据其出厂说明选择即可，也可以利用实验室和现场试验来进行缓蚀剂的初步选择；③缓蚀剂的初步选择完成后，便可进行现场试验，利用不间断的观察，确定缓蚀剂的保护效果。当确定缓蚀剂及加注浓度后，还需继续监测，因为系统的腐蚀性会随时间而变化。

（2）缓蚀剂在管道的投加

缓蚀剂在管道的投加大多数情况下是在油田集输管道上加注，目前长输管道也有使用，加注方式多是借鉴集输管道加注方式进行的。所以，下面以集输管道为例来作简要介绍。

有机缓蚀剂通常以液体形式提供，油田通常用批量加注的方式对油井和集输系统进行加注，也可以用化学药品泵的方式进行连续加注。药品通常需要稀释以便于使用。在寒冷季节，使用药品必须进行御寒处理，通常用加酒精的方法，但它必须与酒精相容，因为酒精往往会导致某些缓蚀剂从溶液中沉淀出来。

① 注入式投加法　将缓蚀剂配成所需浓度，用平衡罐法使缓蚀剂流入管道内，并依靠气流速度将缓蚀剂带走。此法投加工艺简便，然而缓蚀剂的效率发挥和管道保护距离将随气流速度大小、管道敷设的地势陡缓而变化。此法要求缓蚀剂气相效果要高，使用量相应地增加。

② 喷射式投加法　用泵或旁通高压气将缓蚀剂以雾状喷入管道内，使缓蚀剂雾滴均匀分散于管道气流中，被气流带走，吸附于管道内壁上，喷雾嘴安装于气体管道中心，使喷管按气体流动方向喷雾，其中用泵直接加压喷雾，或在紧靠喷嘴的管道前部安装一套节流孔板，压力为0.7~1.4kg/cm^2，气由高压孔板一侧流出，经过滤器到缓蚀罐顶部，然后进行喷雾。此法使缓蚀剂喷成雾滴，增多接触面积，促进了缓蚀剂在金属面上吸附。雾滴的重量比液滴更轻，更易被气流带走，它特别宜于腐蚀沿管道周围进行的情况。有人对以上两种方法做过实验，在同一条管道上，用同一种缓蚀剂，采用不同的投加方法，实验结果表明直接注入法试片腐蚀速率为1.6~3.8mm/a，而喷雾法试片腐蚀速率为0.3~0.4mm/a，比直接注入法缓蚀效果显著

(3) 缓蚀剂清管器投加法

这种加注方式在油气输送管线应用较多，即利用管道系统清管器定期给管道加入缓蚀剂，由清管器推动缓蚀剂在管线中流动，使其均匀地黏附在被清洗过的管壁上。

3) 阻垢剂、杀菌剂的投加

油田注水管道、污水管道，也包括一些混输管道经常会发生结垢、细菌繁殖现象。因此，阻垢剂、杀菌剂多用在油田开发过程中如注水或水处理环节，油气管输系统相对运用较少。这里仅作一般知识介绍。

(1) 阻垢剂

阻垢剂选择时，应考虑以下因素：①垢的化学组成：某些化合物对于处理特殊的垢是更有效的。②结垢的严重程度：许多阻垢剂的效果受过饱和程度的影响。当每单位体积水中只有少量垢产生时，许多化合物都有好的效果，在结垢速度较高时，实验室的评价实验可指导选择有效的防垢剂。③温度：阻垢剂通常是随温度增高而降低其效果的。每种阻垢剂都有一个上限温度，超过此限，就会失去效能。④与其他化学药剂的相溶性：阻垢剂与加到系统中的其他化学药剂是否互溶，是否起反应互相干扰，这一点对选择阻垢剂十分重要。

常用的具有缓蚀作用的国产阻垢剂有：EDTMPS，化学名称是乙二胺四亚甲基磷酸钠；DCI-01复合阻垢缓蚀剂，主要成分是三元醇磷酸盐和锌盐；DDF-1水质稳定剂，主要成分是有机磷酸盐；改性聚丙烯酸，是以丙烯酸为主的二元共聚物与其他聚合物的复合物；CW-1901缓蚀阻垢剂，主要成分是聚羧酸共聚物；NS系列缓蚀阻垢剂，主要成分是羟基亚乙基二磷酸、聚马来酸酐和聚丙烯酸钠；W-331阻垢缓蚀剂，主要成分是多元聚羧酸；CW-1002水质稳定剂，主要成分是有机磷酸盐、聚羧酸共聚物和无机磷酸盐；CW-1103缓蚀阻垢剂，主要成分是有机磷酸盐、新型共聚物和聚羧酸盐；CW-2120缓蚀阻垢剂，主要成分是聚羧酸盐、有机磷酸盐等；HAS型水质稳定剂，主要成分是腐植酸钠、聚羧酸和有机磷；HW-钨系阻垢缓蚀剂，主要成分是钨酸盐和有机羧酸。

(2) 杀菌剂

主要应用于油田污水及注水系统，防止细菌生长。

杀菌剂按杀菌剂的化学成分分类，可分为无机杀菌剂和有机杀菌剂两大类。属于无机杀菌剂的有氯、次氯酸钠、臭氧、铬酸盐等，属于有机杀菌剂的有季铵盐、十二烷基二甲基苄基氯化铵、二硫氰基甲烷、氯酚类等。按杀菌剂杀生机制分类可分为氧化型杀菌剂和非氧化型杀菌剂。

杀菌剂的使用方法：

① 对系统进行认真清洗。用溶剂、清洗液对设备、管线及储罐进行清洗，使杀菌剂与细菌充分接触，以保证杀菌效果。在清洗后，进行系统消毒，即采用高浓度杀菌剂溶液，使其在系统中有充分停留时间，以便把细菌杀死。

② 合理选择投加方法和投药地点。杀菌剂可以采用连续投加或间歇冲击式投加。在细菌含量不太高的情况下采用冲击式投加最为有效。此外，还应通过对整个注水系统细菌含量的测定，选择投药地点。

③ 根据实验室实验结果，确定杀菌剂投加量，并通过以后的实践不断进行调整。如果连续投加杀菌剂，通常要求开始浓度要高，在细菌数量被控制以后，再采用较低的加药浓度。

④ 杀菌剂轮换使用。通过至少选择两种杀菌剂交替使用，或者改变加药方式等，避免因细菌产生抗药性造成的杀菌剂杀菌能力下降和用药量增加。

⑤ 加强监测。处理系统加入杀菌剂后，要定期进行检测，分析细菌和杀菌剂浓度变化情况，以评价杀菌剂的效果，确保杀菌剂真正进入系统并发挥作用。

2. 阴极保护系统设计

要想在管道上得到完美无瑕的涂层几乎是不可能的。一般总会有一些缺陷或保护不到的点，这些点上的腐蚀还会导致涂层失效。因此，阴极保护与涂层联合使用是目前管道建设的通行做法。阴极保护费用通常是涂层费用的10%。

阴极保护设计需要考虑以下几点。

1）阴极保护类型的确定

阴极保护属于电化学保护，是利用外部电流使金属腐蚀电位发生改变以降低其腐蚀速率的防腐蚀技术。埋地钢质管道阴极保护分为强制电流阴极保护和牺牲阳极阴极保护两种。

强制电流阴极保护主要适用于郊区等地下管网单一地区的主管道。其优点是输出电流大而且可调，不受土壤电阻率限制，保护半径较大；系统运行寿命长，保护效果好；保护系统输出电流的变化可反映出管道涂层的性能改变。其缺点是需设专人维护管理，要求有外部电源长期供电，易产生屏蔽和干扰，特别是在地下金属构筑物较复杂的地方。

牺牲阳极阴极保护主要适用于人口稠密地区和城镇内各种管道。其优点是不需外加电源，施工方便，不需进行经常性专门管理，不会生屏蔽，对其他构筑物也不会产生干扰，保护电流分布均匀、利用率高。其缺点是输出电流小，保护范围有限；需定期更换，不能实时监测输出电流的变化，也不能反映管道涂层的状况。

2）阴极保护电流的确定

要使埋地油气管道得到充分的保护，就要保证有足够的电流使管道不受到腐蚀。钢质管道的最小保护电流是阴极保护设计最重要的参数之一，其计算公式如下：

$$I = AI_P$$

式中 I——管道所需最小保护电流，mA；

A——管道总表面积，m^2；

I_P——最小保护电流密度，mA/m^2。

最小保护电流密度 I_P 是根据管道的防腐层种类、好坏来确定的，如新建沥青玻璃布防腐管道所需的 I_P 约为 0.1mA/m^2，新建 3 层 PE 管道所需的 I_P 约为 0.001mA/m^2，旧管道的 I_P 取 0.3mA/m^2。

3）牺牲阳极的选取

无论采用哪种牺牲阳极，都需要先测出管道所在位置的土壤平均电阻率。土壤中所含成分的比例不同，造成各个地方电阻率也不同，即使同一地点，不同埋深的电阻率也不同，因此我们常采用管道所在埋深处电阻率的平均值。

牺牲阳极主要有两大类型，即镁合金阳极和锌合金阳极。

根据勘测出来的土壤电阻率(ρ)，可以选择采用锌阳极或镁阳极。一般 $\rho<5\Omega\cdot m$ 时，选用锌阳极；$5\Omega\cdot m\leqslant\rho\leqslant100\Omega\cdot m$ 时，选用镁阳极；$\rho>100\Omega\cdot m$ 时，选用带状镁阳极。在土壤潮湿的情况下，锌阳极使用范围可扩大到 $30\Omega\cdot m$。

4）牺牲阳极的布置

牺牲阳极有浅埋式阳极地床、网状阳极、深井阳极地床等多种形式。下面是沿管道线路敷设的牺牲阳极的基本要求。其他更专业的区分与做法，请读者参考相关专业书籍。

① 在布置牺牲阳极时，注意阳极与管道之间不应有金属构筑物。

② 牺牲阳极必须埋设在冰冻线以下。在地下水位低于 3m 的干燥地带，阳极应适当加深埋设。在河流下阳极应埋设在河床的安全部位，以防止洪水冲刷和挖泥清淤时损坏。

③ 牺牲阳极埋设方式有立式和卧式两种。立式阳极采用钻孔法在埋设阳极处将阳极以垂直于管道的方向埋入地下，这种方式不需大面积开挖，但保护效果不如卧式阳极，适用于已建管道。卧式阳极采用开槽法施工，在管道敷设时与管道同沟放置，既节省单独开挖的费用，又起到良好的保护效果。阳极埋设位置在一般情况下距管道外壁 3~5m，最小不宜小于 0.3m，但由于考虑到同沟敷设的方便性，一般将间距控制到 0.3~0.5m，留出一定操作空间即可。埋深以阳极顶部距地面不小于 1m 为宜。成组布置时，阳极间距以 2~3m 为宜。

④ 通常应在管段上相邻两组牺牲阳极的中间部位设置测试桩，测试桩的间距以不大于 500m 为宜。

5）设计的其他注意事项

（1）套管

管道穿越铁路、公路采用套管时，无论是钢套管还是混凝土套管都会存在屏蔽作用，使得外部的阴极保护电流流不到套管内的输送管上，成为阴极保护的盲区，一旦套管内进水，盲区内的管道将得不到保护。

针对套管的屏蔽，通常采用带状锌阳极，螺旋式缠绕在管道上，每隔 2m 左右与管道焊接一次。每个套管处应安装测试桩，通过套管和管道上的测试导线在地面上可以很方便地测试。

（2）绝缘连接

为防止阴极保护电流流到与大地连接的非保护构筑物上，应对阴极保护管道系统进行电绝缘。这样可以防止电流流失，减轻电偶腐蚀，避免不必要的干扰，控制电流流向。

绝缘的设置应考虑以下部位：①干管与支管连接处；②新旧管道连接处；③裸管和覆盖层管道连接处；④电气接地处；⑤套管穿越处；⑥跨越管道的支架与管道处；⑦大型穿、跨越段两端。同时要注意在绝缘接头两侧应设有预防雷击和过电流的保护设施，以防止绝缘接头被瞬间的电流击穿。

（3）交流干扰

城镇的强电线路对管道存在着交流干扰，其危害主要有两方面，一是强电线路的交流电压的长期存在会对钢质管道产生交流腐蚀；二是强电线路发生故障时，会产生瞬间感应电压，可能击穿管道中设置的绝缘装置，并威胁到人身安全。解决交流干扰的方法有三种，一是保证管道分期施工全部结束后，一次性完成牺牲阳极的施工，尽早进行阳极接地；二是加大管道和接地体的距离，至少应达到3m；三是在管道和接地体间、绝缘装置两侧分别串连接地电池，将瞬间感应电压转移到管道上，再通过管道的接地装置将电流散掉，防止故障电流对管道的影响。

3. 杂散电流排流保护

对于杂散电流，通常采用排流保护的办法对管道进行保护。所谓排流保护，就是将管道中流动的直流或交流杂散电流排出管道，以避免管道遭受腐蚀或避免管道上施工作业的人员遭受电击的方法。针对杂散电流是直流还是交流，可将这种方法分为直流排流保护和交排流保护。直流排流保护最常用的方法有直接排流、极性排流、强制排流和接地排流四种方法；交流排流保护常用方法有直接排流、隔直排流、负电位排流等方法。

1）钢质管道直流排流保护

当管道任意点上管地电位较自然电位正向偏移100mV或者管道附近土壤电位梯度大于2.5mV/m时，应及时采取直流排流保护或其他防护措施。

（1）排流保护方式的选择

应根据直流杂散干扰调查与测试结果的分析，选定排流保护设计方式。排流保护方式见表2-3。

表2-3　排流保护方式

方式	直接排流	极性排流	强制排流	接地排流
示意图	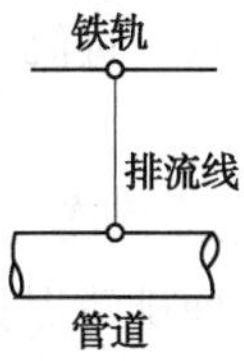	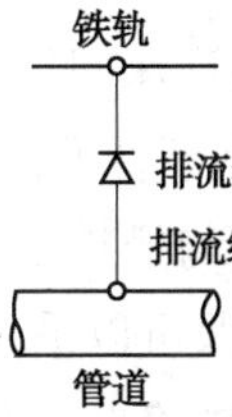	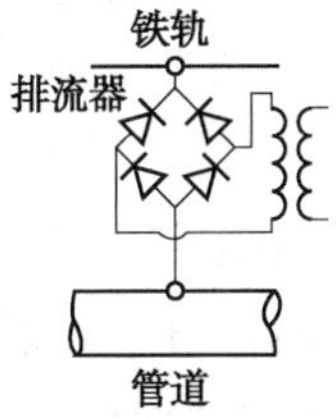	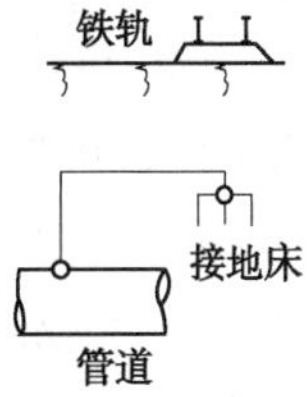
特点及适用范围	适用于具有稳定的阳极区，并且位于干扰源的直流供电所接地体或负回归线附近的被干扰管道。具有简单经济、排流效果好的优点，缺点是应用范围有限	适用于管地电位正负交变，并且位于干扰源的直流供电所接地体或负回归线附近的被干扰管道。具有无需电源、安装简便、应用范围广的优点，缺点是当管道与铁轨电位差较小时，保护效果差	适用于管轨电位差较小，并且位于干扰源铁轨附近的被干扰管道，其保护范围大，可用于其他排流方式不能应用的特殊场合，在干扰源停运时可对管道提供阴极保护，缺点是会加剧铁轨电蚀，对铁轨电位分布影响较大，并且需要电源	适用于不能直接向干扰源排流的被干扰管道。其应用范围广泛，可适应各种情况，对其他设施干扰较小，当采用牺牲阳极作为接地时，可提供部分阴极保护电流，缺点是效果稍差，并且需要埋设接地床

（2）排流点的选择

根据测试结果，应在被干扰管道上选取一点或多点作排流点，并在该点设置排流保护设施。其中，排流点的选择应以获得最佳排流效果为标准。以轨道交通系统产生的杂散干扰排除为例，通常可按下述条件确定排流点：

① 管道上排流点选择条件　管地电位为正，且管轨电压较大的点；管地正电位数值较大，且持续时间较长的点；管道与铁轨间距离较小的点；对于接地排流方式，其辅助地床应选择在土壤电阻率较低、便于地床分布的场所；便于管理的场所。

② 铁轨上排流线连接点选择条件　扼流线圈中点或交叉跨线处；直流供电所负极或负回归线上；轨地电位为负，且管轨电压较大的点；轨地负电位数值大(绝对值)，且持续时间较长的点。

(3) 排流保护参数与技术要求

排流的电流量，应根据现场模拟排流试验确定，并依据排流电流量来选择排流器及排流线的载流量等。为了限制排流量过大所造成的危害，在保证管道上所有点正电位都得到较好缓解的情况下，可以采取限制排流量的措施。

排流器、排流线、排流电流调节电阻等实验容量或额定电流，一般通过模拟排流试验或利用公式估算确定。由于电铁负荷变化、变电所运行状态变化和管道漏泄电阻的减小等，必须留有充足的裕量，一般应为试验值或估算值的2~3倍。特别是排流线截面大一些，对增大排流量是有益的。排流量的试验值、估算值均应是24h连续测量的结果。

2) 交流干扰排流

(1) 排流方式的选择

当根据调查与测试分析，确认管道受交流干扰影响和危害时，可采取下列排流保护方式：

① 直接排流　其应用条件是：被干扰管道与地床直接用导线连接起来；地床材料为钢材等；接地电阻必须小于管道接地电阻。

② 隔直排流　其应用条件是：被干扰管道与地床间接入排流节(阻隔直流元件安装在金属箱体内)，可埋地或置于地面；接地电阻必须小于管道接地电阻。

③ 负电位排流　其应用条件是：被干扰管道与牺牲阳极用导线直接相连。

在同一条或同一系统的管道中，根据实际情况可以采用一种或多种排流保护方式。根据测试结果，应在被干扰管道上选取一点或多点作排流点，并在该点设置排流保护设施。排流点的选择应以获得最佳排流效果为标准。

(2) 排流点的确定

排流点宜通过现场模拟排流实验确定。通常情况下，可根据下列条件综合确定：

① 相互位置条件　被干扰管道首、末两端；管道接近或离开“公共走廊”并与干扰源有一平行段处；管道与干扰源距离最小的点；管道与干扰源距离发生突变的点；管道穿越干扰源处。

② 技术条件　管地电位最大的点；管地电位数值较大且持续时间较长的点；高压输电线导线换位处；管道防腐层电阻率、大地导电率发生变化的部位；土壤电阻率小，便于地床设置的场所。

(3) 排流敷设技术要求

应通过现场模拟排流实验确定；排流线、接地床的敷设技术要求应符合国家现行标准

《埋地钢质管道直流排流保护技术标准》(SY/T 0017)的有关规定。

(4) 排流器技术要求

排流器应满足下列技术条件：

① 在管道交流干扰电压幅值变化范围内，均能可靠地工作；

② 能及时跟随管地电位的急剧变化；

③ 具有过载保护能力；

④ 结构简单，安装方便，适应野外环境，便于维护；

⑤ 排流器、排流线的额定电流为计算排流量的1.5~2倍。

2.3 耐蚀材料及相关技术

油气管道设备通常在高温、高压及强腐蚀介质条件下运行，有些还要同时承受较大的工作应力，工作条件更为恶劣，如果在使用过程中发生破坏性事故，将会造成严重损失，因此对制作油气管道设备的材料有一定的要求。

2.3.1 耐蚀材料在油气管道中的应用

耐腐蚀性管材品种繁多，根据输送介质、环境要求，在管材设计中选择合适的材质，能够比较有效地抑制腐蚀的发生。耐蚀材料除有价格昂贵的钛合金、锗合金之外，大量的高分子应用技术及其复合耐蚀材料得到了较大的发展。如采用玻纤增强丙烯(FR-PP)、工程级聚丙烯(PP)、高密度聚乙烯(HDPP)等高分子材料作为复合管内壁防腐塑料管材的钢塑复合管和铝塑复合管；玻璃纤维增强塑料制成的热塑性玻璃钢(FRTP)和热固性玻璃钢(FRP)等。另外，还有其他类型的复合管，如衬管采用耐合金材料(普通或特种不锈钢管、钛铝、铜合金管)管材，基管采用碳钢或其他合金钢管生产的双金属复合管，衬管采用不锈钢管。下面简要论述几类典型耐蚀材料的应用及分析。

1. 使用耐蚀合金钢管材

该类管材主要依靠自身的耐腐蚀性能抵抗CO_2腐蚀。国外在含CO_2的油气井中一般采用含Cr铁素体不锈钢管(9%~13%Cr)；在CO_2和Cl^-共存的严重腐蚀条件下用含Cr、Mn、Ni的不锈钢(22%~25%Cr)，用Ni、Cr合金或Ti合金作油套管用以代替中碳(0.2%~0.4%C)Mn、Mo(加微量Nb、V、Ti)低合金热轧无缝管或高频直缝焊管。

此类管材在其有效期内，无需其他配套措施，对油气井生产作业无影响，且工艺最简单，但初期投资很大。目前世界上许多国家如阿根廷、日本、挪威等都在研制价格便宜、防腐效果好的合金钢油气管材，国内宝山钢铁有限公司也在研制这类管材。

朱金华在《H_2S石油专用管材的成分优化》一文中，通过对国内五种石油专用管材的HIC和SSCC分析，综合考虑合金元素对HIC和SSCC的影响后认为，低碳锰钢石油专用管材的主要成分为：0.06%~0.08%C、1.3%Mn、0.16%~0.38%Si、0.016%P、0.005%S，在此基础上再加入0.01%~0.05%的Ti、Ni、V、Nb、Cu、Re等元素，会有助于其耐蚀性。

2. 使用玻璃钢或塑料管材

玻璃钢管道在国外已得到广泛使用，如中东地区的输水及输油管道全部采用玻璃钢，在日本大口径的输液管以及与水相关的管道已占到25%。目前国内玻璃钢管应用已经开始形成气候，已有不少单位在进行该方面的工作。

塑料管材不仅耐腐蚀，而且制造工艺简单，有利于环保，是一种有发展前途的新型油田用管。目前使用最多的是聚乙烯管材，聚乙烯管因其承载能力低而使其应用受到限制，但有两种类型的塑料管得到了广泛的应用：①加内衬钢管，由聚乙烯管在钢管内拔制而成；②强力聚乙烯管，由缠绕柔韧材料（金属丝、带、纤维）的玻璃钢外壳和加金属的内壁制成。塑料管材在油气田上的应用已取得了良好的效果，今后塑料管材会得到更广泛的应用。

3. 镀铝钢在管道防腐技术上的应用

早在1893年，德国人就发明了钢材热浸镀铝技术，随后法国、美国也公布了热浸镀铝的技术专利，20世纪50年代到60年代，国外钢带热浸镀技术处于迅速发展时期。我国自20世纪80年代至今已建成十几个镀铝生产厂家。镀铝钢材因具有良好的耐热性、耐腐蚀性、特别是具有优异的耐硫化（SO_2、H_2S）腐蚀性而被广泛地应用于石油、石化、化工、冶金、机械、建筑、交通工程、电力工程、海洋工程及国防领域。镀铝钢的耐大气和耐SO_2腐蚀性能均明显高于镀锌钢板。美国钢铁公司用镀铝钢板作屋顶板，经23年连续使用证明，镀铝板在工业大气、海洋与乡村环境中的腐蚀性比热镀锌钢板高5~9倍。

有文献分别研究了5%Al-Zn和55%Al-Zn镀铝钢的微观结构和耐蚀性，研究表明镀层倾向于形成中间合金（$FeAl_3$、Fe_2Al_5、Fe_4Al_{13}）。镀层腐蚀按下列顺序发生：富Zn相（α），富Al相（β），最后是中间合金，正是由于这层中间合金使镀铝钢的耐腐蚀性得以提高。

近些年又发现加入适量的稀土，表面镀铝层的光亮平整性、耐蚀性、流动性、形成性、微观组织等都有大大提高和改善。稀土可以提高合金涂层的致密性，可以在Fe、Al合金表面存在一定的富集，增强Fe、Al之间的扩散，使Fe、Al合金层与基体的界面呈锯齿状，这种起伏可以提高界面积，从而提高界面结合力；并且稀土在铝层中可以减少非金属夹杂，使镀层腐蚀活化电位降低，抗腐蚀能力提高。

适量的稀土可以明显提高镀件在强酸介质中的耐腐蚀性能，加入RE后，小孔腐蚀逐渐向均匀腐蚀过渡，这表明镀层中的RE阻止了小孔的生核和使小孔钝化，增强了镀层小孔的稳定性，因而提高了镀层的耐腐蚀性能。极为活泼的RE有可能在杂质浓度较高处与杂质反应生成复杂的化合物，减少热浸镀件表面的活性区域，使镀件表面趋于一致，从而减少微电池反应；另外，富集在镀件表面的RE可以形成致密均匀的氧化层。这两方面的影响使构件在HCl水溶液中的耐腐蚀性能提高。

采用镀铝钢（包括镀钨、渗氮后形成的合金管等）比采用玻璃钢、不锈钢、合金钢等其综合经济效益更加突出。比传统的粉末涂层与基体的结合更牢，且不老化、耐磨损、在苛刻条件下更耐腐蚀。

2.3.2 耐蚀金属材料类型与特点

1. 碳钢与低合金钢

碳钢是指碳含量小于2.11%的铁碳合金（碳含量在2.11%~4.0%范围的铁碳合金叫铸铁）。

为了改进钢的性能，可向钢中加入一定量的某几种合金元素，钢中特意加入的合金元素超过碳钢正常生产方法所具有的一般含量时，成为合金钢。合金元素总量小于3.5%的合金钢叫低合金钢。

1）碳钢和低合金钢分类

碳钢和低合金钢可按其化学成分、冶炼方法、品质、用途等进行分类，见表2-4。

表 2-4　碳钢和低合金钢的分类

<table>
<tr><td rowspan="7">按化学成分分类</td><td rowspan="4">碳素钢碳含量低于 1.70%</td><td colspan="3">工业纯铁：碳含量低于 0.04%</td></tr>
<tr><td colspan="3">低碳钢：碳含量低于 0.25%</td></tr>
<tr><td colspan="3">中碳钢：碳含量为 0.25%~0.60%</td></tr>
<tr><td colspan="3">高碳钢：碳含量高于 0.60%</td></tr>
<tr><td rowspan="3">合金钢</td><td colspan="3">低合金钢：合金元素总含量低于 3.5%</td></tr>
<tr><td colspan="3">中合金钢：合金元素总含量为 3.5%~10%</td></tr>
<tr><td colspan="3">高合金钢：合金元素总含量超过 10%</td></tr>
<tr><td rowspan="13">按冶炼方法分类</td><td rowspan="10">按冶炼设备分类</td><td rowspan="2">平炉钢</td><td>酸性：不能除硫、磷，只有在铸钢厂较多采用</td><td rowspan="4">冶炼普通碳素钢</td></tr>
<tr><td>碱性：能除硫、磷，是平炉钢锭的主要冶炼方法</td></tr>
<tr><td rowspan="2">转炉钢</td><td>酸性：底吹、侧吹、顶吹氧气</td></tr>
<tr><td>碱性：底吹、侧吹、顶吹氧气</td></tr>
<tr><td rowspan="4">电炉钢</td><td>电弧炉钢</td><td rowspan="6">冶炼优质钢</td></tr>
<tr><td>感应电炉钢</td></tr>
<tr><td>真空感应电炉钢</td></tr>
<tr><td>电渣炉钢</td></tr>
<tr><td colspan="2">坩埚炉钢</td></tr>
<tr><td colspan="2">其他钢：转炉-电炉双联法炼制的钢，混合炼钢，渣洗处理、真空处理等炼出的钢</td></tr>
<tr><td rowspan="3">按脱氧和浇注程度分类</td><td colspan="3">沸腾钢：不脱氧钢，成材率高，塑性好，但组织不致密，化学成分偏析大，力学性能不均，大量用于轧制型钢、板材</td></tr>
<tr><td colspan="3">半镇静钢：半脱氧钢，钢的组织、性能、成材率介于沸腾钢和镇静钢之间</td></tr>
<tr><td colspan="3">镇静钢：完全脱氧钢，材质均匀致密，强度较高，化学成分偏析小，但成材率低，成本高，炼制合金钢和优质碳素钢</td></tr>
<tr><td rowspan="5">按品质分类</td><td rowspan="3">普通碳素钢</td><td colspan="2">甲类钢：只保证机械性能</td><td rowspan="3">一般含 S 小于 0.055%，含 P 小于 0.050%（侧吹碱性转炉钢含 S 小于 0.065%）</td></tr>
<tr><td colspan="2">乙类钢：只保证化学成分</td></tr>
<tr><td colspan="2">特类钢：既保证机械性能，又保证化学成分</td></tr>
<tr><td>优质钢</td><td colspan="3">含 S 低于 0.040%，含 P 低于 0.040%</td></tr>
<tr><td>高级优质钢</td><td colspan="3">含 S 低于 0.030%，含 P 低于 0.035%（钢号后加“A”或“高”标示）</td></tr>
<tr><td rowspan="4">按成型方法分类</td><td>铸造钢</td><td colspan="3">得到铸钢件</td></tr>
<tr><td>锻造钢</td><td colspan="3">得到锻件</td></tr>
<tr><td>压轧钢</td><td colspan="3">得到板材、管材、型材</td></tr>
<tr><td>冷拔钢</td><td colspan="3">得到管材、型材</td></tr>
<tr><td rowspan="3">按用途分类</td><td>高强钢</td><td colspan="3"></td></tr>
<tr><td>低温钢</td><td colspan="3"></td></tr>
<tr><td>耐腐蚀用钢</td><td colspan="3">耐大气腐蚀用钢，海水用钢，硫酸露点腐蚀用钢，中温高压抗氢、抗氢氮氨腐蚀用钢，高温硫化物腐蚀用钢，抗硫化物腐蚀破裂用钢等</td></tr>
</table>

2）碳钢的腐蚀特性

碳钢不属于耐蚀材料，由于它有极其广泛的用途，了解其腐蚀特性是非常必要的。

(1) 化学成分对腐蚀的影响

普通碳钢的化学成分很简单，主要是碳、锰、硅、硫、磷这五个常规元素以及氮、氧、氢等杂质。

① 碳　碳在钢中常以碳化物形式存在。从强度观点看，碳是主要强化元素。低碳钢强度低而塑性好，高碳钢强度高而塑性差，中碳钢具有中等的强度和塑性。从耐蚀角度看，碳含量在不同的介质中具有不同的影响：在非氧化性的酸性介质中，碳含量增大，腐蚀加速；在氧化性介质中，含碳量增加到一定程度，由于钝化作用，腐蚀速率反而下降。

② 锰　锰是作为脱氧去硫剂加入钢液的，锰能溶入铁素体形成置换固溶体，在钢中有增加强度、细化组织、提高韧性的作用，锰还可以与硫化合成硫化锰，从而减少硫对钢的危害性。但锰在碳钢中作为杂质存在时含量较少(一般小于0.8%)，对钢的性能无显著影响。

③ 硅　硅是作为脱氧剂加入钢液的。硅可溶入铁素体起固溶强化作用，在钢中有提高强度、硬度、弹性的作用，但会使钢的塑性、韧性降低；钢中加入硅能增强钢在自然条件下的耐蚀性及抗高温氧化性；硅与铝、铜、钼等元素配合使用时，能提高钢的抗 H_2S 及弱酸腐蚀的能力。硅作为杂质在镇静钢中含量约为0.1%～0.4%，在沸腾钢中约为0.03%～0.07%，少量的硅对钢的性能影响并不显著。

④ 硫　硫是由矿石、生铁和燃料中进入钢内的有害杂质。硫在铁素体中溶解度极小，在钢中主要以硫化铁形式存在。硫可降低钢的耐腐蚀性能，能诱发孔蚀和硫化物应力腐蚀破裂，并能引起材料“热脆”，因此硫在钢中含量有严格限制。

⑤ 磷　磷主要来自矿石和生铁。少量的磷溶于铁素体中，可能由于其原子直径比铁大很多，造成铁素体晶格畸变严重，从而使钢的塑性和韧性大大降低，尤其在低温时，韧性降低特别厉害，这种现象称为“冷脆”，所以磷在钢中含量有严格限制。在普通碳钢中，磷含量的增加，会提高钢在酸中的腐蚀速率。但磷是提高钢耐大气腐蚀性能最有效的合金元素之一，当它与铜联合作用时，能较大地提高钢的抗大气腐蚀能力；当与钒联合作用时，能提高钢的抗 H_2S 腐蚀能力。

⑥ 氮、氧、氢　钢在冶炼过程中与空气接触，钢液会吸收一定数量的氮和氧；而钢中氢含量的增加则是由于潮湿的炉料、浇注系统和潮湿的空气。氮、氧、氢在钢中都是有害杂质。

钢中含氮，会形成气泡和疏松。含氮高的低碳钢特别不耐腐蚀。此外，氮的存在会使低碳钢出现时效现象。所谓时效就是钢的强度、硬度和塑性，特别是冲击韧性在一定时间内自发改变的现象。低碳钢的时效有两种：热时效和应变时效。热时效是指碳钢加热至570～720℃然后快冷，再放置一段时间后韧性降低的现象；应变时效是指经过冷变形(变形量超过5%)的低碳钢，再加热至250～350℃时韧性降低的现象。

氧的存在会使钢的强度、塑性降低，热脆现象加重，疲劳强度下降。

钢中溶入氢，会引起钢的氢脆，产生白点等严重缺陷。

(2) 钢组织对腐蚀的影响

钢的组织不仅受化学成分的影响，还与材料热处理有关。一般而言，含碳量越低，热处理的影响愈小；含碳量愈高，热处理的影响愈大。这是因为随着含碳量的增加，钢中渗碳体也相应增加。不同的热处理，渗碳体析出数量不同。碳化物作为阴极性夹杂，对于非钝化体系的碳钢而言，阴极效率的增大，必然导致腐蚀速度的增加。在含碳量相同条件下，珠光体组织的形状与分布对腐蚀有一定的影响。例如，球状珠光体比片状珠光体耐蚀性好，而且其分散度愈大，平均腐蚀速度也愈大。

(3) 碳钢在普通环境中的腐蚀倾向

碳钢作为结构材料，用途很广，除部分经表面处理以外，大部分均直接与环境接触，如大气、工业水、海水、土壤等，了解碳钢在上述环境中的腐蚀倾向，具有实际意义。

碳钢在一般干燥空气中比潮湿空气的腐蚀性小。例如，海洋大气比大陆性气候腐蚀严重。碳钢的腐蚀速率还随着环境因素的变化而变化。以大气为例，因其成分、湿度、温度、气流及光照的不同，腐蚀速度可在0.1~4mm/a之间变动。大多数情况下为0.2~0.5mm/a。

水溶液中的腐蚀比大气更为复杂，绝大部分酸、碱和盐的水溶液对碳钢有很强的腐蚀性。海水对碳钢的腐蚀，与水中溶解的氧、流速、pH值、温度和细菌等因素有关。在海水中，碳钢的局部腐蚀深度约为0.4~0.5mm/a，若表面残留有氧化铁，最大腐蚀深度可再增加1倍。

碳钢在土壤中的腐蚀实质上是水溶液腐蚀的一种特例，它受土壤的pH值、杂散电流、化学反应、电阻率和细菌作用的影响极大，其中氧和水是影响土壤腐蚀的关键因素。碳钢在强腐蚀性土壤中腐蚀速率平均为0.1mm/a，而在弱腐蚀性土壤中仅为0.005mm/a。但是由于土壤组成和性质的不均匀性，极易构成氧浓差电池等腐蚀宏电池，造成地下管道设施严重的局部腐蚀。

3) 耐蚀低合金钢

耐蚀低合金钢是低合金钢类一个重要分支。合金元素的添加主要为改善在不同腐蚀环境中钢的耐蚀性。目前比较成熟和有效的耐蚀低合金钢主要有：耐大气腐蚀低合金钢、耐硫酸露点腐蚀低合金钢、耐海水腐蚀低合金钢、耐硫化物腐蚀低合金钢等。

(1) 耐大气腐蚀低合金钢　早期开发的耐大气腐蚀用钢以铜为主要合金化元素，为了获得最佳的耐大气腐蚀性能，往往还需加入多种合金元素。在耐大气腐蚀钢中，铜含量一般为0.2%~0.5%。磷与铜配合能得到良好的耐大气腐蚀性能。磷含量一般限制在0.06%~0.10%，铬含量通常为1%~2%，镍也是耐大气腐蚀的有效元素，其他各种元素(例如钼、锰、硅等)的加入对耐蚀性都有一定的影响。

(2) 耐海水腐蚀用钢　几种主要合金元素对低合金耐蚀钢在海水中的腐蚀行为的影响如下：在飞溅区和潮汐区，硅、铜、磷、钼、锰、钨和钛能明显提高钢的耐蚀性，硅和铝具有抗孔蚀能力，硅与铜、铬、钼的复合加入，铜与磷的复合加入及钼与铬、硅共存等都能增强耐蚀效果；在海水中(全浸区)能提高钢的耐蚀性的合金元素有铬、铝、硅、磷、铜、锰、钼、铌、钒等，铬与铝复合加入或者铬与铝、钼与硅共存时效果更好。

(3) 耐硫化物腐蚀用钢　在含硫石油、天然气的开采、存储和运输过程中，碳钢和低合金钢会发生硫化物应力破裂。这种破裂过程发展很快，使金属在低于屈服强度的应力下发生早期破坏，具有很大的危险性。在这类硫化物应力破裂中，H_2S对腐蚀起着主导作用，水是引起腐蚀的必要条件，CO_2的存在会促进腐蚀，所以把引起钢这种腐蚀的环境称为H_2S-H_2O系统或$H_2S-CO_2-H_2O$系统。

2. 不锈钢

在大气条件下和中性电解质中耐腐蚀的钢称为“不锈钢”，在各种化学试剂和强腐蚀性介质中耐腐蚀钢称为“不锈耐酸钢”。通常我们把不锈钢和不锈耐酸钢简称为“不锈钢”。

1）不锈钢的分类

不锈钢的分类方法很多，通用的有：

（1）按钢组织结构分类　可分为铁素体、马氏体、奥氏体、双相不锈钢等。

（2）按钢的主要成分或钢中一些特征元素分类　可分为铬不锈钢，铬钼不锈钢、铬镍不锈钢、铬镍钼不锈钢、高硅不锈钢等。

（3）按钢的性能特点分类　如按钢的耐蚀性特点可分为耐硝酸不锈钢、耐硫酸不锈钢、耐海水不锈钢、耐应力腐蚀不锈钢等。

（4）按钢的功能分类　可分为低温不锈钢、无磁不锈钢、易切削不锈钢、超塑性不锈钢等。

目前习惯将钢的化学成分与组织结构结合或按组织结构与性能特点结合起来分类，例如高铬铁素体不锈钢和铬镍、铬锰氮奥氏体不锈钢、耐应力腐蚀双相不锈钢等。

2）各种类型不锈钢的基本特点

（1）铁素体不锈钢　铁素体不锈钢以铬为主要合金元素，含铬量为12%~30%，含碳不大于0.25%，大多数含碳量在0.12%以下。此类钢具有铁素体或半铁素体组织，有磁性，耐蚀性随钢中铬量的增加而提高。随钢中含铬量或含铬、钼量的不同，它们分别用于耐大气、蒸汽、水(包括海水)以及氧化性酸、碱和一些有机酸的腐蚀。与普通Cr-Ni奥氏体不锈钢相比，铁素体不锈钢具有优异的耐氯化物应力腐蚀性能，但对晶间腐蚀则较为敏感。

（2）奥氏体不锈钢　当钢中含0.02%~0.10%C、18%Cr、8%Ni时，钢在室温下便具有稳定的奥氏体组织。铬镍奥氏体不锈钢系列是奥氏体不锈钢的典型代表，它是各类不锈钢中综合性能最好的一类，因而得到广泛的应用。当钢中含碳量不大于0.02%~0.03%时，即所谓超低碳不锈钢，其耐敏化态晶间腐蚀性能显著提高；钢中含Ni量越高，它的耐应力腐蚀性能就越好；钢中含Cr、Mo量高时，钢的耐孔蚀、缝隙腐蚀性能可获得显著改善。

（3）马氏体不锈钢　此类钢按化学成分的不同，可分为马氏体铬不锈钢和马氏体铬镍不锈钢。马氏体铬不锈钢除含Cr外还含有一定量的C，且钢中Cr含量越高，耐蚀性越佳；C含量越高，其强度和硬度也越高。马氏体铬镍不锈钢中除含Cr、Ni外，有些还含有Al/Ti、Mo、Cu等元素，而且其含C量均较低(不大于0.10%)。由于此类钢化学成分以及组织结构上的特点，它在具有高强度的同时，在强度与韧性的配合、耐蚀性、可焊性等方面均优于上述马氏体铬不锈钢。最常用的马氏体铬镍不锈钢是1Cr17Ni2。

（4）铁素体-奥氏体双相不锈钢　双相不锈钢是指钢的显微组织中主要由两种相组成，且每种相都占有较大的体积比。大部分实用双相不锈钢中通常是由铁素体和奥氏体两相组成。双相不锈钢的耐蚀性基本上与含Cr、Mo量相同或相近的铬不锈钢和铬镍不锈钢相当或稍优。由于其组织结构上的特点，性能又兼有铁素体不锈钢和奥氏体不锈钢的特征：奥氏体(γ)的存在，降低了不锈钢的脆性，防止了晶粒长大倾向，提高了钢的韧性和可焊性；铁素体(α)的存在，提高了钢的屈服强度和耐晶间腐蚀的性能，增大了钢的导热系数，降低了线膨胀系数；由于α+γ复相组织的存在，双相不锈钢的耐氯化物应力腐蚀、耐孔蚀、耐腐蚀疲劳等性能也较纯奥氏体钢有显著改善。目前广泛应用的铬镍双相不锈钢，按钢中含Cr量的高低可分为Cr18型、Cr21型和Cr25型。随钢中Cr含量的增加，Mo、N等元素的合金化，此类双相钢的耐蚀性提高，但脆化倾向也提高。

3. 耐蚀合金

耐蚀合金是指在各种腐蚀环境中(包括各种电化学腐蚀和各种化学腐蚀环境)，具有耐各种腐蚀性能的合金。目前工业上使用最广泛的是高镍耐蚀合金，它是向镍中加入 Cu、Cr、Mo、W 等元素而发展起来的耐蚀合金，既具有良好的耐蚀性，又具有强度高、塑韧性好、可以冶炼、铸造等性能。在石油、化工以及航空、海洋开发中得到较广泛的应用。高镍耐蚀合金一般分为镍基耐蚀合金(Ni 含量不低于 50%)和铁-镍基耐蚀合金[Ni 含量不低于 30%，(Fe+Ni)含量不低于 60%]。

按化学成分来分类，主要有镍铜、镍铬、镍钼、镍铬钼、铁镍铬等。

(1) 镍基耐蚀合金　国外最早生产和应用的镍基耐蚀合金是含 Ni70%、含 Cu30%的 Ni-Cu 合金(蒙乃尔)，后来发展了 Ni-Mo、Ni-Cr-Mo 等合金。

(2) 铁-镍基耐蚀合金　这类耐蚀合金在某些介质中的耐蚀性优于不锈钢，有的相当于或超过镍基耐蚀合金，综合性能良好。

4. 有色金属及合金

金属通常分为两大类：黑色金属和有色金属。钢铁、铬、锰称之为黑色金属，除此以外一切金属材料均属有色金属，也称非铁金属。此处扼要介绍铝、铜、镁、镍等金属及其合金。

1) 铝及其合金

石化工业中通常使用的纯铝分为高纯铝、工业高纯铝和工业纯铝三个等级。铝合金的种类很多，可分为铸造铝合金和变形铝合金，变形铝合金按性质和用途可分为防锈铝合金(LF)、硬铝合金(LY)、锻铝合金(LD)等。

防锈铝合金具有抛光性好、耐蚀性好的特点，同时具有足够高的塑性和比纯铝高得多的强度，多用于制造与液体介质相接触的零部件。该类合金主要有 Al-Mg 和 Al-Mn 两个系列。

铝及其合金的耐腐蚀性能及应用：铝是比较活泼的金属，其标准电位非常负，在空气中极易氧化，生成致密而坚固的氧化膜($A1_2O_3$)，因此铝在淡水、海水、浓硝酸、硝酸盐、汽油及许多有机物中都具有足够的耐蚀性，但在还原性环境、强酸、强碱中却不耐蚀。

铝在某些介质中的耐蚀性，决定了其在某些工艺流程中的应用。例如在浓硝酸的生产当中，高纯铝用来制作高压釜和漂白塔等关键设备的内筒以及浓硝酸的储槽、槽车、管道以及阀门等。另外，由于铝的导热性好，在制冷、换热设备中也有广泛的应用。

2) 铜及其合金。

铜及其合金可分为紫铜、黄铜、青铜和白铜四类。紫铜，又称纯铜，主要用于导电、导热和耐腐蚀的部件。黄铜系指以锌为主要合金元素的铜合金，主要用作导水、导热、耐磨、耐蚀材料。青铜系指以锡、铝等为主要合金元素的铜合金，如锡青铜、铝青铜等，可用作高强、高弹性、耐磨、耐蚀材料。白铜是指以镍为主要合金元素的铜合金，其耐海水腐蚀性良好。

铜是电位较正的金属，它在许多介质中都有很高的化学稳定性，这基于它本身的热力学稳定性。下面分别介绍铜及其合金在常见环境中的腐蚀特征。

(1) 铜及其合金抗大气腐蚀特征　铜及其合金在各种大气下都具有很好的耐蚀性，这是因为铜表面会生成具有一定保护作用的腐蚀产物膜。但在某些特殊的恶劣环境中，例如在 SO_2、H_2S、NH_3等污染的潮湿大气中，铜合金腐蚀加速，容易出现腐蚀斑点。

(2) 铜及其合金抗土壤腐蚀特征　在土壤中铜及铜合金的腐蚀速度大约是铁和低合金钢的 1/5~1/10。在干燥的土壤中铜的腐蚀较慢；在含氧化物、硫化物和有机物成分较大的土壤中腐蚀较快。

(3) 铜及其合金抗天然水腐蚀特征　铜合金在天然水(如河水、海水或地下水等)中的腐蚀，一般表现为黄铜脱锌。黄铜脱锌有两种形态：均匀的层状脱锌和局部的栓状脱锌。栓状脱锌容易早期穿孔，危害性更大。一般来说，简单黄铜多见层状脱锌；而耐腐蚀性较好的复杂黄铜则多见栓状脱锌。腐蚀性强的介质(如弱酸、弱碱或海水)易发生层状脱锌，而腐蚀性弱的介质(如河水)反而容易发生栓状脱锌。

(4) 铜及其合金抗应力腐蚀破裂特征　黄铜在潮湿大气中存放和使用，往往会发生应力腐蚀破裂。导致断裂的环境除了存在氨、硫化氢或酸雾外，氧和水气的存在也是必要条件。黄铜的应力腐蚀大多发生于晶界，因此晶界首先被腐蚀，可分为穿晶型腐蚀断裂和晶间型腐蚀断裂。采取低温长时间退火消除材料的内应力，是避免应力腐蚀断裂的有效措施。

3) 锌及其合金

锌是一种银白色的金属，具有金属光泽，在大气和淡水中耐蚀性能良好，且具有一定的力学性能和良好的加工性能，是一种常用的有色金属材料，在腐蚀防护领域中有很广泛的用途。

(1) 耐蚀性能　锌的标准电位为-0.76V，是较活泼(易腐蚀)的金属之一。纯锌在潮湿的大气(或水)中，表面常生成白色的碱式碳酸锌，有一定的保护性，因此锌在大气中有较好的耐蚀性。锌的钝化作用很小，但在铬酸盐溶液中却能显著钝化，这是由于它生成了铬酸锌的保护膜。锌的抗蚀性和它的纯度有关，一般而言，高纯度的锌比低纯度的锌耐蚀。锌相对于钢铁及常用的金属结构材料来说是负电性的，在电化学阴极保护技术中是牺牲阳极的主要材料之一，也是常用的镀层材料。

(2) 镀锌层　镀锌是钢铁腐蚀最有效的防护方法之一，获得镀锌层的方法也较多，例如热镀锌、电镀锌、渗锌、喷镀锌等方法。镀锌层对钢铁的保护作用主要体现在以下三个方面：镀锌层可以避免钢材和腐蚀介质直接接触；当镀锌层出现钢铁暴露点或因腐蚀或机械损伤后显露出钢铁基体时，钢铁基体与镀锌层就会构成微电池，由于锌比铁活泼，所以镀锌层充当微电池的阳极被腐蚀，铁则成为微电池的阴极而受到保护；当镀锌层因选择性溶解出现较小的不连续间隙时，镀锌层因为形成腐蚀产物而发生体积膨胀，使得间隙愈合从而阻碍电化学腐蚀的进一步发展。

(3) 锌牺牲阳极　锌是最早用作牺牲阳极的材料之一。锌阳极有纯锌、Zn-Al 系合金、Zn-Sn 系合金、Zn-Hg 系合金、Zn-Al-Mn 系合金和 Zn-Al-Cd 系合金等。锌阳极的特点是密度大，理论发生电量小，在海水中的电流效率高。锌阳极适用于保护大面积钢结构，如舰船壳体或钢铁管道。锌阳极片通常每隔一定距离安装在钢材上，这样一方面锌阳极被腐蚀；另一方面由于 Fe 和 Zn 之间的电位差大，消除了钢铁表面的局部电化学不均匀性。锌阳极在海水环境中应用较广，除船壳外还有漂浮码头、浮桥、浮标等，也可以应用在盐水、淡水及各种土壤环境中。

4) 镁及其合金

镁是工业合金中密度最小的一种金属。镁的电位较负，其氧化膜比较疏松，不像氧化铝膜那样致密而有保护性，所以镁合金的耐蚀性能较差。若在镁中加入 Mn、Al、Zn 等元素能改善镁的耐蚀性，从而形成变形镁合金。变形镁合金可以分为 Mg-Mn、Mg-Mn-Ce、Mg-Zn-Zr 和 Mg-Al-Zn 系列。

5) 纯镍

镍有良好的抗氧化性和耐蚀性，有特殊的物理性能，还有较高的强度和塑性，可承受压力加工，以板、带、管、棒和线材供应，用途很广泛。

2.3.3　非金属材料类型及特点

1. 玻璃钢

以合成树脂为黏结剂，以玻璃纤维及其制品作增强材料而制成的复合材料，称为玻璃纤维增强塑料。因其强度高，可以和钢铁相比，故又称玻璃钢(FRP)。

玻璃纤维及其制品是玻璃钢的主要承力材料，在玻璃钢中起着增强骨架的作用，对玻璃钢的力学性能起主要作用；同时也减少了产品的收缩率，提高了材料的热变形温度和抗冲击性等。

合成树脂在玻璃钢中，一方面将玻璃纤维黏结成一个整体，起着传递载荷的作用，另一方面又赋予玻璃钢各种优良的综合性能，如良好的耐蚀性、电绝缘性和施工工艺性。

按照树脂受热行为的不同，可把树脂分为热塑性树脂和热固性树脂。相应地，根据这两类树脂的不同，可将玻璃钢分为热塑性玻璃钢和热固性玻璃钢。同热塑性树脂相比，一般热固性树脂具有更好的机械强度和耐热性等。目前世界上85%以上的玻璃钢是由热固性树脂组成的，常用的耐蚀玻璃钢几乎全是热固性玻璃钢，其主要树脂品种是不饱和聚酯树脂、环氧树脂、酚醛树脂和呋喃树脂。

1）玻璃钢的基本性质

（1）轻质高强　玻璃钢的密度只有1.4~2.0g/cm^3，即只有普通钢材的1/4~1/6，比铝还要轻1/3，而机械强度却能达到或超过普通碳钢的水平，按比强度计算，已达到或超过某些特殊合金钢的水平。

（2）优良的耐化学腐蚀性　玻璃钢与普通金属的电化学腐蚀机理不同，它不导电，在电解质溶液里不会有离子溶解出来，因而对大气、水和一般浓度的酸、碱、盐等介质有良好的化学稳定性。特别在强的非氧化性酸和相当广泛的pH值范围内的介质中都有良好的适应性。

（3）优良的电绝缘性能　玻璃钢是一种优良的电绝缘材料，用玻璃钢制造的设备不存在电化学腐蚀和杂散电流腐蚀，可广泛用于制造仪表、电机及电器中的绝缘零部件。

（4）良好的热性能和表面性能　玻璃钢是一种优良的绝缘材料，可用作良好的隔热材料和瞬时耐高温材料。另外，玻璃钢一般和化学介质接触时表面很少有腐蚀产物与结垢等现象，因此用玻璃钢管道输送液体，管道内阻力很小，摩擦系数也较低，可有效地节省动力。

（5）良好的施工工艺性和可设计性　未固化前的热固性树脂和玻璃纤维组成的材料具有改变形状的能力，通过不同的成型方法和模具，可以方便地加工成所需要的任何形状。玻璃钢还能通过改变其原料的种类、数量、比例和排列方式，以适应各种不同的要求。

2）影响玻璃钢耐蚀性能的因素

玻璃钢是一种复合材料，影响其耐腐蚀性能的因素很多，最主要的和值得注意的有：合成树脂的种类及固化度、增强材料的种类及特性、增强材料与基材的黏结性、玻璃钢的结构形式等。

（1）合成树脂的种类及固化度

目前国内用于制作耐腐蚀玻璃钢的热固性树脂有环氧树脂、聚酯树脂、酚醛树脂和呋喃树脂等，另外还有新型的甲基丙烯环氧树脂。

① 合成树脂如双酚A型不饱和聚酯树脂、环氧树脂、酚醛树脂和呋喃树脂的技术指标应符合相应的质量指标要求。

② 各种合成树脂选用相应的固化剂和稀释剂质量必须满足要求。环氧树脂常用的固化剂为苯二甲胺、二乙烯三胺、乙二胺-丙酮等；酚醛、呋喃树脂常用的固化剂为苯磺酰氯、石油磺酸、硫酸乙酯等；不饱和聚酯树脂常用的引发剂H为过氧化环已酮糊，促进剂E为环烷酸钴苯乙烯溶液。常用的稀释剂为丙酮、乙醇，增塑剂一般用邻苯二甲酸二丁酯、亚磷酸三苯酯。

③ 各种玻璃钢胶料的配方科学。

④ 玻璃钢的固化实质上是其合成树脂的固化。合成树脂的固化度高低直接影响到玻璃钢的物理、力学性能和耐腐蚀性能。因此对固化剂的用量、固化时间、固化速度都有严格的要求。

(2) 玻璃纤维及其制品

玻璃纤维的品种可按化学成分分为无碱玻璃纤维、中碱玻璃纤维和高碱玻璃纤维三种，其制品品种见表2-5。用于耐腐蚀玻璃钢的玻璃纤维主要选择中碱或无碱纤维及其制品。凡接触酸性介质时，应选用中碱无捻粗纱方格玻璃布或相应制品；接触碱性介质时，应选用无碱无捻粗纱方格玻璃布或相应制品。

表2-5 玻璃纤维制品品种及适用范围

品　种	应用范围	品　种	应用范围
无捻粗纱	用于纤维缠绕	玻璃布及带	斜纹布：适用于设备的曲面
短切纤维	热塑性玻璃钢的增强材料，模压、喷射成型		平纹布：适用于强度要求一致的场合
			缎纹布：设备形状复杂
玻璃毡	手黏玻璃钢，模压成型	无捻粗纱布	玻璃钢增强材料

(3) 玻璃钢的结构

目前国内耐腐蚀玻璃钢的规范规定，玻璃钢制品应为复合耐蚀材料，一般可分为三层结构，见表2-6。

表2-6 耐腐蚀玻璃钢的复合结构

层次	名　称	厚度/mm	选用树脂	树脂含量/%
Ⅰ	高树脂内层	1.5~2.0	耐腐蚀树脂	>65
Ⅱ	增强结构层	$S_0$①	通用树脂	50~55
Ⅲ	耐候外层	0.5~1	胶衣树脂	>65

① S_0为根据强度或设计要求确定的厚度。

2. 塑料

塑料是一类以天然的或合成的高分子化合物为主要成分，在一定温度和压力下塑制成型，并在常温下能保持其形状不变的高分子材料。一般的塑料都是多组分体系，单一组分的不多，如聚四氟乙烯。现代的绝大多数塑料都是以合成树脂为主要原料，根据需要加入一定比例的其他材料，如填料、增塑剂、增韧剂、稳定剂等，以改善塑料的某些性能。

1) 塑料的分类

塑料的分类方法很多，主要有以下两种。

(1) 按照树脂受热时的行为分类

按照树脂受热时的行为分为热塑性塑料和热固性塑料。

热塑性塑料是在特定温度范围内能反复加热软化和冷却硬化的塑料。它是用聚合类树脂制成，加热到一定温度时能够变软而不发生化学变化。利用这一性能，可以塑制各种形状的型材或制品，而且再次加热到一定温度时又会变软，可以进行型材的二次加工。典型产品有聚烯烃、聚酰胺、聚甲醛等。

热固性塑料是指在一定温度下，经过一定的时间加热或加入固化剂后，即可固化的塑料。热固性塑料固化后，不再具有可塑性。热固性塑料用缩聚类树脂制造，耐热性极高，受压不易变形。从树脂本身看，机械强度一般都较差，但可以通过加入适量的填料，制成层压或模压塑料，使其强度大大提高。典型产品有以酚醛树脂、环氧树脂、不饱和聚酯树脂、呋喃树脂、氨基树脂等制成的塑料。

(2) 按照塑料的用途和使用范围分类

按照塑料的用途和使用范围可分为通用塑料和工程塑料。通用塑料是指产量大、用途广、成本低的一类塑料。常用的有聚乙烯、聚氯乙烯、聚苯乙烯、酚醛、氨基塑料。工程塑料通常指在工程技术中可代替金属作结构材料的塑料，这类塑料具有机械强度高、耐高温和低温、耐腐蚀等优良的综合性能。常用的有聚酰胺、聚甲醛、聚碳酸酯、聚苯醚和 ABS 等。

2) 塑料的特性

塑料的种类很多，不同塑料具有不同的物理机械性能，但综合起来，塑料有下述特性：质量轻；比强度高；优越的化学稳定性；优异的电气绝缘性能；优良的减摩、耐磨性能；可以自由着色。

塑料也有不足之处，一般塑料机械强度不如金属，表面硬度低，与金属相比，耐热性较差。如聚氯乙烯仅能在 60~70℃下使用，一般工程塑料使用温度也都在 200℃以下。

3) 常用的塑料

(1) 聚氯乙烯

聚氯乙烯塑料是以聚氯乙烯树脂为主要原料，加入增塑剂、稳定剂、填料、颜料，经过捏合、混炼及加工等工艺过程而制得的热塑性塑料。根据加入增塑剂量的不同，把它分为软聚氯乙烯和硬聚氯乙烯。

硬聚氯乙烯塑料不但价格低廉，而且具有较高的机械强度和刚度。用它制成的型材可以像钢材一样进行再加工，可以通过机械加工、热成型及焊接等方法制成各种化工设备。特别是它具有优异的耐化学腐蚀性能，因而被广泛地用作耐腐蚀工程材料。它的最大缺点是耐热性能比较差，因而限制了更广泛的应用。硬聚氯乙烯制的通风机广泛用于排除或输送许多对钢铁有严重腐蚀的气体，它一般是由硬聚氯乙烯型材焊制而成。硬聚氯乙烯离心泵在输送腐蚀液体方面也有一些应用。另外，硬聚氯乙烯作为结构材料制造大型设备和球形储罐都是比较成功的。

软聚氯乙烯组分中有大量的增塑剂，可制得柔软而富于弹性的软质品。因增塑剂的加入，使塑料的可塑性、柔软性增高，但机械强度下降，因此增塑剂的用量通常控制在 30%~50%的范围内。

(2) 聚乙烯

工业上把乙烯均聚物和共聚物都归入聚乙烯类，所以聚乙烯塑料实际上是指以聚乙烯为基材的塑料。由于生产方法的不同，聚乙烯可分为低密度聚乙烯、中密度聚乙烯和高密度聚乙烯。一般说来，低密度聚乙烯分子中支链很多，分子链不规整；而高密度聚乙烯分子中支链少而短，分子链基本呈线形，后者的各项机械性能及使用温度均比前者高。从总体上讲，聚乙烯具有优良的耐低温性、化学稳定性和电性能，适中的机械强度和成型加工适应性强等特点。

室温下，聚乙烯的抗拉强度比硬聚氯乙烯低得多，高密度聚乙烯的抗拉强度只有硬聚氯乙烯的2/3。聚乙烯的弹性模量也较小，高密度聚乙烯的弹性模量只有硬聚氯乙烯的1/6～1/4。因此，聚乙烯不宜单独作工程结构材料，在防腐蚀领域里大部分作涂层或衬里。

（3）聚丙烯塑料

聚丙烯树脂是一种热塑性树脂，根据分子结构的不同，可分为等规聚合物、间规聚合物和无规聚合物三种。一般讲的聚丙烯是等规聚丙烯。

聚丙烯塑料相对密度较小，约为硬聚氯乙烯的60%。与硬聚氯乙烯相比，其最大优点是它具有较高的使用温度；主要缺点是线膨胀系数大，杨氏模量小，成型收缩率大，低温下脆性大，具有可燃性。聚丙烯塑料和硬聚氯乙烯一样，可以用注射、挤压、模压等方法加工成型。其注射成型制品主要有薄膜、管材、板材等。聚丙烯作为耐腐蚀材料在石油、化工行业上的应用主要是管道及用板材等二次加工成的塔、容器类设备。

（4）氟塑料

以带有氟原子(F)的单体自聚合或与其他不含氟的不饱和单体共聚而制得聚合物，且以这种聚合物为基材的塑料，总称为氟塑料。具有代表性的是聚三氟氯乙烯(F_3)和聚四氟乙烯(F_4)。由于其分子结构中有较强的氟碳键及屏蔽效应，氟塑料一般都具有优异的耐化学腐蚀、耐高温和低温等性能。但其机械强度和刚度比较低，价格较高，用来作为单独的结构材料使用受到很大限制。在石油、化工行业主要用来制造涂层和衬里。

（5）氯化聚醚

氯化聚醚(或称聚氯醚)是一种线型、高结晶度的热塑性树脂。由于这种高聚物在其氯甲基相邻的碳原子上没有氢原子存在，不易脱去氯化氢，因而具有较好的化学稳定性，几乎能耐绝大部分任何浓度的酸、碱、盐和溶剂，只有发烟硫酸、发烟硝酸和极少数溶剂才能使它破坏。氯化聚醚由于其卓越的耐化学腐蚀性，常在一定温度(120℃以下)的腐蚀介质环境下用作耐腐蚀材料，如制作酸、碱、盐及有机溶剂泵的壳体、阀门、轴承、密封件等。它还可用于涂层、衬里等方面，特别是在石油、化工管道及设备中作衬里应用效果良好。由于它吸水性小，故在潮湿环境下也有极好的电性能，其制品适用于湿度大，特别是在有盐雾的环境中工作的电器部件。

（6）聚苯硫醚

聚苯硫醚通常指对苯基硫的聚合物，为线型聚合物，呈热塑性。聚苯硫醚的使用温度与聚四氟乙烯、聚酰亚胺相当，可在250℃的高温下长期使用，还具有特别高的机械强度，在室温下的拉伸强度比氯化聚醚高80%。对于防腐蚀工程来讲，更重要的是它在高温下的耐化学腐蚀性能。聚苯硫醚的耐化学腐蚀性能远远不及氟塑料，在高温下更是如此。同其他大多数热塑料性塑料相比，它具有优良的耐溶剂性能，聚苯硫醚作为防腐涂层可耐170℃下的各种溶剂，200℃下的各种酸、碱、盐和化学药品，但易受卤素和强氧化性介质侵蚀。它与金属黏接力强，是一种良好的耐腐蚀涂层。

（7）酚醛塑料

以酚类化合物与醛类化合物缩聚而得到的树脂统称为酚醛树脂。根据生产过程中所用的催化剂种类不同，可将树脂分为两类：用碱作催化剂，醛过量的情况下，生成热固性树脂；用酸作催化剂，酚过量，则生成线型热塑性酚醛树脂。热固性树脂主要用作层压制品，热塑性树脂主要作酚醛模塑粉。

酚醛塑料具有一定的机械强度和刚性，耐热、耐磨、介电性能较好，不溶于有机溶剂及酸中，但耐碱性差。成型后重复加热不软化，不易变形，也不因温度、湿度变化而扭曲皱裂。因此，酚醛塑料在机械、汽车等工业部门用来制造齿轮、轴承、垫圈、皮带轮等结构件和各种电气绝缘件。它还能用作涂料、胶黏剂和日常生活中所用电木制品。

酚醛塑料的主要缺点是硬而脆、耐电弧性差、吸湿率高以及介电常数随频率而改变等。这些缺点往往通过对树脂的改性来改善。常用的改性方法是将热塑性酚醛树脂与聚酰胺树脂、聚氯乙烯树脂、丁腈橡胶混合应用，提高制品的机械强度和韧性，且改善其吸水率和电性能。对于热固性酚醛树脂，常用环氧树脂进行改性，与环氧树脂混合，可提高它的黏接性能，制品的抗冲击强度也有所提高。

(8) 环氧塑料

环氧塑料是由环氧树脂与各种添加剂混合而成的塑料制品。环氧树脂的品种很多，其中产量最大、用途最广的是双酚 A 型环氧树脂，它占环氧总产量的 90%。环氧树脂只有与固化剂共用，经固化后才能体现出优良的性能。常用的固化剂一般有胺类(乙二胺、二乙烯三胺等)和酸酐类。

环氧塑料突出性能是有较高的机械强度，在较宽的温度和频率范围内具有良好的电性能，它具有介电强度高、耐电弧、耐表面漏电的优良绝缘性。环氧塑料具有优良的耐碱性、良好的耐酸性和耐溶剂性等性能，具有突出的尺寸稳定性和耐久性、耐霉菌等特点，故可在较苛刻的条件下使用。

3. 橡胶

橡胶是指具有橡胶弹性的高分子材料，按其来源分类，可分为天然橡胶和合成像胶两大类。

天然橡胶是由橡胶树的树汁经炼制而成的，它是不饱和的异戊二烯高分子聚合物。天然橡胶的化学稳定性较好，可耐一般非氧化性强酸、有机酸、碱溶液和盐溶液的腐蚀，但不耐强氧化性酸和芳香族化合物的腐蚀。

合成橡胶是用人工方法制成的和天然橡胶相类似的高分子弹性材料。其品种繁多，按性能和用途分类，可分成两类：通用合成橡胶和特种合成橡胶。凡性能与天然橡胶相近，物理机械性能和加工性能较好，能广泛应用于轮胎和其他一般橡胶制品的称为通用合成橡胶，如丁苯橡胶、顺丁橡胶、异戊橡胶、氯丁橡胶、丁基橡胶等；凡具有特殊性能，专门用于制作耐寒、耐热、耐化学物质腐蚀、耐溶剂、耐辐射等特种橡胶制品的橡胶通称为特种橡胶，如丁腈橡胶、硅橡胶、氟橡胶、聚氨酯和聚硫橡胶。

1) 橡胶衬里

选用一定厚度的耐蚀橡胶复合在基体的表面，形成连续完整的覆盖层，藉以隔离腐蚀介质，达到防腐目的，这种加工技术称为橡胶衬里。

橡胶衬里是化工防腐蚀领域中的一项既可靠又经济的防腐技术。近年来，随着高分子化学的发展，聚合物品种的开发和成型加工技术的不断进步，耐蚀橡胶衬里也进一步得到了广泛的应用。

橡胶衬里最充分地利用了橡胶的特性。橡胶不仅能防止腐蚀介质的作用，而且由于其特殊的大分子结构所赋予的高弹性，使之具有优良的耐磨蚀、防空蚀、适应交替变形和温度变化等性质。高弹性橡胶的这些特性可以在厚度为 1mm 或更厚的橡胶覆盖层中得到体现。橡胶衬里施工的方式一般是将未硫化胶料(生胶料)衬贴在设备的表面，然后进行硫化；或用预硫化胶板(熟胶料)黏贴或嵌衬在基体表面之后再经自然硫化。

(1) 橡胶衬里的优点

① 未硫化胶料具有可塑性，可以进行复杂形状设备的衬覆；

② 重量较轻，容易搬运；

③ 衬里工艺简单，易于掌握；

④ 衬胶层损坏容易修理；

⑤ 衬胶层具有优良的耐蚀性和物理机械性能，可延长设备的使用期并简化设备的结构；

⑥ 常压大型设备的衬胶可在现场施工；

⑦ 衬胶层能保持设备中产品的纯净；

⑧ 衬胶层的致密性高，可在复合衬里中作为防渗层；

⑨ 橡胶衬里的价格较低。

(2) 橡胶衬里的缺点

① 耐热性较差，硬胶使用温度范围为0~85℃，软胶为-20~75℃；

② 对强氧化性介质的稳定性差；

③ 在有机溶剂中一般会溶胀；

④ 胶层易被硬物损伤；

⑤ 硬胶的膨胀系数比金属大3~5倍，当硬胶层受温度剧变时，会出现开裂、脱层等缺陷；

⑥ 衬胶层遇高温分解，衬胶设备不能焊接；

⑦ 橡胶的导热性差，受热会发生老化，衬胶层不能用来传热；

⑧ 衬硬胶的设备，不宜在冬季室外放置或低于-5℃下保管；

⑨ 衬胶时有毒、易燃，应注意安全。

2) 适于石油工业应用的几种橡胶

橡胶是石油工业中使用的一种重要工程材料。特别是作为密封制品，其作用是其他材料无法替代的。而且，随着石油工业的发展，橡胶的应用越来越广泛，涉及勘探、开发、储运和炼制等很多方面。下面介绍适于石油工业应用的丁腈橡胶和几种新型橡胶。

(1) 丁腈橡胶　丁腈橡胶是石油工业用橡胶制品的主要材料。它具有较好的耐油性，易加工，成本低，大部分用在制作石油工业中的耐油胶管、胶囊、钻井机具橡胶件、密封件以及阀门膜片等。但丁腈橡胶不适用于含 H_2S 的油品及高温环境。

(2) 氢化丁腈橡胶　氢化丁腈橡胶首先由德国Bayer公司研制成功，20世纪80年代中期加拿大和日本也相继开发出来。氢化丁腈橡胶是通过向丁腈橡胶溶液通氢，使丁腈橡胶有选择地部分氢化而制得的一种高饱和腈类弹性体。氢化丁腈橡胶的工艺性能与丁腈橡胶相似，在油田中有广泛的用途，可以制造勘探、采油设备的密封件、胶管、封隔器、防喷器、钻井护套、螺杆泵镜子、抽空活塞等。由于氢化丁腈橡胶有优异的耐老化、耐磨性能，它也适宜制造油田用电缆套管。

(3) 氯醚橡胶　氯醚橡胶是指侧基上含有氯原子的聚醚型橡胶，又称氯醇橡胶。氯醇橡胶分均聚型和共聚型，前者由环氧氯丙烷单独聚合而成，后者为环氧氯丙烷与环氧乙烷的共聚物，这两种国内都有生产。均聚型氯醚橡胶耐热、耐油、耐候性良好，共聚型氯醚橡胶耐油、耐低温和高温性能良好。总地来讲，氯醚橡胶的耐热性能优于丁腈橡胶。目前，氯醚橡胶制作的扩张式压裂胶筒，在与原油、天然气和各种压裂液或盐酸、氢氟酸接触条件下工作，适应性好，已推广使用。采用氯醚橡胶制作的大型输油管道伸缩密封件，可保证长期不渗漏。预计氯醚橡胶在石油工业中的应用范围将会不断扩展。

(4) 四丙氟橡胶　四丙氟橡胶由四氟乙烯和丙烯共聚而成。国内已有小批量生产，牌号为 TP-1 和 TP-2。四丙氟橡胶价格适中，较其他氟橡胶便宜，加工性能好，是其他氟橡胶无法比拟的。它除耐油性能优良外，还可耐 260℃高温蒸汽、含硫(H_2S)油气井环境、胺类缓蚀剂以及柴油基和水基钻井液等。目前，它已用于制造高温、高压条件下使用的封隔器，并用于制造密封垫、钻头密封、井下检测仪保护罩及插头等。

2.3.4　适用于海底油气管道的耐蚀材料或工艺

海底管道处于浪、流、蚀等恶劣环境下，特别在深海海域，对材料提出了更高的要求。同时，海底管道的服役期一般都超过 20 年，设计要求免维护或者少维护，必须以高性能的材料作为保障。

1. 载荷条件对材料的要求

1）深水挤毁

海底管道向深海发展，管道外压的问题逐渐突出，钢管发生挤毁后，管道在很小的载荷下就会发生屈曲扩展。为了防止管道发生挤毁，深海底管道线需要应用大 D/t 钢管，这对钢厂和管厂分别提出了技术挑战。

厚规格钢板生产的主要难度是 DWTT(落锤撕裂试验)性能难以控制。研究发现：DWTT 主要与材料组织中大角度晶界比例和奥氏体的细化程度有关，而厚钢板压缩比降低，组织细化困难，DWTT 难以保证。我国钢铁企业的装备水平世界领先，但控制和管理水平与国外相比依然存在差距，需要提高产品的性能稳定性。

由于钢管 D/t 小，制管时产生应力大，需要制管厂提高成型机能力。同时，应变增大，需要对制管过程中的应变分布进行合理控制，减少变形对钢管韧性和塑性的影响。此外，钢管残余应力增大，椭圆度难以控制，而钢管的椭圆度和壁厚精度对其抗挤毁能力有着重要的影响。因此，制管企业应进行必要的设备升级，合理的工艺优化，建设精细化的工艺控制平台。

2）位移和变形

海底管道在铺设过程中，尤其使用铺管船铺设时，将承受很大的压缩、拉伸或者弯曲变形。此外，浪、流、平台移动及地质活动也会造成海底管道在服役过程中的位移。海底管道在施工铺设和运行阶段的塑性变形问题，除了在设计阶段要采用基于应变的方法之外，还应开发具有较大变形能力的抗大变形钢管产品。

抗大变形管线钢管能够承受较大的变形，其性能指标有一定的特殊性。通过大量的研究试验表明，除基本的强度衡量参数，如屈服强度、抗拉强度等之外，衡量其大变形的主要参数包括 Round-house 型应力-应变曲线、较高的形变强化指数、较大的均匀塑性变形伸长率和较低的屈强比。

对于能承受较大的结构变形和塑性变形的高应变管线钢，在显微组织上都有一些显著特点。目前普遍的做法是采用双相钢的技术路线，保证管线钢的强度和塑性的良好配合。采用双相钢的高应变管线钢，最早由日本 NKK 钢铁株式会社提出，并在 NKK 福山工厂成功试制 X65 钢。目前，国外已公开的大应变管线钢有日本 JFE 钢铁株式会社(前 NKK 钢铁株式会社与川崎制铁合并)开发的 HIPER 和新日本制铁株式会社的 TOUGHACE。欧洲钢管公司也宣称开发了 X100 级别的大变形管线钢管，并用于 North Central Corridor 管线。

由于我国陆上油气管道经过的很多区域自然环境恶劣，这些地区铺设的管道都需要基于应变设计，抗大变形管线钢管的需求前景广阔。目前，我国在 2011 年中缅油气管道工程项目中首次进行了 X70 抗大变形管线钢管的工业化试制。国内生产的 X70 抗大变形钢管产品性能稳定，各项指标满足相关标准要求。2012 年，国产 X80 抗大变形管线钢管也在中亚 D 线陆上管线中成功应用。

3）疲劳损伤

海底管道在浪、流的冲刷作用下不可避免地形成悬跨段，当水流在无支撑管跨段之上或之下流动时，会在管道周围产生漩涡，当漩涡离开管道时，就会产生震动，产生的涡致振动(VIV)会引发周期载荷使管道受损。此外，海底管道在交变载荷(如海流载荷和波浪载荷)作用下的疲劳损伤是一个累积过程。

解决海底管道的疲劳损伤问题，既可以通过加装 VIV 抑制装置或者填埋悬跨段等工艺措施减少 VIV 对管道的损伤，也可以通过提高钢管抗疲劳性能增长管道的疲劳寿命。工艺措施需要对管道运行过程中的沿线地貌进行定期勘察，及早发现不符合规定的管跨段，工艺实施过程中也需要在海底进行作业，效率低，成本高。

提高钢管的抗疲劳性能，可以降低管道管理过程中对管跨段长度和支撑条件的要求，降低海底管道管理运营成本。这就要求钢管材质纯净度高，夹杂物含量低，需要冶金水平的进一步提升。

2. 腐蚀环境对材料的要求

1）合理选材，增加腐蚀裕量

海底管道的防腐蚀首先应考虑从选材和材料开发方面解决问题。通常情况(CO_2分压<0.02MPa)下，通常选用碳钢和低合金钢。我国在保证管道完全壁厚的前提下，一般选用 API X56~X70 强度级别的钢管加上适当的防腐措施就能满足要求，随着介质腐蚀性的增强，耐蚀合金钢的应用也在逐渐增多。在 CO_2分压>0.02MPa，H_2S 分压为 0.001~0.003MPa 时，选用含铬铁素体不锈钢管(如 13 铬)；在 CO_2、Cl^-或 H_2S 共存的严重腐蚀条件下选用含铬、锰、镍的不锈钢(22%~25%铬)。但是管道整体采用耐蚀合金成本较高，此外还存在外部腐蚀以及焊接的问题。

2）选择特殊工艺管材

(1) 柔性管

柔性管是由多种不同材料的物质组成的软管，不同材料位于不同层，所起作用也各不相同。柔性管在中等水深到深水油气开发中有广阔的应用前景，而且国际市场上的价格很高。耐高温、高压，抗深水外压是各个厂家研发的重点。

目前常见的柔性管能够承受的设计温度为 240℃，而国际上已开发出聚醚醚酮(PEEK)作为压力护套层，可耐受 240℃高温。

由于柔性管能够实现较小的弯曲半径和具有良好的抗疲劳性能，与普通钢管相比具有媲美耐蚀合金纯材的防腐性能及优异的连接灵活性和动态疲劳性能，广泛应用于浮式结构的立管系统、深水复合立管和跨接管中。但是由于其较高的价格，限制了应用范围。

边际海洋油气田一般储量较少，或距离其他油气田和海岸线较远，开发经济性较差，管道输送的成本较高。采用常规钢管铺管船焊接量大，铺设周期长，费用高；而柔性管的铺设采用一般的动力定位船即可，铺设船只费用相对较便宜。

另外，因为柔性管是连续缠绕在绞盘上，整盘软管长度可达几千米，海上连接工作量很少，铺设周期短。柔性管的应用为海洋边际油气田开发提供了新思路，随着海洋油气资源开发的深入发展，必将成为海底管道一个重要的发展方向。

目前，海洋柔性管制备技术主要由世界上三大公司垄断，Technip、Wellstream 和 NKT3 公司分别拥有 75%、15%和 10%的市场份额。国内柔性管大部分需从国外厂家高价购买，订货周期长，服务响应不理想，严重制约了我国海洋油气开发进程。

目前国产柔性管处在起步阶段，已有企业尝试将制造的海洋复合柔性管用作浅海输气和注水管线使用，但是产品的性能相比国外产品还有一定差距。用于压力护套层的聚合物材料也仅能生产高密度聚乙烯，耐受温度在 60℃以下，耐受更高温度的尼龙 11/12、聚偏氟乙烯(PVDF)都需要进口。

海洋复合柔性管的开发需要配套研制管材整体力学性能的试验装置和测试技术——挤毁试验、拉弯试验和动态疲劳试验等，并建立海洋柔性管的检测与评价体系。

(2) 双金属复合管

由于石油天然气中含有大量 H_2S、CO_2 和 Cl^- 等腐蚀介质，尤其是海底油气田内部管道输送的净化前油气介质中的腐蚀成分含量高，有的甚至需要加热输送，因此内腐蚀问题十分突出。然而，大量采用不锈钢或耐蚀合金是一种很不经济的选择。双金属复合管结构是以耐腐蚀合金管(不锈钢或耐蚀合金)作为内衬层(壁厚 0.5~3mm)与腐蚀介质接触，以碳钢或低合金钢作为外面基管承受压力，成本只有耐蚀合金纯材的 1/5~1/2。

双金属复合管亦称双层管或包覆管，在含有 CO_2 介质情况下一般以 316L 奥氏体不锈钢为内衬层，在含有 CO_2 少量 Cl^- 的介质下可选用 2205 和 2505 等双相不锈钢，当含有 $H_2S+CO_2+Cl^-$ 时内衬层应选用 028、G3、Inconel625 和 Inconel825 等镍基或铁镍基合金，以保证该管道的耐腐蚀性能，也可选择钛合金等具有优异耐腐蚀性能的材料作为内衬层。外层材料通常为 API 5L X42、X50、X60、X70、ASTMA106GB 和 A335-P22 等材料，从而来保证管道的强度。

双金属复合管按制造工艺可分为机械复合管和冶金复合管两类，主要以内外层钢管界面结合状态划分。机械结合的复合钢管由于碳钢基层和抗腐蚀合金覆层是一种机械结合状态，这就使其应用受到下列限制：①高温下，将因碳钢和抗腐蚀合金层间膨胀系数差异以及层间存在气体而造成内覆层失稳、鼓泡；②内衬抗腐蚀合金焊管处于焊接和冷加工状态，从而降低了其抗腐蚀能力；③机械结合结构使其不能进行冷、热加工制造弯管、三通等配件。而冶金结合复合钢管可以克服上述机械复合钢管存在的问题。

国外一般认为冶金复合管性能优于机械复合管，但也有人认为可以通过管端堆焊等方法使机械复合管达到冶金复合管的性能，同时保持较低的成本。

总地来看，这种集碳钢的强度和不锈钢或合金钢的耐蚀性于一体的双金属复合管，制造成本远低于整体耐蚀钢，在国外已经得到广泛应用。然而，虽然双金属复合管生产技术已较成熟，但是真正在工程中得到广泛应用还存在许多技术难题需要解决。例如焊接缺陷问题、现场焊接技术问题、焊接工艺规范、焊缝的耐蚀性以及作为油管用的连接问题等。

2.4 表面处理技术

防腐蚀工程中要有良好的基层，这是防腐蚀工程质量的基本保证。基层除必须具有足够的强度和稳定性之外，还要求与防腐层具有一定的附着和黏结力。因此，必须做好表面处理工作。

2.4.1 钢铁表面锈蚀等级和除锈等级

1. 钢材的除锈等级

钢材除锈等级现行标准有：国家标准 GB/T 8923.1—2011 国际标准 ISO 8501-1：1988、瑞典标准 SIS 055900、美国钢结构委员会(SSPC)《表面处理规范》、石油天然气行业标准 SY/T 0407—2012 等。这些标准对钢材除锈等级的分级基本一致。

1）喷(抛)射除锈

喷(抛)射除锈分四级：

Sal 轻度的喷射或抛射除锈(清扫级)：在不放大的情况下观察时，钢材表面应无可见的油脂和污垢，并且没有附着不牢的氧化皮、铁锈和外来杂质油漆涂层等附着物。

Sa2 彻底的喷射或抛射除锈(工业级)：在不放大的情况下观察时，钢材表面无可见的油脂和污垢，并且氧化皮、铁锈和外来杂质等附着物已基本清除，其残留物应是牢固附着的。

Sa2.5 非常彻底的喷射或抛射除锈(近白级)：钢材表面无可见的油脂、污垢、氧化皮、铁锈和涂层和外来杂质，任何残留痕迹应仅是点状或条纹状的轻微色斑。

Sa3 使钢材表面洁净的喷射或抛射除锈(白级)：钢材表面应无可见的油脂、污垢、氧化皮、铁锈、涂层和外来杂质，该表面应显示均匀的金属色泽。

2）手工和动力工具除锈

手工和动力工具除锈分二级：

St2 彻底的手工和动力工具除锈(手动工具)：钢材表面应无可见的油脂和污垢，并且没有附着不牢的氧化皮、铁锈、涂层和外来杂质。

St3 非常彻底的手工和动力工具除锈(动力工具)：钢材表面应无可见的油脂和污垢，并且没有附着不牢的氧化皮、铁锈和油漆涂层等附着物，除锈应比 St2 更彻底，底材显露部分的表面应具有金属光泽。

3）火焰除锈

F1 钢材表面应无氧化皮、铁锈、涂层和外来杂质，任何残留的痕迹应仅为表面变色(不同颜色的暗影)。

2. 锈蚀等级和除锈等级的检验

通常是在良好的散射日光下或在照度相当的人工照明条件下，待检查的钢材表面与相应的照片进行目视比较确定等级。锈蚀与除锈等级的关系见表 2-7。

由于钢表面在颜色、色调、明暗、孔蚀和氧化皮等方面各不相同，在与照片对照时必然存在一定的差异，对此，施工人员和检验人员应进行必要的协商。

允许使用合格的标准样块代替照片标准评价钢表面的锈蚀和除锈质量。例如：美国腐蚀工程师协会(NACE)制做了评价除锈质量等级用的目视标准板 TM 01-70 和 TM 01-75。

表 2-7　原始锈蚀等级、除锈等级和标准照片之间的关系

除锈等级	原始锈蚀等级			
	A	B	C	D
	标准照片			
手动工具除锈(St2 级)		BSt2	CSt2	DSt2
动力工具除锈(St3 级)		BSt3	CSt3	DSt3
清扫级喷(抛)射除锈(Sa1 级)		BSa1	CSa1	DSal
工业级喷(抛)射除锈(Sa2 级)		BSa2	CSa2	DSa2
近白级喷(抛)射除锈(Sa2. 5 级)	ASa2. 5	BSa2. 5	CSa2. 5	DSa2. 5
白级喷(抛)射除锈(Sa3 级)	ASa3	BSa3	CSa3	DSa3

3. 涂装前钢材表面粗糙度等级

1）粗糙度等级分类

涂装前钢材表面经喷、抛射清理后，表面粗糙度按 GB/T 13288 标准分为三个等级，级别划分见表 2-8。

表 2-8　粗糙度等级划分

级别	代号	定　义	粗糙度参数值 R_y/μm	
			丸状磨料	棱角状磨料
细细①		钢材表面所呈现的粗糙度小于样块 1 所呈现的粗糙度	<25	<25
细	F	钢材表面所呈现的粗糙度等同于样块 1 所呈现的粗糙度，或介于样块 1 与样块 2 所呈现的粗糙度之间	25~<40	25~<60
中	M	钢材表面所呈现的粗糙度等同于样块 2 所呈现的粗糙度，或介于样块 2 与样块 3 所呈现的粗糙度之间	40~<70	60~<100
粗	C	钢材表面所呈现的粗糙度等同于样块 3 所呈现的粗糙度，或介于样块 3 与样块 4 所呈现的粗糙度之间	70~<100	100~<150
粗粗①		钢材表面所呈现的粗糙度等同于或大于样块 4 所呈现的粗糙度	≥100	≥150

①粗糙度等级以外的延伸，工业上一般不使用。

2）评定方法

用目视比较外观来表达粗糙度等级，评定应在天然散射光线下进行，必要时可借助放大倍数不大于 7 的放大镜。

评定点数的确定原则是：一般每 $2m^2$ 表面至少有一个评定点，且每一评定点的面积不小于 $50mm^2$。

评定办法是：根据磨料选择相应的标准样块，靠近待测钢材表面进行目视比较，以与钢材表面外观最接近的样块所标示的粗糙度等级作为评定结果。

标准样块包含“S”和“G”两种。“S”样块用于评定采用丸状磨料或混合磨料喷、抛射清理后的表面；“G”样块用于评定采用棱角状磨料或混合磨料喷、抛射清理后的表面。两种样块的粗糙度参数及公差见表 2-9。

表 2-9　粗糙度样块的参数　μm

各小样编号	"S"样块粗糙度参数 R_y		"G"样块粗糙度参数 R_y	
	公称值	允许公差	公称值	允许公差
1	25	3	25	3
2	40	5	60	10
3	70	10	100	15
4	100	15	150	20

注：表中所列的粗糙度参数值 R_y 为 5 个连续取样长度中的轮廓最大高度的平均值。

粗糙度的测定也可以用粗糙度仪进行测定。其仪器可参照 GB/T 6062—2002《产品几何量技术规范(GPS)表面结构轮廓法接触(触针)式仪器的标称特性》标准选择。

4. 除锈等级的选择

1）除锈等级(表面清洁度)的选择原则

除锈等级不同，所花费的成本也不同，过高的等级要求会造成经济上的浪费，过低的等级则不能满足涂料和使用寿命的要求。所以应该根据钢材的使用环境、钢材选用的防护涂料来选择除锈工艺和除锈等级。下面推荐几个选择的原则，见表 2-10 和表 2-11。

表 2-10　不同涂料对表面处理的最低要求

涂料种类	对表面处理的最低要求
油脂漆类	手动工具除锈
醇酸树脂漆类	动力工具除锈或工业级喷射或化学处理
酚醛树脂漆类	工业级喷射或化学处理
乙烯树脂漆类	工业级喷射或化学处理
防锈剂	溶剂清洗或只作简单处理
环氧煤沥青	工业级喷射或化学处理
环氧煤焦油	工业级喷射除锈
富锌涂料	工业级喷射除锈
环氧聚酰胺	工业级喷射或化学处理
氯化橡胶	工业级喷射或化学处理
氨基甲酸乙酯	工业级喷射或化学处理
硅酮醇酸	工业级喷射或化学处理
胶乳	工业级喷射或化学处理

注：①在中等腐蚀环境中，一般可以用工业级喷射除锈取代更高级喷射除锈，这种除锈方法比较彻底和经济。
②表中推荐的最低表面处理要求适用于中等腐蚀的环境中，对腐蚀严重的环境可采用更高级别的除锈等级。

表 2-11　喷(抛)射除锈质量等级的典型用途

除锈等级	典型用途
白级	使用环境腐蚀性强，要求钢材具有极洁净的表面以延长涂层的使用寿命
近白级	使用环境腐蚀性较强，钢材用常规涂料能达到最佳防腐效果
工业级	钢板暴露在轻度腐蚀性环境中，使用常规涂料能达到防腐效果
清扫级	钢材暴露在常规环境中，使用常规涂料能达到防腐效果

2）粗糙度(锚纹深度)的选择原则

粗糙度增加不仅扩大了钢材表面物理吸附作用的面积，而且还由于锚纹的波谷内嵌入涂层，增加了涂层径向和法向的摩擦力，即增加了黏接力。但锚纹深度又不能太大，如果太大，不仅浪费涂料，而且可能在锚纹谷底截留空气而危害涂层，也可能由于波峰刺破涂层而破坏了涂层的完整性，致使钢材腐蚀。

钢材表面粗糙度的选择，国外资料报导也有较大的差别，大多数认为不应小于10μm，最多不应大于70μm。一般认为，粗糙度要依据涂层设计中的底层涂层厚度来确定，粗糙度为底层涂层厚度的1/3。对于油田用的重防腐涂层的粗糙度可推荐为40~50μm。

英国标准BS 4232认为最好不大于100μm，美国钢结构涂装委员会(SSPC)制定的钢材表面处理规范要求为82.5~100μm。表2-12列出了不同涂料对金属表面处理的要求。

表2-12　不同涂料对金属表面处理的要求

涂　　料		底漆干膜厚/μm	表面处理程度	锚纹深度/μm
干性油和醇酸类		50~75	最好工业级	19~25
酚醛和环氧树脂		50~75	至少工业级	25~31
氯化橡胶		50~75	最好近白	25~31
乙烯类		25~50	近白	25~31
有机硅和有机硅丙烯酸酯(耐高温涂料)		25~50	近白	19~25
改性环氧		50~100	近白	25~31
环氧酚醛类		75~100	近白	25~31
聚氨酯	双组分	25~50	近白	25~31
	单组分	50~75		25~31
	(潮气固化)	50~75	至少工业级	25~31
厚膜衬里	环氧酚醛			
	聚酯	250~500	全白	50~100
	改性环氧			
无基富锌	水基	75~125	近白	25~31
	溶剂基	50~100	最好近白	19~31
	预制	25~37.5	近白	19~25

2.4.2　除锈技术

除锈技术包括工具除锈和喷射除锈。金属在除锈前应去除表面的油脂和污垢，去除方法可用化学表面处理技术，也可用加热方式。加热方式是将被处理的材料装在炉子中，升温至380~400℃保持30~40min。实践证明加热方法是喷射除锈前最有效的脱脂方法。

1. 工具除锈

工具除锈通常用于暴露在正常大气环境中和室内使用的钢材。使用具有良好可湿性涂料做维修涂层时也常采用这种方法。工具除锈分手动工具除锈和动力工具除锈两种。

1）手动工具除锈方法

(1) 用敲锈榔头等敲击式工具除掉钢表面上的厚锈和焊接飞溅。

(2) 用钢丝刷、铲刀等手工工具刷、刮或磨，除掉钢表面上所有松动的氧化皮、疏松的锈和疏松的旧涂层。

2）动力工具除锈方法

(1) 用由动力驱动的旋转式或冲击式除锈工具，如旋转钢丝刷等，除去钢表面上松动的氧化皮、疏松的锈和疏松的旧涂层。

(2) 钢表面上动力工具不能达到的地方，必须用手动工具做补充清理。

(3) 用冲击式工具除锈时不应造成钢表面损伤，用旋转式工具除锈时不宜将表面磨得过光，以免影响附着力。

2. 喷射、抛射除锈

喷射、抛射除锈与表面化学处理相比，具有表面清洁度和粗糙度质量容易控制，无化学污染、可满足任意涂层要求等优点，是较为理想的除锈方式，因此被广泛采用。

1）喷射、抛射工艺比较

喷射除锈是利用压缩空气将钢丸与压缩空气混合后以高达50~70m/s的速度喷射到被清理的工件表面上，以除去表面上的锈、氧化皮、灰土、旧涂层等污物。

抛射除锈则是利用抛丸器高速旋转的叶轮，通过叶片将钢丸加速以后以60~80m/s的速度喷射到被清理的工件表面上达到除锈的目的。

抛射除锈的优点是效率高、动力消耗小，缺点是抛丸器结构复杂、应用范围小，如中小口径的管道内抛丸无法进行。喷丸除锈使用的喷枪或喷嘴尺寸较小、结构简单，适用于任何场地和条件，缺点是喷射效率低、动力消耗大。

2）喷射、抛射除锈方法及注意事项

(1) 喷射、抛射除锈方法

① 敞开式干喷射　用压缩空气通过喷嘴喷射清洁干燥的金属或非金属磨料。

② 封闭式循环喷射　采用封闭式循环磨料系统，用压缩空气通过喷嘴喷射金属和非金属磨料。

③ 封闭式循环抛射　采用循环式磨料系统，用离心式叶轮抛射金属磨料。

④ 湿喷射　用压缩空气喷射掺水的非金属磨料。水中应加入足量的缓蚀剂，如可配制成0.5%的Na_2CO_3和0.5%$Na_2Cr_2O_7$溶液掺入磨料。

(2) 除锈注意事项

① 喷射除锈前若钢材表面有较多的油脂需先进行除油处理。

② 当金属表面温度低于周围空气的露点时，钢表面会结霜。因此，当钢表面温度低于露点以上2.8℃时，不宜进行干喷射作业。

③ 除锈后的钢材表面，应在污染前进行涂层涂装。

2.4.3　化学表面处理技术

1. 脱脂

金属材料或零件表面的油脂，按其性质可分为皂化油和非皂化油两类。两类油均不溶于水，只能通过溶解、乳化、电解或机械方法来清除。

1）碱液化学除油

将金属材料或零件浸在热碱中，使其表面的油脂经皂化或乳化作用而除去，这种方法称为碱液除油。

碱液一般是以氢氧化钠为主，加入碳酸钠、磷酸三钠、硅酸钠以及表面活性剂组成，以发挥各自的特性，增加清洗除油效果。可用水漂洗的可溶性乳浊液清洗剂，具有强烈的脱脂能力，而且不产生污染问题。它们由强乳化性的乳化剂和润湿剂组成，可在冷态下应用或用水稀释。

碱液除油用喷雾清洗比浸渍法效率高。表 2-13 列出了一般使用的碱液化学除油配方及操作条件。

表 2-13　碱液化学除油配方及操作条件

槽液成分	基体材料						
	钢铁材料			铜及合金		铝及合金	
	1	2	3	1	2	1	2
	含量/(g/L)						
氢氧化钠(NaOH)	30~40	50	10~30				
碳酸钠(Na_2CO_3)	30~40	50		40~60	10~20		
磷酸三钠(Na_3PO_4)	30~40			40~60	10~20	40	10~30
硅酸钠(正或偏)	5		30~50		10~20	10~15	3~5
表面活性剂(如 OP 乳化剂)	1~2	3~5	3~5	2~3	2~3	2~3	2~3
温度/℃	90~100	70~100	70~100	70~80	70	50~60	50~60

2）电化学除油

电化学除油是将材料或零件作为除油液中的阳极和阴极进行短时间的通电，从而电解除油的方法。在碱性除油液中进行电解除油时，由于电极的极化作用，降低了油-溶液表面的张力，利用阴极反应生成的氢气($2H^++2e \rightarrow H_2\uparrow$)和阳极反应生成的氧气($4OH^-+4e \rightarrow 2H_2O+O_2\uparrow$)，将附着在金属表面的油膜迅速撕裂，转变为细小的油珠而被除掉。由此看来电化学除油液的 NaOH 含量可以适当降低，表面活性剂也是不必要的成分。

3）有机溶液除油

有机溶剂对去除碱液难以除净的高黏度、高熔点的矿物油具有较好的效果，但溶剂挥发后溶剂中的脏物会残留在部件的表面。因此，有机溶剂除油只能用作表面处理的初步清洗，然后再进行电解除油才能获得清洁的表面。

生产中实际使用的有机溶剂有汽油、煤油、苯类及酮类等有机烃类，另外还有三氯乙烯、四氯乙烯等氯化烃类。

有机溶剂去油的方法包括涂抹、浸蘸和蒸汽浴。其中蒸汽浴是至今最有效的方法。使用涂抹和浸蘸的方法，油脂会积存在冷溶液中，为避免油脂薄膜重新沉积到所处理的金属表面需频繁地将溶剂除去。

4）除油后的质量检查

除油后的最终结果不应有油脂和乳浊液等污物。应目视检查处理表面能润湿水膜的连续性。

2. 酸洗

酸洗分为化学酸洗和电化学酸洗。酸洗除锈根据金属材料的性质、表面状态以及要求不同而选用不同的酸洗溶液和酸洗方法。一般情况下是在金属及其加工件经过表面除油后再进行酸洗。

1）化学酸洗

化学酸洗是将金属表面浸在适当浓度和一定温度的酸洗液中，在一定时间内通过化学反应除去金属氧化物的方法。用于钢铁酸洗时使用的是硫酸和盐酸，氧化铁的溶解速度不仅取决于金属的成分与结构，酸的浓度和温度对它也有影响。

实践表明，在浓度较高(从 10%起)的盐酸中清除钢铁表面的氧化物，主要是靠氧化物的化学溶解。而在浓度相同的硫酸溶液中，氧化物的溶解度很小，在此条件下钢铁表面上氧化物的清除，则是靠钢本身或夹杂在氧化物中的 Fe 的化学溶解，以及疏松的氧化皮被析出氢气机械地剥离。综上所述，使用强酸清除氧化皮时，盐酸溶解氧化物的能力大，速度快，但酸耗量大并放出有害气体。硫酸实际上所需要的酸耗量少于盐酸，在适当的提高温度下可以加快清洗速度。

2）电化学酸洗

电化学酸洗是在酸洗液中通直流电，将部件作为阳极或阴极，利用电解作用除去氧化皮和锈蚀产物的方法。

① 阳极法　将酸洗件作为阳极，用铜或铅作阴极。其作用原理是利用酸液的溶解过程机械地去除氧化皮。通常适用于高碳钢及合金钢的酸洗。

阳极法酸洗时一般使用硫酸溶液，不使用盐酸，以免造成过腐蚀。酸洗时间不宜过长，复杂零件不宜采用阳极酸洗。

② 阴极法　阴极法酸洗液是靠阴极析出氢使高价氧化物还原和机械地剥离氧化皮的方法。可用铅或高硅铸铁作阳极。

阴极法酸洗是在硫酸、盐酸或它们的混酸溶液中进行。为了防止渗氢，需加入析氢过电压较高的铅锡等，在阴极法酸洗时，它们将通过放电形成一薄层沉积在零件表面，使氢不能从这些金属上析出，从而阻止了氢向已除去氧化皮的金属表面渗入。

阴极法酸洗适用于碳钢，也适用于经过热处理油淬的零件。这些零件上的氧化皮很厚，并且零件孔隙中吸满了油，若采用化学酸洗需较长时间，采用阴极法不但快，而且可以防止化学酸洗的渗氢。

3）酸洗后的质量检查

通常目视检查被处理的钢铁表面锈层和氧化皮是否完全去除。

3. 磷化

把金属放入含有磷酸和可溶性磷酸盐的稀溶液中进行适当处理，在金属表面形成不可溶的、附着性良好的磷酸盐膜，这一过程称为金属的磷化或磷酸盐处理。磷酸盐膜主要用于涂料的底层和金属冷加工时润滑剂的吸附层。

1）磷化原理

金属浸在含有游离酸的一代磷酸盐的水溶液中，在金属和溶液界面，可溶性盐转变为不溶性的二代和三代磷酸盐的过程如下：

$$Me(H_2PO_4)_2 \longrightarrow MeHPO_4 + H_3PO_4$$

$$3Me(H_2PO_4)_2 \longrightarrow Me_3(PO_4)_2 + 4H_3PO_4$$

将上述反应式合并得：

$$4Me^{2+} + 3H_2PO_4^- \longrightarrow MeHPO_4 + Me_3(PO_4)_2 + 5H^+$$

根据上式可知，若减少 H^+ 的浓度，将促进二代或三代磷酸盐的形成。H^+ 可被酸性溶液中的钢铁件还原，并放出氢气：

$$Fe + 2H^+ \longrightarrow Fe^{2+} + H_2\uparrow$$

反应的结果是不溶性的磷酸盐在金属的反应部位沉积出来。基体金属和一代磷酸盐之间还可能直接发生反应：

$$Fe+Me(H_2PO_4)_2 \longrightarrow +MeHPO_4+FeHPO_4+H_2\uparrow$$

或

$$Fe+Me(H_2PO_4)_2 \longrightarrow MeFe(HPO_4)_2+H_2\uparrow$$

二价铁、锌、锰的一代磷酸盐容易溶解，但是二代和三代磷酸盐在水溶液中则是难溶和不溶的。因此，反应的结果是在金属表面形成不溶性的磷化膜。

在碱金属磷酸盐为主的磷化液中，不加入铁盐，铁按典型的腐蚀过程进入溶液中：

$$4Fe+8NaH_2PO_4+4H_2O+2O_2 \longrightarrow 4Fe(H_2PO_4)_2+8NaOH$$

在上述反应中所形成的一代磷酸亚铁大约有一半被氧化成磷酸铁：

$$2Fe(H_2PO_4)_2+2NaOH+1/2O_2 \longrightarrow 2FePO_4+2NaH_2PO_4+3H_2O$$

在上述反应中，由于没有游离的磷酸析出，因此溶液的 pH 值变得很高，当 pH 超过 6 时，膜的形成受到抑制。在这种情况下，需要加入适量的磷酸，可使磷化液复活。

2）影响磷化膜质量的主要因素

（1）钢基材表面预处理的影响　经喷砂处理的表面，有利于大量晶核的形成，因而可以获得晶粒细致的磷化膜。采用有机溶剂清洗表面油污，能使金属表面形成细致的磷化膜。在强碱液中脱脂，将形成粗糙的磷化膜。经过酸洗的零件，会使磷化膜晶粒变粗。经活化处理的金属表面可获得细致的磷化膜。

（2）游离酸度和总酸度的影响　游离酸度是指溶液中一代磷酸盐水解后产生游离酸的浓度。总酸度是指溶液中一代磷酸盐和各种盐类水解后电离出来的氢离子以及各种金属离子的总量。

游离酸度过高时，磷化膜结晶粗大，疏松多孔。对磷酸锌型磷化液可以加入氧化锌来调整；对于磷酸锰型磷化液可加入碳酸锰来调整。游离酸度过低时，加速磷化液的沉渣生成，降低膜的附着力。为了提高不足的酸度可加入磷酸调整。

总酸度高时，有利于加快磷化膜的沉积速度，形成的膜细致、均匀。

（3）温度的影响　在同一磷化液中，温度越高，磷化膜形成越快，耐蚀性越好。温度低，磷化膜晶粒粗大，耐蚀性能变差。

（4）促进剂的影响　氯酸盐是应用较多的氧化剂，它可以缩短反应时间，生成致密的膜。其缺点是量多时可形成粉状物或沉淀。

在磷化液中加入浓度为 5g/L 的硝酸钠就可使磷化膜形成时间缩短。亚硝酸盐大多用于低温磷化液中，并与硝酸盐配合使用。

（5）水洗的影响　前处理后水洗不干净，将严重地影响磷化膜的质量。磷化后水洗不干净，磷酸盐、酸等留在膜内，涂漆后容易发生起泡。

（6）封闭处理的影响　磷酸盐膜有较多的孔隙，用稀的（浓度约为 0.01%）铬酸或铬酸盐处理，可降低孔隙面积。当采用部分还原（Cr^{6+}：Cr^{3+}=3：1）的浓度为 0.015%的铬酸溶液或同样浓度的铬酸并有磷酸（CrO_3：H_3PO_4=5：1）的溶液，钝化效果较好。

（7）钢材成分的影响　在慢速磷化液中，低碳钢或电解铁形成致密的磷化膜。珠光体组织磷化膜结晶粗大。合金元素影响膜的形成。

在快速磷化时，含碳量及合金元素不影响磷化膜的形成。但当铬含量高于 12%时，则无法进行磷化。

3）磷化膜的质量检验

（1）磷化膜外观

允许缺陷：轻微水迹、重铬酸盐的痕迹、擦白及挂灰现象；由于表面加工状态不同造成颜色和结晶不均匀；焊缝气孔灰渣处无磷化膜。

不允许缺陷：疏松磷化膜；有锈蚀或绿斑；局部无磷化膜(焊缝的气孔和夹渣处除外)；表面严重挂灰。

（2）磷化膜的质量　根据基体材料的性质、磷化后产品的使用条件、生产方式和对耐蚀性的要求，来选择磷化膜的类型及单位面积上的膜层质量。在不同条件下，耐蚀及增加有机涂层结合力的磷化膜，其单位面积上的膜层质量要求见表 2-14。

表 2-14　用于耐蚀及增加有机涂层结合力的磷化膜

基体	磷化膜		后处理	防护效果	应用实例
	膜类型	单位面积膜层质量/(g/m^2)			
钢铁	Feph	0.1~1.5	无	在干燥(无凝露)环境中短期耐蚀	机器零件在厂房内短期存放
	Znph	1~5			
	Znph Mnph	>5 最好>10	无	在干燥(无凝露)环境中长期耐蚀	机器零件在厂房内较长期存放
	Znph Fehph Mnph	>5 最好>10	涂蜡或浸油脂，或必要时进行染色，涂蜡或浸油脂	在干燥环境中长期耐蚀，在有篷露天处短期耐蚀	螺栓、螺母、五金零件、金属家具及类似产品等的使用、储存和长期存放
	ZnCaph ZnMnph	>5			
钢铁、锌、铝或镉	Znph ZnCaph	1~10 最好 1~5	涂料或其他高分子材料封闭	露天长期耐蚀及强腐蚀条件下耐蚀	汽车车体、冰箱洗衣机外壳等
钢铁、锌	Feph	0.1~1	涂料或其他高分子材料封闭	露天长期耐蚀及强腐蚀条件下涂覆有机涂层后需弯曲的条件下耐蚀	汽车车体，在涂漆状态下加工的板材和带材
	Znph	0.1~2			

（3）磷化膜的耐蚀性　磷化膜的耐蚀性可用 GB/T 10125—2012《人造气氛腐蚀实验　盐雾实验》中规定的方法来检验，但只作为比较实验，出现腐蚀产物的时间可由供需双方协商决定。

2.5　管道表面耐蚀层镀渗技术

2.5.1　镍-磷化学镀技术

化学镀镍是化学镀中应用最广泛的一种方法，它是利用合适的还原剂使溶液中的镍离子有选择性地在经催化剂活化的表面上还原析出金属镀层的一种处理方法。以次磷酸钠作为还原剂的化学镀镍是目前国内外应用最为广泛的工艺。

1. 镍-磷化学镀的原理

1）Ni-P 镀化学反应的基本步骤

（1）反应物（Ni^{2+}、$H_2PO_2^-$）向表面扩散；

（2）反应物在表面吸附；

（3）在表面发生化学反应；

（4）表面产物（$H_2PO_3^-$、H_2、H^+）的脱附。

2）化学镀 Ni-P 合金的阴极、阳极反应

阳极：$H_2PO_2^-$的氧化

$$H_2PO_2^- + H_2O - 2e \longrightarrow H_2PO_3^- + 2H^+$$

阴极：

$$Ni^{2+} + 2e \longrightarrow Ni$$

$$2H^+ + 2e \longrightarrow H_2$$

$$H_2PO_2^- + 2H^+ + e \longrightarrow P + 2H_2O$$

在稳定平衡电位（混合电位），沉积速度等于 $H_2PO_2^-$的氧化速度（阳极电流 i_{Red}），等于阴极反应速度（阴极电流，$i_{Ni}+i_H+i_p$），即

$$i_{dep} = i_{Red} = i_{Ni} + i_H + i_p$$

式中 i_{Red}——$H_2PO_2^-$氧化电流；

i_{Ni}——镍沉积电流；

i_H——氢气析出电流；

i_p——磷的共沉积电流。

应用法拉弟定律，镀速为 $1.09i_{dep}$（mA/cm^2）。

混合电位 E_M和沉积电流 i_{dep}可以由阴极极化曲线与阳极极化曲线相交而得到。

2. 镍-磷化学镀溶液的配制及工艺条件

镍-磷化学镀溶液分为酸性溶液和碱性溶液两大类。

1）酸性镍-磷化学镀

酸性镍-磷化学镀溶液配方的组成及工艺条件见表 2-15。

表 2-15 酸性镍磷化学镀溶液配方

镀液成分及工艺条件	配方				
	1	2	3	4	5
硫酸镍（$NiSO_4 \cdot 6H_2O$）/（g/L）	25~30	30	20	25	25
次磷酸钠（$NaH_2PO_2 \cdot H_2O$）/（g/L）	20~25	15~25	24	20	24
醋酸钠（$NaC_2H_3O_2$）/（g/L）	5	15			
柠檬酸钠（$Na_3C_6H_5O_7$）/（g/L）	5	15			
丁二酸（$C_4H_6O_4 \cdot 6H_2O$）/（g/L）		5			16
乳酸（$C_3H_6O_3$，80%）/（mL/L）			25	25	
氨基乙酸[$CH_2(NH_2)COOH$]/（g/L）		5~15			
苹果酸（$C_4H_6O_5$）/（g/L）					24
硼　酸（H_3BO_3）/（g/L）				10	
氟化钠（NaF）/（g/L）				1	

续表

镀液成分及工艺条件	配方				
	1	2	3	4	5
Pb^{2+}（以醋酸铅形式加入）/（g/L）			0.001		0.003
pH 值	4~5	3.5~5.4	4.4~4.8	4.4~4.8	5.8~6
温度/℃	80~90	85~95	90~94	90~92	90~93
沉积速度/（μm/h）	10	12~15	10~13	15~22	48
装载量/（dm^2/L）	1	1	1	1	1
镀层中含磷量/%	8~10	7~11	8~9	8~9	8~11

1 号配方溶液的配制方法如下：在容器中用 60~70℃热蒸馏水溶解柠檬酸钠和醋酸钠。在另一个容器中用热蒸馏水溶解硫酸镍，溶解后在不断搅拌下注入前述溶液中，所得的混合液过滤入槽。进行化学镀时，先把预先溶解好并经过滤的次磷酸钠溶液加入槽内，搅拌均匀后加入蒸馏水至所需体积，最后用 10% 稀硫酸或氢氧化钠溶液调整 pH 值至规定范围上限值。

2~5 号配方的溶液可参照上述方法配制。但配方 3、4 中的乳酸溶液要预先用碳酸氢钠溶液中和至 pH 值为 4.6 左右，然后才可与其他组分混合。

2）碱性镍-磷化学镀

碱性镍-磷化学镀溶液配方的组成及工艺条件见表 2-16。

表 2-16 碱性镍磷化学镀溶液配方

镀液成分及工艺条件	配方				
	1	2	3	4	5
硫酸镍（$NiSO_4 \cdot 7H_2O$）/（g/L）	10~20	33	30	25	30
次磷酸钠（$NaH_2PO_2 \cdot H_2O$）/（g/L）	5~15	15	25	25	30
柠檬酸钠（$Na_3C_6H_5O_7$）/（g/L）	30~60	50			
焦磷酸钠（$Na_4P_2O_7 \cdot 10H_2O$）/（g/L）			60~70	50	60
乳酸（$C_3H_6O_3$，80%）/（mL/L）	1~5				
三乙醇胺［$N(CH_2CH_2OH)_3$］/（mL/L）					100
pH 值	7.5~8.5	8	10~10.5	10~11	10
温度/℃	40~45	90	70~75	65~75	30~35
沉积速度/（μm/h）			20~30	15	10
镀层中含磷量/%			7~8	约 5	约 4

配方 1、5 适用于塑料制品金属化底层，一般镀 10min 左右即可。配方 5 加入三乙醇胺，除有络合作用外，还能调整 pH 值，使镀液能在低温下仍有较高的沉积速度。在补加镍盐时，必须先用三乙醇胺与之络合后再加入镀槽，否则会产生沉淀。配制时，硫酸镍和次磷酸钠与焦磷酸钠的比例应控制在 1∶2，这样可以保证镍呈络合态。

配方 2 适用于铝及铝合金上化学镀镍。

配方 4 可在较宽的浓度范围内工作，其 pH 值最好大于 10，否则焦磷酸镍络合物将发生分解。在补加硫酸镍时，也应先溶解于氨水中后再加入镀槽。

以上介绍的是传统的镍磷化学镀工艺。这种工艺的镀液稳定性较差，施镀时槽壁上有金属镍析出，极易引起镀液的自然分解。因此，每施镀一次就要过滤，以除去析出的微小镍粒。这既麻烦又不安全，并使镀槽寿命缩短。近年来发展起来的阳极保护法化学镀镍可以克服上述缺点。

所谓阳极保护法，即在施镀时对不锈钢镀槽通以很小的阳极电流，一般控制在 1～10mA/dm^2(按镀槽壁面积计算)；用镍棒或丝网作阴极，靠近不锈钢槽壁，使镀槽处于化学钝化状态。在施镀过程中，这样能有效地防止槽壁上金属镍的析出。施加阳极电流还能明显提高镀液的稳定性，见表 2-17。

表 2-17　施加阳极电流后镀液稳定性对比

传统化学镀镍法的镀液	用阳极保护法的镀液
镀液反应时，槽底与槽壁上均有金属镍析出，加温至 95℃以上时，槽壁上金属镍严重析出	镀液反应正常，槽壁与槽底部均无镍析出，加热至 95℃以上时，反应速度加快，镀件上镍镀层正常
槽底及镀件上易沉积细小颗粒镍粉，镀液失效	镀液稳定不易分解，加热至 100℃仍然非常稳定

3. 镍-磷化学镀的影响因素

1）镍离子浓度对沉积速度的影响

（1）在酸性化学镀镍液中镍离子浓度增加，可以提高镍的沉积速度。特别是当镍盐浓度在 10g/L 以下时，增加镍盐浓度，镍的沉积速度加快(见表 2-18)。

表 2-18　镍盐浓度对沉积速度的影响

硫酸镍/(g/L)	5	10	20	30	40	50	60
沉积速度/(μm/h)	12	19	24	21	20	20	20

当镍盐浓度达到 30g/L 时继续提高浓度，则镀层的沉积速度不再增加，甚至下降。镍盐浓度过高时，会导致镀液的稳定性下降，并易出现粗糙镀层。

（2）在碱性化学镀镍液中，镍盐的浓度在 20g/L 以下时，提高镍盐浓度可使沉积速度有明显的提高；但当镍盐的浓度高于 25g/L 以上时，虽继续提高镍盐含量，其沉积速度趋于稳定。

2）次磷酸离子浓度对沉积速度的影响

图 2-13 为沉积速度与次磷酸钠浓度的关系。由图 2-13 可知，增加次磷酸钠的浓度可提高镀层的沉积速度。但次磷酸离子浓度的增加，并不能无限制地提高沉积速度。超过极限值后增加次磷酸钠的浓度，沉积速度不仅不会增加，反而使镀液的稳定性下降，引起镀液的自然分解，降低镀层质量。

3）络合剂的影响

在镍-磷化学镀液中，加入络合剂主要起以下作用：

（1）降低自由镍离子浓度；

（2）阻止氢氧化镍和亚磷酸镍的沉积；

（3）提高镀液中亚磷酸镍的沉淀点；

（4）起缓冲作用，阻止 pH 值过快降低，以增加镀液的稳定性，控制沉积速度和改善镀层外观。

镍-磷酸性镀液中常用的络合剂有乙酸、乳酸、丁二酸、苹果酸、水杨酸等；碱性镀液中常用的络合剂有焦磷酸钠、氯化铵、醋酸铵等。

4）pH 值的影响

（1）酸性镀液的 pH 值增大，使镀层的沉积速度加快。当 pH 值小于 3 时，沉积速度极慢，图 2-14 表示溶液的 pH 值对沉积速度的影响。当 pH 值大于 6 时，次磷酸盐氧化为亚磷酸，催化反应转化为自发性的反应，溶液会很快失效。因此，酸性镍-磷化学镀溶液的 pH 值一般控制在 4.0~5.0 较为合适。表 2-19 中列出了 pH 值的变化对镀覆过程和镀层自身的影响。

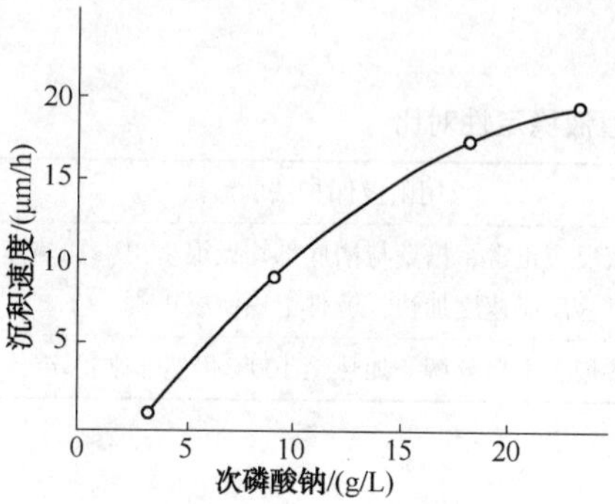

图 2-13　沉积速度与次磷酸钠浓度的关系

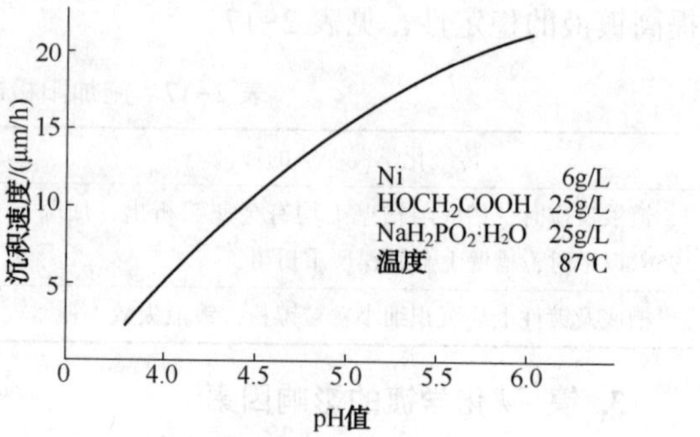

图 2-14　酸性镀液 pH 值对沉积速度的影响

表 2-19　pH 值对化学镀镍-磷过程的影响

变　　化	对溶液的影响	对镀层的影响
pH 值升高	增加沉积速度，降低亚磷酸盐可溶性，降低稳定性	降低磷含量，应力偏向于拉伸方向
pH 值降低	降低沉积速度，改善次磷酸盐的可溶性	增加磷含量，应力向压应力方向变化，改善在钢上的附着性

（2）碱性镀液的镀层沉积速度受 pH 值影响不大，如图 2-15 所示。但对于焦磷酸溶液 pH 值有一个低限（大约为 8.5），pH 值低于这个极限值，在 8.0~8.5 之间时，由于碱性镍盐和络合物沉积的结果，溶液变浑浊。一般用添加氨水来补充蒸发了的氨和中和沉积反应所产生的酸，使溶液的 pH 值维持在工艺规定范围之内。

5）稳定剂的影响

在酸性镍-磷化学镀液中，加入极微量的稳定剂可阻止或延迟镀液的自然分解，以提高酸性镀液的稳定性。但加入不能过量，否则会加速溶液的分解而失效。

6）温度的影响

温度是确定反应速度的基本变量，温度增加时，镀层的沉积速度与温度成指数规律变化（见图 2-16），这种关系与镀液的酸碱性无关。

对于酸性镀液，当温度低于 60℃时，镀覆反应几乎不会发生；当温度高于 90℃时，镀液的稳定性大大降低。因此，酸性镀液的工作温度一般控制在 85~90℃之间。此外，镀层中的磷含量随温度而变化，而且温度波动过大，会影响镀层质量，溶液的工作温度波动最好维持在±2℃之内。为防止局部过热，镀槽宜采用蒸汽夹套加热。

碱性镍-磷化学镀液允许在室温或略高于室温下施镀，特别是焦磷酸盐镀液，在低温下有很大的镀速。这种情况通常用于对活化过的非金属材料（如塑料）表面施镀，得一薄镍层后，再用电镀法加厚镀层。

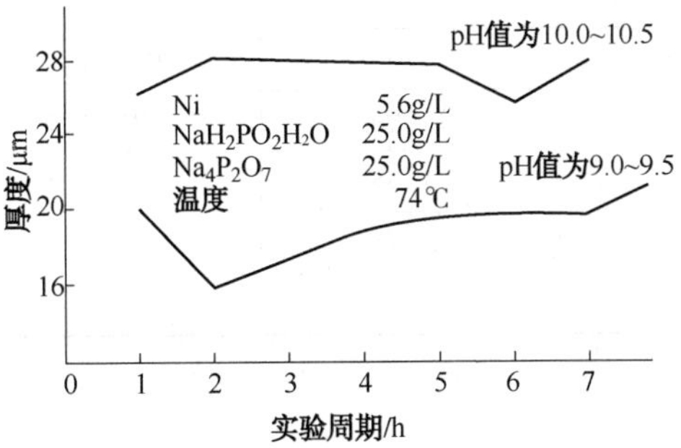

图 2-15　碱性镀液 pH 值对沉积速度的影响

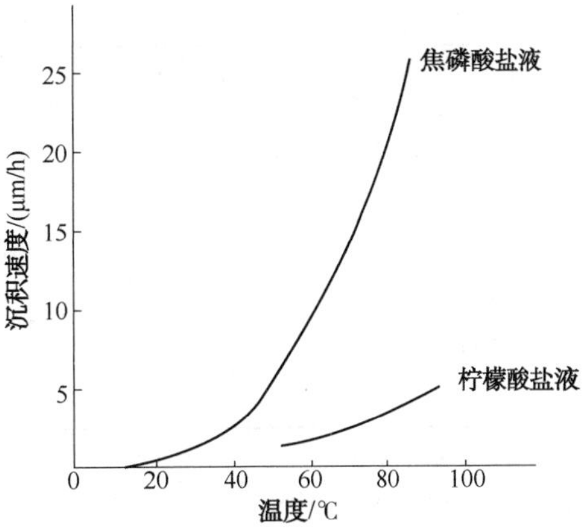

图 2-16　温度对沉积速度的影响

此外，镀层的热处理温度对镀层的特性也有很大影响。

4. 镀层的特性及检验

用次磷酸盐作还原剂的化学镀镍溶液中镀得的镀层，是一种镍-磷合金，其中磷含量主要取决于镀液 pH 值，随着镀液 pH 值的降低，镀层中磷含量增大。常规酸性镍-磷镀液中沉积出的镀层含磷量为 7%~12%，而碱性镀液中沉积的镀层含磷量为 4%~7%。此外，溶液的组成、各组分的含量及工作温度等对镀层中磷的含量都有一定的影响。

镍-磷化学镀层的综合性能见表 2-20。

表 2-20　镍磷化学镀层的综合性能(合金层含磷量 8%~10%)

硬度/HV		密度/(g/cm³)	熔点/℃	电阻率/μΩ·cm	热膨胀系数	热导率/[W/(m·K)]	延伸率/%	反射系数/%
热处理前	400℃热处理后							
500	1000	7.9	810	60~75	1.3×10^{-6}	5.02	3~6	50

5. 镍-磷化学镀的应用

镍-磷化学镀层的结晶细致，孔隙度低，硬度高，镀层均匀，可焊性好，镀液深镀能力好，化学稳定性高，目前在许多行业中得到广泛应用，其中石油和天然气工业是镍-磷化学镀的一个重要市场。

用于石油和天然气生产中的设备和工具常会受到含 CO_2、H_2S、污水的腐蚀，有时也遇到砂子和粗砂岩的冲刷而被磨损破坏。镍-磷化学镀广泛用于石油和天然气生产中的管道、泵的零部件、地面加热装置、油水分离器等装置及固定件的防腐。如由软钢制成的管子，如果进行了保护，在恶劣环境下可能持续几个月；若用 50~100μm 的高磷化学镀镍-磷金属保护，腐蚀速率可降低到与哈氏合金相当的水平。表 2-21 给出了镍-磷化学镀在石油和天然气工业中的应用。

表 2-21　镍-磷化学镀在石油和天然气工业中的应用

部　件	基　材	P①/%	镀层厚度/μm	有益的性能②
管	钢	*H*	50~100	CR，WR，U
泵套	钢	*H*	50~70	CR，WR
活塞杆	钢	*H*	25~75	CR，WR，U

续表

部件	基材	P①/%	镀层厚度/μm	有益的性能②
球阀	钢	*H*	25~75	CR，WR
杆箱	钢	*H*	25~75	CR，WR，U
Packers	钢	*H*	25~75	CR，WR
钻井液泵	钢	*H*	25~75	CR，WR
泄漏防止器	钢	*H*	25~75	CR，WR
点水管	钢	*H*	25~75	CR

① 磷含量，$H=9\sim12$。

② CR—耐蚀性；WR—耐磨性；U—均匀性。

2.5.2 其他金属镀层技术

1. 金属涂镀层的耐蚀性

金属镀层是目前应用较广泛的涂层，常用的有Zn、Al、Cr、Ni、Cu、Fe和W等，管道表面镀耐蚀金属后，其耐蚀性明显提高，但在一些条件十分恶劣的环境，如高温强腐蚀介质中，金属镀层的腐蚀仍很严重，耐磨性也不好；油管接头在加工时容易存在涂层被破坏的“漏点”，这必然会加重“漏点”处的腐蚀，对油管整体的防腐效果不利；成本极高、效率较低，不适于工业大规模的生产和现场使用。单一的金属镀层有时效果有限，但是如果改善工艺配方，开发出一些复合型工艺，其效果却会不错。除了上面提到的镍磷镀层外，刘景辉等研究开发了一种适合现代汽车发动机及石油管道的Zn-Fe-P合金镀层具有很好的耐蚀性和较高硬度，耐热冲击性较好，且生产成本与镀锌基本相当，环境污染较小。

2. 表面镀锌技术

表面镀锌作为一种钢铁制品表面处理的最常用方式之一，自它诞生起就一直被广泛地应用于各行各业之中。在实际应用中，镀锌的主要方式一般可分为热浸镀锌(热镀锌)、电镀锌(也被称为冷镀锌)、机械镀锌以及近期被广泛应用的一种被认为可以替代传统镀锌方式的新防腐涂层——达克罗。

达克罗是DACROMET译音和缩写，是一种被寄予厚望的表面防腐层。它的出现对传统镀锌技术形成了强烈的冲击，被认为是将替代传统镀锌技术的防腐技术。它所形成的是锌铬涂层，是将锌粉、铝粉、铬酐为基料制成的一种无机水溶性涂料直接浸涂在处理后的工件表面，经烘干、烧结，最后形成一层无机膜层的表面处理技术。可以避免氢脆现象的发生，其产生的锌铬涂层，耐腐蚀性比普通镀锌高出5~7倍。而其关键性技术就是达克罗溶液的配方，这直接决定了最后成品的质量。而正是由于这一点，达克罗的价格相对热镀锌而言要贵上许多，这使得达克罗和热镀锌在市场竞争中在价格上处于劣势。且在实际应用中，达克罗产品的一大缺陷就是形成的锌铬涂层的厚度一般都很薄只有6~8μm，在运输、使用过程中极易受到破坏，而不能起到应有的防腐功效，这一点也阻碍了达克罗技术的进一步推广和应用。

3. 镀钨合金技术

钨合金防腐耐磨油管抽油杆是胜利油田胜鑫防腐有限责任公司应用国家863计划成果——钨基非晶态合金电镀技术，在油管内壁(根据工矿需要可内外壁)、抽油杆外壁镀渗钨基非晶态合金防腐耐磨层，而生产出的镀渗钨基非晶态合金防腐耐磨油管抽油杆。该技术镀层均匀且与基底材料结合力好，是具有优异的防腐、耐磨、阻垢性能且没有氰、Cr^{6+}污染的环保技术。

1）镀钨基合金镀层技术性能指标

镀层硬度：67HRC~71HRC；镀层厚度：0.05mm；表面粗糙度：$R_a \leq 0.6\mu m$。

2）镀钨合金技术特点

（1）耐蚀性　镀层在耐蚀方面具有很好的综合性能，耐酸碱腐蚀尤其是对 H_2S、CO_2、高压富氧、盐水等腐蚀介质具有较强的防腐性。

钨合金镀层的 ABC 结构和耐腐蚀机理：

镀层由 A、B、C 三层构成，通过工艺控制，C 层为非晶态结构，B 层为层状结晶，A 层为柱状结晶，且各层电极电位 C>A>B，由于结晶不同，柱状孔隙与片状孔隙不易重合在一点上，孔隙率减小，腐蚀的机率就下降。镀层破坏后，在腐蚀的环境中，因 B 层电位最低，作为阳极，造成 B 层的横向腐蚀，先 B 层发生保护性腐蚀，后 A 层发生腐蚀，有效保护了基体，所以钨合金 ABC 结构具有明显的抗蚀性能。

（2）耐磨性　在干摩擦和油边界润滑情况下摩擦系数低，在同等对偶条件下，摩擦副的磨损量比硬铬层的磨损量小很多，具有极佳的耐磨性。

当工况相对恶劣时，可采用 ABC+高分子材料封闭结构。外加减磨高分子材料封闭结构层，具有减磨、耐磨特性，有效保护油井管杆，且隔离腐蚀介质与镀渗层的接触，在 ABC 结构基础之上进一步增加油管、抽油杆的抗蚀耐磨性能。

（3）防垢性　镀渗钨基合金油管抽油杆在耐磨、耐蚀方面具有很好的综合性能，镀层均匀，表面粗糙度高达 0.2~0.4μm；可有效降低因管内及杆外壁不光滑表面、已腐蚀表面造成的区域紊流，从而避免因局部井液过饱和度增大而产生的结垢现象发生。

（4）与基体结合力强　镀层均匀且与基体结合紧密，与铁、铜、铝合金等基材有较好的结合力。

（5）环保性　物料利用率高，能耗和水耗比较低，是没有氰、Cr^{6+}污染的环保产品。

4. Zn-Fe-P 合金技术

1996 年前后，日本学者大岛胜英等对碱性体系中 Zn-Fe-P 合金电沉积进行了研究，其镀层磷铁含量（质量分数）分别在 0.001%~1.500% 和 0.1%~30.0% 内变化，镀层厚度为 0.1~2.0μm。据报道，他们得到的铁磷含量分别为 2.0% 和 0.01% 的 Zn-Fe-P 合金镀层，经钝化处理后，耐蚀性能好，中性盐雾实验 3000h 才出现红锈。

采用 H_3PO_3 作为 Zn-Fe-P 合金镀层中的磷源，效果相对最好。在 H_3BO_3 体系下，在最佳工艺条件下，得到了磷、铁含量分别为 0.1% 和 0.32%、厚度为 7.6μm 的 Zn-Fe-P 合金镀层。

将此合金经银白色钝化后放入 5% 的 NaCl 溶液中测量其自腐蚀电势与时间的关系曲线，结果如图 2-17 所示。从图中可以看出 Zn-Fe-P 合金镀层的耐蚀能力是同厚度 Zn-Fe 合金镀层耐蚀能力的 2 倍左右。这是因为在普通锌镀层中引入铁或在 Zn-Fe 合金镀层中引入 P 之后，Fe 和 P 均能减慢或者抑制 Zn 氧化生成 $Zn(OH)_2$ 反应的进行，而 P 还能抑制 Fe 氧化生成 $Fe(OH)_2$ 反应的进行。另一方面，在 Zn-Fe-P 合金镀层的腐蚀过程中，经过化学反应生成的 PO_4^{3-} 等含磷阴离子又与因腐蚀而溶解出来的 Zn^{2+} 和 Fe^{2+} 生成了难溶性物质如 $Zn_3(PO_4)_2$ 和 $Fe_3(PO_4)_2$ 等。这些物质反过来吸附在未溶解完全的镀层表面，从而抑制了镀层的进一步腐蚀。所以在普通锌镀层中引入 Fe 和 P 以及在 Zn-Fe 合金中引入 P 之后，均能使镀层的耐蚀性能大幅度提高。

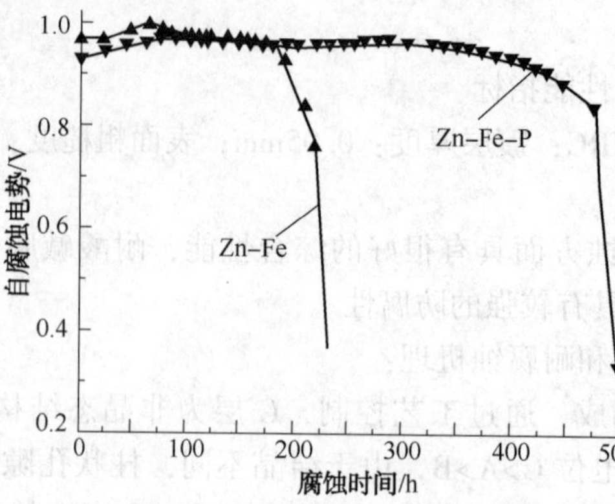

图 2-17　Zn-Fe-P 合金的自腐蚀电势与时间的关系

2.5.3　氮化处理与玻璃釉热喷涂技术

1. 氮化油管技术

脉冲真空氮化防腐油管是在一定温度下，通过向油管表面基体渗入 0.015~0.06mm 的氮化物耐蚀层而制成的。该技术是一种真空化学热处理工艺技术，从根本上提高了材质表层的耐蚀性，并形成致密均匀的耐蚀白亮层，在不降低原有机械性能的前提下其表面抗蚀性能较常规处理的油管提高了 6~8 倍，使油管表面层具有了比本体材料更高的耐磨性、抗腐蚀性和耐高温等能力，在油管防腐、防偏磨、防黏扣性能方面均具有较为明显的优势。

1）氮化油管防腐蚀机理

氮化后在油管内外壁及管螺纹表面形成含氮、碳的 ε 相($Fe_{2\sim3}N$)和 γ'相(Fe_4N)以及含氮奥氏体淬火层(残余奥氏体+马氏体)。由于在通常的侵蚀剂中不受腐蚀，在金相显微镜下呈白亮色，故称白亮层。

氮化防腐油管其氮化层是由致密的、抗腐蚀的氮化物(ε 相和 γ'相)所组成，具有较高的耐蚀性；同时，氮化层的自腐蚀电位也较高，是未氮化油管自腐蚀电位的 1.5 倍，其电化学腐蚀的趋势较小。

氮化油管的最大优点是油管的内外螺纹均可以进行氮化防腐处理，而不影响螺纹的密封性能、连接性能和上卸扣性能。氮化使油管的表面硬度大大提高，可达到 1000HV 左右，因此在作业中其整个表面尤其是螺纹表面不易被破坏。

2）氮化油管特性

氮化油管具有以下特性：

(1) 氮化工艺属于化学热处理，不改变油管原有的机械性能，耐蚀层均匀、致密，防腐蚀特性优良；

(2) 油管螺纹得到氮化处理，有效防止了黏扣，提高了丝扣使用寿命；

(3) 氮化油管、抽油杆表面硬度较高，耐磨性及抗冲击能力强，适应在腐蚀、偏磨油井使用；

(4) 氮化耐蚀层在油管基体上产生，内空无缩径，不会剥离。

2. 玻璃釉热喷涂技术

管道防腐材料目前主要为有机高分子化合物，其耐冷、耐热性差、易老化、寿命短。强韧的金属表面喷熔一层耐蚀的无机非金属材料无疑会使两者的优势等到充分发挥。人们已经将玻璃釉喷到加热的钢管内表面上，在高温熔融态渗透在钢管表面形成一种玻璃体的耐磨耐腐蚀的金属复合防腐涂层。这种涂层是当今防腐性能最为优越的一种，是“永不老化”的理想防腐材料，因而也是一劳永逸的新型无机复合涂层材料。

涂层材料的组成为 Na_2O、Al_2O_3、B_2O_3、SiO_2、Co_2O_3、MnO_2、MoO_3、WO_3、NiO 等。管道热喷涂工艺有电磁感应加热喷涂和天然气加热喷涂等。生产实际中应用较成熟的为电磁感应加热喷涂工艺。如胜利新大集团的搪玻璃管道产品采用电磁感应加热喷涂工艺和经过多次试验组配的独特釉料配方，产品达到国际领先、国内首创的无机防腐新技术水平，已获得七国发明专利。

1）玻璃釉电磁感应加热喷涂腐蚀控制技术

搪玻璃管道完全区别于其他有机防腐管道，其喷涂机理是将玻璃釉料喷撒到加热的钢管内壁表面上，熔融后形成玻璃与金属复合防腐涂层。

（1）主要特点

① 生产工艺先进　电磁感应热喷涂工艺先进、易于控制、产品质量稳定可靠。搪玻璃管道类似于搪瓷管道，属国内首创、国际领先的无机防腐新技术；

② 不老化、寿命长　可实现百年不变质、不老化；

③ 耐腐蚀性能优越　适用于各种腐蚀性介质的输送；

④ 耐磨性、水力特性好　其内壁光滑、硬度高、流动阻力小，具有很强的耐磨性及很好的介质可流动性；

⑤ 耐候性强　耐高温、耐严寒、抗氧化、抗紫外线辐射，在-50～300℃温度范围内长期使用涂层无变化；

⑥ 无毒、无害、无污染　因其主要成分是硅酸盐，所以在生产和使用过程中无毒无害，没有任何污染，不会影响输送介质的质量及造成二次污染；

⑦ 造价低廉　可代替不锈钢使用，而造价仅为不锈钢的五分之一左右。

（2）管道热喷涂工艺

玻璃釉热喷涂工艺采用电磁感圈加热方式。该加热方式是通过把电能转化为磁能，使被加热钢体表面产生感应涡流的一种加热方式。高速变化的高频高压电流流过线圈会产生高速变化的交变磁场，当其中放置钢管道时，即切割交变磁力线，金属部分产生交变的电流(即涡流)，涡流使铁原子高速无规则运动，原子互相碰撞、摩擦而产生热能，从而起到加热钢管道的作用。当管道加热温度达到740～800℃时，将玻璃釉喷到管道内表面，其在高温熔融状态下渗透到钢管内表面形成玻璃釉防腐耐磨层。具体喷涂工艺如图 2-18 所示。

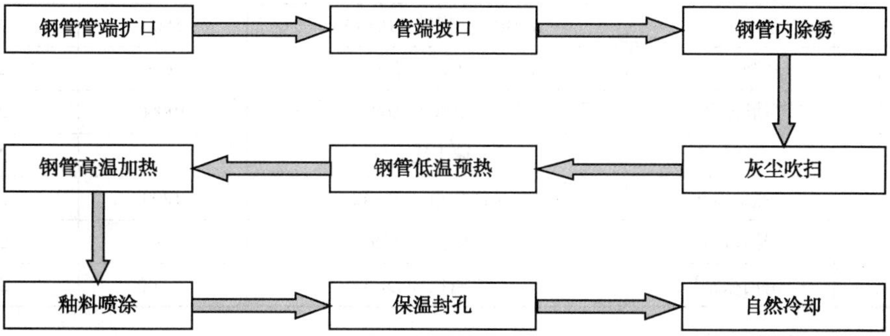

图 2-18　玻璃釉热喷涂工艺

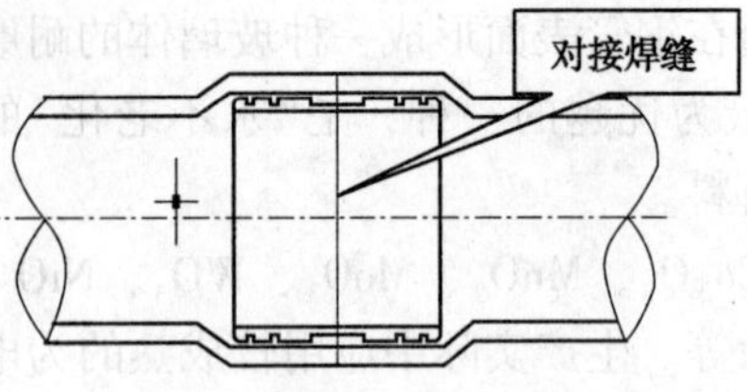

图 2-19　玻璃釉热喷涂管道连接专用接头

(3) 玻璃釉内喷涂管道连接工艺

玻璃釉内喷涂管道两端口在喷涂前先进行扩口，然后管道整体喷涂玻璃釉，扩口管端做连接承口，专用耐腐蚀短节两端配密封圈分别插入要连接的两管道承口，用专用工具拉紧，使要连接的两管端口对接，进行点焊，固定焊口，松开拉紧装置；然后对套口按规定的压力管道工艺进行焊接。连接专用接头如图 2-19 所示。

(4) 产品检测、检验

玻璃釉热喷涂管道产品检测、检验方法见表 2-22。

表 2-22　玻璃釉热喷涂管道产品检测、检验方法

检测内容	检测方法	检测标准
外观检验	用强光手电筒从油管两端目视检测	玻璃釉层平整，色泽均匀，允许有轻微橘皮状花纹
厚度检测	利用涂层测厚仪对常温钢管检测，沿每根钢管轴向随机取三个位置，测量每个位置圆周方向均匀分布的任意四点的厚度。当测得某一点厚度值低于最小厚度要求时，沿轴向以 1m 的间隔段检测。	玻璃釉防腐层厚度要求不低于 0.5mm，扩口段厚度不高于 1mm，如用户有特殊要求可协商
漏点检测	利用电火花检漏仪在 2kV 电压下检测玻璃釉层针孔	每米漏点不超过 2 个(扩口管距端面 50mm 内可不检)

(5) 工程案例

胜利新大集团金属防腐厂玻璃釉热喷涂金属管道内防腐项目从 2001 年试验至 2014 年，共生产各种规格型号管线 1000 多公里，市场覆盖中石油、中石化和煤矿行业 20 多家企业。部分工程应用案例见表 2-23。

表 2-23　玻璃釉热喷涂管道工程案例

序　号	建设单位	工程项目及规格/mm	管道长度/m	建设时间/年
1	桩西采油厂	高压注水干线 $\phi219\times10$	600	2006
2	胜利采油厂	油气集输干线 $\phi273\times8$	1620	2006
3	纯梁采油厂	高压注水管网 $\phi168\times13$	2671	2008
4	东辛采油厂	高压注水管道 $\phi168\times13$	6500	2009
5	胜利采油厂	高压注水管道 $\phi76\times11$	3649	2012
6	东胜油公司	高压注水管道 $\phi68\times11$	19000	2013
7	中原油田	油气集输干线 $\phi159\times7$	3133. 33	2010
8	燕山石化	成品油管道 $\phi60\sim426$	1200	2012
9	延长油田	单井注水管线 $\phi76\times11$	600	2013
10	清河采油厂	掺水管线 $\phi89\times5$	26000	2014

2) 天然气加热喷涂工艺

采用天然气燃烧加热钢管道后将玻璃釉喷到钢管内壁熔融形成玻璃釉防腐层。该工艺热喷涂的工艺参数为：氧气流量为 20L/min，氮气流量为 26L/min，石油天然气流量为 15L/min，预热温度为 720℃，管子转速为 2.5r/min，釉料送给量为 0.15kg/min，可以获得均匀、无裂纹、密着性良好的耐蚀喷瓷管道。

试验结果表明，热喷玻璃釉涂层的防腐性能极佳，其寿命与成本的比值最高。防腐性能、涂层涂敷质量及涂敷后基体金属的性能变化试验结果表明：涂层具有很好的耐酸、耐碱及耐高温腐蚀的性能；玻璃釉涂层与基体金属的结合为冶金结合，涂层附着力很强，不易脱落；热喷涂后金属基体的组织和力学性能无变化，但其拉伸断口形貌不同，原基体金属的拉伸断口为纯韧窝状，热喷涂后其拉伸断口为韧窝+解理断裂。

第3章 油气管道腐蚀控制工程

在金属表面上施用防腐层(覆盖层)是防止金属腐蚀最普遍而又很重要的方法，覆盖层的作用在于使金属与外界介质隔离开，以阻碍金属表面层上发生腐蚀电池作用。外加阴极保护也是与涂覆层配合使用的一种常用腐蚀控制工程技术。

3.1 油气管道涂覆类防腐层工程

防腐层对金属的保护有以下三方面的作用：隔离作用、缓蚀作用、电化学保护作用。

隔离作用：将金属与腐蚀性介质隔离，以达到防腐蚀的目的。

缓蚀作用：借助涂料的内部组分(如铬锌黄等阻蚀性颜料)与金属反应，或通过电镀、喷镀、渗镀、热镀、碾压等化学、物理工艺使金属表面钝化或生成保护性物质或提高金属表面的致密性等，提高防腐层的保护作用。

电化学保护作用：在涂料中使用比铁活性高的金属作填料(如锌等)，起到牺牲阳极保护作用，减缓腐蚀。

影响防腐层保护效果的因素主要有以下几方面：环境因素，如涂敷环境、使用环境；材料因素，如被涂敷设施的材质、表面状态、涂料性能及防腐层的配伍性(如底漆和面漆的配伍性等)；施工因素，如施工方法及施工质量。

以上几方面因素，在设计、施工等应用环节中应加以重视，使防腐层的选择及应用更加合理、有效。

因此，对防腐层的基本要求主要有：①稳定的耐化学性；②涂层良好的致密性，即对水、CO_2，H_2S 等有良好的抗渗透性；③具备足够的抗冲击、抗弯曲、耐磨等机械性能，与基材及涂层间的附着力好；④有效的电绝缘性；⑤良好的抗阴极剥离的性能；⑥较好的抗老化性和耐温性；⑦在地面储存、运输期内具有良好的性能稳定性；⑧施工方便，经济上合理，在施工及使用中对环境无害；⑨具有良好的易修复性。

这些基本的要求对于不同敷设环境或不同敷设形式的管道而言，虽然具有一致性，但是也有具体的差异。需要针对具体管道敷设环境作具体分析。从管道腐蚀防护的角度出发，可以按照管道敷设环境将油气管道划分为埋地管道、架空管道、水下管道、沟内管道等几种类型，不同环境下的油气管道对防腐层的要求是不同的。

3.1.1 管道外防腐层技术要求

1. 埋地管道对防腐层的要求

埋地钢质管道的外壁腐蚀主要是电化学腐蚀。在钢管外壁涂覆或包敷起绝缘作用的防腐层，可减少或阻断腐蚀电流，减缓腐蚀速度。防腐层的最基本要求是施工方便、连续完整、绝缘性好、机械强度高、使用寿命长、造价较低廉。主要可归纳为以下几个主要性能要求。

1）电性能

(1) 体积电阻率　为了控制电化学腐蚀的速率，涂层应有很好的绝缘性能，以减少或阻断腐蚀电流。一般以体积电阻率和表面电阻率来衡量。其测试方法为 GB/T 1410—2006《固体绝缘材料体积电阻率和表面电阻率试验方法》。常用的几种防腐材料电阻率见表 3-1。

表 3-1 常用的几种防腐材料电阻率

防腐层品种		电阻率/Ω·m	试验方法
石油沥青、煤焦沥青瓷漆			
聚乙烯胶黏带	内带	$>1\times10^{12}$	GB/T 1410—2006
	外带	$>1\times10^{13}$	
挤压聚乙烯层(3PE)		$\geqslant1\times10^{13}$	GB/T 1410—2006
熔结环氧粉末		$\geqslant1\times10^{13}$	GB/T 1410—2006
环氧煤沥青涂层		$\geqslant1\times10^{12}$	GB/T 1410—2006
聚氨酯涂层		$\geqslant1\times10^{13}$	GB/T 1410—2006

（2）工频电气强度　当使用高电压对防腐层进行缺陷检查时，缺陷和针孔的空隙会被击穿，出现火花和警报，而完好的防腐层能耐受住检测电压而不被击穿破坏。因此要求防腐层有一定的介电强度，也称之为耐击穿电压。常用的几种防腐材料介电强度见表 3-2。

表 3-2 常用的几种防腐材料介电强度

品　种	介电强度/(MV/m)	品　种	介电强度/(MV/m)
石油沥青	10	熔结环氧粉末	≥30
煤焦沥青瓷漆	—	环氧煤沥青涂层	≥20
聚乙烯胶黏带	≥30	喷涂聚脲	≥15
挤压聚乙烯层	≥25		

（3）缺陷检漏(电火花检漏)　缺陷检漏(电火花检漏)是用高压电击穿防腐层中的肉眼见不到的针孔(气孔)、气泡、盲孔、显孔、裂痕等薄弱点和外力造成的破损点，经修补得到合格涂层。其检漏电压与防腐层厚度成正比，几种常规涂层的检测电压见表 3-3。

表 3-3 几种常规涂层的检测电压

品　种	普通级涂层厚度/mm	检测电压/kV
石油沥青	≥4	16
煤焦沥青瓷漆	≥3	14
聚乙烯胶黏带	≥0.7	3
挤压聚乙烯层	≥2.5	25
熔结环氧粉末	≥0.3	2
环氧煤沥青涂层	0.4	2

（4）抗阴极剥离性能　埋地管道通常采用防腐层加电化学保护的联合保护措施，电化学保护使管道处在阴极状态。阴极、阳极形成电场，在电场的作用下，水和土壤中带正电荷的氢离子等物质通过破损点和针孔渗透到防腐层下，促使防腐层与钢管剥离，而且剥离面积逐步扩大，导致防腐层失效。在保护电位高到一定值时，出现过保护现象，对于高强度钢，具有氢裂的危险，这是电化学保护的副作用。

防腐层应具有一定的抵抗这种阴极剥离的能力，评价这种能力的试验方法称为阴极剥离试验。国内相关标准对不同材料的防腐层的阴极剥离指标要求见表 3-4。

表 3-4 国内相关标准对不同材料的防腐层的阴极剥离指标要求

防腐层品种	标准名称	阴极剥离指标要求
聚乙烯胶黏带	SY/T 0414—2007	≤20mm(28d)
挤压聚乙烯层	GB/T 23257—2009	≤8mm(65℃，48h)
		≤15mm(65℃，30d)
熔结环氧粉末	SY/T 0315—2013	≤15mm(65℃±3℃，28d)
	GB/T 18593—2010	≤10mm(28d)
环氧煤沥青涂层	SY/T 0447—2014	未要求
聚氨脂涂层	SY/T 4106—2016	≤12mm(65℃，48h)
液体环氧涂料	AWWA C210—2007	≤9.35mm
	SY/T 0457—2010	未要求
石油沥青	SY/T 0420—1997	未要求
煤焦沥青瓷漆	SY/T 0379—2013	未要求

(5) 防腐层绝缘电阻　在管道阴极保护设计中，管道防腐层的绝缘电阻是工艺计算中的关键数据，绝缘电阻越大，所需要的保护电流和功率越小，而且保护的距离越大。管道防腐层绝缘电阻见表 3-5。

表 3-5 管道防腐层绝缘电阻 $\Omega \cdot mm^2$

极好	好	中等	劣	裸管(直径 5~30cm)
10000 以上	2000~10000	1000~2000	<1000	5~25

2) 力学性能

管道外防腐层的力学性能是指防腐层抵抗外力机械损伤的能力。在力学性能方面，对不同品种的防腐层有不同的要求和相关的性能测试方法。

沥青类主要有石油沥青、煤焦沥青和沥青缠带。主要控制项目为软化点、针入度、延度、压痕和黏结力。

塑料类主要有挤压聚乙烯包敷层(包括 2PE 和 3PE)、熔结法聚乙烯粉末包敷层和聚乙烯胶黏带。在力学性能方面主要测试剥离强度、冲击强度、压痕硬度。对于防腐层原材料的检验项目主要有拉伸强度、断裂伸长率、压痕硬度、弯曲强度和剪切强度。防腐层检验项目为剥离强度和冲击强度。

涂料类的防腐层主要包括熔结环氧粉末涂层、环氧煤沥青涂层、液体环氧涂层、喷涂聚脲涂层等。力学性能项目测试有多种方法和项目，如附着力(有划圈法、小刀撬剥法、拉拔法)、剪切黏结强度、搭接剪切强度等。

3) 稳定性

防腐层吸水、变质、老化、失去黏结力、脱层等直接影响管道的使用寿命。因此，必须提高防腐层的稳定性以延长使用寿命。稳定性的主要指标有：

(1) 耐化学介质　外防腐层按防腐层结构可分为单材质防腐层和复合材料防腐层。单材质防腐层有液体环氧涂层、熔结环氧粉末涂层、喷涂聚脲涂层等，复合材料防腐层有环氧煤沥青纤维布防腐层、石油沥青玻璃布防腐层、煤焦油瓷漆加内外缠带防腐层、挤压聚乙烯防腐层、聚乙烯胶黏带等。无论是单材质防腐层还是复合材料防腐层，均应按照相应标准进行耐化学介质试验。

（2）吸水率　吸水率表征防腐层在一定温度和时间下吸水能力的大小。防腐层吸水率高，各项防腐性能均会下降，故应选择吸水率低的填料、增强纤维、胶黏剂和内外包敷层。

（3）耐温性能　埋地管道（除热力保温管道）输送介质温度一般不高于80℃，涂料类、塑料类防腐层均能满足此温度要求。沥青类防腐层要控制软化点，在管道运行时，防止介质温度升高引起防腐层产生流坠、脱空、变形等情况，以免造成管道腐蚀。设计沥青类防腐层时，要根据管道的运行温度选择不同软化点的沥青材料。

（4）环境适应性　管道埋到地下后，受到空气、水、化学介质、微生物的作用，其化学组成、结构及性能会发生各种变化。当管道输送的介质温度升高，会使防腐层软化、流坠，油质和增韧剂挥发，沥青延度下降，并加速交联、氧化、降解，导致防腐层各种性能的降低，加速了防腐层的老化进程。

4）抵抗生物的破坏性

在土壤中生活着多种生物和微生物。如在青海省的草原地区，生活着大量的啮齿类动物，它们会啃咬聚乙烯塑料，造成防腐层的破坏。在土壤中生活着多种细菌、霉菌和微生物，它们会使有机防腐层发霉、分解、破坏。因此防腐层要有一定的气味和毒性，防止生物的破坏。

植物的根也会破坏石油沥青的防腐层。如芦苇根常常会穿入石油沥青防腐层，造成管道腐蚀穿孔。

5）施工工艺性

防腐层应能采用机械化施工，防腐层质量均衡、稳定，加工速度快。现场补伤、补口操作应简便易行，与管体防腐层达到相同质量，结合性能良好。

6）经济指标

每项防腐工程均应根据其腐蚀环境、气候条件、输送介质状况、使用寿命要求、投资承受能力、货源供应情况、施工和现场条件等因素，进行综合验证并优选最适用的材料。尽量使用材料来源广泛，价格较低廉，施工工艺省电、节能、省工、省时，综合成本低的防腐层。

7）低碳、环保

防腐层施工中应尽量减少加热、冷却等耗能工艺过程，实现低碳、节能。尽量减少甚至消除废渣、废水、废气的产生和排放，尽量减少有机溶剂的使用，减轻对环境的污染，在生产环境中做到无毒、无昧、无烟气，改善工人的操作条件，消除职业病。

2. 架空管道对防腐层的要求

油气架空管道大都敷设在工厂厂区、油区特殊地段、河沟上方、道路上方等位置，所受的主要是大气腐蚀。大多数采用加厚的重防腐层来减缓管道的腐蚀速率。重防腐所用的涂料均采用合成树脂为基料，加入有缓蚀作用的填料制成底漆，加入有增强和隔离作用的填料制成中层漆，采用耐紫外线、耐大气老化作用的树脂作为面层漆，形成底、中、面三层复合结构。具有一定厚度的组合涂层需要具备以下几项性能要求。

1）力学性能

要求涂层机械强度高、黏接力大、涂层致密、密封性好、无针孔。底漆、中间漆和面漆结合良好，无层间剥离。此复合涂层应符合下列要求。

(1) 涂层与钢铁基层或水泥基层的附着力(划格法)不宜低于1级。

(2) 涂层与钢铁基层的附着力(拉开法)不宜低于3MPa。

(3) 涂层与水泥基层的附着力(拉开法)不宜低于1.5MPa。

2)稳定性

涂层要化学性质稳定，耐水、耐化学介质侵蚀，在户外的管道外防腐层要耐紫外线和大气老化，涂层寿命长久。为此，应具有合理的防腐层结构。

架空管道的外防腐层可以参考GB 50046—2008《工业建筑防腐蚀设计规范》，标准中规定钢结构表面防护应按腐蚀环境的等级和保护年限要求采用相应的涂层厚度，见表3-6。

表3-6 钢结构表面防护涂层厚度要求(GB 50046)

防腐层使用年限	强腐蚀环境	中腐蚀环境	弱腐蚀环境
>15年	1. 喷、镀金属层上加防腐蚀涂料的复合面层，厚度≥350μm 2. 含富锌底漆的防腐蚀涂层，厚度≥350μm	1. 喷、镀金属层上加防腐蚀涂料的复合面层，厚度≥300μm 2. 含富锌底漆的防腐蚀涂层，厚度≥300μm	1. 含富锌底漆的防腐蚀涂层，厚度≥250μm 2. 防腐蚀涂层，厚度≥300μm
5~15年	1. 含富锌底漆的防腐蚀涂层，厚度200~250μm 2. 防腐蚀涂层，厚度250~300μm	1. 含富锌底漆的防腐蚀涂层，厚度180~220μm 2. 防腐蚀涂层，厚度200~250μm	防腐蚀涂层，厚度150~200μm
2~5年	防腐蚀涂层，厚度≥200μm	防腐蚀涂层，厚度≥150μm	防腐蚀涂层，厚度≥120μm

3) 耐霉菌等微生物侵蚀

在潮湿温暖的环境中，霉菌和微生物十分活跃，它们会分解有机物，吸取能量繁衍生息。从前涂料行业用天然植物油脂制造的老产品，会生霉变质，失去防腐作用。近年来均选用合成树脂制造涂料，大大增加了抵抗微生物侵蚀的能力。目前常用的合成树脂涂料，如环氧涂料、氯化橡胶涂料、丙烯酸涂料、聚氨脂涂料、氟碳涂料等，均有很好的耐微生物侵蚀的能力。

4) 施工工艺性能

涂料施工工艺应简便易行，既能手工施工又能机械化施工，应推广采用少溶剂厚浆型和无溶剂型涂料，可以一次性厚涂，减少施工遍数，提高防腐层质量，提高工效，降低施工成本。

5) 经济指标

从经济、效果、生态、能源四方面考虑，高溶剂含量(>20%)的涂料已逐渐被淘汰，从少溶剂含量(20%)的厚浆型又发展到无溶剂型，其固体含量在98%以上。在获得相同干膜厚度的情况下，涂层造价排序是：高溶剂型>低溶剂型(厚浆型)>无溶剂型。在相同溶剂的含量下，合成树脂涂料的价格排列是：氟碳涂料>聚氨脂涂料>丙烯酸涂料>氯化橡胶涂料>环氧涂料。

6) 节能、减排、环保

涂料和防腐行业中溶剂是最大的祸首，溶剂型涂料中溶剂含量大于20%，厚浆型涂料溶剂含量小于20%，无溶剂涂料不含可挥发性溶剂，其固体成膜物质接近100%，应首选无溶剂型涂料。

3. 水下管道对防腐层要求

早在20世纪80年代，国外有一种用于水下管道的外防腐保护层，是以树脂砂浆为基料，用钢丝网增强，在敷管船上挤压缠绕成型，既是防腐层，又是外保护层，也称石夹克。石夹克以环氧树脂为胶黏剂，用石英砂等无机填料为骨料，用钢丝网或高强度纤维网增强，形成高黏结力、高强度、高韧性的防腐防护层，已在英国北海油田的一条原油输送管线上采用，取得了较好的保护效果。目前国内也在推广应用。

另外要提醒一点，海底管线内管的外表面应涂覆一层防锈底漆，防止其外层的聚氨脂类保温材料在海水的作用下产生水解产物(如氨类等物质)腐蚀管壁。此防锈底漆应是环氧类底漆，不得采用普通的醇酸防锈漆。

水下管道所处的环境恶劣，而且施工维修难，要以安全、长效为前提，提高防腐层的要求和等级。在SY/T 0004《油田油气集输设计规范》和SY/T 10037《海底管道系统》标准中，对水下管道的外防腐层除满足埋地管道外防腐层的各项要求外，还应与混凝土配重层及保温层相匹配。

4. 地沟管道对防腐层的要求

地沟敷设给管道造成强腐蚀环境，地沟内通常有积水，相对湿度大，另外沟中常残存腐蚀性气体，管道处于化学和电化学双重腐蚀环境中。因此，一般地沟敷设管道的外腐蚀防护应采用特强级重防腐层和超重防腐层，见表3-7和表3-8。

表3-7 重防腐蚀涂层结构(使用寿命20年)

环境	涂层结构	遍数	每遍厚/μm
无水地沟	环氧富锌或环氧铁红底漆	1	40~50
	环氧云铁中层漆	2	70~80
	环氧彩色面漆	2	30~40
	合计	5	240~280

表3-8 超重防腐层结构(使用寿命20年)

环境	涂层结构	遍数	每遍厚/μm
有水地沟	环氧富锌或环氧铁红底漆	1	40~50
	环氧玻璃鳞片中层漆	2	120~150
	环氧彩色面漆	2	30~40
	合计	5	340~400

3.1.2 涂料外防腐层工程

1. 防腐蚀涂料与涂层性能

涂料习惯称为油漆，可以采用不同的施工工艺涂覆在物体表面，利用自身的黏附性和固化能力形成与基体黏结牢固具有一定强度、连续的固态薄膜，即涂层，又称漆膜或涂膜。防腐蚀涂层对酸、碱、盐等腐蚀介质都显示惰性，将物件与腐蚀环境相隔离，从而起到了防腐蚀的作用。

1) 涂料的基本组成及各成分的作用(见表3-9)

表 3-9　涂料的基本组成及各成分的作用

基本组成	典型品种	主要作用
成膜物质	合成高分子、天然树脂、植物油脂、无机硅酸盐、磷酸盐	是涂料的基础，黏接其他组分，牢固附着于被涂物的表面，形成连续固体涂膜，决定涂料及涂膜的基本特征
颜料及固体填料	钛白粉、滑石粉、铁红、铅黄、铝粉、云母	具有着色、遮盖、装饰作用，并能改善涂膜性能如防锈、耐热、抗渗等，降低成本
分散介质(溶剂)	水，挥发性有机溶剂如酚、酮类	使涂料分散成黏稠液体，调节涂料流动性、干燥性和可施工性，本身不成膜，在成膜过程中挥发掉
助剂	固化剂、增塑剂、催干剂、流平剂等	本身不能单独成膜，可以改善涂料制造、储存、施工、使用过程中的性能

注：不含有固体颜料、填料的涂层呈透明状，俗称清漆。

2）涂层的结构

涂层由底漆、中间漆和面漆构成。

（1）底漆　直接与金属接触，是整个涂层系统的重要基础。其主要作用是：①阻止锈蚀的生成和发展，含有防锈颜料、抗渗填料；②与金属表面有良好的附着力和润湿力，因此成膜物分子往往含有极性基团，漆膜的收缩力要尽量小；③底漆中含较多固体填料能使漆膜表面粗糙，增加与中间层或面漆的结合力。

（2）中间漆　与底、面漆结合良好，起承上启下作用，这主要是靠两层界面间的物质相互扩散、高分子链相互缠结以及极性基团间的吸引力。在涂层体系中底漆或面漆有时不宜太厚，所以中间层的另一作用是增加涂层厚度以提高屏蔽作用。

（3）面漆　与环境相接触，要具有耐环境化学腐蚀性、装饰美观性、抗紫外线、耐候性等。往往面漆的成膜物含量较高，含有紫外线吸收剂或铝粉、云母氧化铁等阻隔阳光的颜料。

3）油气管道常用的防腐蚀涂料

油气管道管用的防腐蚀涂料主要有环氧涂料、聚氨脂涂料、橡胶树脂防腐涂料、沥青树脂防腐涂料、富锌涂料、粉末涂料、反光涂料、导/抗静电涂料、高温耐酸涂料等。下面介绍几种涂料的性能，以供参考。

（1）环氧树脂防腐涂料

以环氧树脂为成膜物的涂料称为环氧树脂涂料，它是目前应用最广泛、品种最多的一种防腐涂料。

环氧树脂的特性归纳起来有以下几点：①极强的附着性。因为环氧树脂含有极性的烃基和醚键，环氧基能与金属表面的游离键形成化学键，此外与玻璃、木材、水泥等也有很好的附着性。②良好的韧性。因为环氧基位于分子的两端，交联间距大，因此固化后的漆膜具有很好的柔韧性。③优良的耐化学性。环氧树脂分子结构内含有醚键，而醚键在化学上是最稳定的，所以对于水、溶剂、酸、碱等都具有良好的抵抗能力，尤以耐碱性突出。

基于环氧树脂的优良性能，环氧树脂涂料的综合性能也较好。按环氧树脂的组成形态，环氧树脂涂料可分为五类：

① 溶剂型环氧树脂涂料　通常可分为胺(多元胺、聚酯胺、胺加成物)固化、热固化和环氧酯三种。

② 无溶剂型环氧树脂涂料　是由低相对分子质量环氧树脂、活性稀释剂、颜填料色浆

及固化剂等组成的双重组分涂料。这类涂料不用溶剂，无中毒或者着火危险，一次涂装可得厚涂层，主要用于油罐、油槽、石油化工设备及管道的防腐蚀涂装。

③ 水性环氧树脂涂料　主要指水溶性环氧酯制备的各种电泳涂料，需高温烘烤成膜，广泛用于五金、汽车、零件等作底漆。

④ 环氧粉末涂料　是由固体环氧树脂、固化剂、流平剂、颜填料等组成的一种固体粉末状涂料，需烘烤固化。该涂料全部成膜、涂层厚、附着力强、机械强度高、耐化学腐蚀，主要用于石油化工管道、设备的防腐蚀涂装。

⑤ 其他环氧树脂涂料　主要是高相对分子质量热塑性环氧树脂涂料，耐温、耐化学腐蚀、附着力好，但耐水性欠佳，主要用于化工防腐蚀涂装。

常用液体及粉末环氧防腐涂料的基本配方见表 3-10。

表 3-10　液体及粉末环氧防腐涂料配方

液体环氧防腐涂料		环氧粉末防腐涂料	
组分	配比/份	组分	配比/份
环氧树脂	100	环氧树脂	100
颜填料	80~150	流平剂	适量
有机溶剂	20~60	颜填料	5~50
固化剂	适量	固化剂	2~10

常用液体环氧防腐涂料的主要技术性能指标见表 3-11。

表 3-11　液体环氧防腐涂料技术性能指标

序号	项　目		指　标		实验方法
			底漆	面漆	
1	黏度/s		≥80	≥80	GB/T 1723
2	细度/μm		≤100	≤100	GB/T 1724
3	耐磨性(1000g/1000r，CS17 轮)/mg		—	≤120	GB/T 1768
4	干燥时间/h (25℃±2℃)	表　干	≤4	≤4	GB/T 1728 (括弧内为无溶剂型)
		实　干	≤24(16)	≤24(16)	
5	固体含量/%	溶剂型涂料	≥80	≥80	GB/T 1725
		无溶剂型	≥98	≥98	
6	附着力/MPa		≥8		GB/T 5210
7	耐弯曲(1.5℃，25℃)		涂层无裂纹		SY/T 0442
8	耐冲击(25℃)/J		≥6		SY/T 0442
9	硬度(2H 铅笔)		无划痕		GB/T 6739
10	耐盐雾性(500h)		1 级		GB/T 1771
11	耐污水性(80℃，1000h)		防腐层完整、无起泡、无脱落		GB/T 1733

(2) 聚氨酯防腐涂料

聚氨酯涂料是以聚氨基甲酸酯树脂为基料的涂料。聚氨酯涂料具有多种优异性能，不仅涂膜坚硬、柔韧、耐磨、光亮、丰满、附着力强、耐油、耐酸、耐溶剂、耐化学腐蚀、电绝缘性能好，而且可低温或室温固化，能和多种树脂混溶。美国材料实验协会(ASTM)将聚氨酯涂料分为五类，各类聚氨酯涂料的性能及用途见表3-12。

表3-12　聚氨酯涂料的性能及用途

类型		固化方法	游离①-NCO/%	颜料分散性	干性/h	耐腐蚀性	主要用途
单组分	改性油(ASTM-1)	油脂中双键通过空气中的氧氧化聚合	0	常规	0.4~4	一般	室内装饰用漆，船舶、工业防腐蚀维修漆、地板漆
	湿固化(ASTM-2)	空气中的湿气	<15	困难，要求不用碱性颜料	0.5~8(RH30%)	良好	木材、钢铁、塑料地板、水泥壁面的防腐蚀涂料
	封闭型(ASTM-3)	加热	0	常规	0.5(150℃)	电绝缘性好	绝缘漆、特殊烤漆
双组分	催化剂固化(ASTM-4)	催化剂+预聚物	5~10	困难，要求不用碱性颜料	0.5~2(RH30%)	良好	各种防腐蚀涂料，皮革橡胶用漆
	多羟基化合物固化(ASTM-5)	多羟基组分+预聚物或加成物及缩二脲等异氰酸酯组分	6~12	多羟基组分先与颜料磨成浆	2~16	优异	各种防腐蚀涂料和装饰性涂料，木材、钢铁、有色金属、塑料、水泥、皮革、橡胶用漆

① 即加成物或预聚物中所带-NCO端基的含量。

从防腐蚀涂料角度来看，聚氨酯改性油(ASTM-1)意义不大，封闭型聚氨酯烘漆也主要用于电器绝缘。适用于油气田防腐应用的聚氨酯防腐涂料主要有：用于潮湿地区的建筑物、地下设施、水泥、金属、砖石等物面的涂装的湿固化聚氨酯涂料(单组分)；用于石油化工防腐蚀的催化固化型聚氨酯涂料(双组分)；用于石油化工设备、管道、建筑物、海上采油装置及海洋构筑物的羟基固化型聚氨酯涂料(双组分)。

(3) 高氯化聚乙烯涂料

高含氯量氯化聚乙烯(HCPE)是热塑性硬质脆性的高分子合成树脂。由于其分子链结构中不含双键，氯原子呈无规则分布，因此具有良好的耐候性、耐臭氧性、耐燃性、耐化学品性和耐油性，并且可以避免氯化橡胶生产过程中CCl_4破坏臭氧层、有毒且价格昂贵等问题。以高氯化聚乙烯为基料制成的涂料在防腐、防锈、阻燃性等方面均具有较为优异的性能，可广泛适用于石油化工、冶金、化肥、海洋设施、船舶等行业。

① HCPE涂料特点　该涂料单组分包装，常温固化，干燥快，施工方便，固体含量高，用较少的涂刷道数便可获得较厚的涂层。如选用带锈底漆还可降低涂装前除锈标准，节约施工费用。漆膜坚硬、平整、光滑，颜色鲜明、寿命长，可耐酸、碱、盐等化学药品浸蚀，耐水、耐油、阻燃、耐寒、耐湿热老化、耐臭氧，且附着力高，耐冲击性能、柔韧性好，其综合防腐性能优于氯磺化聚乙烯、氯化橡胶等防腐涂料，且价格适中。

②HCPE涂料的技术性能　本系列涂料可分为富锌底漆、带锈底漆、防锈底漆、中间

漆、防腐面漆及防腐清漆，它们的物理性能见表3-13。

表3-13 高氯化聚乙烯系列防腐涂料及其涂层物理性能

项目	富锌底漆 HC-01	带锈底漆 HC-02	防锈底漆 HC-03	中间漆 HC-04	防腐面漆 HC-05	防腐清漆 HC-06	实验方法
外观	锌灰	红褐色	铁红	红褐色	各色	淡黄色	目测
黏度(25℃)/s	≥65	≥65	≥65	≥65	≥75	≥75	GB/T 1723
固体含量/%	≥65	≥240	≥40	≥40	≥35	≥25	GB/T 1725
干燥时间/h	表干≤0.5，实干≤24					表干4 实干24	GB/T 1728
细度/μm	≤70	≤70	≤70	≤70	≤60	—	GB/T 1724
附着力/级	1	1	1	1	1	-	GB/T 1720
柔韧性/mm	1	1	1	1	1	1	GB/T 1731
抗冲击/cm	≥50	≥50	≥50	≥50	≥50	≥50	GB/T 1732

除上面介绍的各类防腐涂料外，在油田的集输管网中，各油田还根据各自的腐蚀特点及防腐要求选择使用其他一些防腐涂料，其中包括玻璃鳞片重防腐涂料、富锌涂料、稀有金属合金纳米重防腐涂料、防锈可焊涂料、防静电涂料等。

2. 涂料涂层工程施工的基本要求

1）钢材的表面处理

要使涂层充分发挥其对金属的保护作用，就必须保证其与金属间的良好附着。钢材表面只有在涂漆前进行去油、除锈、磷化等表面处理，才能增加涂膜对钢材的附着力，减少引起腐蚀的因素，充分发挥涂膜对钢铁的保护作用，延长产品的寿命。涂层与钢材间附着的好坏，在相当大的程度上取决于钢材表面处理的质量，不同的表面处理方式，获得的质量和经济效益是不相同的。以同样的底漆、面漆配套(漆膜的厚度相同)，在相同的条件下制成试片，经过两年的天然曝晒实验，结果见表3-14。

表3-14 钢材表面处理与涂层失效关系

表面处理方法	不经除锈	手工除锈	酸洗除锈	喷砂磷化处理
涂层生锈腐蚀情况	60%	20%	15%	仅有个别锈点

从表3-14可以看出，表面处理的质量直接关系着涂层的质量和寿命。因此钢材的表面处理应引起人们的高度重视。一般来讲表面处理主要有以下两个目的：

（1）增强涂膜对物体表面的附着力；

（2）杜绝潜在的腐蚀因素。

2）涂装工艺

涂料的施工方法很多，每一种方法又各有其自身的特点和一定的使用范围，选择时应根据被涂物的材质、形状和大小，所用涂料的性质，对涂层性能所要求的环境条件，以及经济效益等因素综合考虑。下面主要介绍几种油气管道适用的涂装工艺。

（1）刷涂　刷涂是比较古老而又最普遍的施工方法，这种施工方法的特点是设备简单，投资少，操作容易掌握，适应性强，对工件形状要求不严，节省涂料。缺点是手工劳动生产效率低，劳动强度大，涂层外观欠佳。油性调和漆、酚醛漆等可用这种方法施工，对于防锈底漆，如油性红丹漆采用刷涂可以增加涂料对钢材的润湿能力，从而提高防锈效果。但对于一些快干挥发性涂料，如硝基漆、过氯乙烯等不宜采用刷涂的方法。

（2）喷涂　采用压缩空气及喷枪使涂料雾化的涂装方法称为喷涂。该法施工具有涂膜均匀、效率高等优点，但涂料浪费较大，有一部分被蒸发损耗。同时由于溶剂大量蒸发，会影响操作者的健康并污染环境。常用的喷涂方法有空气喷涂、高压无气喷涂、静电喷涂等。

① 空气喷涂法　此法利用专门的喷枪工具以压缩空气把涂料吸入，由喷枪的喷嘴喷出并使气流将涂料冲散成微粒射向被涂物体表面，使之附着于工件表面。空气喷涂法是应用最广泛的一种涂装方法，几乎可适用于一切涂料品种，该法的最大特点是可获得厚薄均匀、光滑平整的涂层。但空气喷涂法涂料利用率低，另外由于溶剂挥发，对空气的污染较严重。

② 高压无气喷涂法　高压无气喷涂是使涂料通过加压泵加压后经喷嘴小孔喷出，涂料离开喷嘴后会立即剧烈膨胀，撕裂成极细的颗粒而涂敷于工件表面。它的主要特点是没有一般空气喷涂时发生的涂料回弹和大量漆雾飞扬的现象，因而不仅节省了漆料，而且减少了污染，改善了劳动条件。同时，它还具有工效高的特点，比一般空气喷涂要提高数倍至十几倍，而且涂膜质量较好，适宜于大面积的物体涂装。

3）油气田常见涂膜缺陷和补救措施

油气田常见涂膜缺陷和补救措施主要有：

（1）流挂　涂料在垂直物面上涂装，在重力作用下部分涂料向下部均匀流动，使涂膜厚薄不均，形成泪痕的现象称为流挂。产生流挂现象的主要原因是涂料黏度过低、漆刷蘸漆过多和涂膜刷得过厚等。补救方法是：提高涂料的黏度；调整喷涂压力和喷距，仔细施工；刷子蘸漆不要太多，以减少和防止流挂。

（2）咬底　面漆把底漆的漆膜软化、膨胀，甚至咬起的现象称为咬底。产生这种现象的原因有：面漆用溶剂溶解力太强；底、面漆配料不当；底漆未干即急于施工面漆等。防治方法为：选用合适的溶剂；注意底、面漆的配套性；涂装时控制适当的底面漆施工间隔时间等。

（3）起泡　涂膜在干燥过程中或在高温高湿下表面出现大小不均的圆形不规则突起物的现象，称为起泡。其产生的主要原因有：底材处理不当，有潮气、水分或挥发性物质；施工环境湿气大；喷涂施工中稀料挥发速度太快等。解决办法为：底材表面应处理干净；避免在有水和潮气的物体表面上施工；在干燥的环境中施工；选用挥发性较慢的稀释剂稀释等。

（4）回黏　涂料施工干燥后经过一段时间仍有黏指的现象称为回黏（发黏）。其产生原因是：涂料质量差或已变质；工件表面有油污或其他化学物质；涂层太厚等。处理办法为：更换涂料；加强检查；表面处理时应除尽油污及其他杂物；涂层薄刷，控制其厚度。

（5）针孔　涂膜上出现圆形小孔的现象称为针孔。其产生原因是：由于溶剂挥发性太快，刷涂时用力太大、太快以至产生气泡；涂料施工黏度过大等。解决方法为：适当调整涂料的黏度、溶剂；刷涂时用力不要太快、太大；掺加适量消泡剂。

（6）橘皮　涂膜表面在施工过程中出现许多半圆形突起，形似橘皮斑纹状的现象称为橘皮。其产生原因为：涂料黏度过高；溶剂挥发性太强；喷涂压力过高；喷嘴太小和喷距不适合等。解决方法为：调整涂料的黏度及溶剂；调整涂料施工工艺。

（7）发白　涂膜表面在干燥后出现乳白色或云雾状的现象称为发白。其产生原因为：涂料中含有水分，施工温度高，溶剂挥发太快，致使水气凝结在涂膜上造成发白。补救措施为：更换涂料；调整施工环境温度或添加少量防潮剂。

总之，在涂装过程中，只要积极采取相应的措施，严格按工艺进行施工，是可以减少或防止涂膜缺陷产生的。

4）防腐涂料施工注意事项

防腐蚀涂料施工的好坏直接影响到防腐涂层的性能和使用寿命，防腐蚀涂料施工中的注意事项如下：

（1）施工人员必须熟悉施工规程和安全制度，并严格执行。

（2）涂装前应检查各种施工设备运转是否正常，应对涂料品种、名称、型号及质量进行检查，并严格按说明书的要求正确使用涂料。

（3）施工现场禁止明火，严禁吸烟。

（4）涂料施工中应注意通风、换气，涂料存放时应远离火源，避免强日光曝晒及雨淋。

（5）施工时所用的容器、工具应洁净干燥，切勿含有水分。

（6）施工用的油漆刷、喷枪、输料管等用完后应及时用溶剂清洗，以免残余涂料固化影响使用。

（7）金属表面处理需根据施工要求严格执行。

（8）涂料在适用期内若变稠可加入少量专用稀释剂稀释，用量一般不宜超过涂料量的5%（质量分数），若已结块、结皮应弃之不用。

（9）严禁在雨、雪、雾及大风天气条件下进行露天作业。

3. 环氧粉末涂料的施工工艺与质量控制

1）施工工艺流程及控制

（1）施工工艺流程

熔结环氧粉末内外喷涂工艺流程：先清理钢管表面的污染物，将钢管预热到40~60°C，清除表面的水分。钢管进入表面处理工序，进行抛、喷丸除锈，达到Sa2.5级。经燃气或工频电加热器将钢管加热到环氧粉末生产厂要求的熔融固化温度，进入喷涂工序。内喷、外喷按需要可分别进行，亦可一次进行。喷涂后经固化养生，时间按原料生产厂的要求，固化后水冷，表面干燥后进行质量检查，合格出厂。

（2）施工工艺控制要点

① 检查保质期和生产前的检验。环氧粉末涂料是采用高分子固体环氧树脂、固化剂和多种助剂经过熔融混炼、粉碎、筛分等工序加工而成。因预先加入了固化剂，环氧粉末涂料内部的交联反应已缓慢进行，当储存温度高或储存超过保质期时，环氧树脂的交联反应已部分进行，此后再涂覆到钢材表面就降低了黏结力。因此在使用环氧粉末喷涂前必须检查储存期和储存温度，并要做黏结力试验。

② 环氧粉末涂料在储存中应注意防潮。环氧粉末涂料受潮后会结块，不利于喷涂，而且在熔结时会使涂层产生气泡和针孔。

③ 环氧粉末在熔结过程中，温度和固化时间一定要严格控制，否则会影响涂层质量。

2）质量检查

熔结环氧粉末防腐层按Q/CNPC 38—2002《埋地钢质管道双层熔结环氧粉末外涂层技术规范》检验以下几项：

① 涂层的外观质量应逐根检查。外观要求平整，色泽均匀，无气泡开裂及缩孔，允许有轻度橘皮状花纹。

② 应使用多功能涂层测厚仪测量各层厚度，使用磁性测厚仪测量总厚度。每根钢管沿

长度方向随机取三个位置，测量每个位置圆周方向均匀分布的任意四点的防腐层总厚度并记录，结果应符合要求，不符合要求的应重涂。为确保底层与面层涂层的厚度符合要求，应至少每 20 根管在管端涂层边缘测量各层厚度一次。

③ 应用电火花检漏仪对钢管外涂层进行逐根检查，漏点数量在下述范围内时，可按规定进行修补：当钢管外径小于 325mm 时，平均每米管长漏点数不超过 0.5 个；当钢管外径等于或大于 325mm 时，外表面平均每平方米漏点数不超过 0.3 个。当漏点超过上述数量时，或个别漏点的面积大于或等于 $250cm^2$时，应对该钢管进行重涂。

3）防腐层补伤、补口

管道焊口是埋地管道电化学腐蚀最强烈的地方，应该采取比管体高一级的防腐层。要求精心施工、严格质检。

① 焊接后焊道会高于管面，有时还有焊渣、焊瘤，先用电动打磨机打掉焊渣、焊瘤和焊道上的棱角。采用喷砂除锈达到 Sa2.5 级。

② 用感应加热器将焊口部位加热到环氧粉末供应商所要求的固化温度。

③ 采用静电喷涂环氧粉末，达到所规定的涂层厚度。

④ 质量检验，包括外观、厚度、针孔等项。

采用环氧粉末补口、补伤操作复杂，施工设备庞大，费用高。采用热熔修补棒和液体环氧涂料的方法较为经济。

4）防腐层评价

熔结环氧粉末防腐层已有 50 多年的应用历史，是一种优良的埋地管道外防腐层，一直是国际上使用比例最大的防腐层。双层环氧粉末防腐层(DSP)较单层环氧粉末防腐层(FBE)更为先进，两层总厚度为 650~1000μm，增加了抵抗外力损伤的能力，因此在电性能、力学性能、稳定性(包括抗老化)、抗生物破坏性等方面均属优良。

4. 液体环氧涂料的施工工艺与质量控制

1）施工工艺流程

液体环氧涂料施工工艺分为手工涂刷、手控机械喷涂和机械化工厂预制。管道内外防腐施工工艺基本相同，仅是喷涂机和喷嘴不同。

(1) 手工涂刷

手工涂刷只能采用溶剂型或厚浆型液体环氧涂料，采用刷涂或辊涂施工。手工操作施工工艺流程如下：

手工用动力工具或手工喷砂除锈，达到 St3 级或 Sa2.5 级。在底、面漆中按供应商提供的使用说明书中的比例加入固化剂，搅拌混合均匀，熟化数分钟。在管面涂刷底漆，厚度≥40μm。底漆表干后，涂刷中层漆和面漆，每遍厚度≥60μm，自然固化。漆膜表干后方可涂刷下一道漆，夏天间隔大约 2~6h，冬天更长。为了达到所要求的厚度，一般要涂刷数遍。面漆实干后，可按 SY/T 0457—2010 检验，合格后可投入使用。

(2) 手控机械喷涂

在现场施工，若环境、供电等条件允许，尽量采用机械喷涂，机械喷涂厚度较均匀，质量高于手工涂刷。手工机械喷涂有三种机械。其一是空气喷枪(喷壶)，有重力、虹吸和压力式三种，只适用于溶剂含量较高的环氧涂料。由于溶剂含量高，每遍漆膜薄，涂覆遍数增加，工效低、质量差。其二是单缸高压无气喷涂，适用于溶剂型和厚浆型。它要求把双组分液体环氧涂料混合后，用高压泵喷涂到管道表面。环氧涂料是化学反应固化型涂料，当 A、

B 料混合后，化学反应开始，反应产生的热量又加速了反应速度，涂料会增稠甚至凝固，影响继续使用，也称之为使用期。涂料中溶剂含量高，溶剂挥发带走一部分热量，可以延长使用期，但每遍涂层只能达到 50~100μm，需要增加涂覆遍数。其施工工艺流程与手工涂刷相同。其三是双缸双路高压无气喷涂，这是管道防腐施工的最新技术，适用于厚浆型和无溶剂型液体环氧涂料。无溶剂液体环氧涂料中树脂含量高，涂料黏度也增高，为了降低黏度，一般采用预热到 40~70°C。当 A、B 料混合后，固化反应速度快，喷壶和单缸单路高压无气喷涂无法适应。双缸双路喷涂是将预热后的 A 料、B 料经双路分别泵送到喷嘴前混合。混合后立即喷涂到管道内外壁上，可自然固化。防腐层达到完全固化后，方可进行质量检验，合格后可以投入使用。双缸双路高压无气喷涂无溶剂液体环氧涂料时，还可以添加增促剂，使涂料喷涂后在管道内外壁迅速固化，达到一次性厚涂效果。

（3）机械化工厂预制

管道内外液体环氧防腐采用工厂预制质量最佳，工效高。工厂预制施工工艺流程如下：

将钢管、铸管表面清理，去掉油污，对管道进行抛(喷)射除锈达到 Sa2.5 级，按供应商的要求调整喷涂车行走速度，控制喷涂量，使涂层一次喷涂即可达到所需厚度。喷涂后管段在转台上继续旋转，直至涂层初凝不流坠为止。送去养生固化，固化后进行质量检验，合格出厂。

（4）喷涂设备

① 手工喷壶　手工喷壶也叫空气喷枪，是将涂料加入壶中，用压缩空气带出并雾化喷到被涂物表面，有重力型、虹吸型和加压型三种。其中加压型可以喷黏度较高的涂料。手工喷壶适合使用单组分涂料，若使用环氧涂料，则先将 A 料、B 料配好后再加入，必须在使用期以内喷完并立即清洗喷壶和管路。

② 单缸单路高压无气喷涂机　单缸单路喷涂机一般用于非化学固化型涂料，如沥青涂料、醇酸涂料、氯化橡胶涂料等，在液体状态时不凝固，喷涂后，溶剂挥发形成漆膜。用于双组分化学固化的液体环氧涂料时，需要加入大量溶剂，稀释反应物，减缓聚合反应速度，同时溶剂挥发带出反应热，延长涂料在料桶中的使用期。

③ 双缸双路喷涂机　双缸双路喷涂机适用高固体组分涂料。高固体组分涂料黏度大，树脂含量高，尤其是无溶剂涂料中没有任何可挥发的物质。为了降低黏度，还需要预热到 40~70°C，树脂组分(A 料)和固化剂组分(B 料)一经混合，很快发生聚合反应，黏度迅速上升，为此采用双缸分别输送 A 料和 B 料到喷嘴前预混器混合，预混后立即经喷嘴喷出，涂料迅速固化，初凝成膜，产生一次性厚涂效果。双缸双路喷涂机有配套的 A 料、B 料加热储罐。若采用高磨料填料的涂料如环氧陶瓷涂料、玻璃鳞片涂料，则可自制带搅拌和加热的 A、B 料罐。

④ 管道内喷涂机　管道内喷涂机有扇形喷嘴、环形喷嘴和旋杯式喷嘴三种，其中旋杯式喷嘴效果较好，一次可涂 2000μm 以上，涂层外观光滑如镜。

2）施工工艺特点

决定防腐层质量和施工工效的关键是施工工艺。液体环氧的施工工艺基本上分为两种。其一是传统的有溶剂液体环氧涂料施工，采用单缸单路高压无气喷涂、空气喷涂、刷涂、滚涂、浸涂等。这些传统的老式施工工艺施工遍数多，工效低，费工费时，涂层质量差，应逐步淘汰。

其二是选用无溶剂液体环氧涂料，采用双缸双路高压无气喷涂和离心喷涂、浇涂或浸涂。其施工遍数少，一遍可达到所需要厚度，如2000μm以上，涂层无针孔、密实、质量优良，工效高、速度快，省工、省时、省投资。

3）质量检查

（1）表面处理检查　表面处理采用手工机械和喷砂除锈，除锈后应达到St3级和Sa2.5级。详见本书关于表面处理相关章节的内容。

（2）涂层外观检查　应目测或用内窥镜逐根检查涂层外观质量，其表面应平整、光滑、无气泡、无划痕等外观缺陷。

（3）涂层厚度检测　涂层实干后，采用无损检测仪抽查，抽查率按相应标准要求。对外防腐管抽查管两端和中间共3个截面，对内防腐管只抽查管两端。每个截面抽查圆周方向均匀分布的任意四点，结果应符合规定。

（4）涂层缺陷检测　用高压电火花仪对涂层进行漏点和缺陷检测，检测电压按本书介绍的相关标准规定进行计算。

（5）黏结力检查　这是抽查项目。可根据相关标准规定使用挑剥法检查，即用小刀割透涂层然后将其挑起，定性评判涂层对钢材的黏结力。也可以采用拉拔法，测出定量数据。

4）防腐层补伤、补口

管道外壁液体环氧防腐层补伤、补口较为方便，采用手工涂刷或手控喷涂均可以进行。

管道内补口是国内外管道内防腐施工技术上仍未很好解决的一大难题，目前大体有以下三种方法：

（1）半机械化补口　采用人工补口机，在焊接现场焊完一道口即补一道口。此办法造价低，但工序之间衔接配合较困难。

（2）自动补口机补口　将自动补口机从作业坑放入管端，地上遥控，补口机在地下管道内行走，自动进行除锈和补口作业，一次可补200~300m长。此方法适用于直管段，施工造价高于半机械化补口。

（3）风送法涂覆　管道焊好并下沟后，用风送法，对全管道的内表面进行涂覆。

实践证明，选择优质的液体环氧涂料，采用先进的施工工艺技术和先进的施工设备，精心施工、严格管理，认真检查防腐层质量，液体环氧内外防腐层的使用寿命可以达到30年以上。

5. 液体聚氨酯涂料的施工工艺与质量控制

以异氰酸脂及其衍生物为原料的涂料统称为聚氨酯涂料。1950年前后在英国、美国开始工业化。初期主要用于木器家具漆、储罐、气柜防腐以及钢结构、桥梁等面层漆。因其对施工环境要求苛刻，应用受限于空气湿度、钢材表面的露点温度、雪、雨、风沙等条件，加之价格昂贵，在管道防腐工程上很少采用。直到20世纪80年代中期，美国研制开发出喷涂聚脲弹性体材料(简称SPUA)，从根本上解决了困扰施工界的重大技术难题。1995年中国青岛海洋化工研究院在国内率先研究开发SPUA技术，这才使这种防腐材料应用到屋面防水和管道防腐工程上，并制定了相关技术标准如SY/T 4106—2005《管道无溶剂聚氨醋涂料内外防腐层技术规范》、HG/T 3831—2006《喷涂聚脲防护材料》等。

1）施工工艺流程及控制要求

（1）工艺流程　首先清理管道表面潮气和油污，喷砂或抛丸处理达到Sa2.5级。将管道预热到40~60°C，用专用喷涂机喷涂聚氨酯，防腐层固化后进行质量检验，合格出厂。

（2）施工工艺控制要求　使用专业化的聚氨酯喷涂设备和配套设施，具有：①平稳的物料输送系统；②精确的物料计量系统；③均匀的物料混合系统；④良好的物料雾化系统；⑤方便的物料清洗系统。严格按生产厂商提供的技术参数操作。施工前进行试喷试验，合格后方可进行喷涂施工。

2）防腐层质量检查

（1）防腐层质量指标

管道聚脲外防腐层技术指标见表 3-15。

表 3-15　管道聚脲外防腐层技术指标

项　目		技术指标	测试方法
外观		平整、无气泡	目测
剥离强度(对钢)/(N/cm)		≥50	SY/T 0413
耐冲击(25℃)		≥5	SY/T 0315
抗弯曲(-30℃，2.5°)		无剥离、无裂纹	SY/T 0413
阴极剥离(65℃，48h)/mm		≤12	SY/T 0094
干燥时间(25℃)/min	表干	≤5	GB/T 1728
	实干	≤15	
耐化学介质(25℃，30d)	30%NaOH 10%H_2SO_4 30%NaCl 2 号柴油	长度和宽度变化率≤5%	SY/T 0413
吸水率/%		≤3	SY/T 0413
硬度(邵氏 D)		≥60	GB/T 2411
电气强度/(MV/m)		≥15	GB/T 1408.1
体积电阻率/Ω·m		$\geq 1\times10^{12}$	GB/T 1410

（2）防腐管现场检查项目

① 表面处理质量　表面处理后的钢管应逐根对其表面处理质量进行检查，用 GB 8923.1 中相应的照片或标准样板进行目视比较。表面锚纹深度的检查应每台班抽查两次，采用锚纹拓印法进行。

② 防腐层外观检查　用目视逐根检查防腐管，防腐层应均匀连续，无漏涂和流痕，无气泡、皱褶等缺陷。防腐管两端预留长度应符合设计规定。

③ 防腐层厚度检查　待防腐层固化后，用无损防腐层测厚仪进行厚度检查，当采用手工喷涂时，应逐根检查防腐层的厚度；当采用机械涂覆作业线喷涂时，每台班前 10 根应逐一检查，以后每 5 根抽查一根。每根测 3 个截面，截面沿管长均匀分布，每个截面测上、下、左、右四个点，以最薄点为准。若不合格，再抽查 2 根，如仍有不合格，应逐根检查。

④ 防腐层漏点检查　用电火花检漏仪以检漏电压 5V/μm 逐根检查防腐管漏点。检测时，检漏仪探头应接触防腐层，以 0.15~0.3m/s 的速度移动，以无火花为合格。

⑤ 防腐层附着性检查　应在防腐层完全固化后检查其附着性。从每台班涂覆管中抽取 1~2 根管(视涂覆管量而定)进行防腐层附着性检查。检测方法如下：

用刀沿防腐层环向划切一个宽度为 20~30mm、长为 100mm 的长条，划切时应划透防腐层。然后撬起一端，用弹簧秤以 10mm/min 的速度垂直于管面匀速拉起防腐层条，记录弹簧秤所示数值，并计算其剥离强度，其值应符合规定。

如防腐层刚性过大，上述检测方法不适用，则可按 GB/T 5210—2006《色漆和清漆拉开法附着力试验》检查其附着性。检测结果如大于 10MPa(埋地)或大于 8MPa(架空)，则仍为合格。

如果防腐层刚性较大，且防腐层厚度≥1mm 时，也可用锋利水果刀在防腐层面上划切一个"V"形，划切要切透防腐层，然后用钝的油灰刀从"V"形尖角处撬剥防腐层，如油灰刀很难撬剥防腐层或虽能撬起防腐层，但断开长度≤6mm，则防腐层黏结力合格。

若上述三种方法检测的附着性均不合格，则需对该台班生产的全部防腐管逐一检查，如仍不合格，则该台班生产的防腐管应拒收。

3）防腐层补伤、补口

聚氨酯类防腐层可以在现场进行补伤、补口。将专用的喷涂设备运到现场，采用手工喷涂补伤、补口。

补口操作顺序为：现场除锈、涂底漆、喷涂聚氨酯类面漆、固化养生、质量检验、合格后下沟回填土。亦可采用聚乙烯热收缩套和聚乙烯胶黏带进行补伤、补口。

4）防腐层评价

聚氨酯防腐层是一种新型的优质防腐层。防腐层质量评价项目和指标如下：

① 电性能优异，电气强度≥15MV/m，体积电阻率≥1×10^{12} Ω · m，抗阴极剥离≤12mm。

② 力学性能优良，有一定的冲击能力，剥离强度≥50N/cm，耐冲击≥5J，硬度(邵氏)≥60。

③ 稳定性优良，能耐酸、盐和水，寿命长久，但耐碱性较差。

④ 抗霉菌和微生物。

⑤ 施工较难，操作严格。必须使用优质的专用喷涂机及配套设施，否则很难得到稳定的合格产品，现场补口也须专用喷涂设备，对环境要求较苛刻，因此使用范围受到影响。

⑥ 经济指标，聚氨酯目前原料价格较贵，国内埋地管道外防腐很少采用。

⑦ 聚氨酯涂料在使用中有毒性物质，对环境有污染；喷涂无溶剂聚氨酯产品无污染，属环保产品。

3.1.3 沥青类外防腐层工程

1. 沥青材料

沥青材料是由一些极其复杂的高分子碳氢化合物和这些碳氢化合物的非金属(氧、硫、氮)衍生物所组成的黑色或黑褐色的固体、半固体或液体的混合物，是憎水性材料，结构致密，几乎完全不溶于水、不吸水，具有良好的防水性，因此广泛用于工程的防水、防潮和防渗。

1）石油沥青的组成与结构

(1) 元素组成

石油沥青是由多种碳氢化合物及非金属(氧、硫、氮)衍生物组成的混合物，其元素组成主要是碳(80%~87%)、氢(10%~15%)；其余是非烃元素，如氧、硫、氮等(<3%)；此外，还含有一些微量的金属元素。

(2) 组分组成

通常将沥青分离为化学性质相近、与其工程性能有一定联系的几个化学成分组，这些组就称为“组分”。石油沥青的三组分分析法将石油沥青分离为油分、树脂和沥青质三个组分。

油分：为淡黄色透明液体，赋予沥青流动性，油分含量的多少直接影响着沥青的柔软性、抗裂性及施工难度。我国国产沥青在油分中往往含有蜡，在分析时还应将油、蜡分离。蜡的存在会使沥青材料在高温时变软，产生流淌现象；在低温时会使沥青变得脆硬，从而造成开裂。由于蜡是有害成分，故常采用脱蜡的方法以改善沥青的性能。

树脂：为红褐色黏稠半固体，温度敏感性高，熔点低于100℃，包括中性树脂和酸性树脂。中性树脂使沥青具有一定塑性、可流动性和黏结性，其含量增加，沥青的黏结力和延伸性增加；酸性树脂含量不多，但活性大，可以改善沥青与其他材料的浸润性、提高沥青的可乳化性。

沥青质：为深褐色固体微粒，加热不熔化，它决定着沥青的黏结力、黏度和温度稳定性，以及沥青的硬度、软化点等。沥青质含量增加时，沥青的黏度和黏结力增加，硬度和温度稳定性提高。

2）石油沥青的技术性质

（1）黏滞性

黏滞性是反映沥青材料内部阻碍其相对流动的一种特性。各种石油沥青黏滞性的变化范围很大，与沥青组分和温度有关。黏度是反映沥青黏滞性的指标，是沥青最重要的技术性质指标之一，是沥青等级(标号)划分的主要依据。测定沥青相对黏度的主要方法有标准黏度计法和针入度法。

其中，针入度法是在规定温度25℃下，以规定重量100g的标准针、经历规定时间5s贯入试样中的深度(以1/10mm为单位)来表示，符号为P(25℃，100g，5s)。针入度值反映了沥青抵抗剪切变形的能力，其值越大，表示沥青越软、黏度越小。

（2）感温性

感温性是指沥青的黏滞性和塑性随着温度升降而变化的性能。当温度升高时，沥青由固态或半固态逐渐软化，发生像液体一样的黏性流动，称为黏滞流动状态；与此相反，当温度降低时，沥青又逐渐由黏流态凝固为固态甚至变硬变脆。评价沥青感温性的指标很多，常用的是软化点和针入度指数。其中软化点，是将沥青试样注于内径为18.9mm的铜环中，环上置一重3.5g的钢球，在规定的加热速度(5℃/min)下进行加热，沥青试样逐渐软化，直至在钢球自重作用下，使沥青下坠25.4mm时的温度称为软化点，符号为TR&B。软化点越低，表明沥青在高温下的体积稳定性和承受荷载的能力越差。

（3）延展性

延展性是指沥青在受到外力的拉伸作用时，产生变形而不破坏(出现裂缝或断开)、除去外力后仍能保持变形后形状不变的性质，它反映沥青受力时所能承受的塑性变形的能力。沥青之所以能制造出性能良好的柔性防水材料，很大程度上决定于沥青的延展性。

沥青的针入度、软化点和延度，被称为沥青的三大技术指标。

（4）大气稳定性

大气稳定性是指石油沥青在大气综合因素(热、阳光、氧气和潮湿等)长期作用下抵抗老化的性能。

石油沥青在热、阳光、氧气和水分等因素的长期作用下，石油沥青中低分子组分向高分子组分转化，即沥青中油分和树脂相对含量减少的沥青质逐渐增多，从而使石油沥青的塑性降低，黏度提高，逐渐变得脆硬，直至脆裂，失去使用功能，这个过程称为老化。

(5) 安全性

闪点(也称闪火点)是指沥青加热挥发出可燃气体，与火焰接触闪火时的最低温度。

燃点(也称着火点)是指沥青加热挥发出的可燃气体和空气混合，与火焰接触能持续燃烧时的最低温度。

闪点和燃点的高低表明沥青引起火灾或爆炸的可能性的大小，它关系到运输、储存和加热使用等方面的安全。

3) 煤沥青

煤沥青是由煤干馏的产品(煤焦油)经再加工而获得的。根据其在工程中应用要求的不同，按稠度可分为软煤沥青(液体、半固体)和硬煤沥青(固体)两大类。

煤沥青是由芳香族碳氢化合物及其氧、硫、碳的衍生物所组成的混合物，主要元素为C、H、O、S和N，煤沥青元素组成的特点是“碳氢比”较石油沥青大得多。煤沥青化学组分的分析方法与石油沥青相似，可分离为油分、软树脂、硬树脂、游离碳 C_1 和游离碳 C_2 五个组分。其中，油分中含有萘、蒽、酚等有害物质，对其含量必须加以限制。

煤沥青与石油沥青相比，在技术性质上存在下列差异：温度稳定性较低；与矿质集料的黏附性较好；气候稳定性较差，老化快；耐腐蚀性强，可用于木材等的表面防腐处理等。煤沥青的技术指标主要包括黏度、蒸馏试验、含水量、甲苯不溶物含量、萘含量、酚含量等。其中，黏度表示了煤沥青的黏结性，是评价煤沥青质量最主要的指标，也是划分煤沥青等级的依据，其测试方法与石油沥青类似。

煤沥青的主要技术性质都比石油沥青差，在建筑工程上较少使用，但其抗腐性能好，故适用于地下防水层或作防腐材料等。

2. 沥青防腐涂层

1) 石油沥青防腐层

早在20世纪50年代，我国引进了前苏联的石油沥青防腐技术，用于埋地管道的外防腐。前苏联的石油沥青管道外防腐层是在石油沥青中加入矿物质填料和添加剂，经熬制加工成沥青玛蒂脂，填料是高岭土、石棉灰、水泥等，加量约20%~25%。填料使沥青的软化点升高，针入度和延度降低，增加了涂层的力学性能，增加了防腐层抵抗因温度升高和土壤压力所造成的变形和流淌的能力，提高了防腐层性能、延长了防腐层的寿命。使用石油沥青防腐层应特别注意：

①石油沥青不宜用在温暖、潮湿、多雨、多水的地域。石油沥青材料低温下易脆裂，机械强度低，运输施工中易受损伤。石油沥青吸水率高，在潮湿的土壤和水中绝缘电阻大大下降，导电性增强，防腐性能下降。石油沥青不耐微生物的分解，不能抵抗植物根茎的穿透。

② 石油沥青施工环境污染大，工人劳动条件差，烟气和热沥青烫伤影响工人身体健康，应采取严格的环保措施。

③ 在干燥的西北地区还可以使用，但应在底漆中加入添加剂，提高底漆性能。可在沥青中加入填料和添加剂，熬制成沥青玛蒂脂，达到英国 BS 4164 和美国 AWWA C210 标准。

2) 煤沥青

煤沥青是焦化厂的副产品。在焦化厂，煤经1000℃以上的高温炼成焦炭，其副产品是煤焦油，煤焦油经过蒸罐去掉粗苯、洗油、萘油、蒽油，剩下360℃以上馏分是煤焦沥青。早在19世纪，欧美国家就在地下管道和构筑物的防水、防腐中采用煤沥青。煤沥青的化学组成十分复杂，它以高分子稠环芳烃为主，含有萘、酚、硫、氮等化学成分，有很强的杀菌能力，微生物和植物根都远离煤沥青。稠环芳烃相对分子质量大，结构紧密，吸水率低，是优良的防水、防腐材料。

但是煤沥青脆性大，机械强度低，易粉碎。在煤沥青或煤焦油中，加入蒽油、洗油、煤粉和矿物填料加工成增塑型煤焦油沥青，欧美国家称之为煤焦油瓷漆。此产品与我们常用的涂料品种中的液体瓷漆完全不同，它需要加热到熔融状态下浇涂，冷却后凝固，形成防腐层，应称之为沥青玛蒂脂。

3. 石油沥青防腐层施工工艺与质量控制

1）防腐层施工工艺及控制要点

石油沥青防腐层施工工艺可分为六道工序。

（1）表面处理

① 钢管在防腐前应清除钢管表面的焊渣、毛刺、油脂和污垢等附着物。

② 喷（抛）射或机械除锈前应预热钢管，预热温度为40~60℃。

③ 采用喷（抛）射或机械除锈，其质量应达到（GB/T 8923.1）中规定的Sa2级或St3级的要求。

④ 表面预处理后，应将钢管表面附着的灰尘、磨料清除干净，并防止涂覆前钢管表面受潮、生锈或二次污染。

（2）熬制沥青

加热、熬制沥青是关键，若石油沥青加热方式不科学，造成局部过热，或熬制温度过高（超过260℃）、熬制时间过久（超过4~5h），都会造成部分沥青焦炭化，除产生烟气污染环境外，还使沥青脆性增加，严重影响防腐层质量。

① 熬制前，将沥青破碎成粒径为100~200mm的块状，并清除纸屑、泥土及其他杂物。

② 石油沥青的熬制可采用沥青锅熔化或导热油间接熔化两种方法。熬制开始时应缓慢加温，熬制温度宜控制在230℃左右，最高加热温度不得超过250℃，熬制中应经常搅拌并清除石油沥青表面上的漂浮物。石油沥青的熬制时间宜控制在4~5h，确保脱水完全。

③ 熬制好的石油沥青应逐锅进行针入度、延度、软化点三项指标的检验，检验结果应符合表3-16要求。

表3-16 管道防腐石油沥青质量指标

项　目	质量指标	试验方法
针入度（25℃、100g）/0.1mm	5~20	GB/T 4509—2010
延度（25℃）/cm	≥1	GB/T 4508—2010
软化点（环球法）/℃	≥125	GB/T 4507—2014

（3）涂底漆

① 底漆用的石油沥青应与面漆用的石油沥青标号相同，严禁用含铅汽油调制底漆。调制底漆用的汽油应沉淀脱水，底漆配制时石油沥青与汽油的体积比应为1∶（2~3）。

② 涂刷底漆前钢管表面应干燥无尘。

③ 底漆应涂刷均匀，不得漏涂，不得有凝块和流痕等缺陷，厚度应为0.1~0.2mm

（4）浇涂沥青和包覆玻璃布

① 常温下，涂刷底漆与浇涂石油沥青的时间间隔不应超过24h。

② 浇涂石油沥青温度以200~230℃为宜。

③ 浇涂石油沥青后，应立即缠绕玻璃布。玻璃布必须干燥、清洁。缠绕时应紧密无皱褶，压边应均匀，压边宽度应为20~30mm，玻璃布接头的搭接长度应为100~150mm，玻璃布的石油沥青浸透率应达到95%以上，严禁出现大于50mm×50mm的空白。管子两端应按管径大小预留出一段不涂石油沥青，管端预留段的长度应为150~200mm。钢管两端防腐层应做成缓坡形接茬。其涂覆过程应严格按照SY/T 0420—1997标准进行，并作好生产记录备查。

(5) 包扎聚氯乙烯工业膜

所选用的聚氯乙烯工业膜应适应缠绕时的管体温度，并经现场试包扎合格后方可使用。外保护层包扎应松紧适宜，无破损、无皱褶和脱壳，压边应均匀，压边宽度应为20~30mm，搭接长度应为100~150mm。

(6) 吊运、储存、堆放

① 当环境温度接近脆化温度时，不得进行防腐管的吊装、搬运作业。

② 经检查合格的防腐管，应在防腐层上标明钢管规格、长度、使用温度及防腐厂编号，并填好各项记录。

③ 经检查合格的防腐管，应对防腐等级进行标识，其标识为环绕防腐层外的色带，无色带为普通级；黄色带为加强级；红色带为特加强级。

④ 经检查合格的防腐管应按不同的类别分别码放整齐，并做好标识，码放层数以防腐层不被压薄为准。防腐管底部应垫上软质物，以免损坏防腐层。

⑤ 防腐管出厂时，应根据施工现场的要求，核对钢管材质、直径、壁厚、防腐等级及使用温度后方可装车。

⑥ 装车时应使用宽尼龙带或其他专用吊具。严禁使用摔、碰、撬等有损于防腐层的操作方法。每层防腐管之间应垫软垫。捆绑时，应用尼龙带或外套胶管的钢丝绳。卸管时应采用专用吊具，严禁用可损坏防腐层的撬杠撬动及滚滑等方法卸车。

2) 质量检查

(1) 表面预处理质量检验　表面预处理后钢管应逐根进行除锈等级的质量检验，用GB/T 8923.1标准中相应的照片进行目视比较，表面除锈等级应达到Sa2级或St3级。

(2) 防腐层外观检查　用目测法逐根检查防腐层的外观质量，表面应平整，无明显气泡、麻面、皱纹、凸痕等缺陷。外包保护层应压边均匀，无皱褶。

(3) 厚度检查　防腐等级、防腐层的总厚度应符合标准规定。用防腐层测厚仪进行检测。按每班当日生产的防腐管产品根数的10%，且不少于1根的数量抽测。每根测三个截面，每个截面测上、下、左、右四点。以最薄点为准。若不合格时，按抽查根数加倍抽查，其中仍有一根不合格时，该班生产的防腐管定为不合格。

(4) 黏结力检查　在管道防腐层上，切一夹角为45°~60°的切口，切口边长约40~50mm，从角尖端撕开防腐层，撕开面积应大于30~50cm^2。防腐层应不易撕开，撕开后黏附在钢管表面上的第一层石油沥青或底漆占撕开面积的100%为合格。其抽查比例为每班当日生产的防腐管产品根数的1%，且不少于1根。每根测一处，若有一根不合格时，应加倍检查。其中仍有一根不合格时，该班生产的防腐管定为不合格。

(5) 漏点检查　防腐层的连续完整性检查应按《管道防腐层检漏试验方法》(SY/T 0063—1999)中方法B的规定进行，采用高压电火花检漏仪对防腐管逐根进行检查。其检漏电压应符合表 3-17 的规定。

表 3-17　石油沥青防腐层检漏电压

防腐等级	普通级	加强级	特加强级
检漏电压/kV	16	18	20

3）防腐层补伤、补口

管道焊口和破损处的修补十分重要，修补后的质量直接影响管道的寿命。其防腐层等级应高于管体部分。

(1) 补口施工方法　补口前应将补口处的泥土、油污、冰霜以及焊缝处的焊渣、毛刺等清除干净，除锈质量应达到相关标准规定的 Sa2 级或 St3 级。采用石油沥青补口时，应使用与管本体相同的防腐等级及结构进行补口，当相邻两管为不同防腐等级时，以高防腐等级为准。但设计对补口有特殊要求者除外。

(2) 补伤施工方法　补伤处的防腐等级及结构应与管本体的防腐等级及结构相同。补伤时，应先将补伤处的泥土、污物、冰霜等对补伤质量有影响的附着物清除干净，用喷灯将伤口周围加热，使沥青熔化，分层涂石油沥青贴玻璃布，最后贴外保护层，玻璃布之间、外保护层之间的搭接宽度应大于 50mm。当损伤面积小于 $100mm^2$时，可直接用石油沥青修补。

4）防腐层评价

(1) 电性能　石油沥青自身吸水率高达 12.6%，而且防腐层中加有中碱和高碱玻璃丝布，进而更增加了防腐层的吸水性。因此埋地后，在含水率高的土壤中，防腐层电绝缘性能大大下降，导电性增强，管道电化学腐蚀增强。

阴极剥离试验证明，石油沥青抗阴极剥离性能差，在阴极保护电位的作用下，常常会全部剥离，石油沥青防腐层失效。

(2) 力学性能　石油沥青黏结差，其黏结力仅为 $7.9kgf/m^2$。在低温下易脆裂，施工中易受机械损伤。

(3) 稳定性　石油沥青耐碱性差，在碱的作用下会发生皂化反应，失去黏结力。当输送介质温度升高时，在高温下防腐层发生流坠，管道顶部的沥青会坠到侧壁，再淌坠到管底。管底脱空，遇到地下水后，空腔进水、存水，管道会严重腐蚀。

(4) 抵抗生物的破坏性　石油沥青防腐层容易被芦苇根穿透，管道遭受腐蚀。

(5) 施工工艺性　石油沥青采用加热后浇涂，施工难度大，操作条件差，易发生着火、烫伤等事故，沥青加热温度过高和搅拌不均匀使沥青过热都会使沥青变质。

另外，石油沥青的经济性、环保性不是很好，所以使用在逐步减少。

4. 煤焦沥青防腐层的施工工艺与质量控制

1）施工工艺流程

埋地钢质管道煤焦油瓷漆外防腐层施工工艺流程是：在生产线上先清理钢管外表面，除去水汽、油脂、毛刺、焊瘤和污垢等附着物，进入除锈工序，经抛、喷射除锈，表面达到 GB 8923.1 规定的 Sa2 级，表面粗糙度为 35～75μm。钢管进入预热炉，加热温度为 40～70℃，涂刷配套底漆。

底漆实干后，浇涂煤焦沥青瓷漆，温度控制在 230～250℃，随即缠绕内缠带，再浇涂煤焦油瓷漆，使内缠带良好地处于两层瓷漆中间，压边厚 15～25mm。接着缠绕外缠带，外缠带是最后一道包覆层。

缠绕外缠带后进入水冷定型工序，涂层表面干燥后进行质量检验，主要检查外观、厚度、针孔、黏结力和结构，质检合格后，记录存档，存放准备出厂。

煤焦油瓷漆防腐层施工工艺共分为六个工序。

（1）钢管表面处理

采用喷(抛)射除锈，钢管表面达到 Sa2 级；彻底清除钢管表面的灰尘；钢管表面处理之后，应在 8h 内尽快涂底漆。如果涂底漆前钢管表面已返锈，则必须重新进行表面处理。

（2）涂底漆

① 钢管表面温度低于 7℃或有潮气时，应使用适当方式将钢管加热至 30~40℃，并保证在涂底漆时钢管表面干燥、洁净。

② 底漆可采用刷涂、喷涂或其他适当方法施工。

③ 底漆层应均匀连续，不得漏涂，厚度不小于 50μm，对底漆缺陷应进行补涂。

④ 应在涂底漆后不少于 1h 和不多于 5d 内涂覆瓷漆。如果底漆与瓷漆涂装间隔时间超过 5d，应除掉底漆层并重涂，或按厂家说明书规定再涂一道。

底漆可采用刷涂、喷涂或厂家推荐的其他方法施工，但最终要求底漆层是连续均匀的，无漏涂、流淌等缺陷。对底漆缺陷必须铲除，清理干净后补涂。底漆厚度不应小于 50μm（是指湿膜厚度），可用单位质量涂料涂刷面积加以控制。涂底漆后不应有露白现象。

（3）涂煤焦油瓷漆和缠内缠带

① 底漆层表面温度控制。底漆层表面温度低于 7℃或有潮气时，应采用适当方式将管体加热，保证管表面干燥，加热时不得破坏底漆层，最高温度不得超过 70℃。

② 瓷漆浇涂温度控制。各型瓷漆的浇涂温度范围、在浇涂温度下允许的最长加热时间和禁止超过的最高加热温度见表 3-18。超过最高加热温度或在浇涂温度下超过允许的最长加热时间的瓷漆应废弃，不允许掺合使用。

表 3-18　浇涂瓷漆加热条件

项　目	瓷漆型号		
	A	B	C
浇涂温度/℃	230~250	230~250	240~260
最高加热温度/℃	260	260	270
在浇涂温度下的最长加热时间/h	6	6	5

③ 缠绕内缠带将过滤后的瓷漆均匀地浇涂于旋转的钢管外壁的底漆层上，随即缠绕内缠带。缠绕时应无皱褶，无空鼓，瓷漆应从内缠带的孔隙中渗出，使内缠带处于瓷漆层之中。缠绕压边 15~25mm，且应均匀，接头的搭接长度为 100~150mm，各层压边位置应避免重合。

（4）缠绕外缠带

最后一道瓷漆涂完后，立即趁热缠绕外缠带。外缠带压边 15~25mm，并应均匀。接头搭接长度为 100~150mm。

（5）水冷定型

缠绕外缠带后的钢管必须经冷却定型工序后，方可传输移动。水冷定型段的长度及水温控制应以防腐性能好的钢管外防腐层在以后的传输过程中受力不变形为原则。

（6）涂防晒漆

防晒漆是为防止煤焦油瓷漆外防腐层受太阳直射和受热以至性能变差而选用的，可视施工气候条件需要而定。需要时，在防腐管质量检验合格后，在防腐层上刷涂一道防晒漆。

2）质量检查

（1）外观检查

① 用目视逐根检查，防腐层表面应均匀、平整，无气泡、皱褶、凸瘤及压边不均匀等防腐层缺陷。

② 管端不防腐长度符合表 3-19 要求，防腐层端头为阶梯形接茬。

表 3-19　预留长度

管径/mm	≤159	219~457	≥457
预留长度/mm	150	150~200	200~250

（2）厚度检查

① 用无损测厚仪检查防腐层厚度，应符合标准规定。

② 每 20 根抽查一根，每根测三个截面，截面沿管长均布，每个截面测上、下、左、右四个点，以最薄点为准。若不合格，加倍抽查；如仍有不合格，应逐根检查。

③ 不合格者降级使用或再次涂装瓷漆加厚至合格。

（3）漏点检查

① 用电火花检漏仪对全部防腐层进行检查，探头接触防腐层，以约 0.2m/s 的速度移动。

② 检漏电压按 $V=7843\sqrt{t}$ 计算，t 为防腐层厚度(mm)，连续检测时，应每 4h 校正一次。

③ 以无火花为合格，不合格处应补涂并再次检测至合格。

（4）黏结力和结构检查

① 应在涂装 48h 后，防腐层温度处于 10~35℃时检查。

② 用薄且锋利的刀具将防腐层切出 50mm×50mm 的方形小块，应完全切透防腐层直抵金属表面。应小心操作，避免方块中防腐层破损，将刀具插入第一层内缠带和管体之间的瓷漆中，轻轻地将防腐层撬起。

③ 观察撬起防腐层后的管面，以瓷漆与底漆、底漆与管体没有明显的分离，任何连续分离界面的面积小于 $80mm^2$ 为黏结力合格。同时观察撬起的断面完整的防腐层。

④ 每 20 根管抽查一根管的一个点，若不合格，再抽查两根管，有一根不合格者，全部为不合格。

3）防腐层补伤、补口

（1）表面处理

补口和补伤处应清理干净，去除破损的防腐层，裸露钢管表面除锈质量应达到 GB/T 8923 规定的 Sa2 级，除锈后应立即涂底漆。

（2）采用热烤缠带补口、补伤

① 补口　用喷灯或类似加热器烘烤热烤缠带内表面至瓷漆熔融，同时将管件的被涂覆面烤热，随即将热烤缠带黏贴缠绕于管件表面，从一端缠起，边烘边缠。缠绕时，给缠带以一定拉力并压紧，达到充分黏结，不留空鼓，压边 15~25mm，且应均匀，接头搭接 100~150mm。管端防腐层各层间应做成阶梯形接茬，阶梯宽度为 50~100mm。各层压边位置应避免重合。

② 补伤　直径小于 100mm 的损伤，修补时最外一层热烤缠带的尺寸应比损伤尺寸稍大；直径大于 100mm 的损伤，修补时最外层用热烤缠带将管体缠绕一圈。

(3) 采用煤焦油瓷漆材料补口、补伤

① 材料应与管体防腐层相同。

② 直径小于100mm的补伤只用瓷漆修补，补口和直径大于100mm的补伤，防腐层结构应与管体相同。

(4) 补口和补伤防腐层检查

① 外观、厚度、针孔、黏结力检查方法均与管体相同。

② 对不合格者必须返工修补至检查合格，对各项检查结果必须记录备查。

(5) 采用其他材料补口、补伤

除热烤缠带和煤焦油瓷漆材料外，经设计部门和用户协商后，其他和煤焦油瓷漆黏结好、防腐性能相当的材料，也允许用于补口和补伤，并执行相应的施工验收规范。

3.1.4 聚烯烃类防腐层工程

1. 聚烯烃材料

聚烯烃材料是指由一种或几种烯烃聚合或共聚制得的聚合物为基材的材料。

聚烯烃塑料是通用塑料的一种，它主要包括聚乙烯(PE)、聚丙烯(PP)和POE、EVA、MMA等高级烯烃聚合物。聚乙烯(PE)又分为高密度聚乙烯(HDPE)和低密度聚乙烯(LDPE)。聚烯烃塑料即烯烃的聚合物，是一类产量最大、应用最多的高分子材料；其中以聚乙烯、聚丙烯最为重要。由于具有原料丰富、价格低廉、容易加工成型、综合性能优良等特点，在现实生活中应用最为广泛，其在汽车上应用也越来越重要，并有逐步扩大之趋势。

聚烯烃塑料具有以下特性：

① 密度小。聚烯烃塑料的密度通常在0.83~0.96g/cm^{3}之间，是除木材外较为轻质的材料，当将其制成泡沫时，其密度更低，可达0.010~0.050g/cm^{3}之间，而钢的密度为7.8g/cm^3,铝的密度为2.7g/cm^3，玻璃的密度为2.6g/cm^3，陶瓷的密度为4.0g/cm^3。每100kg的塑料可替代其他材料750~850 kg，可减少汽车自重，增加有效载荷。

② 物理、化学等综合性能良好。手感好，耐磨，对电、热、声都有良好的绝缘性能，透明度高、透气率高，可被广泛地用来制造电绝缘材料，绝缘保温材料；耐化学腐蚀性好，对酸、碱、盐等化学物质的腐蚀均有抵抗能力。

③ 着色性好。可按需要制成各种各样的颜色，有黑、灰、白、桃木纹等。

④ 加工性能好。可通过挤出、吹塑和注射等工艺加工成管、板、薄膜及纤维，复杂的制品可一次成型，能采用各种成型法大批量生产，生产效率高，成本较低，经济效益显著，如果以单位体积计算，生产塑料制件的费用仅为有色金属的1/10。

⑤ 价格低廉。

但是，聚烯烃塑料的收缩率大，吸水性强，尺寸稳定性差，难以制得高精度制品，易燃，燃烧时产生大量黑烟和有毒气体，长期使用易老化、易变形；但通过改性可降低其缺陷。

2. 聚烯烃防腐涂层

聚烯烃防腐涂层主要有挤压聚乙烯防腐层和聚乙烯焦黏带防腐层。

1) 挤压聚乙烯防腐层

挤压聚乙烯防腐层最早是20世纪50年代初由美国某公司研制成功的，采用的是二层结构，即由底层胶黏剂和面层聚乙烯组成，因面层为黄色又称为“黄夹克”。因其力学性能好、抗剥离强度高、抗机械冲击好、电绝缘性能高，是80年代最好的防腐层。我国于20世纪

80年代末开始，研制并建立黄夹克生产作业线。1986年，由原石油部组织，由华北油田油建一公司负责编写《埋地钢质管道包覆聚乙烯防腐层施工及验收规范》，该标准仅限于当时的黄夹克即两层结构聚乙烯防腐层(2PE)。2PE的主要缺点是屏蔽阴极保护电流，引起管道出现应力腐蚀开裂(SCC)。

在20世纪80年代德国曼内斯曼公司研制了三层结构聚乙烯防腐层，将熔结环氧粉末防腐层(FBE)和两层结构聚乙烯防腐层结合为一种防腐层，简称为3PE。3PE防腐层全名称为挤压聚乙烯防腐层。经三十余年的研制、生产、施工和技术标准制定，挤压聚乙烯防腐层已经大量应用在输油、输气管道领域。

2）聚乙烯胶黏带防腐层

早在20世纪50年代，欧美国家就开始使用塑料胶黏带，我国自60年代开始研究、试制聚乙烯胶黏带，1975年制成JD-403型胶黏带，并实际应用在胜利油田的管道防腐工程。1986年，原石油部就编制了SY/T 0414—1998《钢质管道聚乙烯胶黏带防腐层技术标准》。

聚乙烯胶黏带防腐层适用于埋地管道，输送介质温度为-30~70℃。其功能是起密封、防腐、保护作用，其性能指标应达到表3-20的要求。

表3-20　聚乙烯胶黏带性能

项　　目			性能指标	测试方法
厚度/mm			符合厂家规定， 厚度偏差≤±5%	GB/T 6672—2001
基膜拉伸强度/MPa			≥18	GB/T 1040.3—2006
基膜断裂伸长率/%			≥20	GB/T 1040.3—2006
剥离强度/(N/cm)	对底漆钢		≥20	GB/T 2792—2014
	对背材	无隔离纸	≥5	GB/T 2792—2014
		有隔离纸	≥20	
电气强度/(MV/m)			≥30	GB/T 1408.1—2016
体积电阻率/Ω·m			$\geq 1\times10^{13}$	GB/T 1410—2006
耐热老化/%			≥75	SY/T 0414—2007 附录A
吸水性/%			≤0.2	SY/T 0414—2007 附录B
水蒸气渗透率/[mg/(24h·cm^2)]			≤0.45	GB 1037—1988

在性能指标中最主要的控制项目如下：

① 基膜拉伸强度　胶黏带的拉伸强度可以用一定宽度(25mm或10mm)的胶黏带被拉断时的拉力表示，但对于不同厚度的胶黏带，性能相差较大，故用拉断时单位截面上拉力作为拉伸强度指标更为合适。

② 基膜断裂伸长率　聚乙烯材料的断裂伸长率可以达到400%或者更高。由不同工艺(吹塑涂布或共挤工艺)生产的胶黏带，其基膜断裂伸长率不同，现修订为400%。

③ 剥离强度　该指标也称为黏结强度，高的黏结力是阻止水渗入涂层的保证，这是一项相当重要的指标。考虑到施工问题，缠带解卷剥离强度不能太高，也不能太低，太高解卷困难，太低没有张力。所以规定对背材的剥离强度定为5~20N/cm。

④ 体积电阻率、电气强度　因为聚乙烯和丁基胶都属于电绝缘较好的材料，根据国内

外指标，规定为体积电阻率大于 $1\times10^{12}\Omega\cdot m$，电气强度大于 30MV/m。

⑤ 耐热老化　在德国标准 DIN 30670 中，对包覆聚乙烯涂层老化试验规定加热 100℃±2℃，时间为 2400h。测定胶黏带基膜强度、断裂伸长率和剥离强度性能的保持率，定为 75%。

⑥ 吸水性及水蒸气渗透率　该指标是反映涂层材料抗水汽浸透能力的两项指标，它直接关系到涂层的使用寿命及防腐质量。

3. 挤压聚乙烯防腐层的施工工艺与质量控制

1）防腐层施工工艺及控制要点

（1）底涂层

① 环氧粉末的胶化时间和固化时间是最重要的指标。通常要求具有较长的胶化时间和较短的固化时间，要保证中间胶黏剂层涂覆时环氧粉末仍未完全胶化，使胶黏剂与环氧粉末涂料进行反应；固化时间方面，必须保证环氧粉末在防腐层完全冷却之前得到固化，使防腐层间结合紧密，成为一个整体。

② 环氧粉末涂料要注意保质期和环氧含量。

（2）中间层胶黏剂

挤出胶黏剂的工艺参数要与胶黏剂原料的流动速率相匹配，否则会出现挤出涂覆困难或胶膜薄厚不均匀的现象。胶黏剂有两种，应采用不同的挤压工艺。

（3）聚乙烯面层

要稳定控制生产工艺参数，各项工艺参数必须在开始生产时先作调试，确定温度、出料速度及底、中、面层厚度等各项工艺参数后，可连续生产，并要严格保持各项参数，得到质量稳定合格的防腐层。

2）质量检查

（1）外观

防腐层外观应逐根目测检查。聚乙烯层表面应平滑，无暗泡、无麻点、无皱褶、无裂纹，色泽应均匀。防腐管端应无翘边。

（2）漏点检查

防腐层的漏点应采用在线电火花检漏仪进行连续检查，检漏电压为 25kV，无漏点为合格。单管有两个或两个以下漏点时，可进行修补；有两个以上漏点或单个漏点沿轴向尺寸大于 300mm 时，该防腐管为不合格。

（3）厚度

连续涂覆的防腐层厚度至少应检测第 1、5、10 根，之后每 10 根至少测一根。宜采用磁性测厚仪或电子测厚仪，测量钢管 3 个截面圆周方向均匀分布的 4 点的防腐层厚度，同时应检测焊缝处的防腐层厚度。

（4）黏结力

防腐层的黏结力通过测定剥离强度进行检查。每班至少在两个温度条件下各抽测一次。

（5）环氧粉末涂层厚度

每班至少应测量一次环氧粉末涂层厚度及固化度。

（6）阴极剥离试验

连续生产的第 10km、20km、30km 的防腐管应进行一次 48h 阴极剥离试验，之后每 50km 进行一次阴极剥离试验，其结果应符合要求。如不合格，应加倍检验。加倍检验全部合格时，该批防腐管为合格；否则，该批防腐管为不合格。

(7) 拉伸强度和断裂伸长率

每连续生产50km防腐管应截取聚乙烯层样品，按GB/T 1040.2检验其拉伸强度和断裂伸长率。若不合格，可再截取一次样品；若仍不合格，则该批防腐管为不合格品。

3) 防腐层补伤、补口

(1) 补口材料

① 三层结构防腐管的补口宜采用环氧底漆/辐射交联聚乙烯热收缩带(套)结构；特殊情况下，经设计和用户确认，也可只用辐射交联聚乙烯热收缩带(套)。采用环氧底漆/辐射交联聚乙烯热收缩带(套)结构补口时，应使用热收缩带(套)厂家配套提供或指定的无溶剂环氧树脂底漆。管径大于200mm时宜采用热收缩带补口。

② 辐射交联聚乙烯热收缩带(套)应按管径选用配套的规格，产品性能应符合相关标准规定。

(2) 补口施工

① 补口施工人员应经过防腐施工培训并取得合格证。正式开始施工前，材料生产厂应派专人现场指导。

② 当存在下列情况之一，且无有效防护措施时，不应进行露天补口施工：雨天、雪天、风沙天；风力达到5级以上；相对湿度大于85%。

③ 应对焊口进行清理，环向焊缝及其附近的毛刺、焊渣、飞溅物、焊瘤等应清理干净。补口处的污物、油和杂质应清理干净；防腐层端部有翘边、生锈、开裂等缺陷时，应进行修理，最多可修理至防腐层与钢管完全黏附处。

④ 在进行表面喷砂除锈前，应将补口部位的钢管预热至露点以上至少5℃的温度。

⑤ 补口部位的表面除锈等级应达到GB 8923.1规定的Sa2.5级，如不采用底漆，经设计选定，也可用电动工具除锈处理至St3级。除锈后应清除表面灰尘。

⑥ 表面处理与补口施工间隔时间不宜超过2h，表面返锈时，应重新进行表面处理。

⑦ 补口搭接部位的聚乙烯层应打磨至表面粗糙，粗糙程度应符合热收缩带(套)使用说明书的要求。

⑧ 宜用火焰加热器对补口部位进行预热，按热收缩带(套)产品说明书的要求控制预热温度。加热后应采用接触式测温仪或经接触式测温仪比对校准的红外线测温仪测温，至少测量补口部位表面周向均匀分布4个点的温度，结果均应符合产品说明书的要求。

⑨ 若采用环氧树脂底漆，应按照产品说明书的要求调配底漆并均匀涂刷，底漆的湿膜厚度应不小于120μm。

⑩ 热收缩带(套)的安装应符合产品说明书的要求，安装过程中，宜控制火焰强度，缓慢加热，但不应对收缩带上任意一点长时间烘烤。收缩过程中用指压法检查胶的流动性，手指压痕应自动消失。收缩后，热收缩带(套)与聚乙烯层搭接宽度应不小于100mm；采用热收缩带时，应采用固定片固定，周向搭接宽度应不小于80mm。

(3) 补口质量检验

补口质量应检验外观、漏点及黏结力等三项内容，检测宜在补口安装24h后进行。

① 外观　应逐个目测检查，热收缩带(套)表面应平整、无皱褶、无气泡、无空鼓、无烧焦炭化等现象，热收缩带(套)周向应有胶黏剂均匀溢出，固定片与热收缩带搭接部位的滑移量不应大于5mm。

② 漏点　每一个补口均应用电火花检漏仪进行漏点检查。检漏电压为15kV。若有漏点，应重新修补并检漏，直至合格。

③ 黏结力　补口后热收缩带(套)的黏结力按GB/T 23257《埋地钢质管道聚乙烯防腐层》规定的方法进行检测。检测时的管体温度宜为10~35℃，如现场温度过低，应将防腐层加热至检测温度后进行测试。对钢管和聚乙烯防腐层的剥离强度都应不小于50N/cm；三层结构补口，剥离面的底漆应完整附着在钢管表面。每100个补口至少抽测一个口，如不合格，应加倍抽测。若加倍抽测仍有一个不合格，则该段管线的补口应全部返修。

(4) 补伤

① 对小于或等于30mm的损伤，宜采用辐射交联聚乙烯补伤片修补。补伤片的性能应达到对热收缩带(套)的规定，补伤片对聚乙烯的剥离强度应不低于50N/cm。

② 修补时，应先除去损伤部位的污物，并将该处的聚乙烯层打毛，然后将损伤部位的聚乙烯层修切圆润，边缘应形成钝角，在孔内填满与补伤片配套的胶黏剂，然后贴上补伤片，补伤片的大小应保证其边缘距聚乙烯层的孔洞边缘不小于100mm。贴补时应边加热边用棍子滚压或带耐热手套用手挤压，排出空气，直至补伤片四周胶黏剂均匀溢出。

③ 对大于30mm的损伤，应按照上一条的规定贴补伤片，然后在修补处包覆一条热收缩带，包覆宽度应比补伤片的两边至少各大50mm。

④ 对于直径不超过10mm的漏点或损伤深度不超过管体防腐层厚度50%的损伤，在预制厂内可用与管体防腐层配套的聚乙烯粉末或热熔修补棒修补。

⑤ 补伤质量应检验外观、漏点及黏结力三项内容。外观：补伤后的外观应逐个检查，表面应平整、无皱褶、无气泡、无烧焦炭化等现象，补伤片四周应黏结密封良好，不合格的应重补；漏点：每一个补伤处均应用电火花检漏仪进行漏点检查，检漏电压为15kV，若不合格，应重新修补并检漏，直至合格。黏结力：采用补伤片补伤的黏结力按GB/T 23257—2009《埋地钢质管道聚乙烯防腐层》附录J规定的方法进行检验，管体温度为10~35℃时的剥离强度应不低于50N/cm。

⑥ 对涂覆厂生产过程的补伤，每班(不超过8h)应抽测一处补伤的黏结力。如不合格，加倍抽查。如加倍抽查仍有一个不合格，该班的补伤全部返工。

⑦ 对现场施工过程的补伤，每50个补伤处抽查一处。如不合格，应加倍抽查，仍有一个不合格，则该段管线的补伤应全部返修。

4. 聚乙烯焦黏带防腐层的施工工艺与质量控制

1) 施工工艺流程

聚乙烯胶黏带防腐层是由底漆、内带和外保护带组成，可采用手工或机械缠绕施工。防腐层施工工艺及控制要点如下。

(1) 涂底漆

底漆增加黏结力，起到承上启下的作用。涂底漆前，钢管必须除锈，要达到Sa2级，最低也要达到St3级。底漆涂刷必须均匀，达到全部覆盖，不得漏涂。

(2) 缠绕胶黏带

① 底漆应表干后再缠内带，否则底漆层中有残留的溶剂，受热(日晒)后，溶剂挥发，滞留在缠绕带下，产生气泡，埋地后气泡充水，造成管道的腐蚀，这是聚乙烯胶带防腐缺陷之一，施工中需要采取措施。

② 缠绕内外带的环境条件也非常重要，相对湿度过大时管线表面结露、结霜，风沙天

气在管面、胶面飘落沙尘都会影响防腐层的黏结力。

③ 环境温度也很重要，环境温度高于35℃储存时，胶带会产生脱胶现象，即胶层脱胶并黏在基膜背面，影响防腐层质量。规定储存温度为5~35℃。环境温度低于0℃，胶层和基带硬化，开卷困难，缠绕也不紧密，而且胶层有冻硬开裂现象，影响防腐质量。

2）质量检查

根据SY/T 0414—2007《钢质管道聚乙烯胶黏带防腐层技术标准》规定，聚乙烯胶黏带防腐层应检查以下四项：

① 外观　100%目视检查，表面应平整，搭接均匀，无永久性气泡、皱褶和破损。

② 厚度　用磁性法进行测量，厚度应达到相应防腐层等级所规定的厚度。

③ 黏结力(剥离强度)　用刀沿环向划开10mm宽、长度大于100mm的胶黏带层，然后用弹簧秤与管壁成90°角拉开，拉开速度应不大于300mm/min。该测试应在缠好胶黏带24h以后进行，每千米防腐管线应测试三处。补口处的抽查数量为1%，若有一个口不合格，应加倍抽查，再不合格，全部返修。剥离强度是一个重要的指标，直接关系到水的渗透性和最终防腐功能，测试时必须切透胶带露出钢管并且以90°角拉开，速度不宜太快，否则数值不准。

④ 电火花检漏　对管道进行全线检查，检漏探头移动速度不大于0.3m/s，以不打火花为合格。

3）防腐层补伤、补口

(1) 补伤

补伤是指在搬运或下沟过程中，对胶黏带损伤部位的修补。如果几层胶黏带都已损坏，修整损伤部位时要一直修整到钢管金属，用刀子将胶黏带切成斜坡形，然后涂上底胶。用专用补口补伤带时应贴几层，达到与基体相同的厚度，最后应贴补一块大于损伤周围100mm的补口补伤带。当使用与管本体相同的胶黏带补伤时，涂上底漆后，应贴补相应大小的胶黏带两层，再缠绕两层防腐胶黏带，其宽度应大于伤口部位100mm。

(2) 补口

补口时应除去管端防腐层的松散部分，除去焊缝区的焊瘤、毛刺和其他污物，补口处应干燥。表面预处理质量应达到GB 8923.1中规定的St3级。

采用补口带补口或管体所用的防腐带补口，首先要修整搭接部分，成为斜坡形，涂刷底漆，底漆干燥后，缠内带，再缠外保护带，与原防腐层搭接不小于100mm。

4）防腐层评价

(1) 电性能

绝缘性能最好，体积电阻率达$10^{12}\Omega\cdot m$以上，工频电气强度高达30MV/m以上，抗阴极剥离性能优良。

但是聚乙烯胶黏带的底漆固体分含量极低，干燥后漆膜仅剩20~40μm，遇到管体的焊道和对口的焊道缠绕带会架空。埋到地下后，水和水汽会窜入架空的空隙中，影响阴极保护的电流和电位，又因焊道是管道上电化学腐蚀的源头，是电化学腐蚀发生最强烈的部位，因此使焊口、焊道处严重腐蚀。

聚乙烯胶带的阴极保护屏蔽效应是最大的缺陷。

(2) 力学性能

聚乙烯胶黏带加了外保护带，显著增加了抵抗外力破坏的能力，但防止防腐层的机械损伤，应该首先要求文明施工，按标准要求吊、储、运，就可以减少甚至消除破损。

(3) 稳定性

聚乙烯材料化学性质稳定，耐酸、碱、盐等多种化学介质的浸泡。埋在地下或水中，在没有日光紫外线作用下，寿命应在50年以上。

(4) 抵抗生物的破坏性

聚乙烯耐微生物、不易被微生物分解。

聚乙烯胶黏带在施工温度适宜的条件下，内外带缠绕搭接紧密，能抵抗植物根的穿入。只是有被啃齿类动物啃咬的可能。

(5) 施工工艺性

聚乙烯胶黏带施工方便、快捷。但对施工时的环境要求较苛刻。在环境温度过高、过低和雨天、高湿度及风沙天气均不宜施工，否则会造成胶结力差的质量问题。

(6) 经济指标

在施工中无机械损伤时，可取消外保护带，以降低造价。

(7) 低碳、环保

聚乙烯胶黏带施工中，底漆中含溶剂量高达60%以上，苯类溶剂是高污染物。缠内外带时不产生污染物。

3.2 海底油气管道腐蚀控制工程

3.2.1 海底管道工程施工工艺与施工方法

海底管道腐蚀控制工程的实施，与海底管道工程施工工艺与方法密切相关，而施工工艺虽然取决于多方面的因素，但是主要与管道结构形式有关。海底管道按结构形式分类，可以分为单层管道、单层配重管道、单层保温配重管道、双层保温管道、双层保温配重管道等。为了尽可能说明各主要腐蚀施工工艺，我们这里以胜利埕岛油田的双层管保温结构管道施工为例来说明。

1. 海底管道施工工艺

以埕岛油田为例，其海底输油、输气管道的设计均为双层管保温结构，内外管之间为泡沫黄夹克保温层，外管防腐采用涂层保护和牺牲阳极保护相结合的方式；海底注水管道采用单壁管结构，外防夹克皮加牺牲阳极保护，内防采用管端胀口加内保护套涂刷塞克-54涂料的施工工艺。海底注水管道接口如图3-1所示。海底管线与井组平台工艺管线间通过立管系统连接，海底管线的铺设采用拖管法。

海底管线施工程序主要包括以下几部分：陆地预制、发送入海、拖管就位、立管安装、工艺连通、试压试运、挖沟埋管、竣工投产。这里重点介绍海底管线的海上拖管、海上接口和立管安装过程。

2. 海底管道施工方法

1) 海底管线安装施工过程概述

针对现场预制场地来研究并确定预制方法。大部分海工预制厂都有500~1000m长、50m左右的宽度。单管组对焊接，100m一般是最佳穿入长度，将100m工作管穿入100m套管之中，再实现5个左右100m管段与锚固件的整体焊接，再经试压通球。试压合格后的管

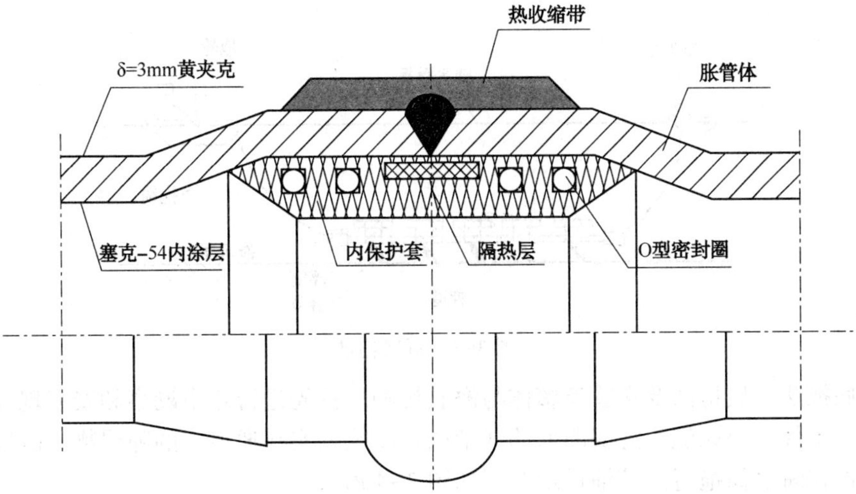

图 3-1　注水管道接口图

段进行整体吊装到发送轨道的发送小车上。现场管线整体吊装采用 5 台吊装设备从管段一端吊起并分段交替将管段放置到小车上。长度 500m 左右管段发送入海采用吊管机通过吊带，吊拉管段前部缓慢前行，通过前置导向器发送入海，在管段尾部通过钢丝绳和卷扬机调解发送速度。小车在导向器前与管线脱离后掉入小车回收装置回收小车。

在管段上均布绑扎一定数量的浮桶利用涨潮时进行拖航，到达预定位置后，将管道固定在临时固定桩上并解除浮桶，使管道下沉至泥面。焊接作业船将两根管段对接端头吊起后再进行焊接，经探伤检测并防腐后再次沉至泥面，整体连接后，采用后挖沟、自然回淤方式埋设管道，进行海底管道试压吹扫工序，最后注入氮气等待其投产运行。

2）海底管线铺设的拖管方法

海底管线铺设的拖管方法主要有浮拖法、近底拖法、底拖法三种。

（1）浮拖法　对于水深小于 2m 近岸水域处的登陆管线，因拖轮无法进入，采用漂浮法结合陆地牵引法拖管。首先在海洋两岸处理近岸段，并建造海底管道预制作业线，安装下水运送滚轮装置。用水陆两用挖掘机和挖泥船预先进行海底管道管沟开挖。然后在岸上进行海底管道预制，将拖轮定位在岸边，并将拖轮上的拖缆引到岸上，与管道头连接，这样在登陆点一根一根接长管道，而拖轮往对岸拖进行敷设。管道下水前安装浮筒，保证下水后管道浮起。当管道拖到一定距离(适宜的海域、水深、潮汐和地质状况)，再由潜水员将浮筒逐渐释放，管道沉至海底。利用同样的方法进行另一端海底管道敷设。其铺设示意图如图 3-2 所示。

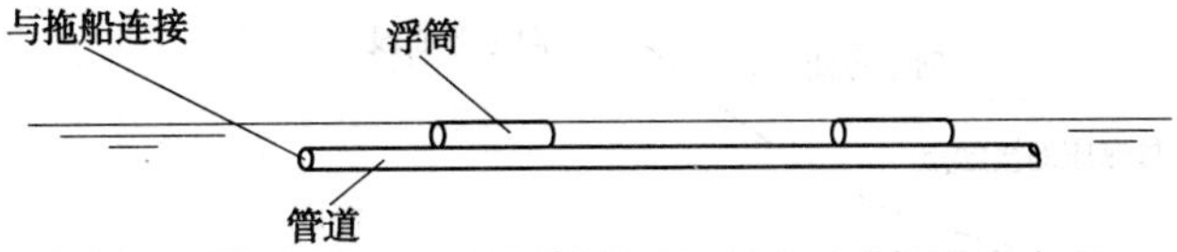

图 3-2　浮拖法

（2）近底拖法　近底拖法与水面下拖法相近，它需要一艘主要的拖轮和一艘小牵制船，浮筒以一定间距连接到管段上，拖运器和牵引拖运器提供正浮力。链节自浮筒上悬挂下来，在拖运期间，离开海床的链节重力平衡浮力，且管段被承托在预先设计的离开海床的某一高度上。其铺设示意图如图 3-3 所示。

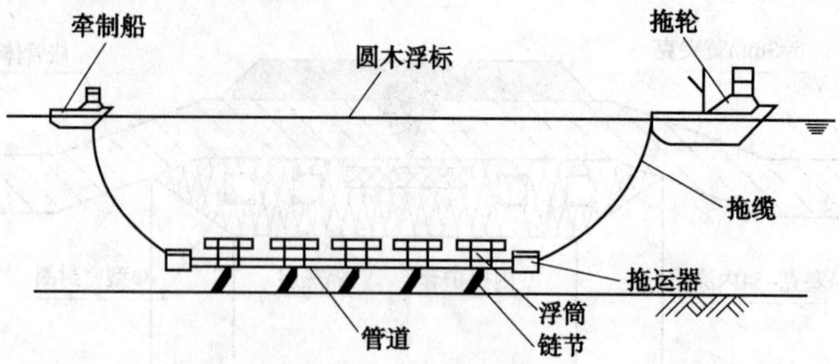

图 3-3 近底拖法

（3）底拖法 底拖法要求管道整体与海底接触。首先进行路由勘察和安装现场勘察，主要包括土壤条件、海底流、海底断面的详细调查以及核实在通道上的障碍物。由拖轮牵引管道一端慢慢在海底面拖行。其铺设示意图如图 3-4 所示。

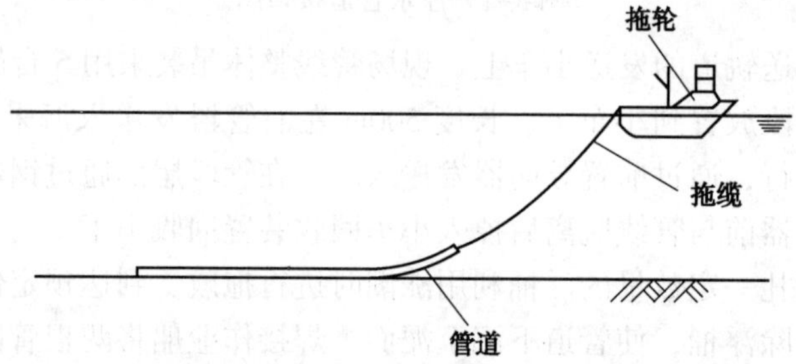

图 3-4 底拖法

3）铺管船铺设法

铺设海底管道的最常用的方法是铺管船法。目前有 3 种不同类型的铺管船，包括传统的箱型铺管船、船型铺管船以及半潜式铺管船，按定位形式又可分为锚泊定位和动力定位两种形式铺管船。

铺管船法铺管主要有以下三种铺设方式：

（1）S 形铺管法 如图 3-5 所示。

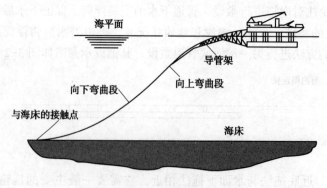

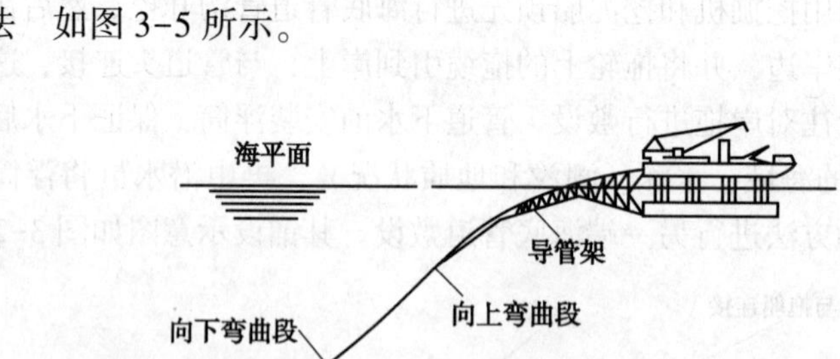

图 3-5 S 形铺管法

（2）J 形铺管法 如图 3-6 所示。

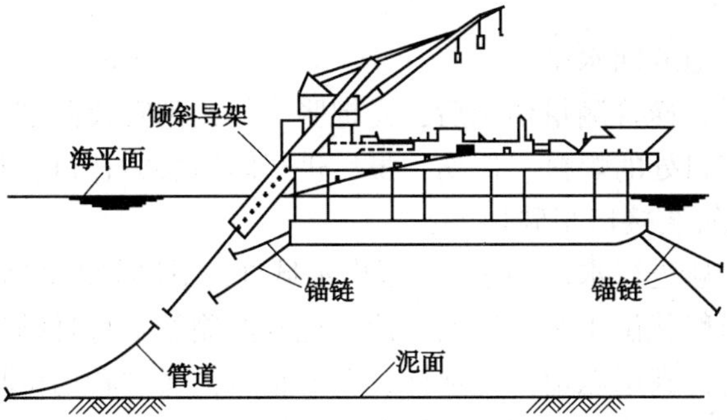

图 3-6　J 形铺管法

(3) 卷筒式铺管法　如图 3-7 所示。

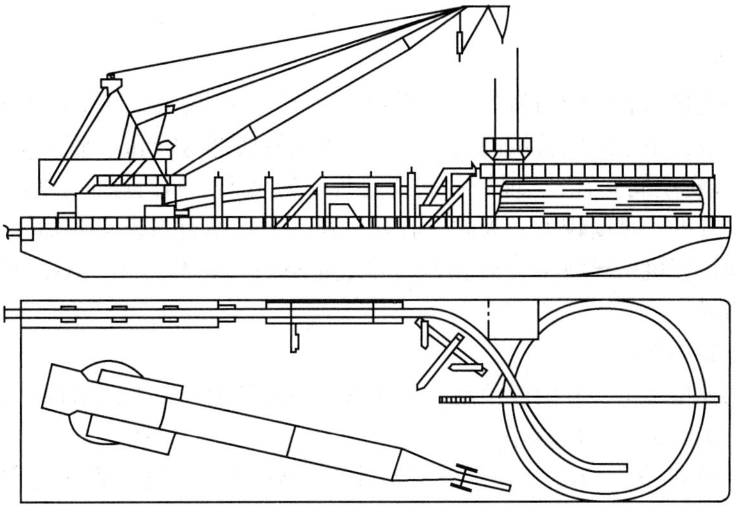
图 3-7　卷筒式铺管法

4) 围堰法

浅海滩涂靠近海岸的地区，沿着管道路由两侧建造围堰，使得围堰区不受潮流、波浪的影响，以便管道分段拖拉就位，落潮时排掉围堰内的海水，进行管段接口，然后采用水陆两用的挖沟设备进行挖沟埋管，回填土施工完毕后将围堰拆除。

5) 海上接口

对于较长的管线，分段拖管就位后，需进行海上接口连通。由于海底管道海上接口时，工程船捞管、调管、吊放过程的应力状态较复杂，挠度过大会产生严重塑性变形甚至折断，所以拖管就位时，在所拖管段首尾应预留一定数量的浮桶来调整捞管、调管、吊放过程中的应力状态。

水深大于 2m 水域管线接口步骤如下：

(1) 用工程船把待接口的相邻两管段端部吊起、放下至少三次，以消除残余应力。然后吊到计算高度，测出管段端部多余部分，并做好记号。

(2) 割掉管段端部多余的长度，将内管对口焊接，接口处进行探伤、防腐层的补口、补伤。

(3) 将套管用两半瓦对口连接，完成接口处的焊接、探伤，最后进行防腐层的补口、补伤。

(4) 把接好口的管道放回水中。

(5) 对于注水管线，捞管测量切割后，先把胀头焊接到管段两端，装入内保护套，用两半瓦对口连接，完成接口处的焊接、探伤，最后进行防腐层的补口、补伤。

水深小于2m水域管线接口步骤如下：

(1) 用改装的对口船进行水深小于2m近岸水域处的登陆管线的水平口连接。

(2) 接口时，对口船就位于水平口处，使带抱杆的侧舷平行且贴近海底管道，此时，插入抗滑桩，使驳船固定，利用舷边4个抱杆挂上滑轮组，通过卷扬机将管线吊出水面，固定在舷侧，收放卷扬机调整管线起吊高度，使两管搭接处在水面上呈水平状态，其余对口焊接程序与深水区相同。

(3) 管线接口施工完成后，吊起管道的抱杆电动葫芦放松管线，管线放至海底，完成对水平口作业。

6) 立管安装

海上立管是连接海底管线与海上采油平台上部工艺的“桥梁”，海上立管安装是海底管线施工的关键环节，由于海底管线的立管是一个由立管底部弯管和水平膨胀弯管组成的三维空间结构(以下简称空间立管)，现场预制及吊装较为困难，如何保证空间立管与水平管连接后顺利进入立管卡，难度较大。为此，胜利油建一公司结合自己多年海上管道施工经验，开发出一套利用计算机指导海上立管预制及吊装的软件。该软件由“ROT”模块和“3DR”模块两个子模块组成。

立管施工步骤如下：

(1) 如结构模型所示，分两段预制空间立管，两段各为一个平面结构。先将这两个平面结构按实际的弯头夹角分别预制好。

(2) 利用计算机执行“ROT”模块，计算出第一焊接点处绕立管底部水平管的旋转角度β。

(3) 将两平面结构在第一焊接点处，绕立管底部水平管旋转角度β，焊接成与实际的空间立管相一致的空间结构。两弯管间直管段的长度根据现场实测水平管段与安装立管卡的导管架腿或立管桩的距离来确定。

(4) 利用计算机执行“3DR”模块，计算出该空间立管的水平管与吊出海面待连接的水平管段相平时吊缆的长度以及吊缆上的张力。

(5) 根据计算出的吊缆张力、吊缆长度选用合适的吊缆并控制吊缆长度，将空间立管吊起，第一次放入立管卡。

(6) 将待连接的水平管段多次吊、放以消除残余应力，然后放入海底并调整方位，使之与空间立管的水平管相齐，由潜水员水下探摸对水平管段多余部分做出标记。

(7) 吊起水平管段，割除多余部分，并吊起空间立管与水平管段相平。

(8) 接口步骤同海上管段间的接口步骤。

(9) 将已与水平管段连接完毕的空间立管第二次放入管卡并上紧螺栓固定，完成立管施工作业。

3.2.2 海底管道外腐蚀控制工程

1. 海底管道外腐蚀控制主要技术概述

海底管道外防腐主要依靠外涂层和阴极保护技术。

1)外涂层

目前国内主要采用三层聚乙烯(3LPE)或三层聚丙烯(3LPP)防腐蚀涂层及其配套体系。在海管喷砂除锈后喷涂环氧粉末，然后涂共聚物胶，再缠上 PE(PP)带，其中的共聚物胶会与环氧涂层和 PE(PP)带发生化学反应，使3层材料相融为一体，达到海管的整体防腐。通常在海管使用温度低于80℃时，选用3LPE；海管使用温度高于80℃时，采用3LPP。

3PE 涂层在温度大于80℃时就会软化，德国 DIN 30678《钢质管道聚丙烯涂层》标准称3PP 涂层在80℃环境下运行寿命为30年，90℃时寿命为15年，100℃时寿命为8年。

3LPE/PP 的设计主要依照 DNV F 106(2011)、ISO 21809. 1—2011 和 GB/T 23257—2009 等标准进行。近年来耐酸碱腐蚀性能优越，环保的聚脲喷涂技术已在国外大量采用，如用于大桥、舰船、石油平台等防腐防渗。

2) 阴极保护

要想在管道上得到完美无瑕的涂层几乎是不可能的。总会存在一些缺陷，比如气孔、针孔等，这会影响涂层的耐久性，一旦这些地方发生腐蚀就会导致涂层失效。因此，阴极保护与涂层联合使用是目前海底管道防腐的通常做法。阴极保护费用通常是涂层费用的10%。目前海底管道的阴极保护主要采用牺牲阳极的阴极保护，通常选用的阳极材料是手镯式铝合金，设计主要按照 DNV RP B401(2011)、DNV RP F103(2010)、ISO 15589-2(2012)、NACE SP 0387(2006)等标准和规范进行。

2. 海底管道外防腐层施工防护

从管道外壁腐蚀控制所用外防腐层的施工方法与工艺技术角度来讲，其与陆上管道没有什么区别。区别仅在于防腐层在穿管过程的防护技术。

穿管过程中，100m 管段内、外管环缝没有采用传统所使用的扶正块，而是在内管管端多圈单层缠绕8#铁丝，保护内管前进端的防水帽及防腐保温层，在外管管端设置引入管，然后在每根内管管材中间部位再缠绕8#铁丝，避免因管线重力自然弯曲造成下部保温层划伤或划破，并在穿入过程中不断涂抹适量黄油于内外管易摩擦部位，利用这种方法，既加快了穿管速度又保证了穿管质量。

3. 海底管道阴极保护施工

随着近年来海洋资源的大力开发，海底管道的铺设工程量逐年增长。海底管道阳极是管道阴极保护的一种重要形式，它的设计、施工及应用，对海底管道的工程质量起到举足轻重的影响。

1) 应用环境分析

从外部腐蚀环境看，海洋环境可分为海洋大气区、飞溅区、潮差区、海水全浸区和海泥区。海底管线按照应用位置可分为平管段和立管段。平管段主要铺设于海中，分布在海水全浸区和海泥区；而立管段则与组块导管架相接，分布区域跨度较大，从海泥区到大气区均有。按照占整体海管长度的百分比来说，平管段占绝大部分，且平管段又可分为埋地管线(海泥区)和非埋地管线(全浸区)。

海底管道除外部处于海洋腐蚀环境中外，管道内部的流动介质对管道本身也有腐蚀作用，流通介质的化学性质、流速、温度等对海底管道腐蚀均有较大影响。根据内部流动介质不同，海底管道还可分为干气管段、注水管段及混输管段。

在内外因素共同影响下，海底管道处于较恶劣的腐蚀环境中。

2) 参考设计标准

以国内常规项目为例，海管阳极设计安装需参照的标准有：

DNV RP F103《海底管线的牺牲阳极阴极保护》、DNV RP B401《阳极保护设计》、NACE SP 0387《海洋工程用铝合金阳极的铸造和检验》、GB 4948—2002《铝-锌-铟系合金牺牲阳极》。

3）设计参数

所有设计参数以国内南海某常规海底管道铺设项目为例。

(1) 平均电容量及开/闭路电位

因海水和海泥的介质性质不同，其电阻率往往呈现出明显差异：海水全浸区的电阻率为 24.2Ω·m，而海泥区的电阻率则为 99.8Ω·m（以 Ag/AgCl 为参比电极，环境温度 25℃下）。其平均电容量及开/闭路电位见表 3-21。

表 3-21　平均电容量及开/闭路电位

电化学参数	取值要求	
	海水全浸区	海泥区
平均电容量/（Ah/kg）	>2500	>1800
开路电压/V（Ag/AgCl）	< -1.10	< -1.05
闭路电压/V（Ag/AgCl）	< -1.05	< -1.00

(2) 保护电流密度和阳极利用率

考虑到海底管道内外环境，根据海底管道内流体介质的不同温度以及海底管道是否埋地，其电流密度见表 3-22。

表 3-22　电流密度　　A/m^2

外部条件	内部流体温度			
	≤50℃	50~80℃	80~120℃	>120℃
非埋地段	0.050	0.060	0.070	0.100
埋地段	0.020	0.025	0.030	0.040

阳极利用率一般取值为 0.8。

4）阳极化学成分

根据环境条件其相关计算结果，确定海底管道阳极化学成分见表 3-23。

表 3-23　海底管道阳极化学成分

成　分	相对密度/%	成　分	相对密度/%
锌(Zn)	5.5~7.00	铁(Fe)	0.13
铟(In)	0.025~0.035	铜(Cu)	0.01
硅(Si)	0.10~0.15	铝(Al)	剩余

5）结构形式

海底管道阳极又称为手镯式阳极，顾名思义，其横截面为两个对称的半环形，安装后相对“环抱”呈手镯状。阳极芯由两部分组成：一部分阳极芯为圆钢钢芯，其分布与轴向平行，沿固定的间隔与扁钢呈 90°焊接；另一部分为扁钢，沿与轴向垂直的方向贯穿阳极体，焊接后也既可以起到安装固定作用，又将阳极与被保护海底管道连接起来形成原电池，从而起到保护作用。

6）铸造施工流程

（1）材料准备

海底管道阳极铸造用金属原材料，纯度要求很高，如表 3-24 所示。

表 3-24　原材料纯度

化学成分	纯度/%	杂质限度
铝(Al)	99.80	Fe<0.12，Cu<0.01，Si<0.10
锌(Zn)	99.99	
铟(In)	99.9	
硅(Si)	99.99	

（2）铸造过程

铸造开始前，根据海底管道阳极的设计尺寸，提前准备好需使用的铸造用模具及阳极铁芯，并完成铁芯的表面处理工作(对铁芯进行表面清理后需镀锌)。

① 合金熔炼　先将称好重的铝锭加入炉内溶化，待铝液出现时，将预热过的定量硅粒加入炉内溶化，金属全部溶化后进行适当搅拌加速硅的溶化，待硅全部溶化时停炉，加入低熔点的金属锌、铟。

② 搅拌　各金属加入后，进行三方位搅拌，每方位至少 20 次，且每方位换一搅拌棒。

③ 预热　浇铸之前模具、接触铝液的工具都要预热喷涂，模具预热要缓慢升温，以防温度急剧升高形成局部过热，造成裂纹，预热温度为 200~300℃ 。

④ 称重　浇铸之前取 20 个阳极铁芯进行整体称重，取平均重，并经 DNV 认可，以此来计算阳极净重。

⑤ 浇注　合金液搅拌均匀后，静置片刻，扒渣，浇铸，浇铸应先慢，后快，后慢。

⑥ 取样　每浇铸一炉取两次试样，即浇铸开始与浇铸最后，每次至少取两个试样，并以 A、B 区分先后，打上炉号(同炉次阳极)。

⑦ 钢印　每生产一块阳极都要打钢印，即制造厂的标记、年、月、日、炉次号、阳极编号、阳极净重、阳极毛重，钢印要清晰，易于辨认。

⑧ 试验　化学成分分析每浇铸一炉做一试样；电化学性能试验每生产 6 对做一电化学性能试验；整个项目取一片阳极做破坏性试验。

⑨ 涂装　经检验合格的阳极内表面及断面涂装煤焦油环氧漆，厚度大于 100μm 。

（3）阳极表面质量及容许偏差

① 缩孔深度不允许超过阳极厚度的 10%。

② 不允许存在长度方向的裂纹；横向裂纹不得超过阳极表面到铁芯距离的 50%；横向裂纹不允许贯穿阳极体；横向裂纹宽度≤2mm，并且长度不超过阳极长度的 10%。

③ 不允许有非金属夹渣。

④ 清除所有对人员有危害的突出物。

⑤ 每只阳极的重量偏差为±2% ，总重量偏差为 0~2%；长度的偏差为+3%~-0.5%；厚度偏差为+2~0mm；内径偏差为+1.5%~0% 。

牺牲阳极阴极保护技术不仅能用于海底管道的防腐，而且还广泛应用于海水介质中的船舶、机械设备、海洋工程和海港设施以及压载水仓、储罐、钻井平台、海泥中电缆等设施中的阴极保护。

海底管道阳极阴极保护属于电化学保护技术，防腐蚀效果显著，技术含量高，成本低廉且施工方便。通过多年应用，其有效性、可靠性和经济性都取得了令人瞩目的成绩。

3.2.3 海底管道内腐蚀控制工程

一般情况下，海底管道内腐蚀的防护措施有：合理选材，增加腐蚀裕量；添加缓蚀剂减缓管道腐蚀。另外，利用内涂层或内衬进行防腐也是常用的防腐蚀措施。当然，应该说明的是，这些措施同样适合于陆上管道的内腐蚀控制。

内涂层不仅可以有效地减缓管道的内腐蚀速率，并且能降低输送动力消耗，提高输送效率，还能降低沉积物生产的概率，减少清管次数。根据被涂敷管道的输送介质和工作环境要求，选择不同涂料，通常选用的涂层有环氧树脂、聚氨酯以及环氧粉末等。对于要求耐油、耐温、耐酸腐蚀的输油管道，选用环氧树脂和环氧沥青青漆，可延长海底管道寿命15~20年。

内衬是解决海底管道腐蚀问题的又一种有效的方法，通常使用的有耐蚀合金衬里、玻璃钢内衬、水泥衬里和塑料衬里等。耐蚀合金衬里主要是利用各种耐蚀合金材料(不锈钢、铜、钛、铝合金等)良好的耐腐蚀性；玻璃钢内衬管具有强度高，耐强酸、碱、盐和卤水腐蚀，电和热绝缘性好以及保温等优点，其防腐性能比内涂层要好，尤其适合用作温度和压力较高的集输管道；水泥砂浆无毒、无害、无味，可作饮用水管道内涂层，厚度为4~9mm，寿命在50年以上。

采用内壁涂层或衬里虽然价格便宜，但处理工艺复杂，一旦出现漏涂或者有涂层剥落等缺陷，出现大阴极小阳极，将导致更严重的局部腐蚀。

1. 管道内涂层一般要求

(1) 钢管应有质量证明书，质量应符合有关标准和设计要求。

(2) 钢管内表面处理方法应符合SY/T 0407《涂装前钢材表面预处理规范》的规定，除锈等级应达到GB/T 8923《涂装前钢材表面锈蚀等级和除锈等级》规定的Sa2.5级。

(3) 喷涂涂料前钢管内表面采用压缩空气吹扫干净，管内无砂粒尘埃。

(4) 管端防腐处理：表面预处理后的钢管内表面，在管端40~100mm范围内可刷涂两遍硅酸锌或其他可焊涂料，干膜厚度为25~30μm。喷涂底漆、面漆时，管端应留出50~80mm，以免焊接时烧坏涂层。对于承插口连接的管道，在喷砂除锈前管端应进行胀口处理。

(5) 选择的液体涂料和粉末涂料应有出厂证明书，其性质符合设计要求。在没有把握时应对涂料进行室内实验，确认后方可使用。

2. 液体环氧涂料内涂层技术

1) 材料

液体环氧涂料其性能应符合表3-11的规定。

2) 涂层的等级及结构

涂层的等级及结构应符合设计要求，设计无规定时，应符合表3-25的规定。

表3-25 液体环氧涂料内防腐涂层等级及结构

防腐等级	结　构	厚度/μm
普通级	底漆-底漆-面漆-面漆	≥200
加强级	底漆-底漆-面漆-面漆-面漆	≥250
特加强级	底漆-底漆-面漆-面漆-面漆-面漆	≥300

3）涂料的配制及喷涂工艺要求

涂料的配制：涂料开桶前，先倒置晃动，然后开桶搅拌均匀；涂料应按配比及工艺要求进行配制，配制时应充分搅拌均匀；配制好的涂料应根据不同涂料的要求进行熟化；涂料因储存时间久或施工工艺要求，可加入少量稀释剂。

喷涂工艺要求：喷涂时的环境条件应符合涂料说明书的要求；钢管表面预处理后至喷涂第一道底漆的间隔时间不应超过4~6h；上道漆表干后，方可喷涂下一道漆。

4）涂层质量指标

涂层质量应符合表3-26的要求。

表3-26 涂层质量标准

序号	项目		质量标准	检验方法
1	外观		表面平整、光滑、无气泡	目测、内窥镜检查
2	针孔数/（个/m^2）	普通级	≤3	SY/T 0063—1999
		加强级	≤1	
		特加强级	0	
3	涂层厚度/μm	普通级	≥200	SY/T 0066—1999
		加强级	≥250	
		特加强级	≥300	
4	附着力		合格	SY/T 0447—2014 附录一
5	硬度（2H铅笔）		无划痕	GB/T 6739—2006

3. 熔结环氧粉末内涂层技术

1）熔结环氧粉末内涂层结构

钢质管道熔结环氧粉末内涂层应为单层一次成膜防腐结构。

钢质管道熔结环氧粉末内涂层的厚度应符合管道工程的设计规定，设计无规定时，可根据管道的使用要求，参考表3-27（SY/T 0442—2010）的规定选用。

表3-27 输送管道熔结环氧粉末内涂层的厚度规定

管道使用要求		内涂层厚度/μm
减阻型管道		≥50
防腐型管道	普通级	≥300
	加强级	≥500

2）质量指标

钢质管道内涂层用熔结环氧粉末涂料的质量指标应符合表3-28（SY/T 0442—2010）的规定。

表3-28 熔结环氧粉末涂料质量标准

序号	项目	质量指标	实验方法
1	外观	色泽均匀，无结块	目测
2	密度/（g/cm^3）	1.3~1.5	GB/T 4472

续表

序号	项目	质量指标	实验方法
3	黏度分布/%	大于150μm的不大于3.0	GB/T 6554
		大于250μm的不大于0.2	
4	挥发物含量/%	<0.6	GB/T 6554
5	胶化时间/s	≤180(180℃)	GB/T 6554
		≤120(200℃)	
		≤60(230℃)	
6	磁性物含量/%	≤0.002	JB/T 6570

熔结环氧粉末涂层的实验室试件应符合下列规定：试件用低碳钢板制成，其数量和外形尺寸应符合相应性能项目检验方法的要求，每项应不少于两件。试件表面应进行喷砂处理，除锈等级应达到GB/T 8923《涂装前钢材表面锈蚀等级和除锈等级》中规定的Sa2.5级。表面锚纹深度应与涂层厚度相适应，最低不得小于30μm。实验室涂层试件应按环氧粉末涂料生产厂家推荐的涂敷工艺进行涂敷，涂层厚度按管道工程防腐设计确定；熔结环氧粉末涂层的质量指标应符合表3-29(SY/T 0442—2010)的规定。

表3-29 熔结环氧粉末涂层的质量指标

序号	项目		质量指标	检验方法
1	外观		表面平整，色泽均匀，无气泡、开裂、缩孔，允许有轻度橘皮状花纹	目测
2	耐磨性(1000g，1000r)/mg		≤20	GB/T 1768
3	附着力	拉开法/MPa	≥19.6	GB/T 5210
		撬剥法/级	1~3	SY/T 0442
4	抗弯曲(4°)		涂层无裂纹	SY/T 0442
5	体积电阻率/Ω·m		$\geq 1\times10^{10}$	GB/T 1410
6	电气强度/(MV/m)		≥30	GB/T 1408.1
7	阴极剥离(65℃，48h)/mm		≤8	SY/T 0413
8	盐雾实验(1000h)/级		1~2	GB/T 1771
9	抗冲击强度/J		11	GB/T 1732
10	耐化学介腐蚀性	10%HCl，常温，90d 10%H_2SO_4，常温，90d 3.5%NaCl，常温，90d 10%NaOH，常温，90d	合格	GB/T 1763
		油田污水，80℃，90d 原油，80℃，90d 汽油，常温，90d 柴油，常温，90d 煤油，常温，90d	合格	GB/T 1733

对每一个型号的熔结环氧粉末涂料，在使用前应按规定的项目，对熔结环氧粉末涂料及

其涂层试件进行性能检验。对每一批熔结环氧粉末涂料，涂敷厂家应对粉末涂料的粒度分布、胶化时间、冲击强度和附着力(撬剥法)4个项目进行复验。

4. 环氧陶瓷内涂层技术

环氧陶瓷防腐管道是把环氧陶瓷涂料涂覆在金属管道内表面制造而成的防腐管道。涂料以环氧树脂为基体材料添加耐磨、耐腐蚀特种陶瓷成分制成，不含挥发性溶剂，符合安全和环保要求，适用于机械喷涂或手工涂刷等生产工艺。

1）主要特点

（1）施工效率高，一次喷涂厚度可达2mm。

（2）产品适用于中低温环境，长期使用温度80℃。

（3）涂层附着牢固，附着力≥8MPa。

（4）涂层致密坚韧，耐酸、碱、盐等化学介质腐蚀。

（5）耐冲击性能优良，耐冲击≥6 J。

（6）白色环氧陶瓷涂料已获得卫生部国产涉及饮用水卫生安全产品卫生许可批件(卫水字2006第026号)，批准在生活饮用水中使用。

2）环氧陶瓷性能指标

环氧陶瓷主要性能指标见表3-30。

表3-30 环氧陶瓷主要性能指标

项　　目	单位	检测结果		试验方法
		m^2	B	
涂料颜色		黄褐色	黑色	目测
密度		1.58~1.62	1.60~1.64	
AB组分配合比		1∶1		GB/T 6750
石英砂含量(体积分数)	%	23~27		Q/DH 08
干燥时间(1mm)	min	40~50		GB/T 1728
漆膜附着力	级	1~2		GB/T 1720
漆膜柔韧性	mm	1		GB/T 1730
漆膜耐冲击	cm	50		GB/T 1732
阴极剥离		玻璃半径<0.5mm		ASTM G95
耐盐雾		无气泡、不生锈、不脱落		ASTM B117
耐磨性	L/um	3.3~3.7		ASTM D969
水蒸气渗透性	perms	0		ASTM E96
冲击强度	J	18		ASTM G14
黏接性	kg/cm^2	60~75		ASTM D4541
耐蚀性(1mm) 20%H_2SO_4 25%NaOH 60℃		90d，无变化		GB/T 1763 ASTM D714

3）主要用途

环氧陶瓷内涂防腐管道(铸铁管或钢管内壁防腐)，主要用于输送油田原油、污水和自来水，也可用于钢制储罐、污水处理厂、码头、化工厂设备内防腐。

胜利新大集团开发的DH101环氧陶瓷涂层外观为黑色，主要用于输送污水的铸铁管或钢管内壁防腐；DH102环氧陶瓷涂层，外观为白色，主要用于输送饮用水、中水的铸铁管或钢管内壁防腐。

环氧陶瓷内涂适用范围及要求：

(1) 管径：114~1000mm；

(2) 介质：-30~80℃的油、气、水(污水或清水)；

(3) 陆地一次补口长度：1km，一般以500m为宜；

(4) 陆地补口坡度：≤7°；

(5) 陆地管道转弯半径≥100。

4) 环氧陶瓷内防腐施工工艺

环氧陶瓷内防腐施工工艺流程如图3-8所示。

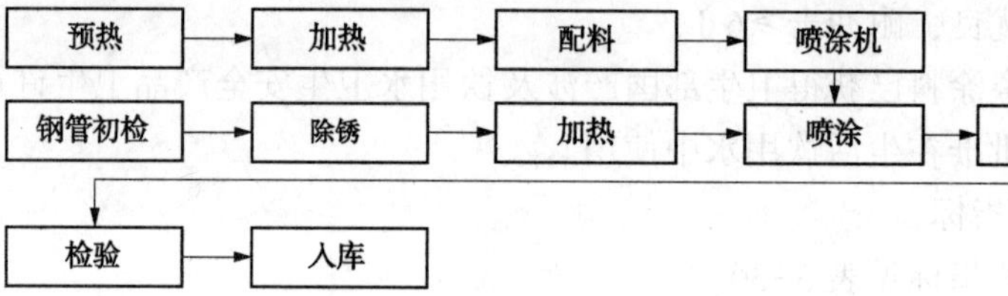

图3-8　环氧陶瓷内防腐施工工艺流程

5) 执行标准

环氧陶瓷内涂防腐管执行《钢质管道液体环氧涂料内防腐层技术标准》(SY/T 0457)。

6) 焊接口补口工艺

环氧陶瓷内涂管道焊接口补口，采用遥控管道内防腐补口机在管内行走，通过定位摄像头寻找焊缝、定位，按下除锈工作按键。遥控自控主机寻找到除完锈的焊口后，在此处准确定位停车，同时启动喷涂系统的供料泵和旋转喷杯，随着自控主机的往复运动，将涂料均匀地喷在焊口两边100mm范围内，为确保防腐层厚度，可反复喷涂。

7) 环氧陶瓷腐蚀控制工程案例

胜利新大金属防腐厂实施的部分环氧陶瓷腐蚀控制工程案例见表3-31。

表3-31　环氧陶瓷腐蚀控制工程案例

序号	建设单位	工程项目/规格型号	数量/m	日期/年
1	江汉油建	钟市至广华 ϕ273 输油干线	15000	2014
2	纯梁采油厂	梁南东 ϕ355 输油干线	3600	2016
3	滨南采油厂	滨南46站 ϕ325 集输管道	6000	2016
4	滨南采油厂	滨南46站 ϕ273 集输管道	2800	2017
5	滨南采油厂	滨七联至滨二污 ϕ325 污水管道	1500	2017
6	滨南采油厂	滨七联至滨二污 ϕ377 污水管道	3000	2017

5. 管道液体涂料内涂层整体涂敷技术

1) 工艺流程

管道液体涂料内涂层整体涂敷的工艺有两种：一种是施工管段预涂底漆后再整体涂敷工艺，另一种是施工管段整体化学除锈后进行整体涂敷工艺。两种工艺在施工管段内涂层整体涂敷、施工管段接口处内涂层补口以及质量检验诸工序完全相同，在其他工序也有相同之处，因此用统一的工艺流程图来表示，而在有关工序中按两种工艺分别叙述。

管道液体涂料整体涂敷施工工艺流程如图 3-9 所示。

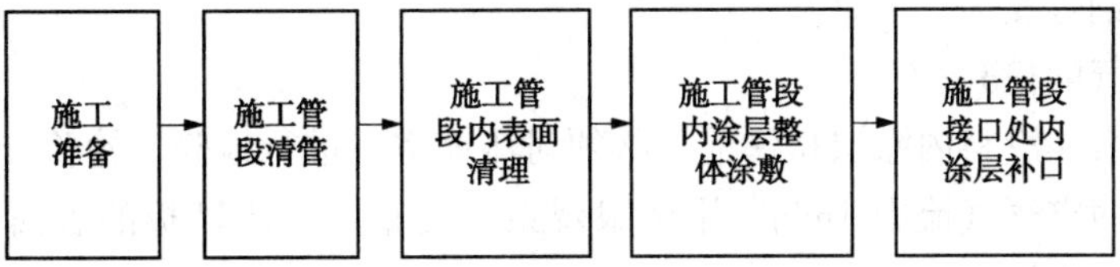

图 3-9　管道液体涂料内涂层整体涂敷施工工艺流程图

2）施工准备

（1）对材料要求

① 对液体涂料的要求　液体涂料的性能应符合设计要求。使用前，应对每批液体涂料按 GB 3186《涂料产品的取样》的规定取样抽检。抽检的项目为外观、黏度、干燥时间、固体含量及附着力。

② 对钢管的要求　钢管必须有质量证明书，并对工程所用全部钢管的 5%进行检验。钢管的允许偏差符合表 3-32（SY/T 4076）的要求。钢管的表面不得有裂纹，局部凹陷不得大于壁厚的 12.5%。

表 3-32　钢管形状允许偏差　　mm

序号	项目		允许偏差
1	外径（D_o）	≤159	±1.00%D_o
		>159	±1.25%D_o
2	壁厚（h）	≤20	±12.5%h
		>20	±10.0%h
3	椭圆度		不超过外径公差的 80%
4	弯曲度	壁厚≤15	每米不大于 1.5mm
		壁厚>15	每米不大于 2.0mm

（2）预制管段的预制

① 长度小于 7m 的钢管应在预制厂接长为预制管段。预制管段的长度一般不得超过 12m。预制管段的焊接宜采用氩弧焊打底。

② 对于预涂底漆的预制管段，其内表面应采用喷射除锈。磨料宜采用铜渣磨料，其含水率不得大于 1%，使用前应按 JGJ 52《普遍混凝土用砂、石质量及检验方法标准》规定的方法抽检一袋铜渣磨料的含水率。喷射除锈后预制管段内表面应达到 GB/T 8923《涂装前钢材表面锈蚀等级和除锈等级》中规定的 Sa2.5 级。除锈 24h 之内应涂底漆。底漆一般应采用机械喷涂法涂装，厚度应为（40±10）μm。

（3）施工管段的安装

① 为了施工方便，把若干同径同壁厚的预制管段焊成一定长度的，没有三通、弯头、阀组，没有穿、跨越的钢管段，这个钢管段称为施工管段。对前述两种工艺来说，施工管段的安装是完全一样的。

② 施工管段现场安装中，施工管段的清扫、组对、焊接、耐压实验、严密性实验、外防腐层补口补伤、下沟、除施工管段两端外其余部分的管沟回填，均应按 SY/T 0422《油气

田集输管道施工技术规范》的有关规定执行。焊接时宜采用氩弧焊打底。

③ 施工管段现场安装时，严禁水、泥、油等杂物进入其中，并应注意保护预制管段的外防腐层和防止钢管变形。

(4) 压缩空气的检验

在施工管段液体涂料内涂层挤涂前，必须对压缩空气进行检验。检验方法为：将白布或白漆靶板置于压缩空气气流中 1min，用肉眼观察，白布或白漆靶板的表面无油污、水珠或黑点，压缩空气为合格。

3) 施工管段清管

(1) 操作要点

① 接通气路时，空气软管与空气压缩机、压缩空气干燥器及进气阀的连接必须扎牢。

② 安装接收装置前，应检查缓冲弹簧是否连接牢固。安装发送装置和接收装置时，不得损坏原外防腐层或把施工管段碰变形。

③ 清管器内应安装电子定位发射机，而且应在使用前检查其电源电压。

④ 清管作业中，清管器的行进速度宜控制在 1m/s 左右。

⑤ 清管作业中，当表压达到 0.4MPa 以上时，应视为清管器被卡阻。出现此现象后，应再装入一个清管器，再次进行清管作业。如果再出现卡阻，应由施工人员携带电子定位接收机，寻找清管器的准确位置，并用火焰切割器于清管器前面焊接热影响区之外把施工管段割开，排除卡阻故障。故障排除后，应把清管器放到断口前面焊接热影响区之外，焊好断口，并用与施工管段外防腐层相同或相容的材料及相同的结构完成断口处外防腐层的补口。

⑥ 清管作业完成后，如果不立即进行内表面处理，应把施工管段两端密封好，严禁泥、水等进入。

(2) 清管作业的质量标准

① 清除施工管段内的石块、木头、泥土、积水等，并使其内表面保持干燥。

② 对于内表面干燥的施工管段，清管作业只进行一次。

③ 对于内部有泥、水的施工管段，清管作业应进行多次，直到把泥、水全部清除为止，并应用压缩空气把施工管段内表面吹干。

4) 施工管段内表面清理

(1) 预涂底漆的施工管段内表面清理

① 预涂底漆的施工管段内表面清理工序的布置，除把清管器换成除锈器以外，其余与清管工序相同。内表面清理应进行多次，直至除净施工管段内的熔渣、被焊接烧焦的涂层等为止。

② 操作要点：除锈器内应安装电子定位发射机，而且应在安装前检查其电源电压。把除锈器安装到发送装置内之前应检查钢丝刷的外径，其外径宜比钢管内径大 3~5mm。内表面清理过程中，除锈器的行走速度应控制在 0.5~2.0m/s，内表面清理应进行多次，直至除净施工管段。内表面清理过程后，如果不立即进行液体涂料挤涂，应把施工管段两端封住，严禁泥土等进入。

(2) 整体化学除锈的施工管段内表面清理

① 材料准备及实验　化学除锈所需的酸洗液、中和液和钝化液可参照表 3-33(SY/T

4076）选用。

表 3-33　常用酸洗液、中和液、钝化液配方

项目	配方一			配方二		
	成分	浓度/%	溶液 pH 值	成分	浓度/%	溶液 pH 值
酸洗液	乌洛托品	1		乌洛托品	0.5~0.6	
	盐　酸	9~10		盐　酸	12~16	
中和液	氢氧化钠	10~20				
钝化液	亚硝酸钠	12~14	10~11	亚销酸钠	5~6	7.2~7.3

整体化学除锈前应进行酸洗实验，以确定酸洗时间，实验时试件应在酸洗液中涮动，涮动速度宜为 0.5~1.0m/s，以模拟实际情况。整体化学除锈前还应进行钝化实验，以确定钝化时间。钝化实验应在酸洗、水洗后进行。

整体化学除锈用水应为饮用水。若无饮用水，其水质应符合表 3-34（SY/T 4076）要求。

表 3-34　整体化学除锈的水质

序　号	项　目	指　标
1	总含盐量/（mg/mL）	≤50
2	SO_4^{2-}/（mg/mL）	≤27
3	pH 值	5~9

② 工艺流程　整体化学除锈工序的工艺流程如图 3-10 所示。

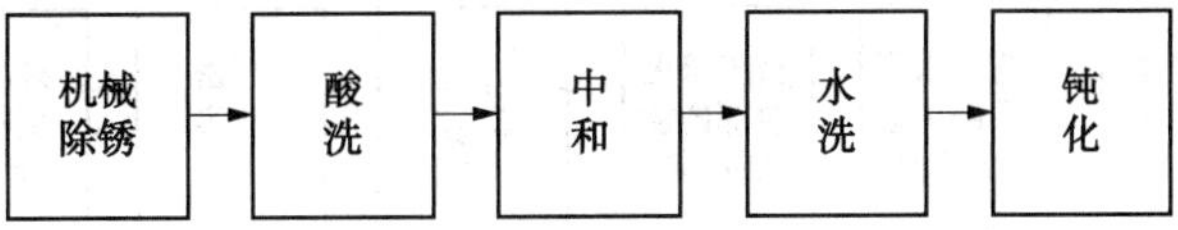

图 3-10　整体化学除锈工序的工艺流程图

③ 酸洗的质量标准　无肉眼看到的氧化皮、铁锈；用 pH 值试纸检查，水洗用过的水应呈中性；钝化后在内表面上形成钝化膜，检查方法为检查施工管段两端的内表面。

5）施工管段内涂层整体涂敷

（1）操作要点

① 涂装时间间隔应符合涂料说明书的规定。

② 挤涂完面漆后，应对涂层进行通风干燥（用压缩空气吹），通风时间不得小于 24h。

③ 挤涂施工的环境温度不得低于 5℃，相对湿度不得大于 85%。

④ 涂料的用量按下式计算：

$$G = \frac{K\pi DLh\rho}{A} 10^{-3}$$

式中　G——涂料用量，kg；

K——裕度系数，取 1.2；

D——施工管段内径，mm；

L——施工管段长，m；

h——涂层湿膜厚度，μm；

A——涂料的固体含量，取0.5~0.7；

ρ——涂料密度，g/cm^3。

(2) 内涂层的质量标准及检验方法

① 内涂层的质量标准及检验方法应符合表3-35的要求。

②检验规则：针孔和厚度的检验规则为施工管段的两端各检验5个点，至少应有8个点合格；附着力的检验规则为施工管段两端各检查一处，两端均合格为合格。

表3-35　内涂层的质量标准及检验方法

序号	项　目		质量标准	检验方法
1	外　观		表面平整、光滑	内窥镜观察
2	针孔数/(个/m^2)	普通级(二底二面)	≤3	SY/T 0063
		加强级(二底三面)	≤1	
		特加强级(二底四面)	0	
3	涂层厚度/μm	普通级	≥200	SY/T 0066
		加强级	≥250	
		特加强级	≥300	
4	附着力		合　格	SY/T 0447

6) 施工管段接口处内涂层补口

为避免焊接时烧焦内涂层，施工管段的接口通常采用法兰连接，采用法兰连接的施工管段接口处内涂层补口工艺的工艺流程如图3-11所示。

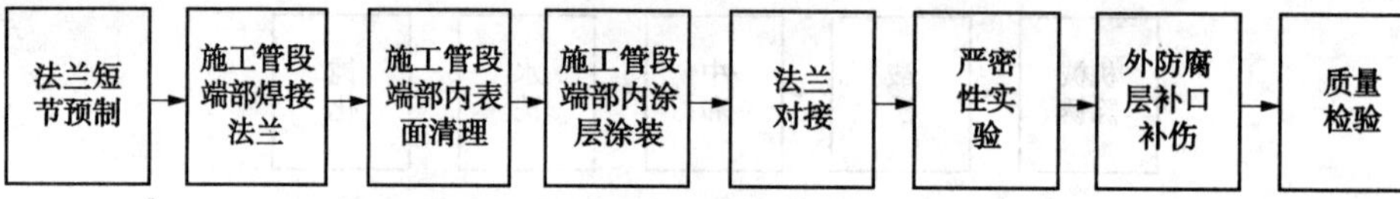

图3-11　施工管段接口处内涂层补口工艺的工艺流程图

法兰短节一般应先在预制厂预制，即在一段直管节两端焊接上法兰。法兰短节的长度应根据实际需要确定。法兰短节的内涂层应与施工管段的相同。

在接口处的两条施工管段端部分别焊上法兰。焊好后应用钢丝刷或砂布把烧焦的涂层清理干净。

施工管段端部内涂层所用涂料和涂层结构及涂层厚度应与风送挤涂的相同。严密性实验应符合SY/T 0422《油气田集输管道施工技术规范》的规定。法兰短节及法兰连接处应采用与施工管段相同或相容的材料、相同的结构完成防腐层的补口、补伤。

3.3　管道防腐层修复工程

3.3.1　管道防腐层修复技术概述

管道防腐层修复技术是指在保证管道正常运行下进行防腐层更换的技术。近十几年来，国内外旧管线修复技术发展很快。国外不少国家每年旧管道的修复量为新管道的25%~50%。以美国为例，1986年用于管道总技资费用为35.85亿美元，其中用于维修、修复和更换管道的费用为22.98亿美元，占总投资额的64.1%。近几年我国石油工业在管道修复技术上有了长足的发展，形成了一整套修复技术及相关的标准。

1. 管道防腐层修复的必要性

管道防腐层修复技术的建立及发展主要基于以下因素。

(1) 管道管理、维护的需要　管道的使用寿命很大程度上取决于防腐层的质量。而防腐层的质量与选材的合理性、良好的材料性能、施工与管理维护的科学性紧密相关。特别是科学的管理维护，即使是一种性能普通的防腐层，只要有合理的管理和维护，也能有较好的保护效果。以中国石油天然气集团公司东北输油局管辖的管道为例，二千余公里的管道基本建于20世纪70年代，当时受国力和技术水平的限制几乎埋地管道外壁全部采用石油沥青防腐层。根据石油沥青材料的理化性能，一般使用寿命只有20年左右。到本世纪初东北管道大部分已运行了25年以上。根据测试检查结果认定，这些管道的防腐层仍能起到较好的防护作用。东北管道之所以可以超期服役的重要一点就是坚持了对埋地管道定期的检查和修补、修复。从70年代中期我国研制成功地面防腐层检漏仪以来，东北输油局就坚持每3年对全部所辖管道进行一次防腐层检漏，并对检出的防腐层破损点进行认真的修补处理。据统计，东北管道至今已进行了7~8个周期的检测和维修，共计检漏长度达22000km，共检出防腐层破损点8000余处，修补了腐蚀坑点近2000处。特别是经过了20年左右运行，根据防腐层老化状况及防腐层破损的非连续的特点，从2000年开始按照测试分析对部分管段已逐步开展了分期分批的管道防腐层的修复，从而保证了东北管道长期有效的运行，取得了较大的经济效益。那种认为由于进行了阴极保护而无需进行防腐层修补及修复的认识是不全面的。因为当不能及时进行防腐层修补及修复时，会使防腐层的缺陷增多或扩大，从而会造成阴极保护系统不能有效地运行，使这样的联合保护系统逐步失效。由此可见，科学、合理的防腐层维护、修复，是石油管道长期、经济、有效运行的保证。

(2) 油气田开发后期的需要　目前我国不少油气田已开发了几十年，原油含水量升高，管道、设备老化，使管道的腐蚀(特别是内腐蚀)日趋严重。如有的油田综合含水高达90%以上，个别油田强腐蚀区块综合含水高达97%左右，油气田地面生产系统的腐蚀速率高达1.5~3.0mm/a，有的油田1年腐蚀穿孔高达15246次，穿孔率为平均每公里每年0.82~1.89次。有些油田因腐蚀造成的经济损失高达上亿元。因而也加大了管道防腐层维护、修复的工作量及需求。所以管道防腐层修复技术是油气田开发至今急需的一项重要防护技术。该项技术主要包括管道外防腐层修复技术和管道内防腐层修复技术。它对解决老油田、管道及设施的腐蚀问题，延长其使用寿命，起到了积极的作用。

2. 修复原则、检测及评价

管线修复工作可以说是比新建一条管道更加困难、更有难度的一项工作。管线修复的内容是根据保护对象腐蚀和防护的情况，对管道金属及防腐层进行修复。开展此项工作需本着“适当的材料、适当的修复方法、适当时机”的原则，按照科学的程序进行。特别是修复的前期工作的科学性，决定了后面修复方案及实施的可靠性。修复前期工作的主要内容包括：管线腐蚀状况的检测及钢质管道管体腐蚀损伤评价；防腐层保护状况检测、评价及修复管段的选择；防腐层修复材料及施工工艺的选择。

1) 防腐层保护状况检测及修复管段的选择

提到防腐层修复管段的选择，人们往往与防腐层的使用寿命联系起来。如对石油沥青防腐层，一般使用寿命为20年左右，但并不是意味着超过此寿命值的防腐层就应予以更换。

此寿命值为统计值，是重要的参考值，但它不能完全代表具体地区该种防腐层的实际寿命值。石油行业近来的实践也说明了这点。如东北输油管道虽然其石油沥青防腐层多年来破损、老化、失效的现象时有发生，并呈不均匀分布状态，但经25年的运行后，大部分石油沥青防腐层仍处于良好或合格的技术状态。由此可见，修复管段的选择应以现场防腐层保护状况的检测及评价为依据，进行选择工作。

目前埋地管道外防腐层保护状况的检测主要包括防腐层绝缘电阻率、防腐层破损点等地面检测项目，以及必要时可进行的开挖检测项目(包括外观、厚度、检漏及黏结性等参数)。在检测的基础上进行埋地管道外防腐层保护状况的评价，进而从技术与经济两方面进行综合评定。一般当埋地管道外防腐层绝缘电阻低于10000Ω·m^2时，就需考虑进行防腐层修复和更换。目前我国石油行业标准已经建立了有关埋地管道外防腐层修复标准(SY/T 5918《埋地钢质管道外防腐层修复技术规范》)。防腐层状况评价指标见表3-36。

表3-36　防腐层状况评价指标(开挖检查)

项目＼等级	优	中	差
外观	颜色、光泽无变化	颜色、光泽有变化	出现麻点、鼓泡、裂纹
厚度	无变化	稍有改变	严重改变
黏结力	无变化	减小	剥落
针孔/(个/m^2)	无变化	$<n$	—

注：① 对油介质，$n=2$；对土壤、水介质，$n=1$。

② 评价时，宜主要考虑黏结力、针孔的严重程度进行评价。

管道内防腐层状况检测技术不如外防腐层检测技术发展得快，目前内防腐层主要监测手段有旁通管监测法、管内爬行器检测法等。对管线及介质腐蚀严重的管段可截取管段进行内防腐层的检测及评价。在此基础上提出管道内防腐层的修复方案。

2）防腐层修复材料及施工工艺的选择

. 目前国内外适用于管道防腐蚀的防腐层材料的品种及结构是较多的。施工技术也在飞速发展。在管道修复方面国外也有对停输管道进行清除管道外防腐层、表面处理、涂敷新防腐层等现场"一条龙"的涂敷工艺。但是对在用管道的防腐层修复，在材料及施工工艺的选择上就与新建管道的选择有很大的不同。在新建管道的材料与施工工艺选择上，应尽可能为满足管线使用环境及工程寿命的需要，选用性能好、寿命长的材料，且常常不受施工工艺或苛刻环境条件的限制(因为有的复杂、苛刻的施工工艺可在预制厂完成)。而在用管线的修复很大程度上要考虑该材料能否适应现场恶劣施工环境及施工条件，适应在用管线的安全要求。如管道外防腐层修复时要考虑在用管道不同管径的允许跨距及分小段跃进的作业方式等的要求。这就限制了目前不少防腐层新材料进入在用管道防腐层的修复领域。在管道内防腐层的修复材料的选择方面也是这样。所以这种修复工作的特点将决定了其修复材料及施工工艺的特殊性。

由此可见，在管道防腐层修复方案的选择上应注意以下几点：

(1) 修复防腐层材料的配伍性　即修复的防腐层与原管线的防腐层在材料和结构上的匹配。

(2) 与现场施工环境及工艺条件的适应性　尽量选择那些对现场施工环境要求低，对管道表面处理、表面清理要求低，固化要求不苛刻的材料。特别对在用管道外壁防腐层修复宜适用半机械化、小型机具或手工作业。

(3) 与管道工程寿命的一致性　修复材料的选择应充分考虑在用管道工程的预期工作寿命，选择与在用管道工程使用年限相适应的防腐层材料。这不仅是一个匹配问题，也是一个重要的经济问题。

(4) 在用管道安全性　这点对不停输管道的外壁防腐层修复尤为重要。如何保证在用管线在修复期间不下沉、不移位，保证管道输送的安全运行，在防腐层修复施工工艺方面要提出相适应的保证措施。

(5) 经济性　应注意修复材料及修复工程的整个费用。目前石油行业不少部门防腐层修复费用要记入管理成本费用。因此如何选择质量好、费用低的修复方案是一个值得重视和研究的问题。

3.3.2　管道外防腐层修复

1. 管道外防腐层修复的主要程序及材料

管道外防腐层修复主要有三大程序，即旧防腐层清除、金属表面预处理及新防腐层施工。

在第一程序操作时，国外主要有三种清除方法：①人工机械法；②机械清除法；③水力清除法。后两种主要是由大型机具现场操作，其中水力清除法对金属表面伤害少，清除效果好。目前我国主要采用第一种方法，即靠人工使用刮刀或其他工具清除防腐层，然后再进行表面预处理。

第二和第三程序是相互联系的，即选择什么类型的防腐层修复材料就决定了其金属表面预处理要求。根据目前我国在管道外防腐层修复施工技术的发展现状，在选择埋地管道外防腐层修复材料时，要注重选择对金属表面预处理要求低、方便现场施工、匹配性好的材料。目前我国管道外防腐层修复较多应用以下几种材料：

(1) 石油沥青　该材料性能基本能够满足埋地管道防腐蚀的需要，价格相对便宜，货源充足，立足国内。对环境条件、施工条件、管体清理要求等均相对较低。但现场施工过程中，质量控制难点较多。现场修复施工工艺方法尚不成熟，质量难以保证。

(2) 聚乙烯胶黏带等半预制型冷缠材料　聚乙烯胶黏带等产品在防腐蚀性能、理化性能上都高于石油沥青，且质量均匀易控制，施工简便，对环境、施工条件的适应性比石油沥青高。另外还可以延长可施工期，施工工艺简便，手工机械、电动机械均能施工。造价比石油沥青稍高，但应考虑对焊缝处的处理。

(3) 液态冷涂固化类材料　这类材料属“薄型”防腐层，防腐蚀性能良好。只要选择恰当，其施工工艺、环境适应性方面都能满足在用管道防腐层更换的要求，但价格较贵，对固化条件有一定要求。对管体表面清理、除锈、除脂、防尘等要求较高，因此需严格控制施工质量。目前国际上此方面材料向着高固体分、无溶剂的方向发展。不仅有利于环保，而且性能更优异、方便施工、易保证施工质量。同时为了适应现场条件，开发出了各种低温固化、湿固化、快速固化的液体涂料。目前此类材料在国外管道外防腐层修复中用得较多的有高固体分、无溶剂环氧树脂涂料、聚氨酯涂料等。

2. 防腐层更换中应注意的问题

(1) 管子位移问题　经验表明，防腐层更换作业过程中，造成管道位移是难以避免的，其中大多数危险来自于下沉。随地形和管道走势不同，也可能发生上拱或左右滚动。产生这类现象的主要原因是埋地管道一经开挖失去了原有束缚或回填时对管道底部没有夯实。我国管道企业就有因防腐层更换造成管道下沉而诱导的严重事故，应引起重视。

(2) 忽视“三穿”部位问题　所谓“三穿”是指管道穿越公路、铁路、河流的穿越工程。在这些部位，一般情况下都是采用套管保护方式。对于这部分管段，由于处理复杂，造价较高，因此在防腐层更换过程中往往有意将它甩掉，从而使“三穿”部位管道保护状况往往不容乐观，但就其重要性而言这些部位应是防腐层更换的重点。

(3) 质量控制问题　在用管道防腐层更换工程中，质量控制是一个十分重要的问题。因为在用管道的施工场合是现场，环境恶劣、条件艰苦、点多线长、质量控制点多，如果哪一个质量控制点检测不到或不及时，都将给防腐层更换的质量造成影响。

3.3.3　管道内防腐层修复

此技术也包括三部分，即管道内防腐层清除技术、管道内表面清洗技术及管道内防腐层修复技术。

1. 管道内防腐层清除技术及管道内表面清洗技术

管道内旧防腐层的清除及管道内表面清洗是修复的第一步，到目前为止，有多种内防腐层清除技术，如清管器清洗除垢技术、高压水射流清洗技术、间歇浸泡清洗技术、连续双向清洗技术、空气爆破清洗技术等。下面主要介绍清管器清洗除垢技术、高压水射流清除技术、间歇浸泡清洗技术。

(1) 清管器(Pig)清洗除垢技术　Pig是由特殊聚氨酯材料制成的形如子弹的材料，收缩性强、强度高。Pig清洗技术是以清除管道内结垢、沉积物为目的的一门技术。其工作原理是把Pig放进发射器后，发射介质在Pig前进方向产生压力差，形成前进推力，使Pig沿管线前进，在运行过程中，Pig稍有变形。Pig本身或其附件在管内不断与管壁的积垢接触，对积垢进行挤压、刮削、冲刷、振动、破碎，清除管道内的垢物。与此同时，介质在通过Pig柱面与管内壁所形成的间隙时会形成高速环隙射流，在它的作用下，前面会形成类似真空的区域，有利于Pig的运行，并对所刮削下来的垢渣进行冲击、搅拌，并及时排出管外。

(2) 高压水射流清除技术　主要适用于清除内防腐层、水垢、铁锈等。不适用于原油管道黏稠状物体的清洗。此技术是用高压泵将高压水经喷嘴喷出，形成的高速水清洗钢表面。同时利用流体对管壁的后推作用力推动喷嘴在管道中前进，也可以人工推拉往复作用。其工作简图如图3-12所示。

(3) 间歇浸泡清洗技术　此技术是利用两个清管器中间夹带化学药液，一次运行的距离小于或等于夹带药液在管段内的长度，每运行一次间隔一定时间，让化学药剂对管道充分浸泡，清洗药液可根据清洗对象选择(如清除旧防腐层选高效脱漆剂等)，从而靠化学药剂达到清除防腐层和清洗的目的。其工作简图如图3-13所示。

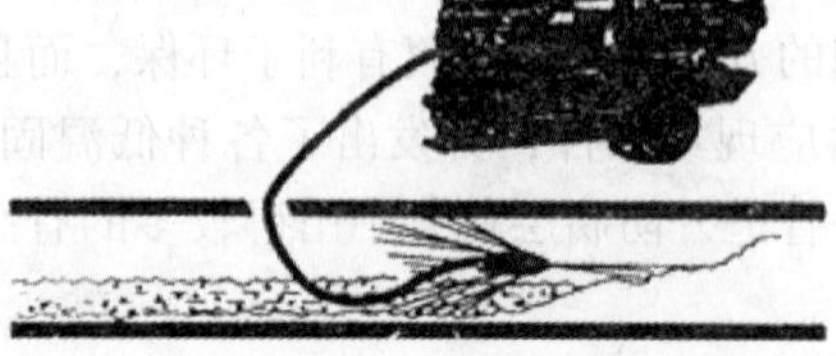

图3-12　高压水射流清洗机工作图

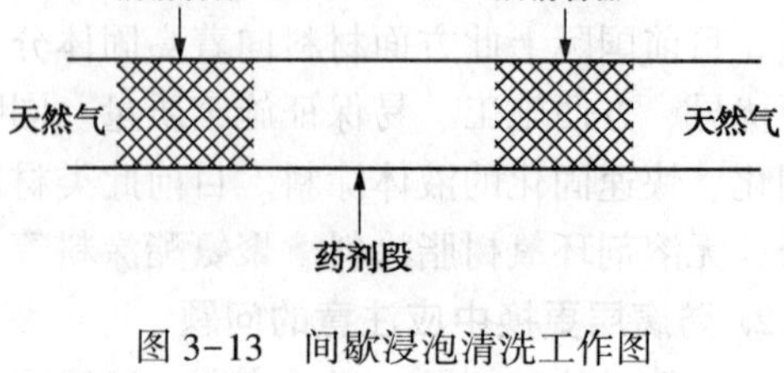

图3-13　间歇浸泡清洗工作图

2. 内防腐层修复

这方面技术主要有翻转内衬法、管内涂布固化法、塑料管穿插法、挤涂修复法。这四种修复技术工艺的特点见表 3-37。

表 3-37　管道内衬修复工艺的比较

项目＼工艺	塑料管穿插法	翻转内衬法	管内涂布固化法	挤涂修复法
适用管线	大部	全部	金属	金属
适用管径/m	60~610	114~2050	33.5~920	不限
一次施工长度	可达 100m	可达 1km	可达 10km	1~3km
通过弯头 90°	不能	能	能	能
与原管壁黏结	不	可调	黏合	黏合
支管线漏点封闭处理	不需要	不需要	需要	需要
变径	国内目前达不到不变径要求，>10%	不	不	能
对清管要求	不高	St3	Sa2.5	Sa2.5
施工对城市影响比较	较大	小	小	小
使用寿命	30~50 年	30~50 年	平均 20 年	平均 15 年

（1）翻转内衬法　此工艺方法的基本原理是使用浸透热固性树脂的纤维增强软管或编制软管，作为管道衬里材料，采用水压或气压将此软管翻转进地下管道内，并使浸透热固性树脂的一面贴附并压紧在管线内壁表面上。然后采用热水或蒸汽使软管上的热固性树脂固化，形成一层完整的衬里，达到修复内防腐层的目的。此修复方法可适用于：煤气、石油、成品油、污水、饮用水及工艺管道。其适应范围广泛，施工简便，辅助设施及投入少，但是材料设计难度较大。

（2）管内涂布固化法　此工艺方法的基本原理是将液态修复材料用喷（抛）涂敷法或挤涂法涂敷到管道内壁上，固化成新的管道内防腐层。这里指的液体修复材料可以是一种，也可以是多种；可以是单一防腐层，也可以是多层复合层。此方法适用于石油及水等管线，但对表面预处理要求高。

（3）塑料管穿插法　此工艺方法的基本原理是将事先预制好的塑料原形管或折叠式套管在现场焊接好，牵引就位固定在旧管线上。具体的修复施工方法有二三层结构方法、挤缩方法、U-O 形折叠内衬方法、螺旋缠绕方法、薄膜吸附方法等。这是一种应用较为广泛、技术比较成熟的一种修复技术，但这种方法在我国应用存在着要使管道变径的问题。

（4）挤涂修复法　将管道彻底清洗后，在待修复的管道内部安装一个清洁器和一个涂敷器。修复液位于清洁器和涂敷器之间。在压缩气体的推动下，清洁器和涂敷器沿着管道运动，不断地将修复液均匀地挤压在管道内壁上。这个过程将多次重复，直至把聚合物-纤维-水泥沙浆、环氧胶泥和环氧玻璃鳞片依次挤涂，可在管道内形成由聚合物砂浆-胶泥-鳞片涂料组成的复合衬里，构成钢管-衬里复合管，并达到需要的涂层厚度和顺滑度。该技术在迅速、彻底地完成清垢任务的同时，还在线、同步完成对旧管道的整体修复，大幅度地提高了管道的承压能力和耐腐蚀、耐磨性能。

3.4 管道阴极保护工程

金属在自然环境和工业生产过程中的腐蚀损坏，大部分是由于电解质溶液的作用而引起的电化学腐蚀。电化学保护就是利用外部电流使金属电位发生改变从而达到减缓或防止金属腐蚀的一种方法。

3.4.1 阴极保护概述

1. 管道阴极保护原理

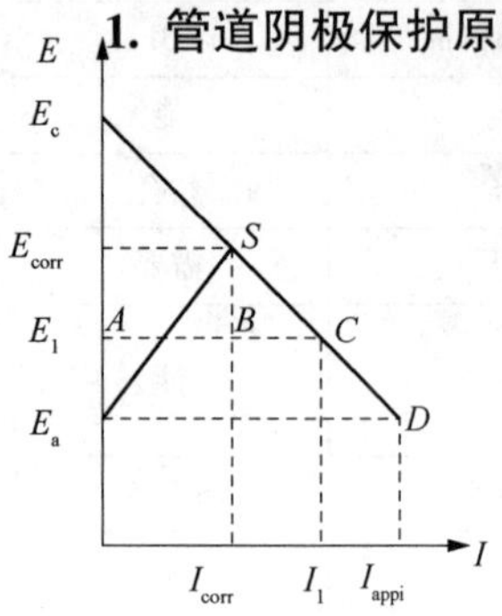

图 3-14 腐蚀电池的极化图

I_{corr}—最大腐蚀电流；
I_{appi}—完全保护所需要的电流；
I_1—C 点对应的电流；
E_a—阳极初始电位；
E_c—阴极初始电位；
E_1—C 点对应的电位；
E_{corr}—S 点所对应的电位

阴极保护是一种控制金属电化学腐蚀的电化学保护方法。其原理可以用腐蚀电池的极化图进行解释。从图 3-14 中可以看出，金属表面阳极和阴极的初始电位分别为 E_a、E_c。金属腐蚀时，由于极化作用，阳极和阴极的电位都接近于交点 S 所对应的腐蚀电位 E_{corr}。在腐蚀电流作用下，金属上的阳极区不断发生溶解，导致腐蚀破坏。当对该金属进行阴极保护时，在阴极电流的作用下金属的电位从 E_{corr} 向更负的方向变动，阴极极化曲线 E_cS 从 S 点向 C 点方向延长。

由图 3-14 可知，金属极化电位达到 E 时，需要的极化电流为 I_1，对应于图中的 AC 段。AC 线段由 AB 和 BC 两个部分组成，BC 段的电流是由外加电流提供的，AB 段电流是阳极溶解提供的，表明金属腐蚀速度有所减少。随着外加阴极保护电流的不断增大，金属的电位将变得更负，当金属的极化电位等于阳极的初始电位 E_a 时，金属表面各个部分的电位都等于 E_a，腐蚀电流就为零，金属达到了完全的保护。此时，金属表面上只发生阴极还原反应。外加电流 I_{appi} 就是油气管道达到完全保护时所需的电流。从图 3-14 中可以看出，要达到完全保护，外加的保护电流要比原来的腐蚀电流大得多。

2. 阴极保护的类型

在管道及储罐电法保护工程中，经常使用的电法保护类型有外加电流阴极保护、牺牲阳极阴极保护、直流杂散电流排流保护、交流杂散电流排流保护等。

1）外加电流阴极保护

外加电流阴极保护又称强制电流阴极保护。它是根据阴极保护的原理，用外部直流电源作阴极保护的极化电源，将电源的负极接被保护构筑物，将电源的正极接至辅助阳极。在电流的作用下，使被保护构筑物对地电位向负的方向偏移，从而实现阴极保护。

外加电流阴极保护主要应用于淡水、海水、土壤、海泥、碱及盐等环境中金属设施的防腐蚀。它的适用范围比较广，只要有便利的电源，邻近没有不受保护的金属构筑物的场合几乎都适合选用外加电流阴极保护。

2）牺牲阳极阴极保护

在腐蚀电池中，阳极腐蚀，阴极不腐蚀。根据这一原理，把某种电极电位比较负的金属材料与电极电位比较正的被保护金属构筑物相连接，使被保护金属构筑物成为腐蚀电池中的阴极而实现保护的方法称为牺牲阳极阴极保护。

为了达到有效保护，牺牲阳极不仅在开路状态(牺牲阳极与被保护金属之间的电路未接通)有足够负的电位，而且在闭路状态(电路接通后)也有足够的工作电位。这样，在工作时即可保持足够的驱动电压。

牺牲阳极阴极保护在淡水、海水、土壤、海泥、碱及盐等环境中金属设施的防腐蚀领域已被广泛应用。由于它具有不需要外部电源、对邻近金属构筑物干扰较小等特点，因此特别适用于缺乏外部电源和地下金属构筑物较复杂地区的管道及储罐的防腐蚀。

在土壤环境中常用的牺牲阳极材料有镁及镁合金、锌及锌合金；在海洋环境中还有铝合金。

3）直流排流保护

将管道中流动的直流杂散电流排出管道，使管道免受电蚀的方法称为直流排流保护。依据排流接线回路的不同，排流法可分为直接、极性、强制、接地四种排流方法。

4）交流排流保护

将管道中流动的交流杂散电流排出管道，使管道免受电蚀与损坏，避免在管道上施工作业的人员遭受电击的方法称为交流排流保护。

目前最有效的是钳位式交流排流法。

3. 阴极保护准则

1）一般情况

(1) 管道阴极保护电位(即管/地界面极化电位，下同)应为-850mV(CSE)(即相对饱和 $CuSO_4$参比电极，下同)或更负。

(2) 阴极保护状态下管道的极限保护电位不能比-1200mV(CSE)更负。

(3) 对高强度钢(最小屈服强度大于 550MPa)和耐蚀合金钢，如马氏体不锈钢、双相不锈钢等，极限保护电位则要根据实际析氢电位来确定。其极限保护电位应比-850mV(CSE)稍正，但在-650～-750mV 的电位范围内，管道处于高 pH 值 SCC 的敏感区，应予以注意。

(4) 在厌氧菌或 SRB 及其他有害菌土壤环境中，管道阴极保护电位应为-950mV(CSE)更负。

(5) 在土壤电阻率 100Ω·m 至 1000Ω·m 环境中的管道，阴极保护电位宜负于-750mV(CSE)；在土壤电阻率大于 1000Ω·m 环境中的管道，阴极保护电位宜负于-650mV(CSE)。

2）特殊情况

当上述一般情况准则难以满足要求时。可采用阴极极化或去极化电位差大于 100mV 的判据。

但是在高温条件下、SRB 的土壤中存在杂散电流干扰及异种金属材料耦合的管道中，不能采用 100mV 极化准则。

3）直流排流保护的准则

(1)直流杂散电流干扰判定准则

① 当在管道任意点上管地电位较自然电位偏移 20mV 或管道附近土壤中的电位梯度大于 0.5mV/m 时，确定为存在直流杂散电流干扰。

② 当在管道任意点上管地电位较自然电位正向偏移 100mV 或管道附近土壤中的电位梯度大于 2.5mV/m 时，管道应采取直流排流保护或其他防护措施。

(2) 直流排流保护效果评定准则

直流排流保护效果评定准则见表 3-38。

表 3-38 直流排流保护效果评定准则

排流类型	干扰时管地电位/V	正电位平均值比/%
直接向干扰源排流	>10	>95
	10~5	>90
	<5	>85
间接向干扰源排流（接地排流）	>10	>90
	10~5	>85
	<5	>80

4）交流排流保护效果准则

① 在弱碱性土壤中，当 Ca^{2+}、Mg^{2+} 含量超过 0.005% 时，管道交流干扰临界安全电压为 10V。

② 在中性土壤中，含盐量小于 0.01%时，管道交流干扰临界安全电压为 8V。

③ 在酸性土壤或盐碱性土壤环境时，管道交流干扰临界安全电压为 6V。

④ 被干扰管道上瞬间干扰电压允许值≤1000V。

4. 电化学保护技术配合使用

实践证明，不同类型的电化学保护有它特定的应用范围。如电化学保护中应用最广泛的阴极保护，虽然它可以防止全面腐蚀、电偶腐蚀等，但它并不能防止或完全防止交、直流干扰腐蚀；外加电流阴极保护不能适应没有外部电源的场合和邻近存在对杂散电流干扰要求较高构筑物的场合；牺牲阳极法不能适应高电阻率环境；交、直流排流保护只适用于存在干扰的场合并只能给埋地管道提供部分保护。

1）各种电化学保护的特点

各种类型电化学保护优缺点见表 3-39。

表 3-39 各种类型电化学保护优缺点

方法		优点	缺点
阴极保护	外加电流	① 输出电流、电压连续可调 ② 保护范围大 ③ 不受土壤电阻率的限制 ④ 工程量越大越经济 ⑤ 保护装置寿命长	① 必须要有外部电流 ② 对邻近金属构筑物有干扰 ③ 管理、维护工作量大
	牺牲阳极	① 不需要外部电源 ② 对邻近金属构筑物无干扰或较小 ③ 管理工作量小 ④ 工程量小时，经济性好 ⑤ 保护电流均匀且自动调节，利用率高	① 高电阻率环境不经济 ② 防腐层差时不适用 ③ 输出电流有限
排流保护	极性排流	① 利用杂散电流保护管道 ② 经济实用 ③ 方法简单易行，管理量小 ④ 对杂散电流无引流之忧	① 对其他构筑物有干扰影响 ② 电铁停运时，管道得不到保护 ③ 负电位不易控制
	强制排流	① 保护范围广 ② 电压、电流连续可调 ③ 以轨道代替辅助阳极，结构简单 ④ 电铁停运时，管道仍有保护 ⑤ 存在阳极干扰	① 对其他构筑物有干扰影响 ② 需要外部电源 ③ 排流点易过保护

由此可见，只有充分了解各种电法保护特点并根据实际情况灵活运用它们的优点，才能使管道得到最有效的保护。

2）配合使用中应遵守的原则

如上所述，电化学保护的各种类型各有特点和适用范围。因此，多种电化学保护取长补短、配合使用就是必然的结果。在配合使用过程中管道工作者应遵循以下原则：

（1）技术可靠　对一条管道做电化学保护设计时，要重点考虑选择哪一种类型最适合作主要保护方式，哪几种保护类型作辅助保护方式，力争做到管道对地电位分布均匀，技术先进，保护寿命长。

（2）经济合理　在工程建设投资允许的前提下，选择先进或比较先进的技术和设备去实现最佳的保护效果，在工程投资上实现最省。

（3）公共环境影响小　注重自身保护效果的同时，对邻近金属构筑物的干扰或影响力争做到最小。

（4）管理方便　管理人员操作和维护方便是必须考虑的。设计选择时就要为日后提高管理水平打下了坚实的基础。

5. 电化学保护与防腐层的关系

1）阴极保护与防腐层的关系

油气管道保护的经济合理方式是实行"联合保护"。在联合保护中防腐层的保护效果（隔离效果）直接关系到阴极保护电流的消耗量及保护长度。所以合理选用防腐层并提高防腐层完整性是阴极保护的前提。

同时需注意防腐层的阴极剥离问题，即当阴极保护电位过高时（特别在通电点）易造成防腐层剥离。因此 GB/T 21448—2008《埋地钢制管道阴极保护技术规范》中规定，运行中管道阴极保护的最大保护电位（最低值）宜为-1200mV（CSE）。

在实际工程中，阴极保护电流密度的大小可以作为判别防腐层质量的依据。表 3-40 是防腐层面电阻与所需阴极保护电流密度的关系，可在工作中参考。

表 3-40　防腐层电阻与所需保护电流密度

防腐层面电阻/$\Omega \cdot m^2$	1×10^6	3×10^5	1×10^5	3×10^4	1×10^4	3×10^3	1×10^3	3×10^2	1×10^2	3×10^1
所需保护电流密度/（mA/m^2）	3×10^{-4}	1×10^{-3}	3×10^{-3}	1×10^{-2}	3×10^{-2}	0.1	0.3	1	3	10

2）排流保护与防腐层的关系

排流保护与防腐层的质量有密切关系。在排流保护实际工程中，有时要求加强排流点两侧管段防腐层等级来减少杂散电流的无序泄漏，提高排流效果；有时为了避免在不宜抢修的地区出现干扰腐蚀，加强这些部位管道的防腐层等级，使杂散电流按设计的流向排流或使干扰腐蚀发生在宜检修的区域。由此可见，防腐层在增强排流点选择的灵活性及提高排流效果等方面起到了重要作用。

3.4.2　管道外加电流阴极保护工程

1. 阴极保护设计原则与程序

1）设计原则

管道外加电流阴极保护设计的一般规定是：①在管道外加电流阴极保护系统的设计中，对其保护范围要留有 10%的余量，其辅助阳极的设计寿命应尽量与被保护管道的设计要求相匹配，一般不宜小于 20 年；②设计外加电流阴极保护时，应注意保护系统与外部金属构筑物之间的干扰影响，在需要的场合，应采取必要的防护措施；③外加电流阴极保护常用的电源有整流器，还有太阳能电池、热电发生器、风力发电机等，其直流电源设备的额定功率应留 50%的余量，输出阻抗应与回路的电阻相匹配。

使用条件是：①被保护的管道必须具有良好的电连续性；②管道必须具有良好的防腐层；③被保护管道与非保护的低电阻接地体、接地装置、设备等构筑物都要有良好的绝缘。

外加电流阴极保护的设计参数，对已有管道应以实测值为依据；对新建管道可按经验选取，常规选取的参数有以下 7 项：

① 管道自然电位：-0.55V。

② 最小保护电位(管道保护末端电位)：-0.85V。

③ 最大保护电位(通电点保护电位)：-1.25V。

④ 防腐层电阻：按所选用防腐层材料性能指标选取，常用的环氧煤沥青为$5\times10^3\Omega\cdot m^2$，石油沥青为$1\times10^4\Omega\cdot m^2$，熔结环氧粉末为$5\times10^4\Omega\cdot m^2$，三层聚乙烯为$1\times10^5\Omega\cdot m^2$。

⑤ 钢管电阻率：低碳钢(20)取$0.135\Omega\cdot mm^2/m$，16Mn 钢取$0.224\Omega\cdot mm^2/m$，高强度钢取$0.166\Omega\cdot mm^2/m$。

⑥ 电源效率：70%。

⑦ 保护电流密度：设计中按所选用防腐层电阻指标选取保护电流密度，见表 3-41。

表 3-41 保护电流密度选取原则

防腐层电阻/$\Omega\cdot m^2$	5000~10000	10000~50000	>50000
保护电流密度/($\mu A/m^2$)	50~100	10~50	<10

2）设计程序

(1) 原始资料的收集

阴极保护设计时，应收集各方面资料。具体内容主要有：①管道走向平面图；②管材、管壁厚度和管径；③防腐层的种类、结构、等级和绝缘电阻；④管道沿线的土壤腐蚀性或土壤电阻率的大小；⑤可利用的电源和种类；⑥气象资料；⑦站、场位置；⑧管道两侧杂散电流源的调查；⑨管道两侧 100m 范围内的地面、地下金属构筑物、高压线、电气化铁路的分布情况；⑩穿、跨越情况。

(2) 保护方案的对比

在确定方案前，应作外加电流阴极保护和牺牲阳极阴极保护的技术、经济比较。一般比较内容包括：①建站数目和埋设牺牲阳极的数量；②管道周围金属构筑物的分布及防干扰情况；③维护管理的条件及电源情况。两种方法的比较可参照表 3-42。设计人员可以根据具体适用的条件，从技术、经济、管理等方面同时考虑，决定取舍。

表 3-42 外加电流阴极保护与牺牲阳极法比较

序号	牺牲阳极法	外加电流保护法
1	费用与管道长度成正比	费用与建站数成正比，对于长度较短的支线不太合适
2	对外部管道干扰小	辅助阳极点附近会对外部管道产生干扰
3	不需外部电源	必须有外部电源
4	可埋在管沟里或靠近管沟旁	辅助阳极要远离管道(保护区以外)
5	在保护电流密度低时才经济	保护电流密度不限

续表

序号	牺牲阳极法	外加电流保护法
6	杂散电流干扰大时不能使用	杂散电流大时也可任意调节电位
7	电流输出稳定	可按电气原理调节电流、电压
8	输出电流与土壤电阻率成反比	可通过电压调节保护电流
9	土壤电阻率高时需阳极数量多	建成站数与土壤电阻率没关系
10	土壤电阻率测试点多	土壤电阻率测量点少
11	调试工作量大，投产调试费时间	只需测量电流和为数不多的电位，管理比较简单
12	阳极为消耗性，需定期更换	可使用低消耗性阳极，不需更换

(3) 设计阴极保护体系

根据所确立的阴极保护方案，决定选取或测试选取保护参数，包括电流密度、保护面积以及由此推出的保护电流量、保护电位、保护站个数、保护系统的寿命等，由此设计出阴极保护系统的各部分技术设施的规格和技术指标等，并进行理论计算。

2. 管道阴极保护工程设计

一座外加电流的阴极保护站通常由保护间、电源设备和站外设施三部分组成。保护间是配电和安装电源设备的场所，需要独立设置；电源设备是由提供保护电流的直流电源设备及其附属设备组成，包括交流或直流配电设施；站外设施包括通电点装置、辅助阳极地床系统、阳极引线、测试桩、检查片及绝缘法兰等阴极保护的必要设施。

外加电流阴极保护设计主要内容有：阴极保护站数目的确定、阳极类型和重量的确定、电源设备功率的确定等。

1) 阴极保护站数目的确定

阴极保护站数目的确定，首先应该确定保护电流密度和保护长度。

(1) 保护电流密度的确定

一般可根据埋地管道所使用的防腐层的绝缘电阻确定保护电流密度值(参考表 3-40 推荐的指标)进行设计，若无对应的推荐值，也可用下式进行计算：

$$I_s = \frac{0.3}{R_p}$$

式中 I_s——保护电流密度，A/m^2；

R_p——防腐层电阻，$\Omega \cdot m^2$。

(2)外加电流阴极保护的保护长度

外加电流阴极保护的保护长度可由下式计算：

$$2L = \sqrt{\frac{8\Delta V_L}{\pi D I_s R'}}$$

式中 L——单侧保护长度，m；

ΔV_L——通电点最大保护电位与最小保护电位之差，V；

D——管道外径，m；

R'——单位长度管道纵向电阻，Ω/m；$R' = \dfrac{\rho_T}{\pi(D-\delta)\delta}$，其中：$\rho_T$为钢管电阻率($\Omega \cdot$ m)，δ 为管道壁厚(mm)，D 为管道外径(mm)。

上式计算出的 $2L$ 即为理论阴极保护站的站间距。理论阴极保护站数目可由下式计算：

$$N = \frac{L_{总}}{2L} + 1$$

式中　$L_{总}$——被保护管道总长，m。

阴极保护站数量的确定，是在以上计算结果的基础上结合管道沿线的站场分布来确定的。为了便于维护管理，常常将阴极保护站选择在被保护管道沿线的泵站、加热站、增压站、中间阀室等处，站场周围应能选择适当的埋设阳极的区域。

在确定阴极保护站数目时，还要考虑到随着埋地时间的推移，埋地管道防腐层在地下环境和阴极保护电流的作用下，将逐步老化变质，使绝缘电阻值降低，管道所需的保护电流密度值增加，保护距离将缩短。要维持原设计的保护长度范围，就必须提高通电点的电位值，增大电流强度，由此带来的问题则是由于通电点电位过高而造成的"阴极剥离"危害。否则就要增加新的阴极保护站或者新补埋牺牲阳极来弥补局部管段的电位不足。因此，在阴极保护站的初期设计中，要根据管道的使用寿命和维修周期，对保护电流和阴极保护站的设计，要留有余地。同时还要充分考虑到阴极保护的经济性，使设计科学可靠。

2）保护电流的确定。

保护电流的确定可通过下式计算：

$$2I_0 = 2\pi D \cdot I_s \cdot L = \sqrt{\frac{8\pi D \cdot I_s \cdot \Delta V_L}{R'}}$$

式中　I_0——单侧保护电流量，A。

3）阳极数量的确定

阳极的根数与接地电阻成反比关系。在一定范围内增加阳极根数会起到降低接地电阻的作用。但是，由于阳极间的屏蔽效应，有些场合，虽然增加了较多根数的阳极，而获得的接地电阻降低却较少。所以阳极根数的选择是一个影响经济效益的问题。确定阳极根数时首先需要考虑的是要使阳极输出电流在阳极材料允许的电流密度内，以保证阳极地床的使用寿命；其次应考虑在经济合理的前提下，阳极接地电阻应尽量达到最小，以降低电能消耗。

辅助阳极的接地电阻应根据埋设方式按以下各式计算。

（1）单支立式阳极接地电阻的计算

$$R_{v1} = \frac{\rho}{2\pi l}\ln\frac{2l}{d}\sqrt{\frac{4t+3l}{4t+l}} \qquad (t \gg d)$$

式中　R_{v1}——单支立式阳极接地电阻，Ω；

ρ——阳极埋设地区土壤电阻率，Ω·m；

l——阳极长度(含填料)，m；

d——阳极直径(含填料)，m；

t——埋深(填料顶部距地表面)，m。

（2）单支水平阳极接地电阻的计算

$$R_H = \frac{\rho}{2\pi l}\ln\frac{l^2}{td} \qquad (t \ll l)$$

式中　R_H——单支水平式阳极接地电阻，Ω。

（3）深埋式阳极接地电阻的计算

$$R_{v2} = \frac{\rho}{2\pi l}\ln\frac{2l}{d} \qquad (t \ll l)$$

式中　R_{v2}——深埋式阳极接地电阻，Ω。

(4) 组合式阳极接地电阻的计算

$$R_g = \frac{R_v}{n\eta}$$

式中　R_g——阳极组接地电阻，Ω；

R_v——单支阳极接地电阻，Ω；

n——阳极支数；

η——阳极屏蔽系数(见表3-43和表3-44)。

表3-43　一排立式阳极屏蔽系数

a/L	1	2	2	2	1	2	3
n	3	3	5	10	20	20	20
η	0.76~0.80	0.83~0.85	0.79~0.88	0.72~0.77	0.47~0.50	0.65~0.70	0.74~0.79

注：a为阳极间距，m；L、n、η符号意义同前。

表3-44　水平阳极屏蔽系数

n	a/L		
	1	2	3
	η		
3	0.81	0.91	0.94
4	0.77	0.89	0.92
5	0.74	0.86	0.90
8	0.67	0.79	0.85
10	0.62	0.75	0.82
20	0.42	0.56	0.68
30	0.31	0.46	0.58
50	0.21	0.36	0.49

土壤冻结会使接地电阻增大，当土壤冻结深度达到阳极埋设的中心位置时，组合阳极的接地电阻计算公式修正为：

$$R_g = \frac{R_v}{n\eta}\phi$$

式中　ϕ——受土壤冻结影响系数，立式阳极顶端距地面0.3~0.5m时，ϕ取1.5~3；水平阳极顶部距地面0.5~0.7m时，ϕ取2~4。

(5) 阳极质量的确定

根据接地电阻计算出所需阳极的支数，按下式算出阳极的总质量G_r为：

$$G_r = nP$$

式中　P——单支阳极的质量，kg；

n——阳极支数。

根据设计寿命，阳极的重量应能满足阳极最小设计寿命的需要，可通过下式计算：

$$G = \frac{TgI}{K}$$

式中　G——阳极总质量，kg；

g——阳极的消耗率，kg/(A·a)；

I——阳极的工作电流，A；

T——阳极的设计寿命，a；

K——阳极的利用系数，一般取0.7~0.85。

4）保护站电源功率的确定。

外加电流阴极保护系统的电源功率可按下式计算：

$$P=\frac{IV}{\eta}$$

$$I=2I_0$$

$$V=I(R_a+R_L+R_c)+V_r$$

其中：
$$R_c=\sqrt{r_0R_0}/2(\text{无限长管道})$$

或
$$R_c=\frac{\sqrt{r_0R_0}}{2\text{th}\left(\sqrt{\frac{r_0}{R_0}}L_{max}\right)}(\text{有限长管道})$$

式中 P——电源功率，W；

V——电源设备的输出电压，V；

η——电源效率，一般取0.7~0.85；

I——电源设备的输出电流，A；

I_0——通电点一侧保护电流，A；

R_a——阳极总接地电阻，Ω；

R_L——阳极导线电阻，Ω；

R_c——阴极(管道)-土壤界面过渡电阻，Ω；

V_r——阳极地床的反电动势，V，当阳极地床采用石墨阳极或碳质回填物时，此值约为2V，钢铁阳极为0；

r_0——单位长度管道纵向电阻，Ω/m；

R_0——单位长度管地过渡电阻，Ω·m；

L_{max}——保护站一侧的最大保护长度，m。

5）辅助阳极地床类型的确定

辅助阳极地床是强制电流阴极保护的重要部分，阴极保护的经济性和保护效果在很大程度上取决于阳极地床的设计水平及质量。通常为降低费用、提高可靠性、节约用电，对阳极地床的位置选择有以下要求：

选择土壤电阻率小于500Ω·m，地下水位高、土壤湿润的地方；土质应多为黏土、亚黏土，土层厚、无石块且便于施工；对其他金属构筑物干扰小；阳极地床一般与管道通电点距离在300~500m，管道受自然条件限制时阳极与管道垂直距离不宜小于50m。

外加电流阴极保护的辅助阳极可供选择的种类很多，从材料性能方面可分为钢铁、高硅铸铁、石墨、磁性氧化铁和柔性阳极等。在一般土壤中可采用高硅铸铁、石墨、钢铁阳极；在盐渍土、海滨土或酸性和含硫酸根离子较高环境中宜采用含铅高硅铸铁阳极；在高土壤电阻率的场合可使用钢铁阳极；在高含量的氯化物和硫酸盐的土壤环境可采用磁性氧化铁；在防腐层质量较差的管道及位于复杂管网或地下金属构筑物较多区域内的管道可采用柔性阳极；在海水中的管道可采用铝银合金、铝银合金镶铂、镀铂钛、镀铂钽、镀铂铌。常用辅助阳极的材料性能和阳极体的几何形状见表3-45。

表3-45　常用辅助阳极的材料性能和阳极体的几何形状

阳极类别	阳极材料	相对密度	适用工作电流密度/(A/m^2)	消耗率/[kg/(A·a)]	最高利用率/%	阳极体几何形状	最大使用电压/V	备　注
易溶性	碳钢、铸铁	7.8	10~100	8~10	50	棒状、管状	不加限制	可采用圆钢和废钢轨
难溶性	石墨	约1.8	10~100	0.2~0.9	66	棒状、块状	不加限制	质脆
	高硅铸铁	7.0	50~300	0.2~0.5	50	圆筒形、棒状	不加限制	质脆
	磁性氧化铁	3.27	40~400	0.1	40	棒状	不加限制	质脆
	铝银合金	11.3	50~250	0.03~0.2	67	圆筒形、半圆形	不加限制	不得用于水深超过30m处
微溶性	铝银合金镶铂	11.3	50~1000	0.002~0.006	67	圆筒形	不加限制	不得用于水深超过30m处
	镀铂钛	5	250~750	6×10^{-6}~10×10^{-6}	85	圆柱形	8.75	宜慎重采用、价贵
	镀铂钽	16.8	500~2000	6×10^{-6}	85	扁条形网状扁条形	200	宜慎重采用、价贵
	镀铂铌	8.8	500~2000	6×10^{-6}	85	圆柱形	50	宜慎重采用、价贵

从埋设方式上可分为浅埋式(立式、水平式)、深埋式、浅井粗管式阳极等。下面简单介绍不同埋设方式的阳极。

(1) 立式阳极地床

立式阳极是由多根垂直埋入地下的电极构成。电极间可用电缆或金属连接，再做好绝缘，如图3-15所示。这种阳极具有安装费用低、受土壤环境影响小、电流输出稳定、阳极间距小、彼此干扰小、利用系数高等优点。该种埋设方式适用于一般场合。

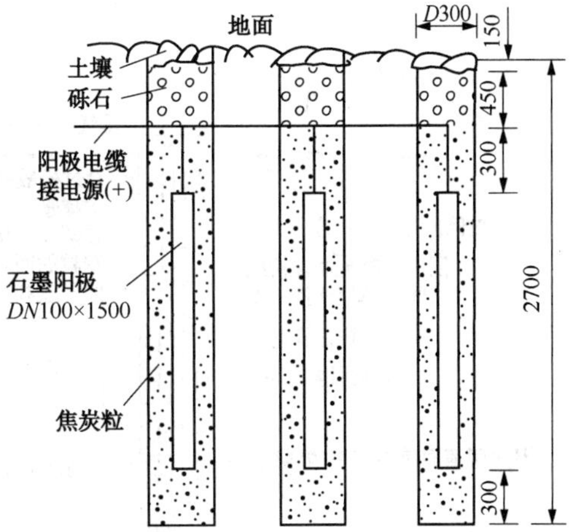

图3-15　立式阳极地床

(2) 水平式阳极地床

将一根或多根阳极以水平状态埋入一定深度的地层中，阳极顶部距地面一般在1m左右，但不得小于0.7m或位于冰冻线以上，如图3-16所示。在薄的岩石结构区和深层土壤电阻率较高的地区，沙质土壤的河滩地及地下水位较高、不易开挖的地方、沼泽地等都宜采用水平式阳极。水平式阳极的优点是利于开挖施工，土方量相对小，维修方便。如将阳极通过填料首尾相连成一整体，可形成一连续性的大阳极，有利于阳极的电流均匀分布。

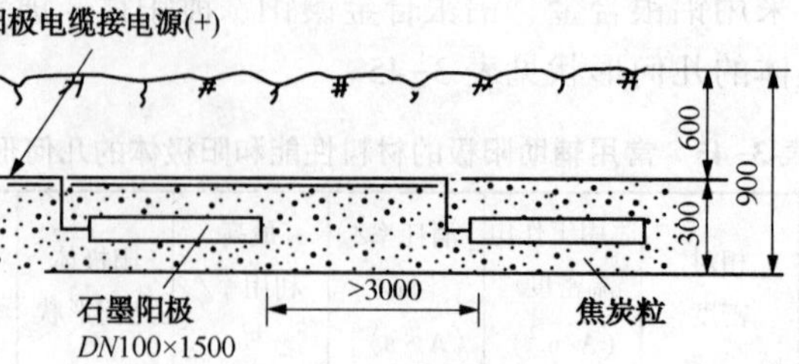

图 3-16　水平式阳极地床

立式、水平式阳极优点比较见表 3-46。

表 3-46　立式、水平式阳极优点

立式阳极	水平式阳极
接地电阻变化较小	安装土石方量较小，易施工
同种规格型号的阳极，立式的接地电阻较水平式的小	容易检查阳极各部分的工作情况

（3）深埋式阳极地床

地表土壤电阻率比较高、地下构筑物比较集中、在城市管网环境下占地面积受到限制等地区可采用深埋阳极。

深埋式阳极地床的特点是接地电阻小，对周围干扰小，消耗功率低，电流分布比较理想。缺点是施工复杂、技术要求高、单井造价高，尤其是深度超过 100m 的深阳极，施工时需要大钻机，这就限制了它的应用。深埋阳极材料一般采用石墨或高硅铸铁。阳极埋深一般为 15~300m。安装可按两种方式进行，一种是将阳极棒捆绑在 *DN*25 钢管上放入钻好的深孔内，周围填充焦炭粒；另一种是将阳极棒和焦炭粒预制在一个铁皮管中，然后放入钻好的深孔内。图 3-17 为深埋式阳极地床结构示意图。

浅埋式与深埋式阳极比较见表 3-47。

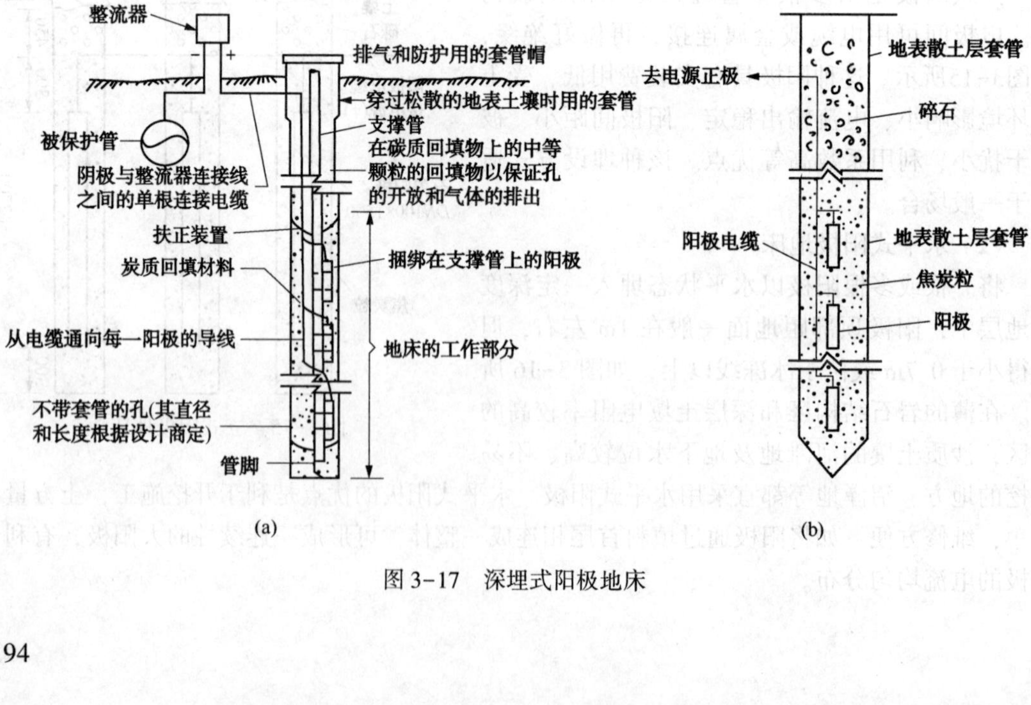

图 3-17　深埋式阳极地床

表 3-47　深、浅埋式阳极优点比较

浅埋阳极	深埋阳极
容易施工、费用低	受地形限制少，不怕金属构筑物密集屏蔽、干扰的影响
回填料易于压实，不易产生气阻，可减少阳极损耗	电流分布均匀，对邻近金属构筑物干扰小
便于检查、维修和更换阳极	接地电阻小，不受季节温度变化影响

(4) 浅井粗管阳极地床

在城市建筑物密集区实施阴极保护会给设计者寻找阳极地床位置带来很大麻烦，有些时候选择常用的阳极地床结构几乎无法实施。浅井粗管阳极地床就是在这种情况下由工程技术人员提出的一种阳极埋设方式。所谓“浅井”是为了区别于深井(或叫深埋)阳极，它的深度一般在 20m 以内；“粗管”的意义是区别于通常阳极尺寸(普通阳极一般直径在 100mm 以下)，粗管阳极一般选择在 200mm 以上。浅井粗管阳极地床的优点是对环境适应性强，占地面积小，电流分布较均匀。浅井粗管阳极材料宜选用废钢管，其结构如图 3-18 所示。

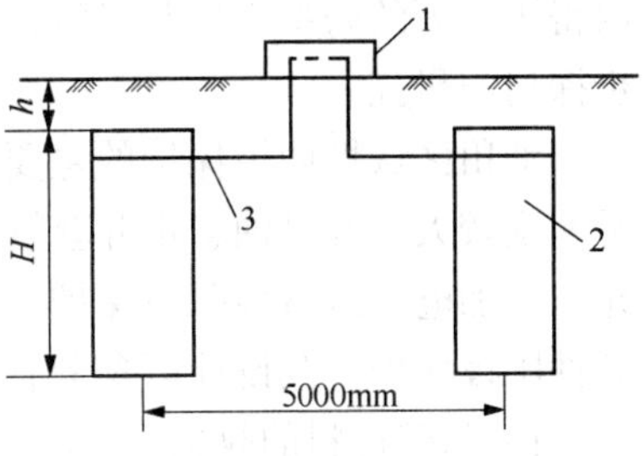

图 3-18　浅井粗管阳极结构示意图

1—接线箱；2—钢管；3—扁钢

浅井粗管阳极地床适用于城区或建筑物较密集区域，浅土层土壤电阻率较高的地区、及不适合深埋式阳极地床的场合。

(5) 柔性阳极

柔性阳极是用导电塑料制成，把导电塑料包覆在铜芯上，其结构和外形与电缆相似，故也称缆形阳极。

它是近些年来开发出的一种新型辅助阳极，特别适用于高电阻率环境及管道防腐层质量恶劣的场合。它可以平行管道敷设，改善了沿线的电流分布，故对于站内管网及几何形状不规则的被保护体特别有益。它还适用于储罐底部保护，能有效地解决罐底电流分布问题。同时能解决阴、阳极干扰问题。柔性阳极不宜在含油污水和盐水中使用。

与传统的其他辅助阳极相比，柔性阳极具有阴极保护电流长，距离分布均匀；对邻近其他金属构筑物干扰影响小；能解决复杂管网的屏蔽问题；即使管道防腐层破损严重或裸的罐底，也能保证电流的均匀分布等特点。

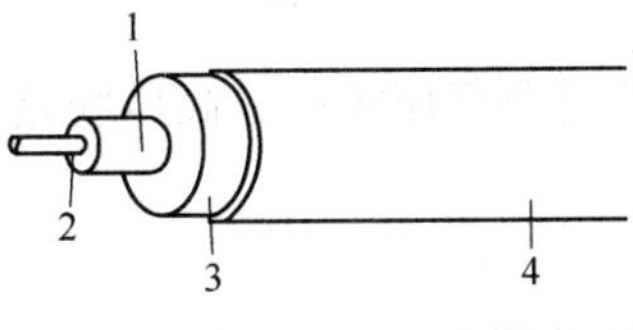

图 3-19　新型柔性阳极

1—导电聚合物阳极材料；2—铜芯；3—焦碳渣；4—编织物

柔性阳极沿被保护管道敷设，埋设在靠近管线的焦炭回填料的地床中。目前国外已开发了带有炭粉回填料的柔性阳极(见图 3-19)。这项技术目前在国内已趋于成熟。

6) 连接导线与其他

阴极保护系统的配线截面，应根据电流大小和经济电压降来考虑确定。配线的电能消耗不宜大于阴极保护系统的 20%。一般规定为：直流电源至阳极和管道配线的截面不宜小于 $16mm^2$；测试桩用的测试导线的截面积不宜小于 $50mm^2$；跨接线和均压线的截面积不宜小于 $50mm^2$；阴、阳极连接导线的总电阻所占系统回路电阻的比例不得大于 20%；原则上应使用铜芯线。当阳极导线采用埋地型时，推荐采用 VV_{29}-500、VV-1kV型电缆；当采用架空引线时，可采用 LGJ 型钢芯铝绞线。

外加电流阴极保护系统，除以上设施(设备)外。还有与其他电法保护通用的一些设施，如通电点、参比电极、绝缘法兰、测试装置等，设计时也都应参照GB/T 21448《埋地钢质管道阴极保护技术规范》的有关规定。

3. 区域性阴极保护与深井套管阴极保护

随着石油工业的发展，油田内部的埋地管道，尤其是油井套管的严重腐蚀已经给油田的生产、开发和管理都带来了严重的问题，在经济上造成了巨大损失。我国从20世纪50年代开始套管保护的研究，到20世纪70年代末获得了油田区域性阴极保护技术的研究成果，并取得了显著的防护效果和经济效益。但是，目前它还处于经验设计阶段，许多问题还需进一步探讨与研究。

油田区域性阴极保护的主要对象是油水井套管和集输管网。由于油田管网复杂，绝缘情况差别较大，并且油、水井套管伸入地层数千米，所以牺牲阳极的应用受到了限制。这里仅介绍外加电流区域性阴极保护。如只对管网进行保护，或用于其他平面分布的系统，可采用牺牲阳极保护。其设计可参考有关章节和相关标准。

1）基础资料的收集

区域性阴极保护具有以下几个特点：地下金属构筑物的几何形状复杂；管道呈密集网状分布；干扰电流来源普遍存在；地下金属构筑物的绝缘情况不一；保护电流需要量大；被保护对象在不断变化。因此应认真做好如下设计基础资料的调查收集。

（1）区域设施状况

以油田为例，如各类井的井身资料(包括油井、注水井、观察井、资料井、报废井和水源井等)，包括它们的井号、套管直径、下入深度、最低油层深度，表层套管直径、深度，固井水泥上返高度以及该井完钻时间等。

套管损坏情况：井别、损坏时间和位置。

管道腐蚀情况：腐蚀管道的名称、类别、位置、时间、管道防护层种类以及累计更换管道的数量。

油田地面设施：各类站、点的数量；各类管道的直径、防腐层类别、埋设时间、输送介质及温度；油田集油站、污水站、压气站的站内管网、容器等设施的平面布置图。

变电站、电力线、通信线路平面图。

（2）杂散电流的来源

有无地铁、电气化铁路从油田或附近经过，变电站接地体的位置及高压等级，高压线路走向及铁塔接地体的位置与电压等级。

（3）其他

近几年发展规划，如干扰电源、地下金属构筑物和地下管道的建设规划；附近居民点、村镇、地方企业的名称和该单位地下金属构筑物的情况等。

2）保护电流的确定

油田地下金属构筑物中消耗电流的主要对象是套管，所以设计中重点是确定套管所需保护电流。确定套管所需保护电流的方法有如下几种：

（1）临时保护站法　在油田边缘选择一口井，建一临时阴极保护站，来确定套管获得保护所需的保护电流。

（2）E-log$I$ 法　这种方法的原理是把套管看成一个电极，给套管提供保护电流，当保护电流不断增加但没使套管完全极化时，其电位上升(指绝对值)缓慢，当保护电流增加到使套管完全极化时，其电位将随电流的对数而变化。这两条直线的交点所对应的电流值就可认为是该井套管所需的保护电流，如图 3-20 所示。

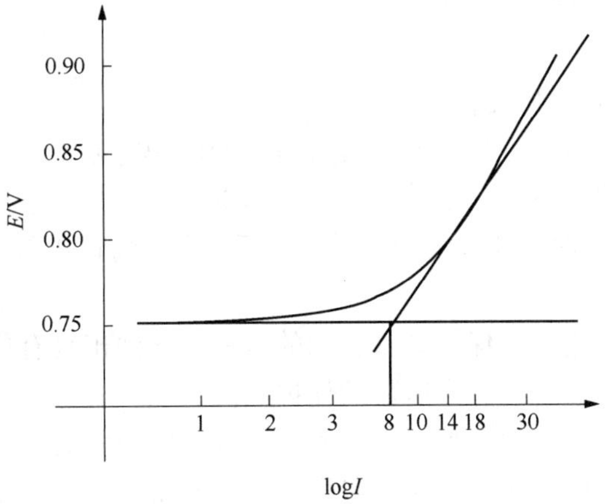

图 3-20　E-logI 曲线图

（3）套管电位剖面法　这种方法是在套管内部下一个套管电位剖面测定仪，其测量装置如图 3-21 所示，测量仪表选用能测出微伏级的精密电位差计，仪表电源要稳定。

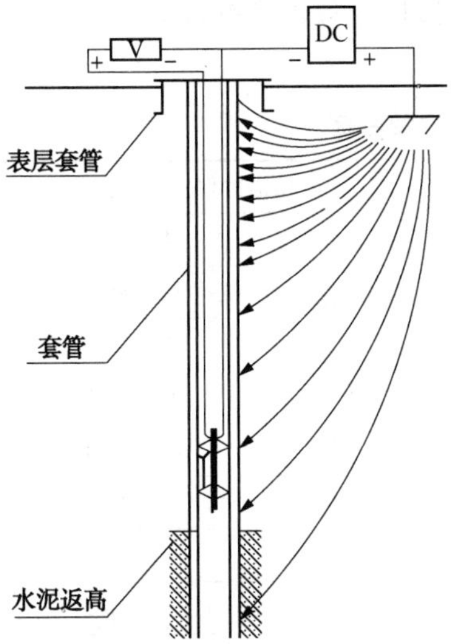

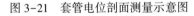

图 3-21　套管电位剖面测量示意图

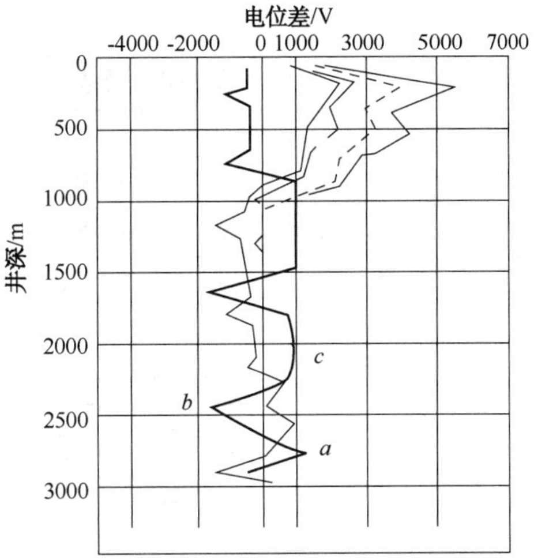

图 3-22　套管电位剖面曲线图

套管电位剖面测定仪上有两个相距 5～8m 的触点，仪器下至井底然后提起，从井底开始，每 30～50m 停一次，测定该处两触点间的电位差，将这些数值画在以套管深度为纵坐标、电位差为横坐标的图上，就得到了套管电位剖面图，如图 3-22 所示。

图 3-22 中粗线是在自然情况下测得的套管电位剖面曲线。从电位剖面曲线的方向可以看出套管上阳极区所在部位。如图中 a 点至 b 点，电位降低了，而这段套管的电阻基本上可以看成等值，所以电位降低的原因是这段套管上有电流从套管流入土壤，因而这段套管是受腐蚀的阳极区，相反套管的 bc 段是阴极区，然后可根据阳极区降低的数值算出腐蚀电流密度：

$$I=\frac{V}{R\pi DL}$$

式中 I——腐蚀电流密度，mA/m^2；

V——阳极区两点间电位差，mV；

R——该段套管的纵向电阻，Ω；

D——套管直径，m；

L——两触点间的套管长度，m。

计算得到的电流密度可以近似看成该套管所需的保护电流密度。

或者，给套管提供保护电流，继续测定各点的电位差并画出电位剖面曲线，当电流提高到某一数值时，电位剖面曲线上的阳极斜线就消除了，则该电流值即为该井所需的保护电流。

(4) 室内实验法　选用与所保护套管相同的材料和该油田具有代表性的土壤，在室内测定稳定的保护电流密度，然后计算出所需的保护电流。

(5) 套管表面积计算法　根据推荐电流密度，按需保护的套管表面积计算。据美国加利福尼亚K·H油田、科威特的布尔岗油田和我国的江汉油田、南阳油田以及华北油田的资料表明，套管保护电流密度为 $5\sim20mA/m^2$。

套管所需保护电流加上各类管道、储罐等埋地金属构筑物所需的保护电流总和，再考虑20%左右的备用系数即为该油田需要的总保护电流。

在没有其他附加条件时，各类管道所需保护电流可按推荐数值选择计算。保护电流密度推荐值见表3-48。

表3-48　各类管道保护电流密度需要量

环　境		所需的保护电流密度/(mA/m^2)
裸管	无菌的中性土壤	4.3~16.1
	充气良好的中性土壤	21.5~43
	充气良好的干燥土壤	5.4~16.1
	条件中等及恶劣的湿土壤	26.9~64.6
	酸性强的土壤	53.8~161.4
	有硫酸盐还原菌的土壤	451.9
	有热水排放管线的土壤	53.8~269
	干混凝土	5.4~16.1
	湿混凝土	53.8~269
	静止的淡水	53.8
	流动的淡水	53.8~64.6
	扰动及含溶解氧的淡水	53.8~161.4
	热水	53.8~161.4
	污染的河水	53.8~161.4
	海水	53.8~269
	土壤	30~300
高压检验防腐层良好的钢管	土壤	0.01

3) 区域保护的两种结构形式

油田区域性阴极保护系统的结构形式一般有以下两种：

① 以油、水井套管为中心，分井定量给套管提供保护电流，各井间电位的差异用所谓阴极链(即均压线)来平衡。这种系统比较节约电能，容易实现自动控制，缺点是控制系统比较复杂，投资巨大，并容易产生电位不平衡现象而造成干扰。

② 把所保护区域地下的金属构筑物当成一阴极实体，整个区域是一个统一的保护系统。阴极通电点一般设在保护站就近的管道上，各类管道既是被保护对象，又起传送电流的作用，油井套管是保护系统的末端。这种保护系统的优点是避免了干扰的产生，简化了保护站的控制系统，因而节省了投资。缺点是保护电流不易分配均匀，对阳极的布置要求较严格。

4）阳极装置的布置

区域性阴极保护的特点之一是保护电流需量大，因而要求阳极材料的消耗率较小，允许电流密度大，有比较稳定的阳极接地电阻，并且成本较低。因此高硅铸铁、石墨是比较合适的阳极材料。

对于整体保护系统，为了减少屏蔽影响，使保护电流分配比较均匀，以获得较好的保护效果，辅助阳极的布置应注意以下几点：

① 阳极地床与被保护埋地金属构筑物的距离应大于50m，最小不能小于30m。

② 阳极地床位置应选择在周围各井的适中位置，并需考虑农田作业和油田补充打井时对阳极装置的影响。

③ 阳极应采用少量、多组、分散布置，可以一台直流电源带多组阳极以降低仪器的输出电压。

④ 对站内密集管网应采用分布型阳极以减小屏蔽影响，使保护电流分布均匀；或者采用深埋阳极装置来改善电流的分布状况。

⑤ 阳极设计寿命应与油田开发期相适应。

⑥ 在有条件时可尽量采用废弃井套管作阳极，以减少投资。

⑦ 连接阳极的电源，一般不要在地下或水中设置接头，必须设置时应设计专用密封接线盒，以防潮气渗入损坏接头。

5）直流电源设备选择

① 由于被保护对象集中，耗电量大，直流电源应选大电流设备，以减少设备投资和安装费用，但也不宜选得过大，一般以50~100A为宜。

② 设备输出电压的调节范围应以能够保证输出设备额定电流的60%且阳极材料能够被充分利用为原则，但不宜大于100V。

③ 实践证明，直流电源设备以三相直流恒电流仪为好，输出电压至少应有两个挡次可调。

6）其他要求

① 当保护区域的边缘井纳入统一保护系统有困难或经济上不合理时，应另设独立的保护系统。

② 为控制保护电流的流失，在保护区域边缘设绝缘体(绝缘法兰或绝缘接头)，将与外界有金属连接的构筑物断开。

③ 对于未保护的地下金属构筑物，因受到阴极保护电流的电解作用而引起干扰，应将其纳入保护系统或采取其他方式排除干扰。

4. 阴极保护施工及安装

1）阳极地床处理

辅助阳极的地床均需做一定的技术处理，这是由辅助阳极自身的导电性决定的。其要点如下。

（1）辅助阳极地床位置的选择

在施工过程中，辅助阳极地床位置的选择应符合：①地下水位较高或潮湿低洼处；②土壤电阻率 50Ω · m 以下的地点；③土层厚、无石块、便于施工处；④对邻近的地下金属构筑物干扰小，阳极位置与被保护管道之间不宜有其他金属构筑物；⑤阳极位置与管道的垂直距离不宜小于 50m。当采用柔性阳极时，对于裸管道，阳极的最佳位置是距管道 10 倍管径处；对于有良好防腐层的管道可同沟敷设，最近距离为 0.3m。

（2）阳极埋设方式选择

浅埋阳极通常采用立式埋设，在沙质土、地下水位高、沼泽地可采用水平阳极；在复杂环境或地表土壤电阻率高的情况下可采用深埋式阳极。

浅埋阳极应置于冻土层以下，埋深一般不宜小于 1m。深埋式阳极地床根据埋设深度不同可分为次深（15～40m）、中深（40～100m）、深（超过 100m）三种。一般埋深宜在 300m 以内。

（3）阳极地床填包料的使用要求

阳极常用的填包料有焦炭粒、石油焦炭粒。

石墨阳极应加填包料，高硅铸铁阳极、柔性阳极宜加填包料，钢铁阳极及在沼泽地、流沙层中阳极可不加填包料。

填包料的含炭量宜大于 85%，最大粒径宜小于 15mm，厚度一般为 100mm。当采用柔性阳极时，填包料的最大粒径宜小于 3.2mm，填包料厚度为 45mm。

（4）其他要求

① 辅助阳极地电场的电位梯度不应大于 5V/m，设有护栏装置时不受此限制。

② 阳极填包料顶部应放置粒径为 5～10mm 左右的砾石或粗砂，砾石层宜加厚至地面以下 500mm 或在砾石上部加装排气管至地面以上。

③ 阳极的引出线和并联母线应为铜芯电缆，并应适合地下（或水下）敷设。

④ 阳极并联母线与直流电源输出阳极导线连接可通过接线箱连接，若阳极导线为铝线，则应采用铜铝过渡接头连接。

2）电缆施工要求

① 电缆使用前应检查电缆绝缘外皮有无破损，有破损则应修复后再使用。

② 铠装电缆弯曲半径与电缆外径的比值不应小于 10 倍，无铠装为 6 倍。

③ 直埋电缆线路的直线部分，若无永久性建筑物时，应埋设标桩。接头和转角处也均应埋设标桩。

④ 尽量使用整条电缆，以减少和避免电缆线有过多的接头。

⑤ 直埋电缆埋入前，应将沟底夯实，电缆周围应填入 100mm 厚的细砂或筛过的细土，砂层上部要用定型的混凝土盖板保护。

⑥ 电缆与管道的连接应选用铝热焊剂或锡焊焊接法。电缆的敷设安装还应符合《电缆敷设》图集 D164 要求。

当阴极保护直流电源与阳极地床之间采用架空敷设时，电线杆路的架设应按照《电气装置国家标准图集》D101 施工。

3）接头处理

① 为保证阴极保护的长期有效性，必须首先保证阴极保护施工中的所有接头均有可靠的连接与优质的密封。

② 这些接头一般要求在焊接牢固后，用环氧树脂密封、填充、最外面再用与管体相同的绝缘材料绝缘。

③ 辅助阳极与引出线的接触电阻小于 0.01Ω。

④ 测试桩测试电缆与钢管的连接常采用双焊点的连接头，以防一个焊点失效后影响测试效果。

4）电绝缘处理

在阴极保护技术中，没有电绝缘就没有保护。任何一处的电绝缘不当，都会造成系统的短路接地或保护电流的散失，从而造成保护电位达不到要求。电绝缘的设置主要考虑如下位置：保护系统范围内的管道与非保护对象的连接处；管道与厂、站、库、井的连接处；主干与分支管道的连接处；杂散电流强干扰区与非干扰区的分界处；不同金属结合处；有防腐层管道与裸管道的交接处及其他需要的部位。阴极保护系统的电绝缘处理方法主要有以下几方面。

（1）绝缘法兰

① 绝缘法兰在安装前一定要做性能检测。一般可用 500V 兆欧表测试，良好的绝缘法兰绝缘电阻为∞，2MΩ 以上为合格。

② 当绝缘法兰已焊接到管线上后，可在阴极保护运行条件下，分别测法兰两侧管道的管地电位。若一边为保护电位，另一边为自然电位，则绝缘性能良好；否则将表明存在短路现象。

以上所介绍的绝缘法兰，只不过是目前应用较普遍的一种绝缘方式。应用时还可根据不同场合和工艺条件选择预组装绝缘接头、绝缘活接头、绝缘短管、绝缘管接头、机械开孔分接式绝缘套筒等绝缘方式。

（2）套管与管道的电绝缘

采用套管方式穿越公路、铁路和河流时，输送管道应与套管电绝缘。做法是在套管中采用塑料绝缘支撑，使管道在套管中的位置固定。套管端部必须绝缘密封，以防止地下水的浸入。

铁秦线吴台河，由于套管施工时，有一处捆扎岩棉保温层的铁丝线与主管道和套管搭接，1997 年拆开套管时发现在搭接点造成主管道严重腐蚀，腐蚀面积达 170mm×140m，深度达 4mm。

（3）架空管道与支撑物的绝缘

管道必须与支撑的墩台、管桥、管柱、固定墩、支座、管卡或混凝土中的钢筋等导电体做绝缘处理，特别是在老管线改造工程中，更应重视这一问题。采用的方法有在管道与管支撑架之间加绝缘垫，以及在跨越管段两端加绝缘接头。某管线在大规模的站内工艺改造过程中，由于忽视了架空管道与支撑物的绝缘问题，使得站内工艺改造完成后，不得不再投资进行故障处理。其教训是十分深刻的。

（4）管道穿墙处的绝缘

管道穿墙时，为避免管道在大气（或土壤）与墙体混凝土交界处形成透气性差异的浓差电池腐蚀，通常在钢管和墙壁之间注入如环氧树脂类的绝缘材料进行绝缘处理，既防止穿墙处管道腐蚀，又防止穿墙处的渗水。

(5) 其他部位的绝缘处理

钢质管道在出土和入土端等处，为防止由于透气差异等原因形成浓差电池腐蚀，在这些部位要采取提高防腐层保护等级的绝缘措施。

5. 系统运行及维护管理

1) 阴极保护运行管理的主要控制指标

参照 SY/T 5919《埋地钢质管道阴极保护技术管理规程》，主要控制指标如下：

(1) 保护率　保护率是反映管道实现有效阴极保护的范围。保护率应达到 100%，一般以施加保护管线总长与未达到有效保护管线长度的百分比计算。计算公式如下：

$$保护率 = \frac{施加保护管线总长 - 未达有效保护管线长度}{施加保护管线总长} \times 100\%$$

(2) 运行率　运行率反映一年内阴极保护投入运行的时间的比率。运行率应达到 98%，不能达到 100%运行率的原因主要是测试自然电位、设备故障检修和调整等管理工作要占去一定时间。计算公式如下：

$$运行率 = \frac{1年内有效运行时间(h)}{全年小时数} \times 100\%$$

(3) 保护度　保护度是衡量阴极保护效果的指标。保护度应大于 85%，一般用失重法计算。计算公式如下：

$$保护度 = \frac{G_1/S_1 - G_2/S_2}{G_1/S_1} \times 100\%$$

式中 G_1——未施加阴极保护检查片失重量，g；

G_2——施加阴极保护检查片失重量，g；

S_1——未施加阴极保护检查片裸露面积，cm^2；

S_2——施加阴极保护检查片裸露面积，cm^2。

一般情况下 $S_1 = S_2$。

2) 阴极保护的运行管理

阴极保护运行管理的首要工作是确认管道或被保护物体已得到了有效保护，其运行状态达到质量标准，其中保护电位达到标准的要求是其核心问题。管道的保护状态主要采用管地电位判断，判断标准即为上面提到的控制指标。通常情况下是利用与管道建设同时设置的测试桩测量电位。长输管道测试桩的间隔一般为 1km。该间隔对于评价保护状态是不充分的，特别是对运行年限较长的管线进行剖析，则应使用测取管道纵向电位分布的办法。测点间距往往采用 5m、2m 和 1m。当然如此测量，工作量是浩繁的，现有的测点也是远远不够的；为了解决测点不够问题，在实际工程中管道纵向电位分布的测量，一般采用移动参比电极法（闭路测试法）和双电极法。

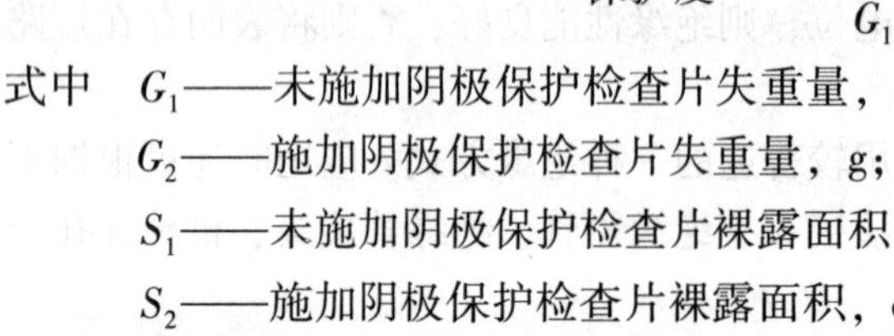

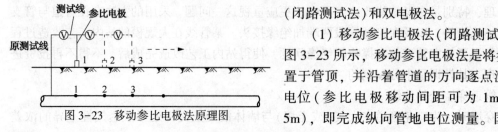

图 3-23　移动参比电极法原理图

(1) 移动参比电极法（闭路测试法）　如图 3-23 所示，移动参比电极法是将参比电极置于管顶，并沿着管道的方向逐点测量管地电位（参比电极移动间距可为 1m、2m 或 5m），即完成纵向管地电位测量。国外的步行法或双杖法也基于此原理。

（2）双电极法　双电极法分为序进法和跨进法两种。如图 3-24(a)所示，序进法为总是保持参比电极“2”在前，参比电极“1”在后，两电极任选间距的连续测量方法。如图 3-24(b)所示，跨进法则为第一次测量参比电极“1”在参比电极“2”前，第二次测量参比电极“2”在参比电极“1”前，两电极任选间距的连续测量方法。双电极法避免了测试线延长所带来的麻烦。

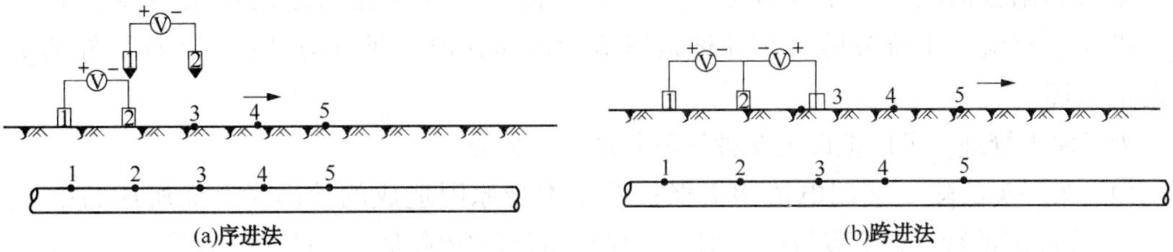

图 3-24　双电极法原理图

在应用常规方法测量管地电位的过程中，应注意以下几点：

（1）在管地电位测量中，要考虑保护电流在土壤中流动造成的 *IR* 降影响。

（2）参比电极放置的位置对管地电位影响很大，国内通常作法是将参比电极置于管顶正上方地表面上或置于某一侧的地面上。在各次测量中应尽量保持参比电极放置位置一致。

（3）管道纵向上某一测点与在周向分布的各点所测得的管地电位可能不同，特别是大口径管道更容易出现类似情况。

3）阴极保护设备的管理

（1）设备的管理　阴极保护设备管理的目的是尽量在早期发现设备缺陷，以便及时采取维护对策，避免发生停运事故，以保证阴极保护不间断地持续运行。SY/T 5919《埋地钢质管道阴极保护技术管理规程》中规定了运行率大于 98% 的指标，这个指标意味着阴极保护年有效运行时间应在 8585h 以上，余下的 175h，作为按规定的时间全线停运，进行自然电位测量和真实负载条件下调试设备的时间。为了达到运行指标，要求每个阴极保护站必须有一台备用设备，并处于热备用状态。一旦运行设备出现故障，备用设备能自动一次投入运行。

（2）阳极地床的管理　阳极地床的检查和修理，需要测阳极接地电阻，因测量时必须停运阴极保护，因此会影响运行率。实际管理工作中应尽可能与设备维修、测自然电位、停电等结合起来，做到检测阳极不影响运行率。

阳极地床的主要参数是接地电阻，根据经验提出阳极地床接地电阻管理标准为设备额定输出电压除以实际阴极保护电流后，留有 1Ω 的余量即可满足运行要求，用下式表示：

$$R \leqslant \frac{U}{I} - 1$$

式中　R——阳极地床电阻允许值，Ω；

U——设备额定输出电压，V；

I——管道实际保护电流，A。

当实际测量的接地电阻大于允许值时，阳极地床应更换或修理。

4）阴极保护故障的分析

阴极保护在长输管道中的重要作用是显而易见的，阴极保护效果的好坏与管理水平的高低有密切关系。以我国东北管道为例，投产初期，由于一线工人和管理人员对阴极保护技术不熟悉，对阴极保护系统出现的故障排查不及时，有时甚至采取一些不正确的处理方法，以致产生一些负面影响。因此说，加强阴极保护系统中出现的各种故障的分析是十分必要的。

阴极保护系统故障主要有 7 种：第 1 种是阴极保护电源设备故障；第 2 种是电缆、参比电极和阳极的故障；第 3 种是绝缘法兰故障；第 4 种是管道防腐层故障；第 5 种是外部交、直流电干扰故障；第 6 种是埋地管道和其他金属体搭接；第 7 种是外部工程引起的故障。

为了便于管理，可以把以上 7 种故障归纳为三大类：

(1) 第一类故障　强制电流阴极保护系统本身原因造成的故障（上面所述的第 1、2 种)。这类故障的特点是突发性强，对阴极保护运行的影响大。一旦出现故障，经常是导致阴极保护系统瘫痪。另一个特点是故障频率高，但判断和排除比较容易。

(2) 第二类故障　管道保护系统中绝缘性能下降所造成的故障(即上面所述第 3、4 种)。这类故障的特点是经常发生在老龄管道上，发生故障的频率比较低，判断和排除比较困难。

(3) 第三类故障　外界干扰所引起的阴极保护系统不能正常运行的故障(上面所述第 5、6、7 种)。这类故障易发生在城市、城郊、工矿企业附近和输油站内。它的特点是查找困难，处理复杂，易留后患。

5) 档案资料的管理

与防腐蚀有关的档案资料的管理是一项非常重要和有意义的工作。档案资料是历史的记载和再现，对指导现在、决策未来有着不可取代的作用。特别是对于长期预防性质的工作，更具有现实价值。档案资料的管理是资料的收集、整理、保存的过程，必须提高认识，认真细致，形成制度。

要求管理部门对以下四部分资料进行管理：

① 防腐蚀设计的基础资料；② 防腐蚀设计资料；③ 防腐蚀施工与安装资料；④ 防腐蚀生产管理中的资料。

3.4.3　牺牲阳极阴极保护工程

牺牲阳极是最早应用的阴极保护方法。根据实践经验一般认为：在埋地金属管道及储罐外壁防腐蚀工程中，牺牲阳极只适用于土壤电阻率较低、埋地管道防腐层电阻比较高的场合。对于新建管道而言，当防腐层电阻小于 $10^4\Omega \cdot m^2$时，不宜选用牺牲阳极保护；当土壤电阻率大于 $100\Omega \cdot m$ 时，也不宜采用牺牲阳极保护。

常用牺牲阳极材料有镁、锌、铝及其合金。在土壤环境中适用的牺牲阳极只有镁、锌及其合金。铝合金牺牲阳极目前只限于在海水或油罐底部的水层等环境中使用。

1. 牺牲阳极的种类

1) 镁及镁合金阳极

(1) 性能　镁是活泼的碱土金属元素，25℃时的标准电极电位值为-2.3V。镁及镁合金开路电位高，相对于钢铁的有效电位差在三种牺牲阳极中最高，阳极极化率低，腐蚀产物疏松易脱落。其不足之处是电流效率低(约 50%)，消耗快。目前常用的是镁合金牺牲阳极材料。

高纯镁(镁含量大于 99.95%)具有电位负、机械加工性能好的优点。因其负电位值大，故有时又称为高电位镁阳极。它适合于加工成带状阳极，在电阻率较高的土壤和水中使用。

(2) 成分　镁的电流效率比较低。这是因为镁中的有害杂质如铁、镍、铜等在电动序中有较高的电位，常会起阴极作用，引起镁的寄生腐蚀。因此，镁的冶炼工艺条件要求很高，对有害杂质的成分含量有严格的控制，从而增加了镁的成本。为了改善镁的性能，常在阳极金属中加入 0.15%~0.5%金属锰，锰能使铁在冶炼中沉淀出来，并使留在合金中的铁被锰所包围，而不能产生阴极有害杂质作用，提高镁的耐蚀性。而加入 6%的铝可提高镁合金的强度，加入 3%的锌可强化基体金属。

(3) 规格　镁阳极按截面分为梯形和 D 形两种，梯形截面棒状镁阳极规格的净重分为 2kg、4kg、8kg、11kg、14kg 和 23kg 六种。2kg 阳极的参考长度为 206m；4kg 的阳极参考长度为 360mm；其余的均为 700mm。

阳极中心铸有导电钢芯，钢芯采用直径不小于 6mm 的钢筋。钢筋表面镀锌，外露长度为 100mm，阳极基体与钢芯应有良好的结合力，接触电阻应小于 0.001Ω。

在水中应用时，阳极可做成半圆形或镯式阳极，其重量需满足阳极工作寿命的要求。在高电阻率的土壤和水中可采用带状镁阳极，其截面积为 9.5mm×19mm，钢芯直径为 3.2mm。

(4)填包料　镁阳极电位在一定程度上决定于周围介质的成分，在具有使阳极腐蚀产物膜剥离和增加渗透能力的化合物介质内(如 Cl^-、SO_4^{2-})，电位向较负方向移动；在具有高 pH 值的介质内，电位向较正方向移动。因此镁阳极在氯化物和硫酸盐溶液中能处于稳定的良好工作状态。表 3-49 列出了镁阳极常用填包料配方。

(5) 适用场合　镁适用于电阻率比较高的土壤和淡水中。在交流干扰区域里要慎用镁阳极，在有防爆要求的场合不宜用镁阳极，因为镁在碰撞时易产生火花。

表 3-49　镁阳极常用填包料配方

编号＼成分/%	工业硫酸镁	石膏粉 ($CaSO_4 \cdot 2H_2O$)	工业硫酸钠	膨润土	电阻率
配方一	35	15		50	>20Ω·m
配方二	20	15	15	50	>20Ω·m
配方三	25	25		5Ω	≤20Ω·m
配方四		75	5	20	>20Ω·m
配方五		50		50	≤20Ω·m

2) 锌及锌合金阳极

(1) 性能　锌是最早使用的牺牲阳极材料，其标准电位为-0.76V(SHE)，高纯锌在海洋中稳定的电位为-1.06V(SCE)。锌在海水中和在土壤中具有较高的电流效率，其电位稳定，阳极输出电流能随被保护金属的状态、环境的变化而自动调节。当 pH 值小于 6 或 pH 值大于 12 时，其自溶性较大，pH 值为 6~12 范围内锌自溶性较小。研究表明纯锌阳极中含有 Fe、Pb、Cu 等阴极性杂质可使阳极性能变劣，自溶性变差。开发应用锌阳极主要途径有两种：一是采用高纯锌，严格控制杂质含量；二是采用低合金化合金，同时减少杂质含量。

（2）成分　常用的锌合金阳极有 Zn-Al 二元锌合金及 Zn-Al-Cd、Zn-Al-Mn、Zn-Al-Mg 等三元锌合金阳极。其中 Zn-Al-Cd 三元锌阳极在海水介质中的电位和发生电流稳定，阳极性能好，电流效率高，是较好的合金配方。

高纯锌（锌含量大于 99.995%，铁含量小于 0.0014%）可直接作牺牲阳极。通常用来制造带状阳极或作为固体参比电极，工作时在表面上形成疏松的腐蚀产物。

（3）规格　锌阳极一般都铸造成梯形断面的棒状阳极，其规格按净重（不包括钢芯质量）分为 6.3kg、9kg、12.5kg、18kg、25kg、35.5kg 和 50kg 等。长度有 600mm、800mm 和 1000mm 三种。阳极净重只允许有正偏差。

锌阳极的钢芯采用直径不小于 6mm 的钢筋制成，钢芯接线外露长度为 100mm。阳极基体和钢芯必须结合良好，接触电阻应小于 0.001Ω。

（4）填包料　锌阳极装在含有石膏的填包料中，使腐蚀产物疏松，减低阳极接地电阻。在石膏填包料内锌阳极的电流输出量比无石膏填包料时高 1~2 倍。表 3-50 给出了锌填包料的两个配方。

（5）适用场合　锌合金阳极不仅能用于低电阻率土壤中，还可以用于海洋环境。锌阳极的不足之处在于其相对钢铁的有效电位差小，只有 0.2~0.25V，因此用于土壤环境时，电阻率应小于 15Ω · m。

表 3-50　锌阳极常用填包料配方

编号 \ 成分/%	膨润土	石膏粉（$CaSO_4 \cdot 2H_2O$）	工业硫酸钠
配方一	45	50	5
配方二	20	75	5

3）铝合金阳极

（1）性能　铝阳极理论电容量大，大约是锌的 3.6 倍、镁的 1.35 倍。铝的密度小，与镁阳极和锌阳极比较，单位质量发生电量大，因此价格便宜。铝在海水和含氯离子的环境中性能稳定，阳极开路电位（SCE）为-1.10~1.18V。在保护钢结构时，有自动调节电流和电位的功能。铝的来源充足，制造工艺简单，便于安装。

铝合金阳极的缺点是电流效率和溶解性比锌阳极低，且随阳极成分不同而异；在电阻率高的介质中电流效率低、表面易自钝化。

（2）成分　常见的铝合金阳极二元系列有 Al-Zn、Al-Sn、Al-In；三元系列有 Al-Zn-Hg、Al-Zn-Sn、Al-Zn-In、Al-Zn-Cd、Al-Zn-Mg。这些阳极在海洋环境中使用日益广泛，已逐渐取代镁阳极和锌阳极。近年来，根据环境保护的要求对阳极中含有 Hg、Cd 等有毒元素进行了限制。

（3）规格　根据保护对象不同可选用不同规格的铝合金阳极。例如，用于保护船体外壳和热交换器时可选用梯形、板形；用于防护压舱时可做成条形等。

（4）适用场合　铝合金阳极主要应用于海洋、水及含有氯离子的环境中。目前也扩展到海泥、电阻率低的淡水中，但在土壤中应用效果并不理想。

4）镁、锌、铝合金阳极性能比较

三类牺牲阳极基本性能对照见表 3-51，它们的优缺点比较见表 3-52。在选择使用何种牺牲阳极进行保护时，应根据具体情况和周围环境，认真分析不同阳极的优缺点后谨慎选择。牺牲阳极种类应用选择参见表 3-53。

表 3-51　三类牺牲阳极性能对照

特性＼种类	镁合金阳极	锌合金阳极	铝合金阳极
密度/(g/cm^3)	1.74	7.14	2.77
理论电化学当量/g(A/h)	0.453	1.225	0.347
理论发生电量/(A·h/g)	2.21	0.82	2.88
阳极开路电位/-V(SCE)	1.48~1.56	1.03	1.10~1.18
电流效率(土壤中)/%	40~55	65~95	≥85
对钢铁的有效电压/V	0.65~0.75	0.2	0.15~0.25

表 3-52　三类牺牲阳极优缺点比较

性能＼名称	镁合金阳极	锌合金阳极	铝合金阳极
优点	① 有效电压高 ② 发生电量大 ③ 阳极极化率小，溶解比较均匀 ④ 能用于电阻率较高的土壤和水中	① 性能稳定，自腐蚀小，寿命长 ② 电流效率高，能自动调节输出电流 ③ 碰撞时没有诱发火花的危险 ④ 不用担心过保护	① 发生电量最大，单位输出成本低 ② 有自动调节输出电流的作用 ③ 在海洋环境中使用性能优良 ④ 材料容易获得，制造工艺简单，冶炼及安装劳动条件好
缺点	① 电流效率低，自动调节电流能力小 ② 自腐蚀大 ③ 材料来源和冶炼不易 ④ 若使用不当，会产生过保护 ⑤ 不能用于易燃、易爆场所	① 有效电压低 ② 发生电量少 ③ 不适宜高温淡水或土壤电阻率过高的环境	① 在污染海水中和高电阻率环境中性能下降 ② 电流效率比锌阳极低 ③ 目前土壤中使用的铝阳极性能尚不稳定

表 3-53　牺牲阳极种类应用选择

水中		土壤中	
阳极种类	电阻率/Ω·cm	阳极种类	电阻率/Ω·m
铝	<150	带状镁阳极	>100
		镁(-1.7V)	60~100
锌	<500	镁	40~60
		镁(-1.5V)	<40
镁	>500	镁(-15V)、锌	<15
		锌	<5

2. 牺牲阳极阴极保护设计

采用牺牲阳极法进行阴极保护的设计，同外加电流阴极保护设计程序基本相同。首先要对管线的整体结构、原始资料、土壤环境等基本参数调查取值。牺牲阳极的保护范围取决于管道防腐层绝缘电阻和单支牺牲阳极的输出电流。而单支牺牲阳极的输出电流是有限的，要获得大的保护电流则必然是多支阳极的并联运行。多支阳极的并联又受到安装费用、安装占地及阳极屏蔽因素等条件的制约。因此根据保护对象的实际状况，合理、经济地确定牺牲阳极阴极保护方案、保护用阳极材料及保护范围是牺牲阳极保护设计的要点。

1）牺牲阳极的选择

牺牲阳极种类的选择主要根据土壤电阻率、土壤含盐类型及管道防腐层的状况来选取，可参考表 3-53 进行选用。牺牲阳极规格的选择，依据保护电流的大小而定。

2）设计计算

管道牺牲阳极保护需要解决两个主要问题：一是阳极埋设间距；二是每组阳极的埋设支数。

在实际管道工程设计中，在平原或土壤性质较为均一的环境中，牺牲阳极可等距分布埋设；在丘陵、山区则不能等距分布。不论阳极是等距或不等距埋设，都要根据管径、壁厚、防腐涂层电阻率、土壤电阻率、土壤腐蚀性、地形以及施工方便等条件的调查情况，综合确定选用牺牲阳极的种类和阳极埋设位置，并测定埋设位置的土壤电阻率，然后计算确定所需的阳极数量。

（1）保护长度的计算

阳极沿管道均匀分布时，保护长度计算公式为：

$$L = \frac{2}{a}\operatorname{arch}\frac{E_0}{E_{\min}}$$

$$a = \sqrt{r_T / R_T}$$

$$r_T = \frac{\rho_T}{\pi(D-\delta)\delta}$$

$$R_T = \frac{R_c}{\pi D}$$

式中 L——一组阳极保护管道的总长，m；

a——衰减因素；

E_0——汇流点外加电位，V；

$E_{\min}$——两组牺牲阳极中间的外加电位，V；

r_T——单位长度管道电阻率，Ω · m；

R_T——单位长度管道过渡电阻率，Ω · m；

ρ_T——钢管的电阻率，$\Omega \cdot mm^2/m$；

D——钢管直径，mm；

δ——钢管壁厚，mm；

R_c——涂层电阻率，Ω · m。

（2）保护电流的计算

被保护管段所需保护电流计算公式：根据涂层质量的优劣选定管段最小保护电流密度，参见表 3-49，用下式求出欲保护管段所需保护电流 I：

$$I = \pi D L I_{min}$$

式中 I——被保护管段所需保护电流，也等于所需牺牲阳极的发生电流，A；

D——被保护管段直径，m；

L——被保护管段长度，m；

I_{min}——最小保护电流密度，A/m^2。

阳极输出电流计算公式：

$$I = \frac{E_K - E_A - 0.35}{R_A}$$

式中 I——阳极输出电流，A；

E_K——被保护管段的自然电位，V；

E_A——牺牲阳极的开路电位，V；

R_A——牺牲阳极组的接地电阻，Ω。

(3) 单支阳极接地电阻计算

垂直式圆柱形牺牲阳极接地电阻计算公式：

当 $L_a \gg d$，$h \gg L_a/4$ 时：

$$R_V = \frac{\rho_r}{2\pi L_a}\left(\ln\frac{2L_a}{D} + \frac{1}{2}\ln\frac{4h + L_a}{4h - L_a} + \frac{\rho_a}{\rho_r}\ln\frac{D}{d}\right)$$

式中 R_V——立式阳极接地电阻，Ω；

ρ_r——土壤电阻率，Ω·m；

ρ_a——填料层电阻率，Ω·m；

L_a——填料层高度，m；

d——阳极直径，m；

D——填料层直径，m；

h——阳极立柱中心至地面的距离，m。

水平式圆柱形牺牲阳极接地电阻计算公式：

当 $L_a \gg d$，$h \gg L_a/4$ 时：

$$R_H = \frac{\rho_r}{2\pi L_a}\left(\ln\frac{2L_a}{D} + \ln\frac{L_a}{2t} + \frac{\rho_a}{\rho_r}\ln\frac{D}{d}\right)$$

式中 R_H——水平式阳极接地电阻，Ω；

L_a——填料层水平长度，m；

t——阳极水平中心至地面距离，m。

(4) 牺牲阳极工作年限的计算

牺牲阳极工作年限的计算公式：

$$t = \frac{GA\eta k}{8760I}$$

式中 t——阳极工作年限，a；

G——一组阳极总质量，kg；

A——阳极理论电量，A·h/kg；

η——阳极电流效率；

k——阳极利用率，一般取 0.8~0.85；

I——阳极给出的电流，A。

（5）牺牲阳极数量的确定

牺牲阳极组中单支阳极数量计算公式：

$$n \geqslant \frac{G}{g}$$

式中 n——阳极支数；

G——牺牲阳极组的阳极总质量，kg；

g——单支阳极质量，kg。

用下式对阳极支数进行校核：

$$n \geqslant \frac{R_a}{R_A}K$$

式中 n——阳极支数；

R_a——单支阳极接地电阻，Ω；

R_A——牺牲阳极组总接地电阻，Ω；

K——调整系数(见表 3-54)。

表 3-54 阳极调整系数 *K*

阳极并联支数	阳极间距/m			
	1.5	3	4.5	6
2	1.0857	1.0416	1.0277	1.0183
3	1.2220	1.1090	1.0733	1.0543
4	1.3175	1.1576	1.1033	1.0770
5	1.3931	1.1938	1.1289	1.0957
6	1.4545	1.2239	1.1487	1.1088
7	1.5048	1.2504	1.1667	1.1232
8	1.5527	1.2745	1.1820	1.1370
9	1.5878	1.2923	1.1943	1.1428

3）填包料选择

填包料应根据所选择的阳极种类、规格、埋设地点的土壤电阻率等因素进行选择。

4）阳极分布

牺牲阳极埋设分立式和卧式两种，埋设位置分轴向和径向。阳极埋设位置一般情况下距管道外壁 3~5m，最小不宜小于 0.3m，埋设深度以阳极顶部距地面不小于 1m 为宜。成组布置时，阳极间距以 2~3m 为宜。

5）测试系统

牺牲阳极阴极保护的测试系统应具有能提供被保护体的自然电位、阳极性能、保护电位的功能。通常还应在相邻两组牺牲阳极及管段的中间部位设置测试桩，桩的间距以不大于 500m 为宜。

3. 牺牲阳极的施工

1）确定阳极埋设点

牺牲阳极的埋设点一般由设计人员确定。埋设深度一般与被保护管道埋设深度相当，牺牲阳极应埋设在土壤冰冻线以下。

2）袋装牺牲阳极的制作

（1）牺牲阳极与引出电缆的连接

① 引出电缆推荐使用 VV_{22}-500V，1×10mm^2。

② 引出电缆和阳极钢芯采用铜焊或锡焊连接，双边焊缝长度不得小于 50mm，电缆绝缘外皮至少保留有 50mm，钢芯用尼龙绳或其他线绳捆扎，以防电缆在搬运中折断。

（2）绝缘处理

阳极与电缆焊接好以后，将焊接处和阳极两端面进行打磨处理，并用酒精或丙酮刷洗干净，然后再用环氧树脂或具有相同功效的其他涂料及玻璃布对焊接部位阳极两端面及露出阳极端面的钢芯进行防腐绝缘。焊接处的绝缘层长度不小于 200mm，厚度不小于 0.3mm，不得有钢芯或电缆铜芯裸露。

（3）阳极装袋

① 阳极在装袋前将带有引出电缆(并做好绝缘处理)的牺牲阳极表面打磨干净，除去氧化层，并用丙酮擦洗，去掉油污，将整个阳极表面清洗干净。

② 填包料按配比调配均匀，严禁混入石块、泥土、杂草等物。填包料可采用棉布袋或麻袋预包装，也可采用现场包封，其填包料厚度不应小于 50mm。阳极四周的填包料厚度要一致、密实。用于包装的袋子严禁使用人造纤维织品。将阳极型号、质量写在布袋上。袋装阳极如图 3-25 所示。

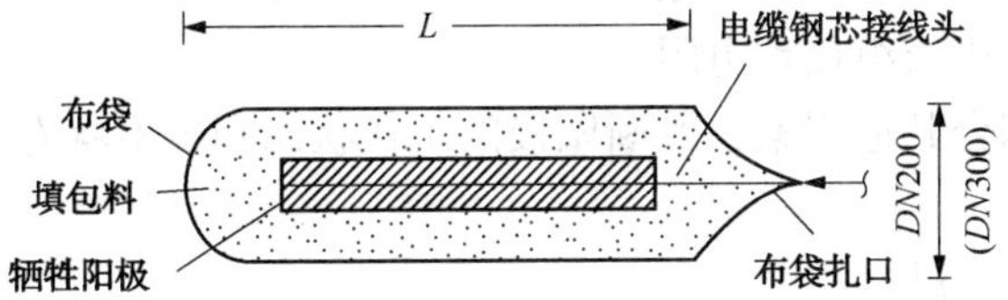

图 3-25　袋装牺牲阳极示意图

3）现场施工

① 严格按施工图纸要求的地点、深度挖掘阳极埋设坑及电缆沟。

② 导电性检查。阳极埋设前要清除阳极坑内石块、杂物，检查阳极与电缆接头处导电是否良好。

③ 阳极就位。将检查确认接头完好的袋装阳极按设计规定的数量、间距及形式放入阳极坑内，然后将阳极电缆沿电缆沟敷设至管道旁预定的位置。电缆敷设时，长度要留有一定裕量，以适应土壤的下沉。

④ 阳极电缆与管道应采用铝热焊接方法或采用加强板(材质与管材一致)上焊铜鼻子的方法连接。加强板与管道应采用四周角焊，焊缝长度不小于 100mm。

⑤ 电缆与管道通过铜鼻子锡焊或铜焊连接。焊后必须将连接处重新进行防腐绝缘处理，其材料应和原有防腐涂层一致，防腐等级应高于原有防腐涂层。

⑥ 测试桩安装。在设计预定位置，将管道防腐层剥开，把接线柱焊在管道上方，测量导线焊在接线柱上。把管道测量导线和阳极引来的电缆穿入测试桩，按要求连接好后，测试桩即可就位固定。

⑦ 检查片安装。检查片是监测阴极保护效果的一种有效手段，如果全线都采用牺牲阳极保护，在设计时应一并考虑埋设检查片。

⑧ 阳极回填。当确认各焊点质量合格、绝缘处理符合要求后，即可开始回填，回填土中不得有石块、杂物。待阳极布袋刚好被土全部埋没之后，就给阳极坑内灌水，当填包料吸足水分后，即可将坑填平。测试桩露出地面不应小于0.4m。

⑨ 填写牺牲阳极埋设记录。记录内容见表3-55。

表3-55 埋地管道牺牲阳极埋设记录表

阳极编号	埋设日期	阳极埋设位置描述	牺牲阳极				阳极埋深/m	填包料质量/kg	各焊点质量及绝缘情况	备注
			型号	数量支	单支质量/kg	总质量/kg				

记录________ 埋设________

4. 生产管理要求

1）牺牲阳极的管理和维修

牺牲阳极的管理维护，主要是接点检查和牺牲阳极工作状态的判断。

(1) 定期检查 定期检查周期为每半年1次，与管地电位测量相结合。定期检查主要包括测量阳极输出电流检查，装置是否损坏、检查导线的接触状态等。

(2) 全面检查 全面检查周期为每年1次或根据需要决定。全面检查主要内容除上述要求外，应包括下述测量：阳极组开路电位、阳极组闭路电位；单支阳极输出电流及开、闭电位；阳极组输出电流；阳极组接地电阻。

根据测量结果并综合其他因素，判断阳极的工作状态和技术状态，并决策修理更换，予以实施。

2）牺牲阳极的故障分析

(1) 阳极输出电流减小、达不到保护电位。可能原因是：阳极消耗将尽；阳极与阴极的连接断开；阴极与导线接头断开；阳极周围土壤干燥；环境污染对阳极性能的影响。

(2) 阳极输出电流增大，但保护构筑物电位极化上不去。主要原因可能是：被保护构筑物所需电流过大，阳极输出的电流远小于所需电流；被保护体与相邻金属构筑物有电连接；环境改变引起迅速去极化或者水的含氧量增大；绝缘装置失效；防腐层老化或破坏。

(3) 牺牲阳极的其他故障：

① 阳极体腐蚀不严重但阳极已不能工作。可能原因是：阳极成分不合理，在工作环境中造成钝化所致，影响因素有温度、含盐量等。

② 阳极体局部腐蚀严重、造成阳极体断裂。可能原因是：阳极合金化不均匀，造成局部腐蚀。

③ 未达设计寿命，阳极失效。可能原因是：阳极杂质含量高、阳极效率低。

④ 在交流电干扰状态下，有时会发生极性逆转。在管理中要严密监测交流干扰。

3.4.4 阴极保护系统的日常维护与管理

1. 阴极保护站的日常维护管理

1）阴极保护设施的日常维护

(1) 检查各电器设备电路连接的牢固性、个别元件是否存在机械故障；检查连接阴极保护站的电源导线、阳极汇流电缆、阴极及零位电缆以及参比电缆的导通性及完好性，确保设备能够正常输出。

（2）观察阴极保护设备，每天记录输出电压、电流、通电电位数值，与之前的记录数据对照观察是否有变化。若经比较后发现存在较大变化，应查找原因，采取相应措施，使设备正常运行，以使管道处在保护状态。

（3）应定期检查阴极保护设备接地以及设备间防雷接地，并保证其接地电阻不大于10Ω，尤其在雨季要特别注意。

（4）注意保持设备间内的干燥和通风，防止设备过热。

2）恒电位仪的维护及故障排除

（1）阴极保护恒电位仪宜配置两台，互为备用，设备调试时应确保两台恒电位仪均能正常使用。

（2）发现仪器故障，首先判断电路有无故障，熔断器是否完好，若存在以上问题，需查明原因后及时维修。若经过检修后仍存在问题，可能是恒电位仪产生故障。恒电位仪可能存在故障有：

① 输入电压正常，输出电压、电流均为零，保护电位有显示。

设定电位正于管地实际电位处理方法：修改设定电位，使设定电位负于管地实际电位。

② 恒电位仪输出电压、电流达到最大，电位值指示下降或变化不是很明显。

故障原因：绝缘法兰短路或与其他地下金属结构物短路；参比电极损坏。

处理方法：修复短路的绝缘法兰，断开地下金属结构物；检测参比电极测量线或更换参比电极。

③ 输出电压升高，输出电流为零

故障原因：阴极或阳极电缆断路。

处理方法：检查阴极或阳极汇流电缆。

④ 如果恒电位仪在自动模式无法调节，调到手动模式后，输出电压升高，保护电位正向偏移。

处理方法：阴阳极电缆可能反接，调换阴阳极电缆接线柱。

⑤恒电位仪输出电压、电流存在波动：存在杂散电流干扰。

⑥ 恒电位仪噪声增大。

故障原因：机箱放置不平；主继电器接触不良；主变压器、滤波电抗器螺栓松动。

处理方法：机箱垫平；更换主继电器；拧紧松动螺栓。

3）阴极保护系统管理的技术指标

（1）阴极保护率

$$P=\frac{L_0-L_1}{L_0}\times 100\%$$

式中 P——阴极保护系统的保护率；

L_0——阴极保护对象为管道时管道总长度，km；

L_1——阴极保护对象为管道时未达有效阴极保护管道的长度，km。

注：阴极保护系统的保护率应达到100%。

（2）阴极保护运行率

$$W=\frac{T_1}{T_0}\times 100\%$$

式中　W——阴极保护设备的运行率；

T_1——年度有效投运时间，h；

T_0——全年小时数，h。

注：阴极保护设备的运行率应大于98%。

2. 管道沿线附属设施的日常维护

1）测试桩的维护

① 检查接线柱与大地绝缘情况，电阻值应大于100kΩ，用万用表测量，若小于此值应检查接线柱与外套钢管有无短路，若有，则需要更换或维修。

② 测试桩应每年定期刷漆和编号。防止测试桩的破坏丢失，每天安排人员对沿线管道进行巡查以及在合适位置标写警示。

③ 测试桩的作用是保证与管道的电气连接，因此连接电缆不能断开。如果测量的管地电位在-0.20V(CSE)左右或电位读数为"0"，则有可能是与管道连接的电缆断开，应当尽快修复。

④ 测量管地电位时，应保持参比电极位置不变。

2）硫酸铜电极的维护

① 使用定型产品或自制硫酸铜电极，其底部均要求做到渗而不漏，忌污染。使用后应保持清洁，防止溶液大量漏失。

② 作为恒定电位仪信号源的埋地硫酸铜参比电极，在使用过程中需每周查看一次，及时添加饱和硫酸铜溶液。严防冻结和干涸，影响仪器正常工作。

③ 电极中的紫铜棒使用一段时间后，表面会黏附一层蓝色污物，应定期擦洗干净，露出铜的本色。配制饱和硫酸铜溶液必须使用纯净的硫酸铜和蒸馏水。

3）阳极地床的维护

① 阳极架空线：每月检查一次线路是否完好，如电杆有无倾斜，瓷瓶、导线是否松动，阳极导线与地床的连接是否牢固，地床埋设标志是否完好等。发现问题及时整改。

② 阳极地床接地电阻每半年测试一次，接地电阻增大至影响恒电位仪不能提供管道所需保护电流时，应该更换阳极地床或进行维修，以减小接地电阻。

4）绝缘法兰的维护

① 定期检测绝缘法兰两侧管地电位，若与原始记录有差异时，应对其性能好坏作鉴别。如有漏电情况应采取相应措施。

② 对有附属设备的绝缘法兰(如限流电阻、过压保护二极管、防雨护罩等)均应加强维护管理工作，保证完好。

③ 保持绝缘法兰清洁、干燥，定期刷漆。

5）管道与接地网的维护

考虑电气设备防雷接地的需要，阀室以及泵站设备上通常都装有防雷接地。防雷接地线与镀锌扁铁接地极相连。为了保持管道的绝缘性，应当在接地线与接地线间加装防雷隔离器，以保证正常状态下，管道与接地极是断路的。

为使阴极保护有效及电流分布均匀，保护电流必须限定在设计的范围内，管道的意外短路会造成阴极保护效果下降或失效。因此，在日常维护工作中，要检查管道与接地网绝缘是否良好。判断管道是否短路，最便捷的方式是测量电位。利用固定的参比电极分别测量管道和接地网的电位，如果电位差小于10mV，就应进一步验证结构和管道是否短路。

3.5 杂散干扰腐蚀控制工程

杂散电流会对油气管道产生电化学腐蚀危害，严重威胁到油气管道的运行安全，缩短油气管道的使用寿命，因此必须采取防护措施对杂散电流产生的电化学腐蚀进行控制，减少对油气管道的危害。首先，要从源头上控制杂散电流的形成，减小杂散电流；其次，对油气管道采用合适的排流方法进行排流。虽然杂散电流对油气管道带来了很多危害，但是只要采取合理有效的防护措施，就能减少其对油气管道的危害，达到防护与治理的目的。

通过对油气管道杂散电流的防护，消除管道腐蚀风险，避免管道因为杂散电流干扰造成管道腐蚀穿孔，以很小的投入换取管道的安全运行。从这个意义上讲，杂散电流防护可取得非常大的经济效益和社会效益。

3.5.1 直流杂散干扰控制工程

通常称在非指定回路上流动的电流为杂散电流。大地中形成杂散电流的原因有多种，这里谈到的直流杂散电流主要来自直流电气化铁道、直流电解设备接地极、直流焊机接地极等。对此类腐蚀的控制需抓住特点，采取有针对性的措施。

1. 干扰的判定与测量

1）干扰的判定准则

埋地管道是否受到干扰以管地电位的变化作为依据，其中管地电位正、负交变为最明显的特征。

管道直流干扰程度一般按管地电位较自然电位正向偏移值按表 3-56 所列指标判定；当管地电位较自然电位正向偏移值难以测取时，可采用土壤电位梯度按表 3-57 所列指标判定杂散电流强弱程度(GB 50991—2014)。

表 3-56 直流干扰程度的判断指标

直流干扰程度	弱	中	强
管地电位正向偏移值/mV	<20	20~200	>200

表 3-57 杂散电流强弱程度的判断指标

杂散电流强弱程度	弱	中	强
土壤电位梯度/(mV/m)	<0.5	0.5~5	>5

2）测量

测量是排流保护的前提条件，如果没有准确和规范的测量，就无法确定干扰程度，更无法采取有针对性的措施。测量的项目主要有以下两类。

(1) 干扰源侧的调查和测定(以电铁为例)

① 直流供电所的位置及馈电状态；

② 负荷(电车)的运行状态；

③ 铁轨对地电位及其分布；

④ 铁轨泄漏电流的大小及大地电位梯度。

除上述 4 项外，必要时还应对轨道结构(轨重、单线或复线等)、铁轨的纵向电阻、铁轨的泄漏电阻以及整流器的容量(输出电压、电流)等进行调查和测定。

(2) 被干扰侧(以埋地管道为例)的调查和测定

① 本地区过去的干扰实例;

② 管道和干扰源的相关位置、分布;

③ 管地电位及其分布(包括按距离分布和按时间分布);

④ 管壁中流动电流的大小和方向;

⑤干扰电流流出、流入管道的部位和大小;

⑥ 管道对铁轨间的电压和方向极性;

⑦ 管道对地泄漏电阻;

⑧ 管道沿线土壤电阻率;

⑨ 管道沿线大地中杂散电流方向和地电位梯度;

⑩管道已有电法保护运行参数及运行状态;

⑪ 管道与其他相邻、交叉管道及其他埋地金属构筑物之间的电位差和电法保护运行参数及其运行状态。

按干扰防护处理程序又可以把调查和测定分为以下三类:

第一类为预备性测定:主要用于一般性了解干扰程度及管地电位一般性分布特征,为下一步继续测定提供依据。

第二类为排流工程测定:主要用于提供实施排流工程的设计、施工中的技术参数,是防干扰处理的最重要的测定作业。

第三类为排流保护效果评定测定:用于调整排流保护运行参数及评定排流效果。

上述三类测定可以理解为防干扰处理过程中三个不同阶段。所以在测定目的、方法、内容及原理上都有很大的不同。实际应用中可根据具体干扰的状态、测定作业的种类选择测定项目,表 3-58 中列出了三类测定推荐的测定项目。

表 3-58 调查与测定项目推荐表

项目测定对象	调查、测定项目	预备性测定	排流工程测定	排流效果评定测定
干扰源侧	① 直流供电所位置、含馈电网、回归网的状态与分布	○	○	×
	② 电车等干扰源运行状况(次数与时间的关系)	○	○	△
	③ 轨道及其他干扰对地电位及其分布	△	△	×
	④ 铁轨及其他干扰源泄漏电流趋向及电位分布	√	√	×
被干扰侧	① 本地区过去的腐蚀实例	○	×	×
	② 管道与干扰源的相关位置、分布	○	×	×
	③ 管地电位及其分布(包括随距离或时间的分布)	△	○	○
	④ 管壁中流动的干扰电流(方向和大小)	√	√	√
	⑤ 流入、流出管道的干扰电流的大小和部位	√	△	√
	⑥ 管道对铁轨的电压及方向(极性)	√	△	√
	⑦ 管道对地泄漏电阻	√	√	×
	⑧ 管道沿线土壤电阻率	√	×	×
	⑨ 管道沿线大地中杂散电流方向和电位梯度	√	△	×
	⑩ 管道已有阴极保护和排流保护运行参数及运行状态	○	△	√
	⑪ 管道与其他相邻管道、交叉管道或其他埋地金属构筑物间的电位差及电法保护(包括排流保护)运行参数和运行状态	△	○	√

注:○—必须进行的项目;△—应进行的项目;√—宜进行的项目;×—可不进行的项目。

排流工程是实践性很强的工程，其设计及计算都带有试验和估算性质，实施的结果与设计有少许差别是允许的。

2. 直流杂散电流控制的一般措施

1）干扰源侧的处理措施

干扰源侧的杂散电流干扰腐蚀处理措施主要是减少杂散电流的量，而且必须相关专业同时采取相应的措施。应从源头上控制杂散电流的形成，减小杂散电流泄漏量。

对于地铁杂散电流，车场内独立设置牵引变电所，供电距离不宜太长，减少供电范围，保证供电范围内接地装置只接地一次，以减少杂散电流源。除车辆检修外，正常营运应采用双边供电，降低电位差。在额定功率不变前提下，提高电压以减少杂散电流。轨道区间每300m设均流线，以降低行走轨的纵向电阻。变电所的电气设备金属外壳和接地装置与结构钢筋应绝缘处理。隧道内管线不得与行走轨道做电气连通。在地铁线路方面轨道必须采用导电性能好的材料，平均电流产生电位差不超过3V/km。轨道接头处理好，增加电阻不得大于区段轨道电阻的20%。轨道焊成大于100m长轨时，相邻两轨间接缝应采用可靠的铜引线连接。轨道与扣件及扣件和枕木之间做好绝缘措施等。

对于其他直流干扰源，也要尽量减少干扰电流的强度。对于相互干扰的伴行油气管道，可以考虑采取联合保护措施；对于交叉的管道，在交叉点设置绝缘板。

2）管道上杂散电流流入点改造

杂散电流的干扰影响与干扰电流大小、方向、管道防腐层状况以及土壤电阻等多种因素有关。这些因素中的一个或多个发生变化时，杂散电流的分布也会发生相应的变化，反映在管道上，即表现为管道的阴极区、阳极区和交变区的分布及杂散电流干扰的强度也是经常变化的，有时变化得还相当剧烈。

流入到管道中的杂散电流大小，除了与干扰电流大小有关之外，主要影响因素是管道的接地电阻，即管道上直接连接的牺牲阳极和管道防腐层的破损点数量。管道上的牺牲阳极在排流时，属于排流阳极；在大地和管道的电压超过牺牲阳极的驱动电压时，杂散电流从牺牲阳极流入，沿着阳极导线流入管道，成为了杂散电流的流入点。一旦杂散电流流入到管道中，因为电流都是闭环，肯定会从管道其他的破损点或牺牲阳极流出。杂散电流从管道的破损点流出会引起管道杂散电流腐蚀；若从牺牲阳极流出，会加速牺牲阳极的消耗。

极性排流器是排除杂散电流对金属结构物和阴保系统影响的电气设备。极性排流器主要由直流单向导通电路、交流旁路电路、电涌防护电路构成。为抑制杂散电流尽可能少地经阳极体流入管道，在原有的阳极与测试桩间均增加极性排流器，使杂散电流单向流动，阻止杂散电流流入管道。

早期很多牺牲阳极常常是采用铝热焊与管道直接焊接连接，对于检测出的管道上的牺牲阳极，测试该组阳极的排流情况，对于排流效果很差且引入杂散电流的的阳极组，直接剪掉，摘除该组牺牲阳极。

3）管道防腐层破损点修复

为了提高管道接地电阻，减少流入管道的杂散电流，应在油气管道上开展地面检测工作，查找管道的破损点并开挖修复。利用防腐层地面检测仪，可检测管道防腐层破损点。

3. 排流设计

1）排流保护类型的选择

排流保护类型的选择，主要依据排流保护调查测定的结果(管地电位、管轨电位的大小和分布、管道与铁路的相关状态等)结合常用的4种排流法的性能、适用范围和优缺点，综合确定。一条管道或一个管道系统可能选择一种或多种排流法混合使用。图3-26是4种排流法的示意图。表3-59是4种排流法的比较。

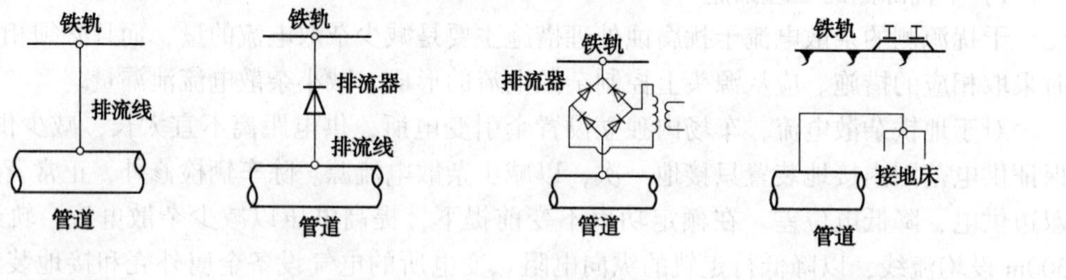

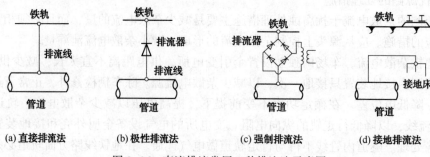

图3-26　直流排流常用4种排流法示意图

表3-59　各种直流排流法比较

排流类型 / 项目	直接排流法	极性排流法	强制排流法	接地排流法
电源	不要	不要	要	不要
电源电压	—	—	由铁轨电压决定	—
接地地床	不要	不要	铁轨代替	要(牺牲阳极)
电流调整	不可能	不可能	可能	不可能
对其他设施干扰	有	有	较大	有
对电铁影响	有	有	大	无
费用	小	小	大	中
应用条件与范围	① 管地电位永远比轨地电位高 ② 直流变电所或接地极附近	① A型电蚀 ② 管地电位正负交变	① B型电蚀 ② 管轨电压较小	不可能向铁轨排流的各种场合
优点	① 简单经济 ② 维护容易 ③ 排流效果好	① 应用广，为主要方法 ② 安装简便	① 适应特殊场合 ② 有阴极保护功能	① 适用范围广，运用灵活 ② 对电铁无干扰 ③ 有牺牲阳极功能
缺点	① 适应范围有限 ② 对电铁有干扰	① 管道距电铁远时，不宜采用 ② 对电铁有干扰 ③ 维护量稍大	① 对电铁和其他设施干扰大，采用时需要认可 ② 维护量大，需运行费(耗电)	排流效果差

2）排流点的选择

排流点选择的正确与否，对排流效果影响很大。选择原则以获得最佳排流效果为目的，在被干扰管道上可选取一个或多个排流点，一般都选多个排流点。排流点宜通过现场模拟实验来确定。如果模拟实验较困难，亦可依据干扰调查和测定结果选择。如果实施分几期进行，那么每实施一期工程后，都要进行排流效果评价，根据上期排流效果，制订下期排流补充设计方案。

4. 排流施工

排流保护工程的施工，应参照低压电气设备和低压电力线路施工的有关规定进行，其要点如下所述。

1）排流器设置

排流器最好设于室内，但实际上设置于室外的场合比较多。当设置在室外时，排流器应考虑防水、防晒、防尘和防破坏，要具有耐久性，适应野外工作环境。安装在有基础的混凝土等基台上，要求安装牢固，对其箱体做安全接地。

2）排流线的敷设

排流线可架空和埋地设置，但都必须保证对大地的良好绝缘。技术要求应参照低压线路敷设有关规定。导线截面按设计规定且满足最小截面的要求。

采用电缆架空时，应采用吊挂方式，吊挂方式强度应不小于 GJ2.0×7 钢绞线的机械强度；并应安装接地，接地电阻不应大于 10Ω。采用裸电线或绝缘电线架空时，最小截面应为 16mm^2 的铝线，或具有同等机械强度的铜线。

埋地敷设时可使用钢铠电缆、全塑电力电缆等，不得使用裸金属护套电缆和橡胶绝缘电线。可采用直埋、沟埋或穿电缆管等方式敷设，电缆应敷设在较安全的场所。当有重物压迫危险时，覆土厚度应大于 1.2m，一般场所为 0.7m。

3）接地排流方式中接地极的设置

接地极应设在对人、畜等不造成伤害的场所。接地极周围地面的电位梯度不应超过以下数值：在水中设置时，10V/m；在土壤中设置时，5V/m。同时埋设深度应大于 0.7m。应设置明显的标志。在人口稠密地区，宜加围栅。

接地极一般应用牺牲阳极，埋设要求与牺牲阳极保护相同。

4）排流线与连接

排流线与管道和铁轨连接要牢固，接触电阻要小，以防结点发热烧损和增加回路电阻影响排流效果。连接方式可采用焊接方式（有时也采用机械方式），连接点的接触电阻应不大于 0.01Ω，推荐采用“铝热焊”方法。连接完成后，对连接点做好绝缘，绝缘不应低于管道所采用防腐层绝缘等级。

接地排流线与接地极的连接应采用可拆卸的方式，以便测定接地极的接地电阻。

3.5.2 交流杂散干扰控制工程

交流杂散电流腐蚀主要来源有高压输电线路、交流电气化铁路、两相一地输电线路等。按照干扰电压的作用时间，将此类杂散干扰分为以下三类：

（1）瞬间干扰　干扰持续时间特别短暂，一般不会超过几秒钟。大都在强电线路故障时出现，具有电流大、电压高（有的可达上千伏）的特点。

（2）间歇干扰　干扰电压随干扰源和负荷、时间的变化而变化。如电气化铁路的干扰，间歇性就很明显。

（3）持续干扰　大部分时间内均存在着干扰。如输电线路的干扰就有持续干扰的特征。

1. 交流干扰的判定与测量

管道交流电干扰的判断指标如下（GB/T 50698—2011）：当管道上的交流干扰电压不高于 4V 时，可不采取交流干扰防护措施；高于 4V 时，应采用交流电流密度进行评估（见表 3-60）。

表 3-60　交流干扰程度的判断指标

交流干扰程度	弱	中	强
交流电流密度/(A/m^2)	<30	30~100	>100

交流干扰的调查与测量与直流干扰的原则基本相同，但其内容和方法上存在差别，调查和测量的要求如下。

1）调查和测量的要求

(1) 对交流干扰源进行调查时主要包括：电压等级、负荷电流及最大短路电流、运行状况、杆塔高度、塔(杆)头几何形状及尺寸等。

(2) 干扰源与被干扰体相互关系的调查：包括相对位置和距离、平行长度、交叉角度等。

(3) 被干扰体(管道)的测量一般只需测量管地交流电压及其分布，主要用于间歇干扰和持续干扰二类交流干扰。瞬间干扰由于作用时间特别短暂，且发生于电力系统故障时，干扰水平难以估计。

(4) 本地区管道交流危害或腐蚀的实例。如工作人员感电或被电击，管道上设备被电击破坏，管道腐蚀特征等。

2）交流干扰的测量分类

交流干扰的测量与直流干扰相仿，也可分为三类。

第一类为调查测定：用以探测干扰程度及管地电位分布，为防护工程测定提供依据；

第二类为防护工程测定：用以提供实施保护措施所需的技术参数；

第三类为防护工程效果测定：用以调整排流保护运行参数，评价防护工程效果。

以上规定的调查测定项目和类别，可以根据干扰状态、测试工作种类等全部或部分的进行。一般情况下，推荐参照表 3-61 进行。

表 3-61　交流干扰的调查与测试项目推荐表

实施方面	调查、测定项目内容	需要程度			实施方法
		调查测定	工程测定	效果测定	
干扰源侧	1. 高压输电线路				
	(1) 管道与高压输电线路接近长度	○	○	×	测量
	(2) 额定电压、额定电流、三相负荷不平衡度	△	○	×	调查咨询
	(3) 最大单相短路故障电流和持续时间	√	○	×	调查咨询
	(4) 最大相间短路故障电流和持续时间	√	○	×	调查咨询
	(5) 接地系统的类型及与管道的距离	√	○	×	调查咨询、测量
	2. 电气化铁路				
	(1) 铁轨与管道相互位置，牵引变电所位置，馈电网络及供电方式，回归线网的电气参数，状态与分布	○	○	△	调查咨询
	(2) 电气机车负荷曲线及运行状况(次数与时间的关系)	△	○	△	调查咨询
	(3) 铁轨及其他干扰源对地电位及其分布	△	○	×	调查咨询
	(4) 铁轨及其他干扰源漏泄电流流向及电位梯度	√	○	×	调查咨询

续表

实施方面	调查、测定项目内容	需要程度			实施方法
		调查测定	工程测定	效果测定	
被干扰管道侧	3. 被干扰管道				
	(1) 本地区过去的腐蚀实例	△	△	×	调查咨询
	(2) 管道与干扰源的相关位置、分布	○	○	×	调查咨询
	(3) 管地电位及其分布(包括管地电位按管道里程分布及其随时间变化的分布)	√	○	○	调查咨询
	(4) 管道对地漏泄电阻	√	○	√	调查咨询、测量
	(5) 管道沿线土壤电阻率	○	○	×	SY/T 0023
	(6) 管道沿线大地电导率	√	√	×	调查资料、测量
	(7) 管道已有阴极保护和排流保护的运行参数及运行状况	△	△	×	调查咨询
	(8) 相邻管道或其他埋地金属构筑物干扰腐蚀与防护技术资料	△	○	×	调查咨询

注：○—必须进行的项目；△—应进行的项目；√—宜进行的项目；×—可不进行的项目。

2. 交流干扰防护设计

交流干扰防护最有效、最简单的方法是避让，因此被干扰体与干扰源之间应保持足够的安全间距。当避让由于种种原因无法实现时，必须对被干扰体(管道)采取切实可行的防护措施。这种防护措施必须根据现场调查与测定结果的分析，由设计者进行选择。

1) 排流类型的选择

交流干扰的排流措施主要有三种，即直接排流、隔直排流和负电位排流(见图 3-27)。三种排流接线图、应用条件、优缺点比较见表 3-62。设计者应根据现场实际情况，对比各种排流方式的优缺点后，慎重选择适宜的措施。

在同一条管道或同一管道系统中，根据实际情况可以采用一种或多种排流保护方式。

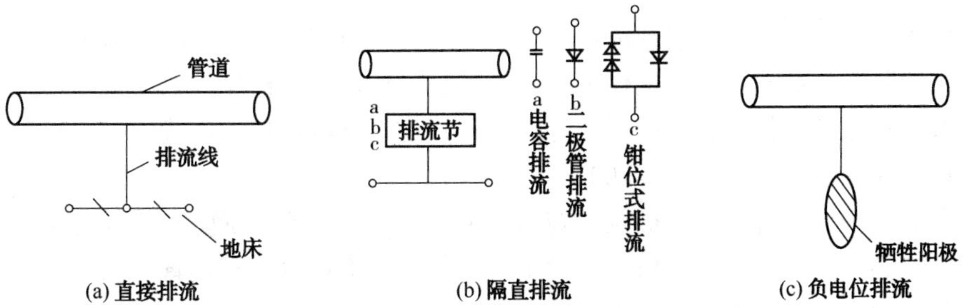

图 3-27　交流排流三种排流法接线图

表 3-62　各种交流排流法比较

排流方式	应用条件	优　点	缺　点
直接排流	被干扰管道直接与地床用导线连接起来，地床材料可为钢材等，接地电阻宜小于 0.5Ω	排流效果好，简单经济	阴极保护电流漏失
隔直排流	被干扰管道与地床间接入排流节(阻隔直流元件安装在金属箱体内，可埋地或置于地面)，接地电阻宜小于 0.5Ω	可应用于阴极保护管道钳位式排流，利用部分干扰电压作阴极保护	结构复杂、价格贵
负电位排流	被干扰管道与牺牲阳极用导线直接相连	排流效果好，向管道提供阴极保护电流	价格较高，需注意牺牲阳极极性逆转问题

2）排流点的选择

根据测定结果，应在被干扰体(管道)上选取一点或多点作排流点，并在该点设置排流保护设施。排流点的选择应以获得最佳排流效果为标准。

排流点宜通过现场模拟排流实验确定。通常情况下可根据下列地点综合考虑后确定：被干扰管道首、末端；管道接近或离开“公共走廊”并与干扰源的平行段；管道与干扰源距离最小的点；管道与干扰源距离发生突变的点；管道穿越干扰源处；管地电位最大的点；管地电位数值较大，且持续时间较长的点；高压输电线导线换位处；管道防腐层电阻率、大地导电率发生变化的部位；土壤电阻率小，便于地床设置的场所。

3）排流量的确定

排流量应通过模拟排流实验确定，不具备条件时，可利用有关公式估算。

4）排流器、排流线的额定电流的确定

排流器、排流线的额定电流为计算排流量的 1.5~2 倍。

排流器应满足在管道交流干扰电压幅值变化范围内均能可靠地工作，能及时跟随管地电位的急剧变化；具有过载保护能力；结构简单，安装方便，适应野外环境，便于维护。

3. 施工

（1）排流接地极　排流接地极与阴极保护的辅助接地极没有任何区别。一般接地体材料使用废钢即可，无特殊要求，但其接地电阻应尽可能地小，不宜大于 0.5Ω。可以通过增加接地体的并联根数，或采用盐等减阻剂进行处理。接地体埋设在距防护管道 30m 以外管道的一侧。

（2）排流线　排流线可采用通用的单相电力电缆或电线。截面应大一些，这样一是电阻小，二是可以在很大范围内满足排流容量的要求。因排流电流不易计算，故只能依靠实践确定。

（3）排流节　如果将排流接地体直接与管道连接，由于排流接地极接地电阻很小，相当于较大面积的防腐层被破坏，阴极保护电流增加，以至影响阴极保护的正常运行，所以必须增加排流节。排流节中的二极管的耐压等级依据管道干扰电位最大值确定。二极管的允许电流应适当选择大一些，一般以 50~100A 为宜。

（4）人身安全　所有施工人员及与施工相关人员，在交流干扰防护工程施工期间，没有安全防范措施的，不许站在接地极上传递工具或仪表，不许盲目触摸管道及接地极。作业人员在电气施工过程中应执行右手带电作业的有关规定。

3.5.3　排流工程的管理维护

排流工程施工完成以后，还需要进行排流效果检测评价，并采取适当的运行管理措施以确保排流效果。

1. 排流效果评价

排流设施运行后，由于管道与低电位的回归线相连接，使管道电位比大地电位低，所以不仅管道中存在干扰电流，而且大地中的大量电流也将流入管道。此时状态与阴极保护相似，相当于管道与干扰源间串入外部电流，起到保护作用。对于排流保护效果评价的方法，依然是通过管地电位的测定确定。

最理想的效果是：在任意测定点及任意时间里，管地电位正电位消除，负电位偏移达到阴极保护判定指标，管地电位负偏移不应过大。但是在排流过程中正、负管地电位同时消长，而排流系统的内阻不能克服，所以达到理想状态非常困难。因此我国相关行业标准中作了如下原则规定。

1）直流排流

① 排流保护以最大消除正值管地电位为宗旨。对管地电位的负向偏移不作明确规定。

② 采用多点评定方法，一般情况下不应少于 5 点。排流保护效果评定点的选择推荐在排流点及干扰缓解大、中、小的点及其他具有代表性的点等。

直流杂散电流干扰的测量、设计、施工及评价可参照 SY/T 0017《埋地钢质管道直流排流保护技术标准》。

2）交流排流

对评价点的选择等问题有以下原则性规定：

① 排流保护效果的评价点必须包括排流点、干扰缓解较大的点、干扰缓解较小的点，其他评定点可根据实际选择。

② 排流效果评价点一般不应少于 4 点，当干扰段较长或复杂管道系统或管地电位复杂多变时，不应少于 6 点。

③ 在测取排流保护前、后参数时，必须统一测定点、测定时间段、读数时间间隔、测试方法和仪表设备。

交流杂散电流干扰的测量、设计、施工、评价等参照 SY/T 0032《埋地钢质管道交流排流保护技术标准》。

2. 维护管理

1）直流干扰排流工程管理

排流保护运行管理的目的和任务第一是保证排流设施能够有效、持续地运行；第二是监视外部环境的变化，并使排流保护系统能够及时适应外部环境的变化。因此，排流保护系统需要不断地检测、维护和改造。

（1）定期检测

① 管地电位至少每月测定一次。

② 排流保护效果评定每年至少一次。

③ 除随时调查或关注干扰环境变化外，每年应进行一次全面调查和监测。

（2）排流设备的管理

① 每月进行一次定期巡检维护，测定排流量（最大、最小、平均），清扫保洁，维修保养。当采用接地排流时，应测定地床接地电阻和开、闭路电位。

② 每年进行一次全面检测和大修，鉴定、更换主要原件，大修后主要测定点进行 24h 连续测定。

（3）系统改造调整的目的和要求

依据外部干扰环境的变化，及时进行排流保护系统的改造和调整。调整的目的和总体要求如下：

① 对于保护系统中的管道，管地电位分布均匀，任意点在任意时间的管地电位达到规定的指标或达到未受干扰时状态。

② 对保护系统之外的埋地金属构筑物干扰尽可能小。为达到此目的，通常可采用以下调整措施：首先可考虑改变排流点位置或增设排流设施，调整各排流点的排流量；对于同一保护系统的不同管道进行具有电流调节功能的连接或跨接，电流调节，调整干扰电流的方向

和大小分配；增设绝缘连接；对于经排流系统全面调整后仍达不到要求的局部管道，可采取加装绝缘法兰、设置导体屏蔽及局部管道防腐层维修等措施。

2）交流干扰排流工程管理

（1）排流设备的管理

① 每月对排流设备维护一次，检查排流设备是否运行正常；测试排流电流量(最大、最小、平均值)；测试地床接地电阻值；采用负电位排流时还应测试牺牲阳极开、闭路电位。

② 每年对排流设备大修一次，大修内容主要有：全面检查排流设备；各主要元件性能检测；元件更换；排流保护系统全面调查；大修后进行排流电流 24h 连续测定，并作出排流效果评定。

（2）交流干扰的监视

面临交流干扰影响的管线，应经常对管线进行交流干扰电压测试，若超过允许值必须采取排除干扰电压的措施。面临交流干扰影响的管道牺牲阳极装置，应经常进行下列测试：

① 测量并记录牺牲阳极交、直流输出。

② 测量并记录管地交、直流电压。

③ 测量值超过逆转电压时，必须采取相应的措施。

④ 应经常调查干扰环境的变化，每年进行一次全面调查和监测。当干扰环境发生较大变动时，应及时进行各项调查，对排流保护系统进行调整。

（3）安全问题

① 雪、暴雨期间，受交流干扰影响的管道上不得进行电气测量。

② 处于电力线路及接地体附近的管道，进行开挖管道、接触管道的各种作业时，必须与电力部门加强联系，要求电力部门避免某些操作，并指定有经验人员随时监视，处理可能发生的交流干扰问题。

③ 进行管道电位等参数测定或防腐层检修作业时，要执行右手带电作业的有关规定。

④ 站在接地栅极上的操作，维护人员和没有站在接地极上的人之间，在任何时候都不得传递工具、仪表或其他器械。

3. 关于杂散电流干扰的综合治理

干扰问题归根结底是由干扰源造成的。所以限制干扰源方面的杂散电流的泄漏是矛盾的主要方面。为此在国外已有相当多的标准和法规，对干扰源予以限制、调控以减少杂散电流对埋地金属构筑物的干扰污染。

首先，管道系统采用排流保护措施后，就相当于与干扰体建立了电连接，而成为干扰源的扩展和延长。从而对排流保护系统以外的其他埋地金属构筑物造成二次干扰，其结果使整个地区干扰环境更加复杂化了。因此，彻底地解决干扰电蚀问题，并不是一小单位或主管部门所能独立完成的，宜由被干扰方、干扰源方及其他有关单位组成地区性防干扰的协调结构，明确干扰源、被干扰者两方面的义务和责任，确立经济关系的原则，以司法手段保护双方的权益；健全各项技术标准和法规，以利于区分各方面的责任，为法制管理提供技术条件和依据；仲裁、协调各方权益，实现共同防护、共同管理、共同受益。

其次，排流法虽然作为一个成熟、有效的主要方法，但由于其本身也有适用的场合和效果的局限性，所以解决电干扰腐蚀，必须采用综合治理的方法。所谓的综合治理，应包括以下三个主要方面：

① 干扰源(电气化铁路)和被干扰体(管道)共同采取措施。首先要求直流电气化铁路方

面，从设计开始就要考虑到干扰问题。减少铁轨纵向电阻，提高负荷电流回归能力，对于铁路设计和管理部门来说是不难做到的，而且也有较多的办法和成熟的经验。这相比被干扰方被动地增加防护，不仅简单易行，而且经济。

② 被干扰方面应积极采用以排流保护为主，以防腐层维修、更换、绝缘连接、短路连接等所有有助于电干扰控制的各种防护手段为辅的“综合治理”措施。

③ 实施共同防护，即对共处于同一干扰环境中的不同隶属产权关系的埋地金属构筑物(管道、电缆等)应共同采取措施，以防止各排流保护系统之间的重叠性干扰。在共同防护中应坚持以全局利益为主，实施统一调查测定、统一设计、统一运行管理、统一调整评价、分别实施的原则。

第 4 章　非金属管道工程

随着科学技术的发展进步，各个领域都在不断地更新换代。在管道应用领域，金属管材在使用中暴露出越来越多的缺陷，诸如抗腐蚀性能差、易结垢、使用寿命短、运行中后期维护成本高等已成为油气管道使用中的普遍问题。因此世界各国都在探索开发新型管材并应用于油气管道工程，由此推动了管道科技的不断创新。欧、美等一些管道工艺发达的国家早在 20 世纪 40 年代就开始进行非金属管道应用研究，并开始制造玻璃钢管道，距今已有 70 余年的历史。目前，国际上非金属管道工业发展很快，年产量日趋增加。我国于 20 世纪 80 年代末，开始引进玻璃钢管道缠绕设备，并开始进行玻璃钢管道工业性试验，从此非金属管道工业逐步进入了快速发展期。以玻璃钢管道为重点的非金属管道在油气输送工程中的大规模应用，对减轻腐蚀、延长管道寿命、提高输送能力、保障输送安全生产发挥了较大的作用。

4.1　非金属管道的基本概念及其发展概述

4.1.1　非金属管道的概念及性能特点

非金属管道因金属管道严重的腐蚀损坏问题而生，且随着研究的深入和应用范围及规模的扩大，各种新型高性能复合材料管道不断涌现并应用于工程实际，由此不断丰富着非金属管道大家族。构成复合材料的各种原材料在性能上互相取长补短，产生协同效应，使复合材料的综合性能优于原组成材料而满足各种不同的要求。因而使复合材料管道表现出了多方面优于金属管道的优良性能。

1. 非金属管道的概念及常用种类

油田所用非金属管道一般由复合材料制作。复合材料即是由两种或两种以上不同性质的材料用物理或化学的方法制成的具有新性能的材料。复合材料的性能优于其组分材料的性能，并且有些性能是原来组分材料所没有的。通过组分材料的组合和结构设计能够改善复合材料的刚度、强度、热学及力学等性能。

目前，常用的非金属管道有玻璃钢管(即玻璃纤维增强热固性树脂基复合材料管)、塑料管、钢骨架复合管、柔性复合高压管、橡胶管、陶瓷复合管等，其中油田用非金属管道以纤维增强树脂基复合材料管道为主。它是由纤维增强材料、树脂基体材料和辅助添加材料经过一定的成型工艺制作而成的。

纤维增强材料的种类很多。按照其化学性质，可分为无机增强材料和有机增强材料两大类。无机增强材料有：玻璃纤维、碳纤维、高硅氧纤维、硼纤维、石棉纤维及金属纤维等。有机增强材料有：芳纶纤维、聚酯纤维、尼龙纤维、维尼纶纤维、聚丙烯纤维、聚酰亚胺纤维等。其中使用最多的是玻璃纤维。近年来，随着新材料工业的发展，碳纤维的应用进入快速发展期。如胜利新大集团公司研制的碳纤维连续抽油杆、井下油管、套管等已进入推广应用阶段。

基体树脂是复合材料中十分重要的组分，其功能就是把各种纤维增强材料有机地黏合在一起，起着传递载荷和均衡载荷的作用，并赋予优良的性能。按树脂的化学和物理特性可分为：热固性树脂(不可二次成型)和热塑性树脂(可反复成型)。常用的热固性树脂有：脲醛树脂、酚醛树脂、不饱和聚酯树脂、环氧树脂等。常用的热塑性树脂有：聚丙烯(PP)、聚乙烯(PE)、聚氯乙烯(PVC)、聚苯乙烯(PS)、聚碳酸酯(PC)等。

辅助添加材料包括用以改善复合材料性能(如硬度、刚度及冲击强度等)或降低成本的固体添加剂和产品加工过程中所需添加的用以改善生产工艺和提高产品相关性能的各种助剂。

常用的非金属管道有以下几种。

1）玻璃钢管道

玻璃钢其学名为玻璃纤维增强塑料(国际上通用的缩写符号为“GFRP”或“FRP”)，它是以玻璃纤维及其制品作为增强材料，以合成树脂作为基体材料的一种复合材料。由于所使用的树脂品种不同，因此有聚酯玻璃钢管、玻璃钢夹砂管、环氧玻璃钢管、酚醛玻璃钢管等；按其用途不同玻璃钢管道可分为输油管、化工管、引水管、供水管、排污管、井壁管、高压管、循环水管、电缆导管；按其增强材料、增强层树脂、内衬层树脂、口径大小、压力等级和刚度等级等不同可分为多种类型，如主要压力等级 PN 分有 0.1MPa、0.6MPa、1.0MPa、1.6MPa、2.0MPa、2.5MPa 等，按刚度级 SN 分有 $1250N/m^2$、$2500N/m^2$、$5000N/m^2$、$10000N/m^2$ 等。

目前世界上 85%以上的玻璃钢管道是由热固性树脂制造的，常用的耐蚀玻璃钢几乎全部采用热固性树脂。热固性树脂是一类用热或化学添加剂使其固化的聚合物，一旦发生固化反应，热固性树脂就成为不熔、不溶的物质。玻璃钢管道一般采用纤维缠绕工艺制造，它是目前非金属管道中应用最多且技术相对成熟的管道品种，相对于其他非金属管道其耐热、耐低温、耐压、耐腐蚀性能及水力学性能较为优越，使用寿命长，性价比高，使用范围广；连接方便，可设计性好，可采用不同的材料配方制造出适应不同压力、温度及直径等级的管道。玻璃钢管可适用于最冷的阿拉斯加，也可用于最热的墨西哥湾的腐蚀性环境。但其材质有一定脆性，抗冲击能力差，运输、施工需注意采用可靠的吊装防护设备。

2）玻璃钢内衬不锈钢复合管

该管是一种新型的双层防腐管道，具有玻璃钢和不锈钢两者的优点，其结构由外向里依次是玻璃钢、黏接层和不锈钢。与玻璃钢管道相比，其在一定程度上克服了强度低、脆性大等不足，而与不锈钢管道相比造价只是它的一半。特别是其连接方式采用不锈钢管的焊接从根本上解决了内防腐补孔难题，耐腐蚀，使用寿命长，同时具有内壁光滑、水力摩阻小、保温性能好等优点。但与碳钢管相比，其抗冲击能力差，遇机械冲击易发生变形。

3）常用塑料管道

塑料的主要成分是树脂。根据各种塑料不同的理化特性，可以把塑料分为热固性塑料和热塑性塑料两种类型。根据各种塑料不同的使用特性，通常将塑料分为通用塑料、工程塑料和特种塑料三种类型。下面仅将常用塑料管道作一介绍。

(1) 硬聚氯乙烯管(PVC-U)　硬聚氯乙烯是由氯乙烯单体经聚合反应而制成的无定形热塑性树脂加一定的添加剂(如稳定剂、润滑剂、填充剂等)组成。除了采用添加剂外，还采用了与其他树脂进行共混改性的办法，使其具有明显的实用价值。硬聚氯乙烯管的生产材料为 PVC-U 混配料，混配料应以 PVC 树脂为主，其中加入为生产达到要求的管材所必需的添加剂，所有添加剂应分散均匀。硬聚氯乙烯管内壁光滑、阻力小、不结垢、无毒、无污染、耐腐蚀；使用温度不大于 40℃，故为冷水管；抗老化性能好、难燃，可用橡胶圈柔性连接安装；主要用于给水(非饮用水)、排水管道、雨水管道。此外，硬聚氯乙烯管具有较高的硬度、刚度和许用应力，价廉，易于黏接，可回收，安装方便简捷，密封性好；但不抗撞击，耐久性差，接头黏合技术要求高，固化时间较长。

(2) 氯化聚氯乙烯管(PVC-C)　氯化聚氯乙烯是聚氯乙烯(PVC)进一步氯化改性的产品，其氯含量一般为65%~72%(体积分数)。CPVC除了兼有PVC的很多优良性能外，其所具有的耐腐蚀性、耐热性、可溶性、阻燃性、机械强度等均比PVC有较大的提高，因而CPVC是性能优良的新型材料，被广泛用于建筑、化工、冶金、造船、电器、纺织等领域，应用前景十分广阔。氯化聚氯乙烯管是以氯化聚氯乙烯树脂为主要原料的一种新型给水管材，其最大的优点是比较耐高温。这种管材在国内的应用只是近几年才开始的，多用在冷热水的输水、热化学溶液和废液输送管路中，长期使用输液温度最高可达120℃，寿命长达40年。

(3) 聚乙烯管(PE)　PE树脂，是由单体乙烯聚合而成，由于在聚合时因压力、温度等聚合反应条件不同，可得出不同密度的树脂，因而又有高密度聚乙烯、中密度聚乙烯和低密度聚乙烯之分。在加工不同类型PE管材时，根据其应用条件的不同，选用树脂牌号不同，同时对挤出机和模具的要求也有所不同。

国际上把聚乙烯管的材料分为PE32、PE40、PE63、PE80、PE100五个等级，而用于燃气管和给水管的材料主要是PE80和PE100。我国对聚乙烯管材专用料没有分级，这使得国内聚乙烯燃气管和给水管生产厂家选择原材料比较困难，也给聚乙烯管材的使用带来了不小的隐患。

因此国家标准局在GB/T 13663—2000中作了大量的修订，规定了给水管的不同级别PE80和PE100对应不同的压力强度，并且去掉旧标准中的拉伸强度性能，而增加了断裂伸长率(大于350%)，即强调基本韧性。

目前中国的市政管材市场，塑料管道正在稳步发展，PE管、PP-R管、UPVC管都占有一席之地，其中PE管强劲的发展势头最为令人瞩目，给水管和燃气管是其两个最大的应用市场。与传统管材相比，聚乙烯管具有连接可靠、低温抗冲击性好、抗应力开裂性好、耐化学腐蚀性好、耐老化、耐磨性好、可挠性好、水流阻力小、搬运方便、多种全新的施工方式等优点。

(4) 交联聚乙烯管(PE-X)　聚乙烯是最大宗的塑料树脂之一，由于其结构上的特征，聚乙烯往往不能承受较高的温度，机械强度不足，限制了其在许多领域的应用。为提高聚乙烯的性能，研究了许多改性方法，对聚乙烯进行交联，通过聚乙烯分子间的的共价键形成一个网状的三维结构，迅速改善了聚乙烯树脂的性能，如热形变性、耐磨性、耐化学药品性、耐应力开裂等一系列物理、化学性能。交联聚乙烯以其优越的性能可广泛应用于建筑工程或市政工程中的冷热水管道、饮用水管道；地面采暖系统用管或常规取暖系统用管；石油、化工行业流体输送管道；食品工业中流体的输送管道；制冷系统管道；纯水系统管道；地埋式煤气管道。交联聚乙烯管在发达国家已获得广泛运用，其重要特性在于其强度和耐温性能。常规工作温度可达95℃，能够经受110℃环境下8000h的测试。特别是其蠕变强度随使用时间的变化不显著。不含有害成分，可应用于饮用水传输，寿命可达50年之久。

(5) 耐热聚乙烯管(PE-RT)　耐热聚乙烯是乙烯和辛烯的单体经茂金属催化共聚而成。耐热聚乙烯管全称三层阻氧型(PE-RT)耐热聚乙烯管，是由一个中等密度聚乙烯(PE)基体材料制成，具有增强的耐高温性能。主要用于室内冷、热水管道，尤其是热水系统，是辐射采暖应用的理想选择。使用温度可以在80℃以上，加工成管道后抗压、耐腐蚀、寿命可达50年，绿色环保，可回收。独特的分子结构使非交联的PE-RT采暖管材具有较高的强度、抗疲劳强度和优异的耐开裂应力能力。

（6）三型聚丙烯管（PP-R） 三型聚丙烯是聚丙烯属聚烯烃类，分子由碳、氢元素组成，具有良好的耐热性及较高的强度，但其熔融黏度低，低温时易脆化，经多次改进，先后开发出均聚聚丙烯PP-H、嵌段共聚聚丙烯PP-B，最后采用气相共聚法使聚乙烯（PE）和聚丙烯（PP）的分子链均匀地聚合，形成无规共聚聚丙烯PP-R（三型聚丙烯），克服了聚丙烯熔融黏度低、易脆化的缺点。PP-R管的设计方法与传统镀锌管材相同，为串联系统，管径有$\phi 20 \sim \phi 110$。三型聚丙烯（PP-R）除具有普通塑料管特点外，还具有无毒、卫生等特点。从原料生产、制品加工到使用均不会对人体及环境造成污染，该管材可用于冷、热水系统、采暖系统、空调冷凝管系统及纯净水系统。PP-R管最高使用温度为95℃，瞬间温度可达110℃，长期使用温度为70℃，可作热水供应系统管材，其导热系数为0.21W/（m·℃），仅为钢管的二百分之一，具有较好的保温性能。三型聚丙烯管具有节能节材、环保、轻质高强、耐腐蚀、内壁光滑不结垢、施工和维修简便、使用寿命长等优点，广泛应用于建筑给排水、城乡给排水、城市燃气、电力和光缆护套、工业流体输送、农业灌溉等建筑业、市政、工业和农业领域。

（7）聚丁烯管（PB） 聚丁烯是一种高分子惰性聚合物，主要是由丁烯聚合而成。与聚丙烯和聚乙烯皆为经常使用的塑胶材料。聚丁烯主要用于自来水管、热水管与暖气管等管道的管壁材料。聚丁烯管是由聚丁烯树脂添加适量助剂，经挤出成型的热塑性加热管，通常以PB为标记。聚丁烯（PB）具有很高的耐温性、持久性、化学稳定性和可塑性，无味、无臭、无毒，是目前世界上最尖端的化学材料之一，有"塑料黄金"的美誉。该材料重量轻，柔韧性好，耐腐蚀，用于压力管道时抗冻耐热特性尤为突出，在-20℃的温度条件下，具有较好的低温抗冲击性能，管材不会冻裂。解冻后，管材能恢复原样。可在95℃下长期使用，最高使用温度可达110℃。管材表面粗糙度为0.007，不结垢，无需作保温，保护水质，使用效果很好。

（8）ABS塑料管（ABS） ABS树脂是五大合成树脂之一，是指丙烯腈-丁二烯-苯乙烯共聚物，是一种强度高、韧性好、易于加工成型的热塑型高分子材料，也是一种用途极广的热塑性工程塑料。ABS树脂是目前产量最大、应用最广泛的聚合物，它将PB、PAN、PS的各种性能有机地统一起来，兼具韧、硬、刚相均衡的优良力学性能。由于具有三种组成，而赋予了其很好的性能。丙烯腈赋予ABS树脂的化学稳定性、耐油性、一定的刚度和硬度；丁二烯使其韧性、冲击性和耐寒性有所提高；苯乙烯使其具有良好的介电性能，并呈现良好的加工性。ABS塑料管密度为钢铁的1/7，减少了结构质量；流体阻力小；化学性能稳定，密封性能好；塑料管材降低了原材料的消耗，减轻了人工劳动强度，而大大节省了工程的投资，施工简便效果好，固化速度快，黏合强度高，避免了一般管道存在的跑冒滴漏现象。ABS塑料管在室内一般可用数十年之久，如埋在地下或水中寿命会更长。ABS塑料管可用于制药和食品等行业，不改变水质，不会形成二次污染。但经过实际使用发现，ABS塑料管材不耐硫酸腐蚀，遇硫酸就发生粉碎性破裂。ABS树脂 热变形温度低，可燃，耐候性较差。

塑料管道具有非金属管道的一些共同特点，但全塑料管也有明显的缺点，如强度较低、刚度较小、耐热性也比较差，因此在需要承受较大负载或者复杂负荷（同时承受内外压）和比较恶劣的外部环境下(如海滩、海涂、沼泽、沙漠等)就不能使用全塑料管。塑料管道以其易于施工、造价低廉、无需阴极保护、运输方便等特点已成为国外天然气输配气工程中使用比较成熟的主要管道品种之一。

4）橡胶管道

橡胶管道是由天然橡胶或合成橡胶制成的管道。一般胶管的内外胶层材料采用天然橡胶、丁苯橡胶或顺丁橡胶；耐油胶管采用氯丁橡胶、丁腈橡胶；耐酸碱、耐高温胶管采用乙丙橡胶、氟橡胶或硅橡胶等。胶管的内胶层直接承受输送介质的磨损、侵蚀，且防止其泄漏；外胶层保护骨架层不受外界的损伤和侵蚀；骨架层是胶管的承压层，赋予管体强度和刚度。胶管的工作压力取决于骨架层的材料和结构。橡胶管的特性有生理惰性、耐紫外线、耐臭氧、耐高低温(-80~300℃)、透明度高、回弹力强、耐压缩永久不变形、耐油、耐冲压、耐酸碱、耐磨、难燃、耐电压等性能。近年来，开始采用热塑性橡胶，如热塑性聚氨酯橡胶、聚酯橡胶等。橡胶管因易弯曲、能缓冲、质量轻及安装使用方便等优点，广泛应用于煤炭、冶金、水泥、港口、矿山、石油、汽车、纺织、轻工、工程机械、建筑、海洋、农业、航空、航天等领域。橡胶管总地来说可以分为空气橡胶管、输水橡胶管、输酸碱橡胶管、输油橡胶管、耐热橡胶管、喷砂橡胶管等六种。按照其结构不同可分为全胶胶管(无织物材料)、夹布胶管(骨架层为布层)、吸引胶管(布层外还有一层金属螺旋线)、编织胶管(骨架层为编织的钢丝或织物)、缠绕胶管(骨架层为钢丝或线绳缠绕层)、针织胶管(骨架层为针织物)、短纤维胶管(短纤维与橡胶共混压而成)。其中吸引胶管在负压下工作，钢丝编织胶管或缠绕胶管能承受80~600MPa乃至更高的压力。高压胶管在石油工业中除了被用于钻探油管、振动油管外，还使用于浅海输油油管、飘浮式或半飘浮式输油油管和深海海底输油油管。

5）增强热塑性塑料复合管(简称RTP管)

增强热塑性塑料复合管亦称为柔性复合高压输送管、连续增强塑料复合管等，是一种塑料复合压力管，其种类很多。目前产品可归纳为8类：钢带RTP、多层钢复合RTP、预制增强带RTP、钢丝缠绕RTP、纤维纱缠绕RTP、连续纤维带RTP、金属丝编织RTP、焊接钢骨架RTP。其产品结构工艺分为非黏接型和黏接型。

它是以高强度钢丝等增强材料左右螺旋缠绕成型的网状骨架为增强体，以高密度聚乙烯为基体，用高性能的黏接树脂将钢丝网骨架与内外层高密度聚乙烯紧密连接为一体的新型管道。国外最常用的增强材料是芳纶纤维。芳纶纤维增强的RTP管的工作压力可高达到9~14MPa，爆破压力可高达40MPa。它既可以达到很高的耐压强度，又能保持可盘卷的柔韧性。热塑性复合材料增强管突出的优点就来自完善的熔接。层间熔接完善，具有高层间剪切强度，所以在高抗内压的同时有高抗外压(抗塌陷)的性能，可以应用于需要承受高内压又承受外压负载的场合。增强热塑性塑料复合管物理性能远远强过塑料管道，既具有热塑性塑料管道系统优点，如强度高、质量轻、耐腐蚀、水力光滑、有一定柔韧性、能够制成较长的盘管(连续管)、铺设方便和迅速，又能克服其他非金属管道的缺点，如强度低、刚性小、脆性大。

6）钢骨架复合管(简称SRTP管)

它是以缠绕并焊接成型的钢网为加强骨架，以高密度聚乙烯塑料为基体经挤出复合而成的防腐管道。它既克服了钢管和塑料管各自的缺点，又具有钢管优良的承压性能和塑料管良好的耐腐性和卫生性能，具有较高的强度、刚度、抗冲动性能，同时又具有塑料管道相同的耐腐蚀性能。它对地下运动和端载荷的有效抵抗能力强，柔韧性好，能有效地抵抗地基沉降、地震破坏。可采用电热熔连接，密封性好。但该管道加入金属骨架增强复合所得到的效果不很显著，最大工作压力<2.5MPa。复合后管材存在较大的不均匀内应力，塑料和钢骨架交界处形成了大量的应力集中点。使用温度不能超过60℃，钢塑结合较差，每段直管还需要有封端面的处理，管道施工过程需要的设备较多，必须由专用队伍施工和维护。管道一旦冻结，会出现冻胀现象。

7）钢衬橡胶复合管

钢衬橡胶复合管是在钢管内喷砂除锈后，涂刷黏接剂，然后粘贴橡胶防腐板，最后硫化成品。为了抵抗介质渗透，可衬两层或多层。由于橡胶易老化，使用温度不高。钢衬橡胶复合管性能比钢塑复合管差，但其价格低，在输送饱和氯气、次氯酸钠、磷酸及其他酸、碱、盐类时可获得满意的效果。

8）陶瓷树脂内衬复合管

陶瓷树脂内衬复合管是在离心铝热法制备陶瓷钢管基础上发展起来的新产品。将装有铝热剂的钢管置于离心机上，用电阻丝引燃铝热反应，反应物为熔融的金属铁和氧化铝，离心力的作用使两者分层，氧化铝密度小而冷凝在钢管内表面形成陶瓷内衬层，铁则沉积在陶瓷与基体之间为过渡层并将氧化铝陶瓷高硬、不蚀和钢材高韧、高强的优点融为一体，使其具有其他管材无法比拟的综合性能，如良好的耐磨、耐蚀、耐高温性能和优异的抗机械和热冲击性能。但由于其制造工艺的复杂局限，内衬层存在气孔缺陷。为此研究采用树脂浸渍处理陶瓷内表面，从而获得耐磨、耐蚀性能优良的陶瓷树脂内衬复合管。

此外还有耐蚀钢筋混凝土管、陶瓷管、搪瓷管及石墨管等其他耐蚀非金属管道用于某些特殊用途。

2. 常用非金属管道的优点

非金属管道种类繁多，不同材料和结构的管道有着各自不同的特点，但它们也有许多共同的属性和优点。现分述如下：

（1）耐腐蚀、使用寿命长　非金属管道与普通金属管的电化学腐蚀机理不同，它不导电，在电解质溶液里不会有离子溶解出来，特别是在强的非氧化性酸和相当广泛的pH值范围内的介质中都有良好的适应性。对大气、水和一般浓度的酸、碱、盐等介质有良好的化学稳定性；具有优良的耐腐蚀性能，能够抵抗酸、碱、盐、海水、含油污水、腐蚀性土壤、地下水等众多化学物质的腐蚀；对强氧化物及卤素等介质具有良好的耐腐蚀性。因此，非金属管道的寿命大大延长，一般在30年以上。据实验室的模拟试验表明：玻璃钢管使用寿命可长达50年以上。而金属管道在低洼、盐碱等强腐蚀地区运行3~5年就需要维修，使用寿命只有15~20年左右，而且使用中后期维修成本较高。国内外的实践经验证明，玻璃钢管道使用15年后的管道强度保留率为85%，使用25年后强度保留率为75%，且维修成本低。这两个值都超过了对化学工业用玻璃钢制品使用一年后所要求的最小强度保留率。人们关心的玻璃钢管的使用寿命问题，已由实际应用中的试验数据所证明。美国20世纪60年代安装的玻璃钢管线使用期已超过40年，仍正常运行就是一例。

（2）水力特性好　非金属管道内壁光滑、水力摩阻小、输送能力强，不易结垢、不生锈。由于金属管道内壁相对粗糙，摩阻系数大，并且随着腐蚀的加重快速递增，导致阻力损失将进一步增大，同时粗糙的表面为垢的沉积提供了条件。而玻璃钢管道粗糙度为0.0053，是无缝钢管的2.65%，增强塑料复合管粗造度只有0.001，是无缝钢管的0.5%。因此由于内壁在整个寿命期始终保持光滑，阻力系数小，能够显著减少管道沿程流体压力损失，比其他管材节约输送能耗20%左右，可带来可观的经济效益。光滑的表面不利于菌类、垢和蜡等污染物的沉积，不污染输送介质。金属管道与非金属管道绝对粗糙度的比较见表4-1。

表4-1　管材热导率及绝对粗糙度

管材		不锈钢管	无缝钢管	铸铁管	塑料合金复合管	玻璃钢管	钢骨架塑料复合管
热导率/[W/(m·K)]		36	45	48	0.14	0.4	0.43
绝对粗糙度/mm	新	0.06~0.1	0.1~0.2	0.3	0.001	0.0053	0.01
	旧	>0.1	>0.2	>0.85	约0.001	约0.0053	约0.001

（3）抗老化性能和耐热、抗冻性能好　玻璃钢管可在-40~80℃温度范围内长期使用，采用特殊配方的耐高温树脂还可在200℃以上温度正常工作。长期露天使用的管道，其外表面添加有紫外线吸收剂，来消除紫外线对管道的辐射，可延缓玻璃钢管道的老化。

（4）热导率小、保温及电绝缘性能好　常用管材的热导率见表4-1。从表中看出，非金属管导热率在0.14~0.5W/(m·K)之间，是钢的千分之五左右，管道的保温性能优异；玻璃钢等非金属材料是非导体，绝缘电阻为$10^{12}\sim10^{15}\Omega\cdot cm$，管道的电绝缘性优异，适应于输电、电信线路密集区和多雷区。

（5）轻质高强　非金属管道质量轻、强度高、可塑性强、运输与安装方便，还容易安装各种分支管，且安装技术简单，无需动火，施工安全。玻璃钢密度介于1.5~2.0之间，只有普通碳钢的1/4~1/5，比轻金属铝还要轻1/3左右，而机械强度却很高。例如某些环氧玻璃钢，其拉伸、弯曲和压缩强度均达到400MPa以上。按比强度计算，玻璃钢不仅大大超过普通碳钢，而且可达到和超过某些特殊合金钢的水平。玻璃钢与几种金属的密度、抗伸强度和比强度比较见表4-2。

表4-2　玻璃钢与几种金属的密度、拉伸强度和比强度比较

材料名	密度	拉伸强度/MPa	比强度
高级合金钢	8.0	1280	160
A3钢	7.85	400	50
LY12铝合金	2.8	420	160
铸铁	7.4	240	32
环氧玻璃钢	1.73	500	280
聚酯玻璃钢	1.8	290	160
酚醛玻璃钢	1.8	290	160

（6）耐磨性好　经试验，在相同条件下经过250000次负荷循环，钢管磨损约为8.4mm，石棉水泥管磨损约5.5mm，混凝土管磨损约2.6mm(内表面结构与PCCP相同)，陶土管磨损约2.2mm，高密度聚乙烯管磨损约0.9mm，而玻璃钢管磨损仅为0.3mm。玻璃钢管表面磨损极小，在大负荷作用的情况下，仅为0.3mm，如果在正常压力情况下，介质对玻璃钢管道内衬的磨损可忽略不计。还有人曾做过沙石磨损试验，即把含有大量泥浆、砂石的水，装入管子中进行旋转磨损影响对比试验。经300万次旋转后，检测管内壁的磨损深度如下：用焦油和瓷釉涂层的钢管为0.53mm，用环氧树脂和焦油涂层的钢管为0.52mm，经表面硬

化处理的钢管为0.48，玻璃钢管为0.21mm。同样表明玻璃钢管耐磨性能好于钢管。由于玻璃钢管道的内衬层是由高含量树脂和短切玻璃纤维原丝毡构成，而内表面的树脂层有效地屏蔽了纤维裸露情况的发生。

(7) 可设计性好　非金属管可根据用户的各种特定要求，如不同的温度、流量、压力及不同的埋深和载荷情况，设计制造成不同耐温、压力等级和刚度等级的管道。如玻璃钢是一种可以改变其原材料种类、数量比例和排列方式，以适应各种不同工况条件要求的复合材料。一般可通过各种途径改善其性能，来满足各种不同要求。玻璃钢管采用特殊配方的耐高温树脂还可在200℃以上温度正常工作。玻璃钢管配件制作方便。玻璃钢管的法兰、弯头、三通、变径管等可任意制作，如法兰可与任意符合国家标准的同等压力、同等管径的钢制法兰相连接，弯头可根据施工现场的需要制作成任意角度。而对于其他管材，弯头、三通等配件除规定规格的标准件外，非标准件难以制作。

(8) 施工及维护费用低　非金属管由于上述的耐腐、耐磨、质量轻、单管长等特点，因此工程接头少且不需要进行防锈、防污、绝缘、保温等措施，施工检修费用少。对地埋管无需做阴极保护，可节约工程维护费用达70%以上。玻璃钢管道与其他部分管道性能比较见表4-3。

表4-3　玻璃钢管道与其他部分管道性能比较

项　目	玻璃钢连续缠绕管道	混凝土管道	钢管	球墨铸铁管
输水能力/(m^3/s)	9.12	9.12	9.12	9.12
粗糙系数	0.0053	0.013	0.011	0.011
管道直径/mm	2000	2400	2200	2200
单根长度/m	12	4		5
使用寿命/a	50~70	30	10~20	30
抗内压/MPa	0.6	0.6	0.6	0.6
抗外压/MPa	覆土深度6m	覆土深度6m	覆土深度6m	覆土深度6m

3. 非金属管道的缺点

(1) 力学性能　非金属管道抗机械冲击能力较金属差，破损后的修复方式存在一定局限性。特别是在岩石山区和特殊地形的地段，运输安装必须严格按照其标准执行，否则容易出现断裂、破坏现象，造成不必要的经济损失。

(2) 耐老化性　非金属管道露天敷设时外表面在紫外线、风沙雨雪、化学介质、机械应力等作用下容易出现色变、微裂纹等老化现象，地面管道需采取外表面加防老化剂或外涂隔紫外线涂料等措施。玻璃钢的耐温性及耐燃性取决于所用的树脂，长期的使用温度不能超过树脂的热变形温度。对于有防火要求的结构物，要用阻燃树脂或加阻燃剂，在使用玻璃钢管时应充分注意。

(3) 弹性模量低　非金属管道弹性模量较金属管道低，因此在产品结构中常感到刚性不足，容易变形。因此可以做成薄壳结构、夹层结构，也可通过高模量纤维或者做加强筋等形式来弥补。

(4) 埋地管道探测问题　现有地下管线探测设备主要以探测金属管线为主，而非金属管道探测仪器价格昂贵，因此非金属管埋地后无法探测，存在后续施工单位在施工中挖伤、损坏管道风险。

(5) 标准规范不完善，材质检测评估难　非金属油气管道还没有形成完善的工程设计方法和规范，管道技术规定和要求不统一，我国非金属管材生产厂家多且良莠不齐，材质检测评估难，低劣产品恶意竞争扰乱市场情况的存在，难以实现产品的优胜劣汰和公平竞争，对非金属管道行业的发展和非金属管道推广应用造成一定影响。

非金属管道自身的缺陷随着新材料及新型制造工艺的不断出现都将得到较好地解决，但由于增加了特殊材料和技术，势必会增加管道成本，其经济性需认真考虑。

4.1.2　非金属管道的发展

由于非金属管道具有优异的耐腐蚀、内壁光滑、不易结垢、轻质高强、敷设方便；节省施工、安装、维护费用；工期短；使用寿命长，使用寿命周期费用低，综合经济指标好；非金属管道生产效率高，适合工业化大规模生产，容易达到较高的经济指标；其导热系数小，输送热介质时热量损失小；特别是生产同等体积非金属管道的能耗仅是钢铁的1/3~1/4；因此该类管道是一种优良的节能减排材料，符合当今世界“节能减排”、“循环经济”、“低碳经济”的经济发展大趋势。近几十年来非金属管道行业在世界范围内迅速兴起，已经成为一个相当规模的重要产业。我国的非金属管道行业已经发展成为国民经济中的重要组成部分，生产技术和应用技术在市场需求的刺激下不断进步。非金属管道在国内外油气管道工程建设中得到了广泛的应用和快速的发展。

国外纤维缠绕技术始于20世纪40年代，1946年在美国申请专利。第一根玻璃钢管由俄克拉荷马州的Perrault Fibercast有限公司利用专利工艺采用玻璃纤维增强不饱和聚酯树脂制作。20世纪50年代Amercost Bondstrand公司在南加利福尼亚州创办，开始采用纤维缠绕工艺生产玻璃钢管道，为化工、石油及军事工业提供产品。20世纪50年代中期Rock Island石油和精炼公司引进纤维缠绕玻璃钢高压油管和油井套管生产线。1955年，A. O. smith公司对纤维缠绕低压玻璃钢管道开始进行现场试验，1960年开始将其产品提供到石油工业。1955年到20世纪60年代中期，玻璃钢管道逐渐被市政供排水市场所接受。到80年代，美国石油协会先后制定了高压玻璃钢管、油管、套管等相应的许多API规范，主要对玻璃钢管材的选用及成型方法进行了规定，这标志着非金属管道正式应用于石油工业。目前，国际上玻璃钢管道工业发展很快，年玻璃钢管道使用量以5%~10%的速度增长。

我国纤维缠绕工艺始于1958年，当时主要是为国防建设服务。80年代末，我国开始从国外引进玻璃钢管道机械缠绕设备。1987~1994年间，是我国引进玻璃钢缠绕设备的高峰期，先后有中复连众集团、河北中意玻璃钢有限公司等21家企业从意大利、日本、美国、奥地利四国涉及10家外资公司引进了32条玻璃钢管道与储罐缠绕设备，从此玻璃钢管道工业开始了快速发展。从1989年开始，胜利油田、中原油田、大庆油田、江汉油田和辽河油田将玻璃钢管道应用于油气集输和污水处理及输送系统。经过多年的发展，以玻璃钢管道为主的非金属管道的应用扩大到油田注水、油水井井下油管、套管、供水管及聚合物驱注采系统。

我国非金属管道已经经历了20多年持续高速发展，非金属管道的用量不断增加，需求量一直保持着年均15%以上的增长速度。随着非金属管道制造设备、科技、市场等方面的发展，非金属管道的质量也得到了不断地发展提高，应用范围和规模不断扩大。由此进一步带动了我国非金属管道行业的发展，涌现出了以胜利新大集团公司等为代表的玻璃钢管道生产龙头企业。2016年胜利新大实业集团位列中华人民共和国工业和信息化部首批公布的制造业(纤维增强塑料输油管)单项冠军示范企业名单。近年来随着碳纤维等非金属新材料的出现，高强度、耐磨、耐蚀碳纤维连续抽油杆和油水井小套管等新产品由胜利油田新大集团研制成功，并陆续进入国内各大油田及国外市场推广应用。

非金属管道在油气田的应用为石油工业开辟了一条新的发展道路，不但避免了金属管道耐腐蚀性差等一些不利因素，延长了管道使用寿命，对减轻腐蚀穿孔产生的的安全隐患、提高输送能力等方面有着重要的意义，同时减少了金属材料的使用、节能低碳，降低了管道建设与使用成本，为实现管道建设的快捷化与一体化创造了条件。

近几十年来，全球输气管道建设进入了高峰期，各种新材料、新工艺的应用，使得天然气管道在设计、施工、管材、运营管理方面有了很大发展。塑料材料以其易于施工、造价低廉、无需阴极保护、运输方便等特点受到美国、加拿大等国输气公司的欢迎。塑料管道在天然气行业中的使用已被列入美国、加拿大国家标准。在 1949～1969 年间，美国及欧洲一些国家研发醋酸-丁酸纤维素、硬聚氯乙烯、耐冲击聚氯乙烯、环氧玻璃钢、聚乙烯等材料。随着研究的深入和对天然气工程的不断总结积累，各国渐渐地认识到聚乙烯材料的优越性。1988 年国际煤联(IGU)配气委员会达成共识，“经过五十年来的反复比较，一致认为聚乙烯材料在输送天然气方面安全可靠，维护方便，经济实用”。时至今日，聚乙烯管道已成为最成熟的塑料管道品种之一。欧洲的塑料天然气管道使用率为全球最高。法国近年来新敷设的天然气管道已经全部使用聚乙烯管道；英国、丹麦等国使用率超过 90%；荷兰是最早使用塑料天然气管的国家，50%的天然气管是塑料管。我国的塑料天然气管道研究工作起步较晚，从 1987 的“聚乙烯燃气管专用料研制和加工应用技术开发”开始，经过二十多年的发展，对专用原料、管件加工、工程应用、标准规范制定进行了全面研究，取得了巨大成果。1995 年颁发了相关行业规程。目前，塑料管在城市燃气管道工程中已经推广使用。在全国大范围的推动下，我国聚乙烯管道的生产和使用技术水平快速提高，这为聚乙烯管道的发展打下了坚实的基础。目前，国内聚乙烯管道年产量已达到数万吨级。主要用于建筑、市政工程、给水、排水管道、建筑电线穿线护套管、城镇供水管道、城镇排水管道、城镇燃气管道等，但还很少用于油气田天然气输送管道。

近年来，为满足对非金属管道新的各种不同功能的需求，国际上研发推广了增强热塑性塑料复合管(RTP)。其主要特点是既能够承受较高工作压力，同时还保持了聚乙烯管道有一定柔韧性的优点，可弥补其他非金属脆性材料的不足。国外主要应用在石油、天然气开采、高压长距离输送天燃气以及各种需要较高压力输送介质的管线领域。非金属管材在我国西南油气田及长庆气田均有应用先例，但应用较少。应充分发挥非金属复合材料管道耐蚀耐磨、摩阻小、轻质高强等优良性能，开展各种类型非金属管道输送含酸性气体天然气应用试验。为酸性气田天然气开发集输提供技术保障。目前增强热塑性塑料管(RTP)已成为我国塑料管道企业都在关注的新的发展亮点和新的市场热点。目前我国增强管市场上最多的是钢丝缠绕增强塑料复合管，并且经过近十年的市场实践，已经取得了一定的成功经验。钢丝缠绕增强塑料复合管是一种经过改进的新型的钢骨架塑料复合管，这种管材又称为 PSP。国内在这个领域进入市场的增强管主要是钢丝缠绕增强聚乙烯管，直径可以做到 630mm。市场期望能够开发出的增强塑料管应该具有以下优势：系统成本(管材、管件加铺设)低于全塑料管道，直径可以达到 1600mm 或者更大，要有多种简便可靠的连接方法。

4.1.3 非金属管道在油气集输及油田注水工程中的应用

油田生产过程使用的大量管道中，80%以上的管道用于油气混输(油田采出液输送)、输送高含水原油及油田采出水处理与回注。这些管道也是介质成分最复杂，腐蚀、结垢最严重，对油田开发生产及经济效益影响最大的管道工程系统。因此也是油田非金属管道应用的重点领域。

1. 油田采出液的特点及主要腐蚀因素

自20世纪90年代以来，国内各大油田先后经历了二次采油和三次采油阶段，大规模采用了水驱、聚驱及三元复合驱，石油开采陆续进入高含水或特高含水开发期。油田采出的原油含水率逐年升高，采出水量急剧增长，钢管道的腐蚀、结垢问题日益突出。根据胜利油田的调查研究，目前各大油田采出液含水率已达90%以上。油田采出液为油气水砂混合物，采出水矿化度大多在1×10^4mm/L以上，有的油田高达2×10^5mg/L以上，且含有溶解O_2、CO_2、H_2S、SRB（硫酸盐还原菌）等有害成分，对钢制油气集输及污水输送管道的平均腐蚀速率为1~1.7mm/a，局部腐蚀率高达4~7mm/a。

由于油田采出水具有较高的矿化度，含有大量的Ca^{2+}、Mg^{2+}、Fe^{2+}、HCO_3^-、SO_4^{2-}以及SRB、TGB和铁细菌等，水体pH值较低，水中存在$CO_2-HCO_3^--CO_3^{2-}$弱酸弱碱缓冲体系，因而不断发生$HCO_3^-\rightarrow H^++CO_3^{2-}$反应产生$H^+$，促进化学反应$Fe+2H^+\rightarrow Fe^{2+}+H_2$的进行，从而产生严重的电化学腐蚀。新生成的$Fe^{2+}$又被水中的溶解氧氧化形成$Fe_x(OH)m^{(3x-m)+}$絮状胶体沉淀，还能与SRB还原产物$S^{2-}$作用，形成$(FeS)_x$黑色胶体沉淀，$Fe_x(OH)m^{(3x-m)+}$胶体和$(FeS)_x$胶体在污水中主要以悬浮固体和垢的形式存在，导致处理后的注入水滤膜系数下降。

污水中的细菌、腐蚀和结垢存在互为促进关系：①细菌促进腐蚀：细菌腐蚀后形成的产物为Fe^{2+}和S^{2-}；②结垢促进腐蚀：由于$(FeS)_x$固体的生成，腐蚀后产物Fe^{2+}和S^{2-}不断脱离反应体系，使腐蚀反应得以不断进行；③结垢促进细菌生成：在容器内壁上形成的$(FeS)_x$垢，为细菌提供良好的滋生和繁衍场所，造成垢下腐蚀。

油田采出液的严重腐蚀造成有的钢制集输管道不到半年就开始穿孔，使用寿命不足2年。未做内防腐的污水回注系统，在总矿化度2×10^4mg/L以上的腐蚀性油田采出水作用下，注水干线的使用寿命为4~7年，单井注水管线使用寿命为4~6年。油水井管柱的使用寿命不足3年，每年更换井下油管的数量几乎占全年新投入井下油管总量的1/3。虽然曾采用过多种金属管道内涂、内衬等防腐措施，但因施工技术要求高、接口防腐效果难保证、涂层使用寿命短等原因而不能根本解决问题。油田管道腐蚀情况如图4-1、图4-2所示。

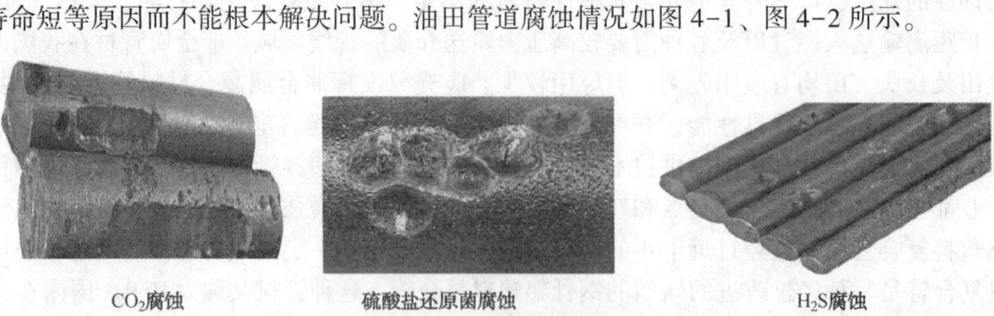

图4-1 典型腐蚀类型

严重的腐蚀泄漏给安全生产带来了很大的隐患，还造成土壤与环境污染。尽管腐蚀程度不同，但各油田都普遍存在。单就腐蚀而言，每年给世界油田与国民经济造成的损失达数亿美元。

2. 非金属管道在油气集输及油田注水工程中的应用

为解决金属管道的腐蚀损坏问题，1983年胜利油田开始尝试使用具有良好耐腐蚀性能

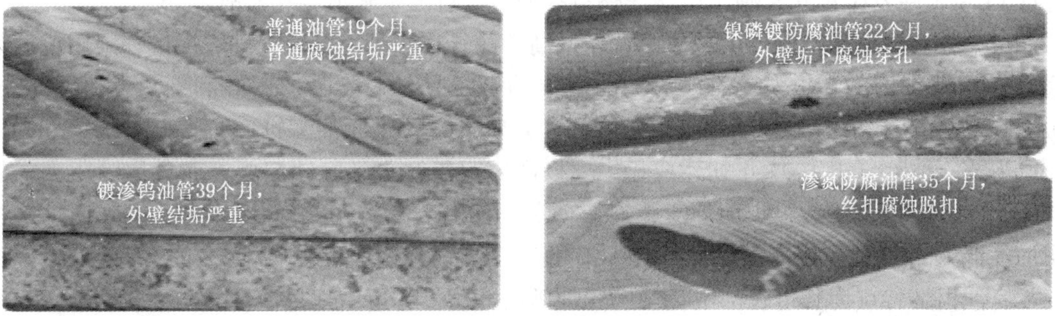

图 4-2　油田钢管道腐蚀状况

的玻璃钢管道作为钢管替代品。经过多年的试验探索，经历了玻璃钢管道由手糊到机械缠绕、由耐常温到百度高温、由低压到中高压的试验发展阶段。于 20 世纪 90 年代初，玻璃钢管道首先在油田污水处理及输送系统试验成功并推广应用，随后逐步试验推广到油气集输、油田注水及聚合物驱注采系统。

1）中低压聚酯玻璃钢管道在油气集输、采出水处理、输送工程中的应用

油田油气混输管道及采出水处理、输送管道腐蚀问题十分突出。为解决严重影响开发生产的腐蚀问题，80 年代末开始，胜利新大实业集团公司面向油田经过多项玻璃钢管道现场应用试验，研发制造出适合油田采出液特点的耐蚀、耐磨、耐高温系列玻璃钢管道。成功应用于联合站污水处理、外输系统，并陆续试验推广到油气混输系统，较好地解决了胜利油田油气管道腐蚀问题。之后逐步推广到国内外其他油田，均获得预期的耐蚀、耐磨等效果。

油田油气集输、采出水处理、输送工程目前使用的中低压玻璃钢管道多为聚酯玻璃钢管道，是以玻璃纤维及其制品为增强材料，以不饱和聚酯树脂为基体材料，采用定长缠绕等工艺制成的压力管。其性能参数见表 4-4。

表 4-4　聚酯玻璃钢管道性能参数

序号	公称直径/mm	最大压力/MPa	刚度等级/(N/m^2)
1	$DN50 \sim DN500$	2.5	1250～10000
2	$DN600 \sim DN1000$	1.6	1250～10000
3	$DN1200 \sim DN2000$	1.0	1250～10000
4	$DN2200 \sim DN4000$	0.6	1250～10000

典型工程案例如下：

（1）东辛采油厂辛 109 断块采出液矿化度为 7×10^4mg/L，含水率为 91%，含砂量为 300ppm，气油比为 25，输送温度为 62℃，原油气混输干线为 ϕ325mm×3km 钢管内涂 H87，投产不到半年就开始穿孔，之后在频繁的维修、堵漏中勉强维持使用，有时每天需堵漏维修 3～5 处，不到 2 年就要报废更换。经对旧管线检查分析，确定该管道穿孔损坏的主要原因是介质成分复杂、混合不均，腐蚀性强，管顶气含量大，底部以水、砂为主，易造成管底部电化学腐蚀加冲刷磨蚀，局部有垢和泥沙等沉积，因此管道底部腐蚀最严重，呈底部深坑或沟槽状腐蚀。于 1994 年 10 月将该管道更换为胜利新大集团生产的 DN250mm×3km 机械缠绕聚酯玻璃钢埋地管道，试压投产一次成功，投产后干线压力不仅没有增加，反而稍有下降，由原来的 1.1MPa 降为 0.95MPa 以下，沿程温降减小，输送能耗降低。该玻璃钢管道连续正常

运行 13 年，除发生过几次施工机械误伤事故外，没有发生管道穿孔事故。

(2) 胜利油田孤东采油厂采出液含砂量高，油气集输管道腐蚀、砂磨严重，采用玻璃钢管道亦取得良好效果。如采油 19 队油气混输 82-1 支干线，采用胜利新大集团制造的 *DN*200、*PN*2.5MPa 聚酯玻璃钢管道 1200m，介质为高含水原油，投产时含砂量为 420ppm，温度为 50~65℃，于 1997 年初建成投产，投产后不仅解决了腐蚀问题，而且集输压力降低 17%。2016 年因主干线报废而停运，连续正常运行 19 年，仍可正常使用。原来采用钢管道作油气混输管道时使用寿命不足 3 年，有的投产 3 个月即腐蚀加磨蚀穿孔，不足 1 年就报废。腐蚀损坏特点为管道底部电化学腐蚀加砂磨冲刷，管道底部呈深坑或沟槽状腐蚀。

2) 高压玻璃钢管道在油田地面注水输送管及井下管的应用

高压玻璃纤维管线管是以环氧树脂和高强玻璃纤维无捻粗纱微控缠绕成型的玻纤增强热固性树脂管道，可用于石油、天然气、盐水、CO_2 和 H_2S 的高压输送。我国的高压玻璃钢管道应用开始于 1995 年，由哈尔滨史密斯玻璃钢制品有限公司(即哈尔滨斯达公司)在大庆油田采油二厂安装了两条直径为 50mm、工作压力为 16MPa、检验压力为 24MPa 的高压注水玻璃钢管线。这是纤维缠绕的高压玻璃钢管在中国油田的首次成功应用。现已普遍应用于油田注水系统高压输送及井下管柱。

胜利油田为解决二次采油中地面注水管和井下注水钢管柱腐蚀严重的问题，经过多年的技术和现场试验研究，成功推广应用了胜利新大集团研制生产的高压玻璃钢地面管和井下玻璃钢笼统注水管、分层注水管(采用封隔器卡封)及玻璃钢井下小套管。较好地解决了困扰油田多年的高压注水管道和注水井井下管严重腐蚀、使用寿命短、管道更新费用高的问题，取得了显著的经济效益和社会效益。目前玻璃钢高压管已形成系列，并规模化生产应用于国内外各大油田。

(1) 高压玻璃钢地面注水管

其性能参数及连接方式见表 4-5。

表 4-5　高压玻璃钢地面注水管性能参数及连接方式

序号	公称直径/mm	连接方式/MPa	压力等级/MPa
1	*DN*80~*DN*200	API 5B 螺纹	3.45~34.5
2	*DN*250~*DN*300	非标 2RD(T 型)螺纹	3.45~8.5
3	*DN*350~*DN*900	承插锁紧	0~6.9

典型工程案例如下：

① 中石化西北油田三区石炭系玻璃钢注水管线工程：规格为 *DN*80、*PN*25MPa。

② 中石化西北油田四区奥陶系玻璃钢注水管线工程：规格为 *DN*150~*DN*250、*PN*1.6~*PN*10MPa。

③ 延长油田西区采油厂义吴一号注水站玻璃钢注水管网工程：规格为 *DN*40~*DN*80，*PN*25MPa。

④ 哈萨克斯坦 KBM 油田注水工程：规格为 *DN*250~*DN*300、*PN*8.6MPa 管线 18km(环境最低温度-60℃、风沙强烈)。

(2) 注水井井下玻璃钢笼统(无封隔器卡封)注水管

其性能参数见表 4-6。

表 4-6　注水井井下玻璃钢笼统注水管性能参数

公称直径/mm		压力等级/MPa	内径/mm	加强层外径/mm	接箍外径/mm	极限拉伸/t	极限爆破/MPa
1½″	*DN*40	25	38	53	73	10	50
2″	*DN*50	20	48	66	84	18	40
2½″	*DN*65	16	56	77	104	24	40
3″	*DN*80	16	69	89	108	28	40
4″	*DN*100	10	94	119	145	32	30

(3)注水井井下玻璃钢分层(封隔器卡封)注水管

其性能参数见表 4-7。

表 4-7　注水井井下玻璃钢分层注水管性能参数

公称直径		压力等级	螺纹规格	内径	加强层外径	接箍外径	极限拉伸	极限爆破
2½″	*DN*65	20MPa	2⅞″	56mm	80.6mm	110mm	32t	40MPa

玻璃钢井下管采用机械螺纹连接，具有安全可靠的连接强度及密封性能。注水管公称直径为 1½″~4″，压力等级为 10~25MPa，适应井深 2500m 以内。截至目前玻璃钢井下注水管已在国内外油田成功应用 1000 多口井。应用实践证明，因其优异的防腐蚀性能，使用寿命为钢管的 3 倍以上。

典型工程案例如下：

① 胜利油田东辛采油厂 X68-3 注水井：注入水矿化度为 70000mg/L，水温为 56℃，原井注水管为金属管，不足一年，管柱严重腐蚀，无法使用。2008 年 8 月 26 日全井更换 2½in 玻璃钢管 222 根，下井深度 2000m，于 2016 年 3 月 8 日起出全井玻璃钢油管，油管本体、丝扣完好，重新下入井内，正常生产。

② 胜利油田东辛采油厂永 3 斜 112 井：注入水矿化度为 38000mg/L，水温为 50℃，原金属管使用寿命不足 2 年。2007 年 11 月 23 日全井下入 2½in 玻璃钢管 252 根 2200m，于 2014 年 8 月 22 日提管检查完好，继续下井使用。

(4) 玻璃钢井下小套管

其性能参数见表 4-8。

表 4-8　玻璃钢井下小套管性能参数

公称直径/in	压力等级/MPa	螺纹规格/in	内径/mm	加强层外径/mm	接箍外径/mm	极限拉伸/t	极限爆破/MPa
4	14	4	82.5	104	112	32	35
	17	4	82.5	104	112	32	40
5½	17	5½	108.6	131	142	40	40

自 2009 年以来，胜利新大公司开发的玻璃钢小套管，迄今已在胜利油田使用了上百口井，中原油田使用了 1 口井，大港油田使用了 5 口井。这些玻璃钢小套管的使用，让众多无法使用的套损水井从停注状态恢复了生产，目前最长运行时间已达 5 年。

纤维缠绕玻璃钢管道在我国批量生产，很快便受到了油田的普遍欢迎，国内几个大油田，如胜利油田、辽河油田、中原油田、大庆油田、克拉玛依油田、江汉油田等均在反复试验成功的基础上，开始大量采用中低压机械缠绕玻璃钢管道。目前各种规格的高中低压玻璃钢管道已大规模应用于石油工业，在一定程度上成为钢管道的替代品。如胜利新大集团公司每年所产各种规格的玻璃钢管道3000余公里，广泛应用于国内外各大油田。实践证明，玻璃钢管道用于油气混输及油田注水工程系统，不仅较好地解决了严重的腐蚀问题，而且可有效减轻蜡、垢的沉积和管道的砂磨损坏；有效降低输送能耗和维护费用；使用寿命可达钢管的数倍。即使是出砂油田的混输管道其使用寿命也达10年以上。

在油气集输、污水处理和油田注水工程系统，玻璃钢管道已经成为理想的钢制管道的替代品，并见到了显著的生产效益和经济效益。近年来，玻璃钢井下油管和碳纤维连续抽油杆的应用，使井下油管和抽油杆的使用寿命及油水井的免修期比钢制产品延长2倍以上，成为非金属材料在油田应用的又一新亮点和油田降本增效的新利器。

针对我国天然气开发规模的日益增大和金属管道暴露的诸多缺陷和不足，借鉴国外非金属天然气管道应用经验，寻找适合于气田集输的高强度、耐腐蚀、性价比高的非金属管材替代金属管材，对于解决含酸性气体天然气输送难题，延长管道使用寿命，降低输气管道的建设成本，减少运行中后期的管道维护成本，提高输气管道的管输效率，增强输气管道对各类施工环境的适应性，具有十分重要的意义。为此中石油石油管工程技术研究院通过对非金属管的选材、结构设计和制备技术研究，开发出了抗硫非金属管新产品(玻璃纤维增强聚偏氟乙烯连续管)，并在塔里木油田中古262-H1井试用成功。该管道输送天然气介质压力为8.9MPa，H_2S含量为51800mg/m^3，输送介质温度为35℃，CO_2含量为3.80%。酸性气田地面集输用柔性复合管及其应用技术的成功开发，为酸性气田地面管线腐蚀问题提供了新的解决方案。

4.1.4 非金属管道在长输管道工程中的应用

目前非金属长输管道主要应用于引水、给排水、城镇排污、石油工程、海水淡化工程等工程领域。我国首次在给排水领域运用玻璃钢管道是在香港和深圳之间的输水管线。近十年来玻璃钢长输管道在国内外获得了较大规模的应用。例如：

(1) 2002年引额济乌一期一步工程沙漠项目部供水工程：压力等级为0.6~1.4MPa，管刚度为5000Pa，管径为*DN*400~*DN*3500，全长416km。这是我国至今为止最长的单项非金属管道工程。

(2) 2008~2010年建成的山西坪上应急引水一、二期工程：采用*DN*1400~*DN*1800玻璃钢管道共81km，压力等级为0.5~1.2MPa。

(3) 2009~2010年建成的福建石狮市引水二期工程：采用*DN*1600~*DN*1800玻璃钢长输管道50km，压力等级为0.6~1.0MPa。

(4) 正在建设中的山东东营-潍坊黄水东调工程：采用*DN*2400玻璃钢管道93km。

(5) 目前规划中的葫芦岛-锡林格勒盟海水西调工程：采用*DN*3200玻璃钢长输管道全长618.46km，年输水能力为3.65亿立方米。

迄今，因为食品级树脂在国内已大量生产，其质量足够稳定，便排除了玻璃钢管道在供水时对卫生要求的困扰。玻璃钢夹砂管道的诞生，大大降低了管道的制作成本，因此，玻璃钢管道应用于给排水领域的趋势逐渐上升，其市场竞争愈来愈激烈。一般用在排水领域的大多数是大、中口径，而用在给水领域的玻璃钢管道则是中、小口径，给排水时的压力通常较低。

随着石油天然气消费量的不断增大，其输送管道的管径和压力也随之不断增大，对管道材质的要求不断升级；同时，油气开采逐渐向极地、海洋、复杂山区延伸，油气管道穿越环境越来越恶劣，对管道的质量要求也越来越高。为保证管道的结构、稳定性、安全性和建设运营的经济性，国内外管道界对钢质管道不断进行改进、升级、换代，但当管材钢级超过X120时，单纯依靠提高钢级来降低成本已十分困难，不仅如此，伴随着强度的提高，管线钢可焊接性和止裂安全性也都成了问题。因此，人们都在对管线的材质进行探索，积极开展复合材料管道研究。

由于非金属复合管材具有优异的自防腐性、良好的韧性和挠性、便利可靠的连接性、成本低等特点和优势，在国内外市政、海工、建筑、低压燃气等众多工程领域被广泛应用，发展势头迅猛，一些领域已部分或完全取代了传统的铸铁或钢制管道。由于金属管道与PE、PVC等纯塑料管道的局限性，不能满足未来长输管道的使用要求。而复合管既克服了金属管和塑料管各自不足，又融合了两者优点，大大拓宽了非金属管道的应用领域，已经成为管材发展的热点和趋势。当今世界先进的工业国家，如美国、俄罗斯、加拿大、英国、瑞典、日本等国都在积极研制和推广长输复合管，复合管的应用数量与日俱增。其中，美国复合管年增长率为10%，日本大口径长距离供水管道中复合管占25%，英国管道总长度中复合管占25%，瑞典使用复合管已占管道总长度的40%。目前最具代表性的复合管材有钢塑复合管、铝塑复合管、玻璃钢管、热塑性复合管(RTP管)和复合增强钢管。前3种已经有规模化应用，尤其是大口径玻璃钢管在油田集输管网中应用比较广。RTP管韧性好、强度高，主要用于海洋输水、海洋立管、油气开采集输及城乡输水管网等。据了解，经过技术攻关，RTP管和复合增强钢管有望突破*DN*600mm以上管径，工作压力达10MPa以上，而成为高压、大口径长输油气管道高强度钢的替代品。我国管道运输事业的迅猛发展，给塑料管道行业带来了前所未有的发展机遇，复合管道不仅可以应用在油气田、矿区、海工、引水调水、城市给排水、城市燃气等方面，还应更上一层楼，成为油气长输管道建设中的重要管材。复合长输管道在国内外都是一个新的课题。面对新的市场、新的机遇、新的挑战，需要国内管道界共同努力，在积极跟踪、引进、吸收国外先进技术的同时，充分发挥创造力，融合塑料管道与金属管道的特点，取长补短，早日攻克复合材料长输油气管道工业性应用难题。

4.1.5 非金属管道在其他工程中的应用

管道输送这种特殊运输方式在国民经济和社会发展中起着十分重要的作用，它具有运量大、不受气候和地面其他因素限制、可连续作业以及成本低等优点，被广泛应用于多行业、多领域。随着管道应用领域范围的不断扩大，金属管道在使用过程中种种无法克服的缺点，如笨重、必须焊接、不耐腐蚀、装卸运输麻烦、价格贵、污染输送介质等，已被人们所充分认识。非金属管道以其独特的性能在许多领域逐渐取代金属管道而得到大量运用，且越来越受到工程技术人员的青睐。非金属管道业已经成为蓬勃发展的行业。管道品种日益增多，应用范围迅速扩大。在我国除大规模用于前述领域外，在化工行业、电力行业、煤炭行业、海洋工程及城市燃气、给排水、建筑、造纸、制革、食品、通风等领域也有不同程度的使用，使用的范围正变得越来越广。下面仅就几种典型应用作一简介。

1. 玻璃钢夹砂顶管

顶管施工为一种非开挖地下管道施工方法。由于玻璃钢管具有强度高、耐腐蚀、耐磨、顶进力小、使用寿命长等优点，近年来也成为顶管工程使用的一种重要管材，并在我国得到较快的发展。我国已将该技术应用于长距离、大口径输水工程，如广州*DN*2500玻璃钢夹砂顶管，一次顶管长度达到236m。

2. 玻璃钢牵拉管

牵拉管施工作为一种非开挖地下管道施工方法，与顶管方法相比，牵拉管施工更适应于小口径管道。因为小口径管道的整体轴向抗弯惯性矩小，采用牵拉管方法可进行小口径长距离的管道施工。近年来开始应用玻璃钢管道作牵拉管施工，实际施工表明，玻璃钢牵拉管的牵拉阻力小，牵拉速度快，具有良好的柔韧性，强度高、耐腐蚀，一次性拉伸长度长，是一种具有良好发展前途的非开挖管材。

3. 玻璃钢井壁管

玻璃钢井壁管是一种从数十米乃至数百米的地下取水的装置。由钻孔的玻璃钢管作为内壁管，其外再缠绕钢丝或预浸玻璃布带作为渗水外管壁，由内壁管和渗水外管壁形成双层的玻璃钢井壁管，是沙漠地带取水必备器材。井壁管有许多技术问题与一般埋地的玻璃钢管道有所不同，如在处理大量的钻孔工艺过程中会使内衬与结构层剥离，甚至造成管内局部无内衬现象；在钻孔过程中玻璃钢管道的孔壁形成较多絮状纤维。所以，要有一定轴向刚度和强度要求及缠绕外壁钢丝或预浸玻璃布带要求等。玻璃钢井壁管的安装与其他传统井壁管也有所不同，一般采用的是纵向承插胶接方式。在安装壁管时，采取了必要的加温隔潮等措施，确保管道接口之间不会脱节。从工程造价来说，玻璃钢井壁管直接造价低于钢管15%，使用寿命将大于50年，应用于水源井打井，具有较好的经济及社会效益。

4. 化工行业管道

在我国，玻璃钢管道于20世纪60年代率先在化工领域应用，但当时的玻璃钢管道主要以布带缠绕和手糊成型为主，防渗性能差，所以，在化工领域并未被大量推广使用，1988年，哈尔滨玻璃钢研究所等单位为青海格尔木盐湖成功地加工制作了*DN*800输送盐卤的玻璃钢管道，为玻璃钢管道在化工领域的大范围应用起了开路先锋及示范作用。自1990年以来，玻璃钢管道在化工领域应用面越来越广。迄今，已得到了化工领域的普遍认可，国内众多化工企业或工程均大量选用了玻璃钢管道，如中国五环化工公司、岳阳化工总厂、上海石化涤纶厂、锦化化工集团、苏州化工集团、湖北化工厂、青岛山青化工有限公司、青海格尔木钾肥厂等单位及湖北黄麦岭磷肥工程、重庆钛白粉工程、铜陵金隆工程等大的工程。化工领域选用玻璃钢管道呈上升趋势。用于化工防腐领域的玻璃钢管将以每年百分之十几的速度递增，增长速度高于其他领域，应用前景广阔。目前，我国应用于化工领域的玻璃钢管道大多用作工艺管线及长距离输送管线。化工领域使用的玻璃钢管管径一般较小，大多在*DN*800以下，压力从常压至4.0MPa不等，温度为-40~100℃。由于化工厂家众多，所以涉及的介质条件包括了酸、碱、盐、溶剂、酸碱交替等各个方面。

5. 电站(厂)及地热利用管

玻璃钢管道应用于电站始于20世纪80年代中期，当时，西藏羊八井地热电站选用了日本生产的玻璃钢管道用于循环地热水；海口发电厂选用了长24m、*DN*1600的玻璃钢管道作循环发电机冷却用水管。之后，1990年、1992年，西藏羊八井地热电站在二、三期扩建中再次选用了近500万元的玻璃钢管道，管径从*DN*500~*DN*900不等，这些管道使用至今，状况良好。1996年，秦山核电站在二期建设中，选用了*DN*1800、*DN*2800玻璃钢管道，合同总价约1000万元；1997年，深圳西水电厂选用了近200万元*DN*100~*DN*1200计七种规格的玻璃钢管道，另外，湛江市发电厂、宝鸡第二电厂等单位也选用了玻璃钢管道。电站(厂)选用玻璃钢管道一般用作循环水管、化水管、补给水管、雨水管、水煤浆输送、烟道和排灰管、海水脱硫管、电力杆塔等，它的使用目前正处于方兴未艾阶段，但由于在我国现阶段，电站(厂)建设数量有限，再加上玻璃钢管道的诸多优点尚未被电力行业所认识和接受，所以，玻璃钢管道在电力行业的应用规模有待进一步扩大。

近年来作为“绿色”热能的地热资源利用方兴未艾，玻璃钢管道成为地热利用工程中理想的热水输送管道。

6. 抽拔腐蚀性气体烟囱

玻璃钢管道由于是整体成型，所以在用作烟囱抽拔腐蚀性气体时可承受抽拨所产生的负压，不会产生分层；另外，玻璃钢管道重量轻，吊装方便，且通过设计可抵抗不同的风压与震载，抗老化性能也十分优异，所以玻璃钢管道是一种较为理想的烟囱用管材。1991 年甘肃 404 钛白粉工程使用的 47m 高、*DN*2800、*DN*3200 烟囱，1994 年黄麦岭磷铵工程使用的 100m 高、*DN*2200 烟囱，1995 年河北深州磷铵厂以及秦山核电站使用的 *DN*3000 烟囱均为玻璃钢管道制成。玻璃钢管道用作烟囱用于抽拔腐蚀性气体具有很大的优势。

7. 煤层气套管、筛管

主要应用于煤层气开采和治理。可根据需要进行阻燃和抗静电设计。其轻质高强，耐腐蚀，安装方便，综合造价低；易于切削，不产生火花，可消除煤层气开采安全隐患；与固井水泥黏接强度高，固井质量好。

8. 非金属燃气管道

非金属天然气管道在欧美等发达国家已大规模应用，聚乙烯材料成为天然气管道主要管材。综合近年来国内外聚乙烯燃气管道的使用情况和各种新型高性能塑料管材的发展状况，聚乙烯管道代替钢管有明显的技术经济优势。天然气行业中使用塑料管将是大势所趋。应用表明，该类管材在防腐性能、水力学性能、安全性、安装效率、施工便利性、维护便利性、供货运输和使用寿命等方面均优于钢管道。在我国非金属燃气管道目前在煤层气集输及城市低压输气工程中也得到了一定规模的应用。

4.2 非金属管道及其配件的制造

复合材料与金属、高聚物、陶瓷被人们称为四大材料。复合材料成型工艺是复合材料工业的发展基础和条件。随着复合材料应用领域的拓宽，复合材料工业得到迅速发展，一些成型工艺日臻完善，新的成型方法不断涌现。复合材料的成型工艺按照基体材料的不同可分为聚合物基复合材料成型工艺、金属基复合材料成型工艺 、陶瓷基复合材料成型工艺三大类。由于非金属管道及配件所用基体材料多为聚合物基复合材料，故本节仅涉及聚合物基复合材料成型工艺技术。

4.2.1 复合材料成型方法

截止目前聚合物基复合材料成型方法已有 20 多种，并成功地用于工业生产。这些成型方法包括：

手糊成型工艺-湿法铺层成型法；喷射成型工艺；树脂传递模塑成型技术(RTM 技术)；袋压法(压力袋法)成型；真空袋压成型；热压罐成型技术；液压釜法成型技术；热膨胀模塑法成型技术；夹层结构成型技术；模压料生产工艺；ZMC 模压料注射技术；模压成型工艺；层合板生产技术；卷制管成型技术；纤维缠绕制品成型技术；连续制板生产工艺；浇铸

成型技术；拉挤成型工艺；连续缠绕制管工艺；编织复合材料制造技术；热塑性片状模塑料制造技术及冷模冲压成型工艺；注射成型工艺；挤出成型工艺；离心浇铸制管成型工艺；其他成型技术。

4.2.2 常用非金属管道及配件制造方法

非金属管道种类较多，不同材料的管道有不同的制造工艺方法，以下仅将常用的几种管道及配件制造方法作一简介。

1. 玻璃钢管道及配件制造方法

1）玻璃钢管道及配件成型的原材料

制作玻璃钢管道或配件的原材料主要是树脂、纤维增强材料和填料。缠绕成型用的增强材料，主要是各种纤维纱，如中碱玻璃纤维纱、无碱玻璃纤维纱、高强玻璃纤维纱、碳纤维纱、芳纶纤维纱及表面毡等。制造玻璃钢管最常用的是 E 型玻璃纤维，E 型玻璃纤维亦称无碱玻璃纤维，系一种硼硅酸盐玻璃，是目前应用最广泛的一种玻璃纤维，其具有良好的电气绝缘性及机械性能。按照管道的用途有时也需要选用其他类型的玻璃纤维材料，如 E-CR、C、S、AR 型等。

树脂基体是指固化剂和树脂组成的胶液体系。缠绕制品的耐化学腐蚀性、耐热性及耐自然老化性主要取决于树脂性能，同时对工艺性、力学性能也有很大影响。缠绕成型常用树脂主要是不饱和聚酯树脂，也有时用双马来酰亚胺树脂和环氧树脂等。对于一般制品如罐、大直径输水管等，多采用不饱和聚酯树脂；对于输送腐蚀性介质的管道则需要采用耐化学腐蚀性好的聚酯树脂中的乙烯基树脂；对力学性能的压缩强度和层间剪切强度要求高，耐热、耐腐蚀性能要求高的缠绕制品，则可选用环氧树脂。

各种合成树脂都有各自相应的固化剂和稀释剂。环氧树脂常用的固化剂为苯二甲胺、二乙烯三胺、乙二胺-丙酮(1:1)等；酚醛、呋喃树脂常用的固化剂为石油磺酸、硫酸乙酯等；不饱和树脂常用的引发剂 H 为过氧化环已酮糊，促进剂 E 为环烷酸钴苯乙烯溶液。常用的稀释剂为丙酮、乙醇，增塑剂一般用邻苯二甲酸二丁酯、亚磷酸三苯酯。

填料种类很多，加入后能改善树脂基体的某些功能，如提高耐磨性、增加阻燃性和降低收缩率等。在胶液中加入空心玻璃微珠，可提高制品的刚性、减小密度、降低成本等。在生产大口径地埋管道时，常加入 30%石英砂，借以提高产品的刚性和降低成本。为了提高填料和树脂之间的黏接强度，填料要保证清洁和做表面活性处理。玻璃钢管的标准有效长度为 4m、6m 和 12m，可根据产品的工艺方法、压力等级 PN 和刚度等级 SN 进行分级分类。

2）玻璃钢管道管壁结构

耐腐蚀玻璃钢管道其管壁一般为三层结构，见表 4-9。

表 4-9 玻璃钢管道的复合结构

层次	名称	厚度/mm	选用树脂	树脂含量/%
Ⅰ	内表面层	1.5~2.0	耐蚀防渗树脂	>65
Ⅱ	增强结构层	$S_0$①	通用树脂	30~55
Ⅲ	耐候外层	0.5~1	胶衣树脂	>65

① S_0 为根据强度或设计要求确定的厚度。

防腐防渗内衬层又可分为内表面层和次内层。内表面层的树脂含量一般大于 65%，有的可高达 90%以上，亦称为富树脂层。可根据输送介质和要求机械性能的不同来选择合适的树脂。树脂及玻璃钢管道生产厂都有更详细的常用树脂耐各种介质化学腐蚀性能表供生产制造时选用。内表面层的作用主要是防腐蚀、防渗漏。次内层含有一定的短切纤维，但树脂含量仍高达 70%~80%。其作用是作为防腐防渗的第二道防线，并当结构层产生裂纹时，次内层还起到保护内表面层的作用。内衬层的总厚度一般为 1.5~2.5mm。结构层主要承受载荷，厚度由结构分析计算确定。其材料结构形式主要是增强纤维缠绕结构，树脂含量一般为 30%~55%。此外还有预浸胶织物布卷织结构、树脂砂浆夹层结构以及加筋结构等形式。外表面层的作用主要是保护结构层并防止土壤或空气中腐蚀老化。

3)玻璃钢管道生产工艺

主要有三种类型：往复式纤维缠绕工艺、连续式纤维缠绕工艺以及离心浇注工艺。根据纤维缠绕成型时树脂基体的物理化学状态不同，又分为干法缠绕、湿法缠绕和半干法缠绕三种，其中以湿法缠绕为主。湿法缠绕是将纤维集束(纱式带)浸胶后，在张力控制下直接缠绕到芯模上。湿法缠绕的优点为：成本比干法缠绕低 40%；产品气密性好；纤维排列平行度好；湿法缠绕时，纤维上的树脂胶液可减少纤维磨损；生产效率高。湿法缠绕的缺点为：树脂浪费大，操作环境差；含胶量及成品质量不易控制；可供湿法缠绕的树脂品种较少。

4)玻璃钢配件(管件)生产工艺

玻璃钢配件(管件)主要有弯头、三通、异径管、法兰等。可采用手糊、模压、纤维缠绕、直管斜切对接及接触模塑等工艺方法制造。

2. 塑料管道制造方法

塑料管材品种较多，性能各异，需根据不同的使用要求进行选择使用的材料，根据不同性能的材料选择不同成型温度和工艺。

塑料管生产流程：原料+助剂配制→混合→输送上料→强制喂料→锥型双螺杆挤出机→挤出模具→定径套→喷淋真空定型箱→浸泡冷却水箱→油墨印字机→履带牵引机→抬刀切割机→管材堆放架→成品检测包装。

塑料管材成型为挤出成型，一般可采用单螺杆或双螺杆挤出成型。双螺杆挤出成型因生产效率高、质量稳定，大多数企业选用双螺杆挤出 PVC 塑料管材。

3. 增强热塑性塑料复合管(简称 RTP 管)制造方法

RTP 管的主要特征是管壁由三层组成(见图 4-3)，一般内层是耐腐蚀耐磨损的聚烯烃内管(目前用 PE 居多)；中间层为增强材料层，可以用高强度的各种合成纤维(如芳纶)、无机纤维(如玻璃纤维、玄武岩纤维)、钢丝等先制成增强带(图 4-4)或者直接使用钢带，通过缠绕来增强；外层是保护用的聚乙烯层。也可以直接使用高强度的各种合成纤维、无机纤维、钢丝等直接缠绕在内管上成为增强层。

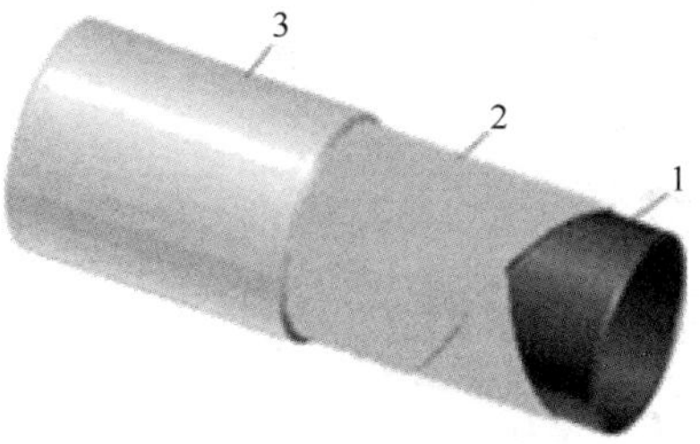

图 4-3　RTP 管道结构

1—内管；2—增强层；3—外层

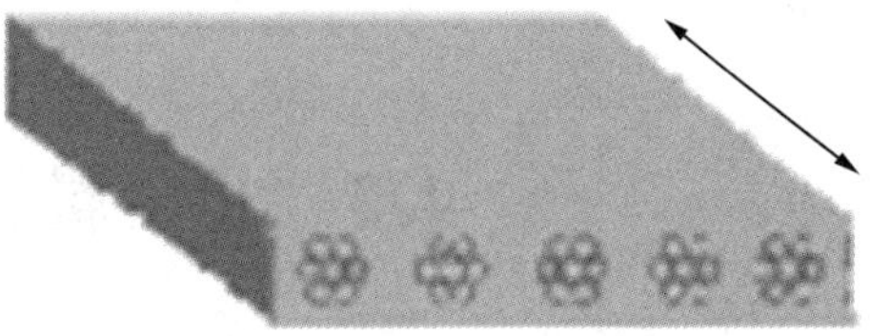

图 4-4　RTP 的增强带

基本的生产工艺是先挤出热塑性塑料内层管，然后正反交错缠绕芳纶纤维等构成的增强带，最后再挤出覆盖热塑性塑料外保护层。RTP 管还包括不仅能够承受高内压，同时能够承受高外压，更多层结构的挠性管(Flexible Pipe，简称 FP)。近年来各国开发和生产了不少品种的 RTP 管，与挠性管几乎都采用钢材增强不同，RTP 采用的增强材料种类较多。RTP 管管体与外包覆材料主要包括 HDPE、PE-RT、PVDF、PPS 等。增强材料主要包括：

(1) 有机纤维材料　芳纶纤维、聚酯纤维、超高分子量聚乙烯纤维等纤维。

(2) 无机纤维材料　玻璃纤维、碳纤维、硼纤维、玄武岩纤维等。

(3) 金属材料　高碳钢丝、钢带、钢丝绳(束)。

德国 KUHNE 生产线(krauss—Maffei)国内已有引进。例如，一条挤出生产线制造纤维增强带(用聚乙烯芳纶纤维复合单向带)，功率为 350kW；一条挤出内层管-缠绕增强带-挤出外护套层的生产线。生产中由一台挤出机挤出内层聚乙烯，缠绕纤维复合带同时熔融焊接到一起；然后再通过另外一台挤出机挤出覆盖外保护层；冷却定型后盘卷起来，功率 800kW。国内目前已经有能制造钢丝增强聚乙烯管(到 630mm)的生产线，并开始探索制造芳纶纤维增强的生产线和开发直径为 1000mm 以上的钢丝增强生产线。

4. 钢骨架复合管(简称 SRTP 管)制造方法

该管道是用高强度过塑钢丝网骨架和热塑性塑料聚乙烯为原材料，以钢丝缠绕网作为聚乙烯塑料管的骨架增强体，以高密度聚乙烯(HDPE)为基体，采用高性能的 HDPE 改性黏结树脂将钢丝骨架与内、外层高密度聚乙烯紧密地连接在一起而成(见图 4-5)。其制造过程为：首先将径向钢丝与纬向钢丝按一定螺距缠绕于径向的钢丝网上，再将纬向钢丝焊接到径向钢丝上，制成网状筒型钢骨架，与此同时将塑料加入挤出机内加热成熔融状态，将网状筒型钢骨架与从挤出机得到的熔融状态塑料一起连续地送入复合管成型模腔复合成管坯后进行冷却定型，所得复合管由牵引机引出，根据长度需要由定长切割机切割，将切割后的管道送至封口注塑机对暴露钢丝的端面进行二次注塑封口而得到成品。

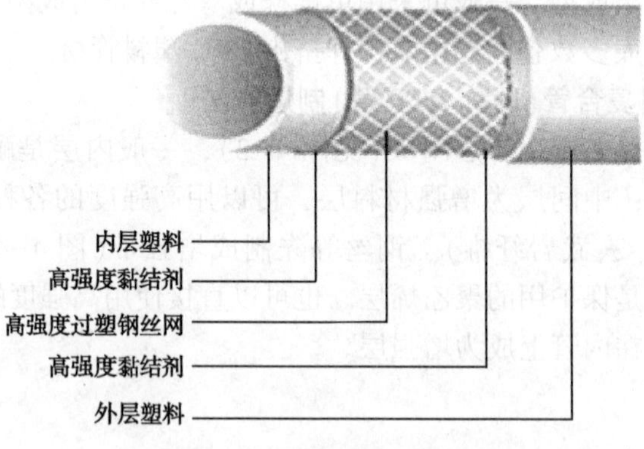

图 4-5　钢骨架复合管结构

4.3　非金属管道的技术标准

非金属管道的性能特点与金属管道有较大差别，在产品制造、工程设计、施工维护等方面都需要对其性能有足够的认识。经过多年的研究和应用实践的积累，已经初步建立了油气田常用非金属管道相关技术标准，包括性能试验与检验标准、产品标准、设计、施工及验收检验规范。随着应用范围的不断扩大和新产品的不断开发，这些规范标准还需不断加以补充完善。

4.3.1 非金属管道的性能试验与检测检验方法

非金属管道的性能试验与检测检验方法见表 4-10。

表 4-10 非金属管道的性能试验与检测检验方法

序号	标准名称	标准代号
1	套管、油管及输送管螺纹的加工、测量和检验	API 5B(美国石油协会标准)
2	套管、油管及输送管螺纹的测量及检验推荐作法	API 5B1
3	管子法兰和法兰配件	ASTM B16. 5
4	塑料管在恒定内压下的时效试验方法	ASTM D1598
5	塑料管、油管和配件短时静水压失效压力的试验方法	ASTM D1599
6	增强热固性树脂管螺纹规范	ASTM D1694
7	增强热固性树脂管和管长期拉伸性能的试验方法	ASTM D2105
8	增强热固性塑料管循环压力强度试验方法	ASTM D2143
9	平行板载荷测定塑料管外负载特性的试验方法	ASTM D2412
10	增强热固性树脂管抗外压试验	ASTM D2924
11	增强热固性树脂管全流量时的弯曲模量试验方法	ASTM D2925
12	增强热固性树脂管及配件的静水压设计基数的测定方法	ASTM D2992
13	增强热固性树脂管及配件的尺寸确定方法	ASTM D3567
14	玻璃纤维增强塑料树脂含量试验方法	GB/T 2577
15	纤维增强塑料性能试验方法总则	GB/T 1446
16	纤维增强塑料拉伸性能试验方法	GB/T 1447
17	纤维增强塑料压缩性能试验方法	GB/T 1448
18	纤维增强塑料弯曲性能试验方法	GB/T 1449
19	增强塑料巴柯尔硬度试验方法	GB/T 3854
20	玻璃纤维增强热固性塑料耐化学介质性能试验方法	GB/T 3857
21	纤维增强塑料层间剪切强度试验方法	GB/T 1450. 1
22	纤维增强塑料冲压式剪切强度试验方法	GB/T 1450. 2
23	纤维增强热固性塑料管轴向拉伸性能试验方法	GB/T 5349
24	纤维增强热固性塑料管轴向压缩试验方法	GB/T 5350
25	纤维增强热固性塑料管短时水压失效压力试验方法	GB/T 5351
26	纤维增强热固性塑料管平行板外在性能试验方法	GB/T 5352
27	拉挤玻璃纤维增强塑料杆力学性能试验方法	GB/T 13096
28	塑料差示扫描量热法(DSC) 第 1 部分：通则	GB/T 19466. 1
29	塑料差示扫描量热法(DSC) 第 2 部分：玻璃化转变温度的测定	GB/T 19466. 2
30	塑料试样状态调节和试验的标准环境	GB/T 2918
31	流体输送用热塑性塑料管材耐内压试验方法	GB/T 6111

续表

序号	标准名称	标准代号
32	聚乙烯管(PE)材纵向尺寸回缩率的测定	GB/T 6671
33	塑料管材尺寸测量方法	GB 8806
34	交联聚乙烯(PE-X)管材与管件交联度的试验方法	GB/T 18474
35	采用示差扫描量热计(DSC)测定玻璃化转变温度的试验方法	SY/T 6267
36	高压玻璃纤维管线管短时循环压力的试验	Q/SY DQ1094. 1
37	钢骨架聚乙烯塑料复合管受压开裂稳定性试验方法	Q/SY DQ1094. 2
38	钢骨架聚乙烯塑料复合管尺寸检验方法	Q/SY DQ1094. 2
39	连续增强塑料复合管直径变化率试验方法	Q/SY DQ1094. 3
40	连续增强塑料复合管长度变化率试验方法	Q/SY DQ1094. 3
41	连续增强塑料复合管受压开裂稳定性试验方法	Q/SY DQ1094. 3

4.3.2 非金属管道产品标准

非金属管道产品标准见表 4-11。

表 4-11 非金属管道产品标准

序号	文件名称	标准代号	等同标准
1	低压玻璃钢管道和管件	SY/T 6266	API SPEC 15LR1
2	高压玻璃纤维管线管规范	SY/T 6267	API SPEC 15HR
3	玻璃钢油套管规范	API Spec 15AR	
4	纤维缠绕玻璃钢管标准规范	ASTM D2996	
5	石油天然气工业　玻璃纤维增强塑料管　第 1 部分：词汇、符号、应用及材料	GB/T 29165. 1	ISO 14692-1
6	石油天然气工业　玻璃纤维增强塑料管　第 2 部分：评定与制造	GB/T 29165. 2	ISO 14692-2
7	石油天然气工业用高压玻璃钢油管	SY/T 7043	
8	玻璃纤维增强塑料夹砂管	GB/T 21238	
9	纤维缠绕增强热固性树脂压力管	JC/T 552	
10	玻璃纤维增强塑料顶管	GB/T 21492	
11	公路用玻璃纤维增强塑料产品　第 3 部分：管道	GB/T 24721. 3	
12	玻璃纤维增强塑料高压管线管	JC/T 2096	
13	钢骨架增强聚乙烯复合管	SY/T 6662. 1	
14	柔性复合高压输送管	SY/T 6662. 2	
15	钢骨架增强热塑性塑料复合连续管	SY/T 6662. 4	
16	增强超高分子量聚乙烯复合连续管	SY/T 6662. 5	
17	井下用柔性复合连续管	SY/T 6662. 6	
18	塑料合金防腐蚀复合管	HG/T 4087	

4.3.3 非金属管道设计、施工及质量验收标准

非金属管道设计、施工及质量验收标准见表 4-12。

表 4-12　非金属管道设计、施工及质量验收标准

序号	文件名称	标准代号	等同标准
1	石油天然气工业　玻璃纤维增强塑料管　第 3 部分：系统设计	GB/T 29165. 3	ISO 14692-3
2	石油天然气工业　玻璃纤维增强塑料管　第 4 部分：装配、安装与运行	GB/T 29165. 4	ISO 14692-4
3	给水排水工程埋地玻璃纤维塑料夹砂管道结构设计规程	CECS 190	
4	给水排水工程管道结构设计规范	GB 50332	
5	玻璃钢/聚氯乙烯(FRP/PVC)复合管道设计规定	HG 20520	
6	玻璃纤维管的维护与使用推荐做法	SY/T 6419	API RP 15TL4
7	玻璃纤维增强塑料管介质相容性评价	NACE TM 0298	
8	玻璃纤维增强热固性树脂压力管道施工及验收规范	SY/T 0323	
9	石油化工非金属管道工程施工质量验收规范	GB 50690	
10	石油化工非金属管道技术规范	SH/T 3161	
11	石油化工非金属管道工程施工技术规程	SH/T 3613	
12	埋地给水排水玻璃纤维增强热固性树脂夹砂管管道工程施工及验收规程(附条文说明)	CECS 129	
13	化学工业给水排水管道设计规范	GB 50873	
14	石油化工给水排水管道设计规范	SH 3034	
15	石油化工给水排水管道设计图例	SH 3089	
16	压力容器压力管道设计许可规则	TSG R1001	
17	玻璃纤维增强热固性树脂压力管道施工规范	Q/SH 1020 2410	
18	非金属管材质量验收规范	SY/T 6670. 3	
19	石油天然气工业用柔性复合高压输送管	SY/T 6716	
20	非金属管道设计、施工及验收规范　第 1 部分：高压玻璃纤维管线管	SY/T 6769. 1	
21	非金属管道设计、施工及验收规范　第 2 部分：钢骨架聚乙烯塑料复合管	SY/T 6769. 2	
22	非金属管道设计、施工及验收规范　第 3 部分：塑料合金防腐蚀复合管	SY/T 6769. 3	
23	非金属管材质量验收规范　第 1 部分：高压玻璃纤维管线管	SY/T 6770. 1	

4. 4　非金属管道的施工与维护

各类非金属管道性能各异，每一种非金属管道的安装工艺方法不仅不同于金属管道，且与其他类型的非金属管道也有明显差异。以下仅将几种常用非金属管道的施工与维护方法作一介绍。

4. 4. 1　聚乙烯燃气管道施工工艺

1. 适用标准

(1)《聚乙烯燃气管道工程技术规程》(CJJ 63)；

(2)《城镇燃气输配工程施工及验收规范》(CJJ 33)；

（3）《城镇燃气管道设计规范》（GB 50028）；

（4）《燃气管道安装通用工艺标准》（Q/HS Z01.03）。

2. 材料验收、存放、搬运和运输

1）管材、管件验收

管材、管件应具有质量检验部门的产品质量检验报告和生产厂的合格证，有质量保证书和各项性能检验报告等有关资料。验收管材、管件时，应在同一批中抽样，并按现行国家材料标准进行规格尺寸和外观性能检查，必要时进行全面测试。

2）管材及管件搬运

管材及管件存放、搬运时，应用非金属绳捆扎，管材端头应封堵，且不得抛摔和受剧烈撞击，不得曝晒和雨淋，不得与油类、酸、碱、盐等其他化学物质接触。

3）管材、管件的存放

管材、管件应放在通风良好、温度不超过40℃的库房或简易棚内。管材、管件在户外临时堆放时，应有遮盖。从生产到使用期间不超过一年。

管材应水平放在平整的支撑物上或地面上。堆放高度不超过1.5m，当管材捆扎成1m×1m的方捆，并且两侧加支撑保护时，堆放高度可以适当提高，但不宜超过3m，管件应逐层叠放整齐，应确保不得倒塌，并便于拿取和管理。应将不同直径和不同壁厚的管材分别堆放，受条件限制不能实现时，应将较大直径和较大壁厚的管材放在底部，并做好标志。

4）管材的运输

车辆运输管材时，应放置在平底车上，船运时应放置在平坦的船舱内。运输时，直管全长应设有支撑，盘管应叠放整齐。直管和盘管应捆扎、固定、避免相互碰撞。堆放处不应有可能损伤管材的尖凸物。应按箱逐层叠放整齐，并固定牢靠。运输途中，应有遮盖物，避免曝晒和雨淋。

3. 聚乙烯燃气管道安装施工工艺流程

施工工艺流程：材料检验→管道予制（沟上连接）→管沟定位、放线→沟槽开挖→基础铺垫→下管→管段连接→管线固定→管线试验→埋设示踪线→回填并埋设警示带→平整沟槽并沿线设置警示牌。

4. 管道连接方式

聚乙烯燃气管道连接应采用电熔连接（电熔承插连接、电熔鞍形连接）或热熔连接（热熔承插连接、热熔对接连接、热熔鞍形连接），不得采用螺纹连接、黏接和热风连接。聚乙烯管道与金属管道连接必须采用钢塑过渡接头连接。

（1）电容连接　将电容元件套在管材、管件上，然后通电，通过电熔管件内电阻丝发热，使塑料管连接部位熔化，达到连接目的。

（2）热熔连接　用专用加热工具，将管材、管件的连接面接触相融，保压、冷却至环境温度，达到连接目的。

（3）鞍形连接　支管与干管连接时，连接部位常用马鞍形接口，这种连接形式称作鞍形连接。

5. 管道敷设

1）技术要求和质量标准

聚乙烯燃气管道土方工程施工应执行《燃气管道安装通用工艺标准》（Q/HS Z01.03）。

2）管沟开挖

管沟开挖时，管沟边坡可根据施工现场环境、槽深、地下水位土质条件等因素确定，管沟底部应平整、密实、无尖硬物。沟底必须能平滑地支撑管材，无凹坑和土块。

管道沟槽的沟底宽度可按下列公式确定：

单管沟边组装敷设　　　　　　　$B=D+0.3$

双管同沟敷设　　　　　　　$B=D_1+D_2+S+0.3$

式中　B——沟底宽度，m；

D——管道公称外径，m；

D_1——第一条管道公称外径，m；

D_2——第二条管道公称外径，m；

S——两管之间设计净距，m。

3）埋地管道敷设

聚乙烯燃气管道在验槽合格后，方可敷设。地基宜为无硬土石和无盐类的原土层，当原土层有尖硬土石和盐类时，应铺垫细砂或细土。凡可能引起不均匀沉降的地段，其地基应按设计要求进行处理或按设计要求采取防沉降措施。管沟坡度应保证管道坡向凝水缸，坡度不宜小于0.003。

管道埋设的最小管顶覆土厚度应符合下列规定：埋设在车行道下时，不宜小于0.8m；埋设在非车行道下时，不宜小于0.6m；埋设在水田下时，不宜小于0.8m；当设计对埋设有要求时，按设计执行。

聚乙烯燃气管道宜蜿蜒状敷设，并可随地形弯曲敷设。管段上无承插接头时，其允许弯曲半径应符合表4-13的规定；有承插接头时不应小于125D。

表4-13　管道允许弯曲半径

管道公称外径/mm	允许弯曲半径/mm
$D\leqslant50$	$30D$
$50<D\leqslant160$	$50D$
$160<D\leqslant250$	$75D$

管道下管时，应防止划伤、扭曲或过大的拉伸和弯曲。盘管敷设采用拖管法施工时，拉力不得大于管材屈服拉伸强度的50%；采用喂管法施工时，管道允许弯曲半径应符合表4-13规定。

聚乙烯燃气管道敷设时，宜随管道走向埋设金属示踪线，距管顶不小于300mm处应埋设警示带，警示带上应标出醒目的提示字样。

4）管道插入管敷设

管道插入管敷设，插入起始段应挖出一段工作坑，其长度应满足施工要求，并应保证管道的弯曲半径在允许范围内。插入施工前，应使用清管设备清除旧管内壁沉积物、锐凸缘和其他杂物，并应用压缩空气吹净管内杂物；对已连接好的聚乙烯燃气管道进行气密性试验，试验合格后才可插入施工，插入后应对插入管进行强度试验。插入施工时，必须在旧管插入端加上一个硬度比插入管小的漏斗形导滑口。插入管采用拖管法施工时，拉力不得大于管材屈服强度的50%。插入管各管段口环形间隙应用O形橡胶密封圈、塑料密封套或填封材料密封。在两插入段之间，必须留出冷缩余量和管道不均匀沉降量，并在每段适当长度加以铆固或固定。

5）管道穿跨越

聚乙烯燃气管道穿跨越施工时，不宜直接引入建筑物内或直接引入附属建筑物墙上的调压箱内。当直接用聚乙烯燃气管道引入时，穿越基础或外墙以及地上部分的聚乙烯燃气管道必须采用硬质套管保护。管道穿越铁路、道路和河流时，要编制专项施工方案，并应征得有关管理部门的许可后，才能进行施工。管道穿越工程采用打洞机械施工时，必须保证穿越段周围建筑物、构筑物不发生沉陷、位移和破坏。

6. 管道试验

聚乙烯燃气管道验收应符合现行行业标准《城镇燃气输配工程施工及验收规范》（CJJ 33）的规定。

管道系统安装完毕，在外观检查合格后，应对全系统进行分段吹扫，吹扫合格后，方可进行强度试验和气密性试验。吹扫与试验介质宜用压缩空气，其温度不宜超过40℃。压缩机出口端应安装分离器和过滤器，防止有害物质进入聚乙烯燃气管道。

强度试验的压力应为管道设计压力的1.5倍。中压管道最低不得小于0.30MPa，低压管道不得小于0.05MPa。

强度试验时，应缓慢升压，达到试验压力后应稳压1h，不降压为合格。强度试验时，使用洗涤剂或肥皂液检查接头是否漏气。应在检验完毕后，及时用水冲去检漏的洗涤剂或肥皂液。

聚乙烯燃气管道气密性试验应符合《城镇燃气输配工程施工及验收规范》（CJJ 33）的规定以及《压力管道压力试验工艺规程》（Q/HS Z01.08）中的相应要求。

7. 管沟回填

管道敷设检验合格后应立即进行管沟回填。在进行管道严密性试验前，除接头部位外，管道两侧和管顶以上均需回填，管顶回填高度不宜小于0.5m。严密性试验后及时回填管件外露部分与其余部分并达到设计要求。管沟回填应先填实管底和腋角，再同时对称进行回填管道、检查井等构筑物两侧，并防止管道位移或上浮。

4.4.2 硬聚氯乙烯/玻璃钢复合管（PVC/FRP）施工工艺

1. 适用标准

（1）《化工用硬聚氯乙烯管材》（GB 4219）；

（2）《化工用硬聚乙烯板材》（SG 86）；

（3）《玻璃钢用不饱和聚酯树脂》（GB 8237）；

（4）《中碱玻璃纤维纱、玻璃纤维布》（JC 176）；

（5）《管子和管件的公称压力和试验压力》（GB 1048）；

（6）《玻璃钢拉伸性能试验方法》（GB 1447）；

（7）《玻璃钢不可溶分含量试验方法》（GB 2576）；

（8）《玻璃钢树脂含量试验方法》（GB 2577）；

（9）《纤维增强热固性塑料管轴向拉伸试验方法》（GB 5349）；

（10）《纤维增强热固性塑料管轴向压缩性能试验方法》（GB 5350）；

（11）《纤维增强热固性塑料管平行外载性能试验方法》（GB 5352）。

2. 复合管材、管件及管阀件的验收

复合管材、管件和管阀件按照制造厂提供的材质证明书、合格证等进行验收。复合管材、管件和管阀件等的验收应在安装现场进行。产品的外观检查包括检查支架、衬垫、板条箱、捆扎带以及其他的保护装置是否破损并作好记录。如货物发生移动或包装粗糙，要仔细地检查产品的外部、内部及两端是否破损，并作好记录。如发现有破损的产品应与制造厂取得联系，并由厂家修复或更换。在验收时应隔离堆放。阀门应进行逐个试压，试验压力为工作压力的 1.5 倍。复合管道现场施工接头的材料包括树脂、玻璃布、固化剂、促进剂、焊丝、界面黏接剂、填料等，必须根据厂家提供的技术性能要求进行采购和验收。

3. 复合管道装卸与存放

复合管材的装卸可以用人工或机械装卸。用机械装卸时，吊具应采用柔性软质的带子或绳子(橡胶带、帆布带、尼龙带)。强度足够时，不得使用钢丝绳、铁链条等硬质吊索。复合管道一般长度等于或大于 4m 应吊两个点，小于 4m 的吊一个点。复合管道装卸吊起移动时，必须两头都要离地 300~500mm，严禁一头着地拖着移动，装卸应轻吊轻放，不得碰撞。复合管道应存放在平坦的砂土地面料场，或存放在水泥地面的仓库里，不得放在碎石地面或有其他硬性物的不平地面上。储放场地应远离火源，承插管采用井字形储放，法兰管分层用搁架储放。

4. 复合管道的连接方式

复合管道的连接方式主要有承插连接、法兰连接和对接连接。其中较常用的对接连接方式如下：

(1) 首先检查管口是否有破损，若发现破损应将破损处管子锯掉。

(2) 将管口打磨成坡口形式，管子对接端面必须打磨成与管道轴线呈 90°，切口平整。

(3) 在要对接的两管端头剥去 FRP 层，剥去宽度为 PVC 管厚度的 1.5~2 倍，然后将两 PVC 切口打磨成 45°坡口，钝口边厚度为 1mm，并将 PVC 管外表面与 FRP 层连接处以及 FRP 黏接面用角向磨光机打毛，除去灰尘。然后对管口，当两端管口对接后，先用 1.5mmPVC 单焊丝焊接一圈封口，再用 2.5mmPVC 双焊丝一圈一圈焊接，直至将倒角处填充完毕，并略高于 PVC 管面。要求焊丝排列整齐，焊丝接头错开，充分熔透，无虚焊、假焊、烧焦、吹毛等现象。

(4) 在 PVC 与玻璃钢黏接处用界面黏接剂涂一层，再用 0.18mm 厚玻璃布及树脂一层一层用力扎紧，直至将凹陷处填平。再在整个玻璃钢面用 0.18mm 厚玻璃布打底一层，后将 0.4mm 厚方格玻璃布用树脂一层一层用力包扎，直到达到所要求的宽度、厚度。最后，在最外层用 0.18mm 厚玻璃布包扎两层。对于 *DN*40 以下管道，采用 0.18mm 细布包扎。对于与管配件及环境恶劣、受力较大处的接口，必须在标准包扎宽度、厚度基础上，再适当增强，一般宽度、厚度增加 20%~50%。

5. 复合管道的敷设

复合管道刚度低，易弯曲变形，架空或地面敷设都应设置支架或支座。支架和支座的间距应符合表 4-14 的规定。

表 4-14 架空或地面敷设最大支座的间距

管内径/mm	100	200	300	400	500	600	700	800	900	≥1000
间距/m	2	3	3	4	4	5	5	6	6	6

施工用管吊为环形，管托和管墩(混凝土)为 U 形，两端应配固定螺栓。管吊、管托、管墩与管面的接触至少为 180°，在支架上垫 3~5mm 厚的橡皮垫片，垫片宽度不大于 80mm。

复合管道的弯头、三通、阀门处都必须设置支座，并用管卡固定。复合管道垂直安装时，其垂直长度支撑(固定)间距不应大于3m。垂直管上的顶部、底部弯头均设置支座，并固定。

复合管道沿建筑物铺设时，管外壁与建筑物距离不应小于150mm。沿管路铺设时，各管外壁之间的距离不小于200mm。

复合管道埋地敷设时，敷设在人行道下埋地深度不应小于400mm。敷设在公路下时，应加刚性套管，且套管应比复合管大一个规格以上，套管伸出路端1.5m，埋设深度应大于700mm。沟宽度按詹森公式计算，一般为公称直经的2倍，但最窄处不应小于500mm。埋地复合管道地基宜为土壤地基，且经夯实，沟底不得有碎石或硬质物。如沟底有碎石类物质，在沟底必须先回填200mm以上的松软土经夯实后才允许进行管道敷没。

复合管道回填时，先应回填至管顶200mm以上的松软土后，才允许回填其他土质，并应在两侧同时进行，并对称整实。如有必要，应设置砖砌地沟，用混凝土予制板覆盖。管道安装水平偏差等于或小于(2～3)/1000，垂直偏差等于或小于(3～5)/1000，坡度可取3/1000。

6. 复合管道试压

复合管道试压介质应为清洁水，若管道长度太长应分段试压，一般试压长度为500～1000m；也可以按管段或根据设计介质不同按系统进行。复合管道试压前管道上所有连接头及管损伤部位都应修补完毕，且固化完结(夏天一般应固化48h以上，冬天应7天以上，复合管道巴氏硬度大于40)。管道上的支座、支架、始末端和弯头处的档墩都应达到设计强度要求，埋地管道除必须回填的部分，其他均未回填。复合管道试压有影响的设备，障碍物已清除，试压和排水工程已施工完。复合管道试验压力为工作压力的1.5倍，保压10min，压降不超过5%，并检查管道及接头处，无裂纹、不渗漏为合格。试压过程中如出现裂纹、渗漏，应做好标志。如法兰连接处渗漏，应仔细检查渗漏部位垫片情况及螺栓松紧程度。根据检查情况泄压后更换垫片或重新加紧螺栓等办法修正。管道试压中，如发现接头处渗漏，一律剥去FRP，重新焊接，重新FRP增强，或将接头处部分割去，重新换一节管，两头按规定连接施工。

7. 复合管道竣工验收

复合管道的安装施工若非生产厂家安装，应由生产厂家向使用单位提供连接头安装、施工工艺或派员进行安装指导，施工单位应严格按生产厂家提供的工艺施工。复合管道承插接头、对接接头如出现裂纹一律重新施工。复合管道完工验收由甲、乙双方联合进行，并由甲方组织。验收应在分项、分部工程已验收的基础上进行(分项、分部工程验收资料)，且应具备施工图样、设计变更通知单、施工联络单、原材料及产品质量证明书或复验报告、各种配比记录、试压记录、隐蔽工程记录、工程质量事故处理记录等资料。完工验收应检查全部接头部位，无裂纹，无超过直径4mm的气泡，承插口的插进深度，管道外表面损伤是否修补完好。当接头和补伤的气泡直径大于4mm、气泡间距又小于150mm时，必须划破气泡进行修补。按照设计图样，检查管道安装中的支座之间的距离及管道支座上的垫板、卡具、挡墩和埋深。检查施工中的原始记录和技术资料。

4.4.3 纤维缠绕玻璃钢管道施工工艺

1. 适用标准

(1)《柔性加强硬化树脂管道及塑料加强砂浆管道地上安装》(ASTM D3839)；

(2)《机制加强硬化树脂管分类》(ASTM D2310)；

（3）《细丝缠绕加强硬化树脂管道分类》（ASTM D2996）；

（4）《通过平行板承载的塑料管道外部荷载性能试验》（ASTM D2412）；

（5）《玻璃纤维增强热固性树脂压力管道施工及验收规范》（SY/T 0323）。

2. 管材的验收、装卸及储存

管道到达安装现场后先进行外观检验。检查支架、衬垫、板条箱、捆扎带以及其他的保护装置是否破损并作好记录。如货物发生移动或包装粗糙，要仔细地检查产品的外部、内部及两端是否破损，并作好记录。如发现有破损的产品应与制造厂取得联系，并由厂家修复或更换。在验收时应隔离堆放。

1）管材的装卸

管材的装卸可以用人工或机械装卸。用机械装卸时，吊具应采用柔性软质的带子或绳子（橡胶带、帆布带、尼龙带）。强度足够时，不得使用钢丝绳、铁链条等硬质吊索。管道一般长度等于或大于4m应吊两个点，小于4m的可吊一个点。管道装卸吊起移动时，必须两头都要离地300~500mm，严禁一头着地拖着移动，装卸应轻吊轻放，不得碰撞。对需直立起吊的管子在起吊时，必须在着地点的一端垫上柔性物，在离地前不得使管子在地面上滑移，以免损伤管子端口。

2）管道储存

管道直径等于或小于1m可以存放在平坦的砂土地面料场，或存放在水泥地面的仓库里，不得放在碎石地面或有其他硬性物的不平地面上。直径大于1m的管子，可以直接储存在它们的交货架上，不能用窄而平的支撑物来代替，当存放在露天或在凸凹不平的地面上时，时间不应过长以防管子弯曲变形。管子的储存地点应远离易燃物品，在使用时，严禁将管子在地面上拖滑以免损伤。

3. 管道连接方式

接头形式主要有对接胶合连接、单O形圈承插式连接、双O形圈承插式连接、承插胶接、承插内外胶接、法兰连接（分为玻璃钢法兰及玻璃钢-钢活套法兰）、螺纹连接、哈夫连接。一般由生产厂商提供管道连接方法和技术指导。下面主要介绍几种常用的连接方式。

1）对接胶合包覆连接

对接胶合包覆连接用于两根直管的对接，是较常用的连接方式之一。其黏接工艺程序如下：

（1）将管道两端的灰尘和油污清理干净。

（2）将管道端一段距离内用磨光机打磨，接头区域的外表面预先打磨粗糙，管端口相对，保持同轴。打磨区宽度应使各边比实际黏接面宽50mm。清除粉尘并用浸有丙酮的湿布檫净。

（3）将对接管子的对接口打磨成坡面，坡面尖端露出内衬层。

（4）将打磨后的端面清洗干净，等清洗剂干燥后再进行下一步。

（5）将对接的管道固定成一条直线，且两端留下3~10mm的间隙。在对接时，为保持管子对准，通常采取速黏固定的办法。

（6）在铺设前要先在已做打磨准备的管道外表面和管道间对接面上刷胶，刷胶的量不宜过多，防止刷胶过量引起流胶，然后用长丝填塞缝隙，再用毛刷涂刷上配置好的树脂。

（7）根据规定的长度铺设内衬层。内衬层固化后打磨，清理干净表面粉尘。

（8）对接口的结构层糊制。要求增强材料逐层铺放，每一层都需用树脂浸润，辊压气泡。如果铺层总厚度较厚时需要分次完成，以避免放热过渡引起分层。一般一次铺层不超过6层。铺层时如需要搭接，搭接宽度为2cm左右。短切毡的搭接宽度应略大于方格布，以保证厚度。包覆的厚度和宽度以能耐受内压和轴向力为准。

(9) 待所有铺层结束且完全固化后，用纱布打磨毛刺，清除粉尘后刷一层胶衣树脂，外面为外保护树脂，内面为防腐树脂。外保护层树脂中应加5%石蜡苯乙烯溶液。

(10) 内封口的铺设，如果条件允许的话，管口直径大于*DN*500时，管道对接需要内封口处理，要求保证内表面光洁平整。

所有接头的糊制必须防止雨水和灰尘，避免太阳直射。保持周围温度在适合的温度(一般为20℃左右)。在制作完成24h内不能让接头受力。玻璃钢管黏结时，被黏结的两个面都应用胶合剂涂抹均匀，然后再黏合。用于缠绕的玻璃布带厚度应选用0.1~0.3mm的，不宜过厚，以便胶合剂浸透黏牢。缠绕时注意每一层玻璃布都要缠紧，不得残存气泡或产生脱层等现象。黏结用的胶合剂应随配随用，夏天应在30min内用完，冬天应在40min内用完。由于胶合剂的固化剂有毒，所以配制胶合剂和缠绕玻璃钢接口应在通风良好的地方进行，操作者须戴好防腐手套和口罩。

对接胶合包覆连接示意图如图4-6所示。

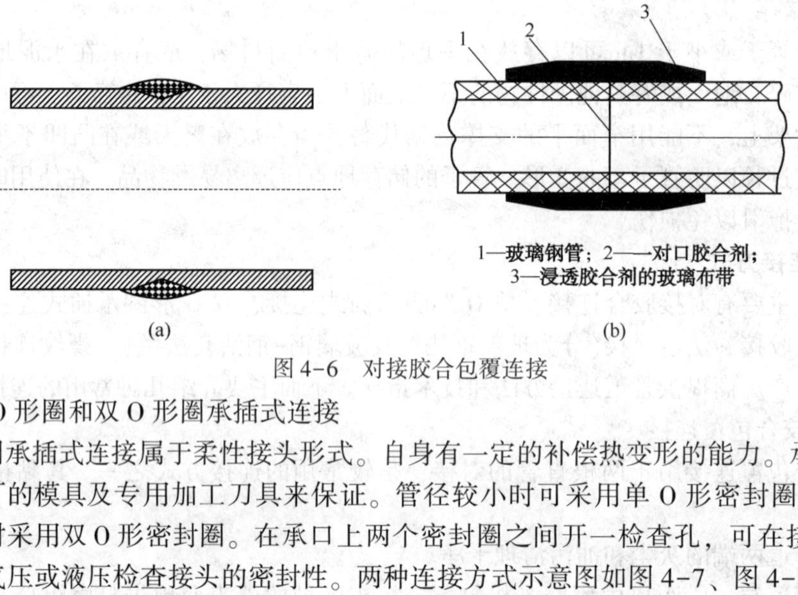

图4-6　对接胶合包覆连接

2) 单O形圈和双O形圈承插式连接

O形圈承插式连接属于柔性接头形式。自身有一定的补偿热变形的能力。承口和插口尺寸由生产厂的模具及专用加工刀具来保证。管径较小时可采用单O形密封圈承插式连接，管径较大时采用双O形密封圈。在承口上两个密封圈之间开一检查孔，可在接头安装完成后马上用气压或液压检查接头的密封性。两种连接方式示意图如图4-7、图4-8所示。这种接头不能承受轴向力。当需要承受轴向力时可在接头处加设约束装置，该装置为一种机械式加载的锁紧环，可采用金属和具有一定抗剪切能力的塑料。该类连接可由生产厂商提供施工技术指导和工装。

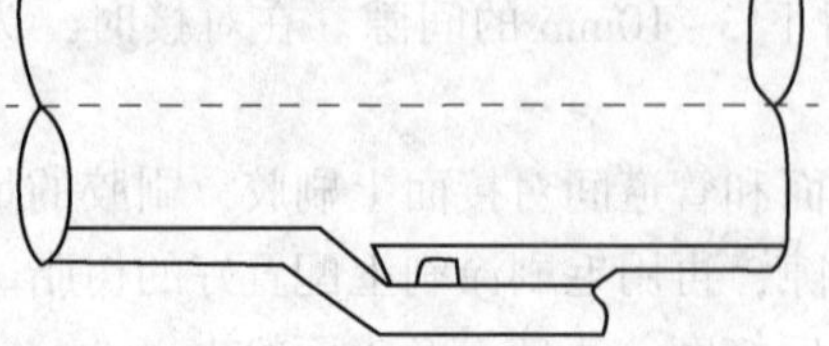

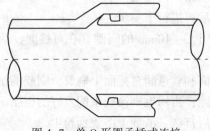

图4-7　单O形圈承插式连接

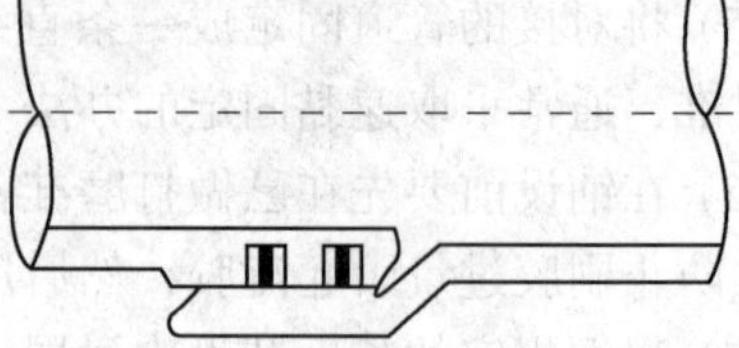

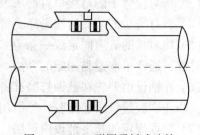

图4-8　双O形圈承插式连接

O 形圈承插式连接方法如下：

（1）检查承口内是否光滑，有无纵向的沟槽和直径超过 1.5~2.0mm 的气泡。如果有的话，应进行处理。检查插口的外表面及断面是否光滑，有无突出处。检查 O 形圈槽的台阶及端面有无分层现象。检查橡胶圈尺寸与插口是否匹配，橡胶圈是否有裂纹、气泡、疙瘩、杂质等。

（2）将要连接的管子插口与承口调平、对中、凑近，两管之间留下一定空间，以便进行清理、检查操作。用布清理接头偶联区、环槽、承口的张口部分，并均匀地涂上非酸性、非溶解性的油酯（凡士林、硅油等）。将橡胶圈用两手握住，涂上油酯，从插口下面往里套，直到入槽为止，之后强行上拉，使圈的大部分入槽，再继续往上拉，直到松开橡胶圈后，能弹入槽内，以免扭搓。然后用手沿圆周检查 O 形圈是否到位，对大口径管道需要在橡胶圈上再涂上一遍润滑剂。

（3）在检查确认无损的情况下，在插头上画出插进深度限位线（通常情况下，该限位线在出厂前就已画好），将卡具卡紧在两管上，保持两管在同一直线上。用两只紧绳器或手动葫芦对称上紧。将装入 O 形圈的插口压入承口，压入深度符合限位线要求即可。

注意：在装配时不可将周围的砂粒或碎物黏在承口、插口或橡胶圈上，以免影响密封效果。

（4）用钢板条（200mm×15mm×0.4mm）插入承口和插口之间的环状空隙，沿周围检查一圈，确定橡胶圈在环槽内的深度是否一致，如发现疑点，应重新连接。插接及拆分承插偶联件时，不要用铁链和钢索直接与管件接触。

连接的具体图示及专用工具如图 4-9~图 4-11 所示。

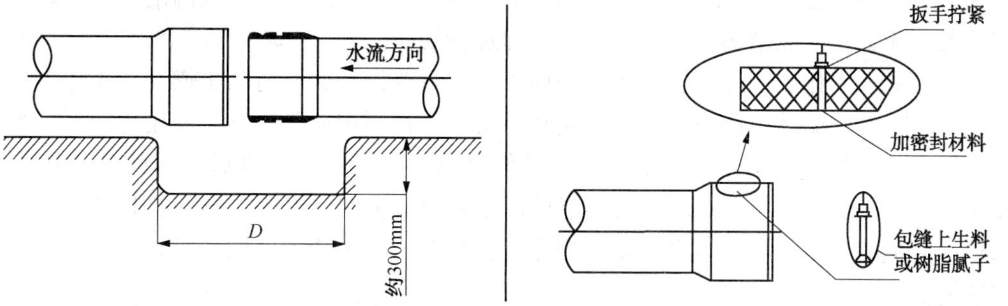

图 4-9　O 形圈承插式连接（对口，安装试压件）

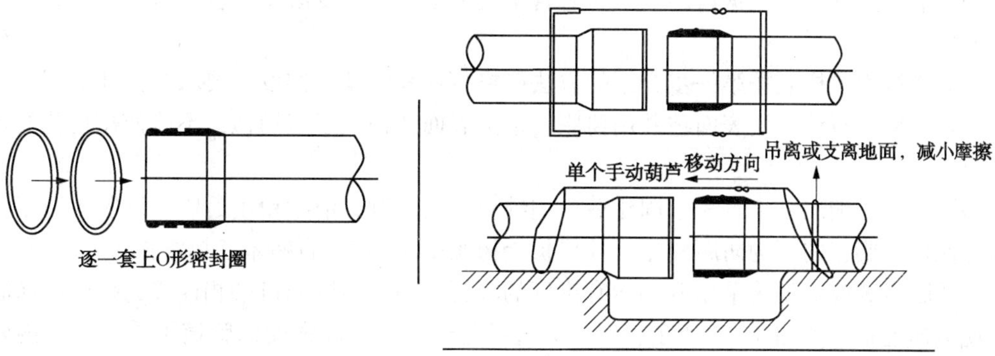

图 4-10　O 形圈承插式连接（套密封圈，承插施工）

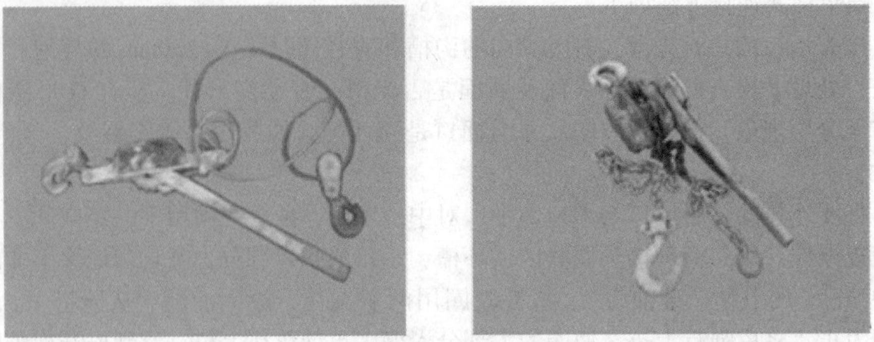

图 4-11　O 形圈承插式连接工具

3）承插胶接和承插内外胶接

该类连接不用密封圈，管道一端是承口，另一端是插口。承插胶接装配时在承插口的接触面上涂以黏接剂即可实现承插连接，如图 4-12 所示。承插内外胶接(承插胶接基础上进行外包覆增强)工艺如下：

(1) 先用打磨机将连接区域的胶衣树脂层彻底打磨干净，使其变粗糙。承插黏接管子的承插口都要打磨，且承口部分的内外表面均要打磨。打磨区宽度应使各边比实际黏接面宽 50mm。清除粉尘并用浸有丙酮的湿布樑净。

(2) 将管子找正找直，使承口和插口之间保持一定距离，以使人能通过为宜。在承插口的接触面上涂以黏接剂，用适合的工具立即将管子插入，然后清除多余的黏结剂并刮成斜面，使黏接面不平处圆滑过度。在黏结剂固化过程中，严禁移动管子。

因为气温降低会使管子缩短，造成腻子或黏结剂开裂，所以要在气温渐渐上升或下降极微的情况下抹腻子或黏结剂，待其固化后随即进行增强。

(3) 待腻子固化后，适当打磨，使表面平滑，且要保持表面清洁干燥。在工作台上铺一层聚脂薄膜，然后交替地铺短切毡和玻璃布，每一层都要用树脂浸透，并用力滚压，赶出空气泡，保证彻底的浸透和致密。铺层时，最好以第一层为中心，以后每层的各边比上层窄 2. 5mm，以免出现齐边，软板最多由五层玻璃布和七层短切毡组成，第一层和最后一层均为短切毡，避免玻璃布暴露。当设计要求的厚度较厚时，必须待上一层软板在管子上固化后才能继续铺层。

(4) 仔细地将软板从工作台上提起并小心地贴在管子上，注意不要起皱和卷曲。

(5) 滚压空气泡。用锯齿形滚子对着管子用力滚压，反复滚压，直至将空气泡赶尽，使软板密贴。

(6) 连接面同样要按第一步介绍的方法严格打磨和清理，按设计要求先铺几层用树脂浸透过的短切毡，再铺一层表面毡并用树脂浸透。表面毡稍大于短切毡，不能使短切毡的边沿毛刺裸露。

(7) 待所有铺层结束且完全固化后，用纱布打磨毛刺，清除粉尘后刷一层胶衣树脂，外面为外保护树脂，内面为防腐树脂。外保护层树脂中应加 5%石蜡苯乙烯溶液。

承插胶接的改进型为采用两端均有锥度的套管，与带锥度插口端相连接，接触面涂胶黏剂实现承插连接，如图 4-13 所示；对于大直径管道或需要高强度的管道可采用承插内外胶接，即在承插胶接的基础上施行外包覆增强，如图 4-14 和图 4-15 所示。

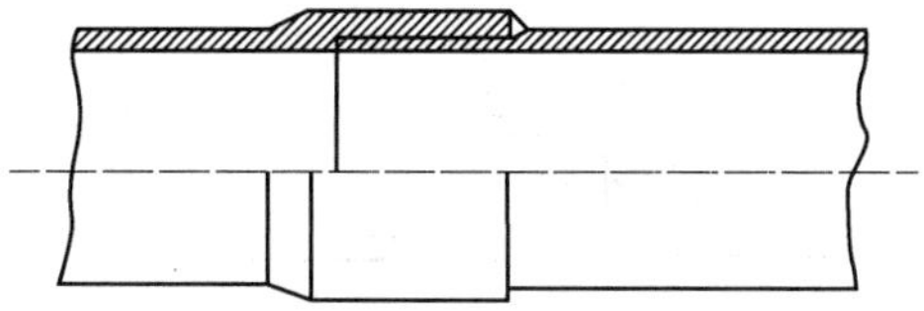

图 4-12　承插胶接

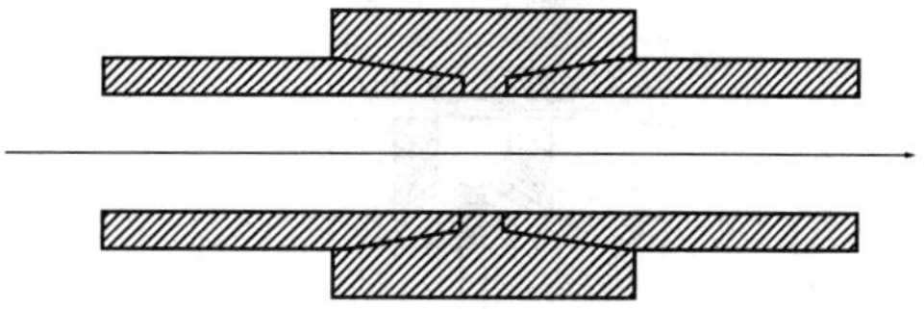

图 4-13　承插胶接的改进型

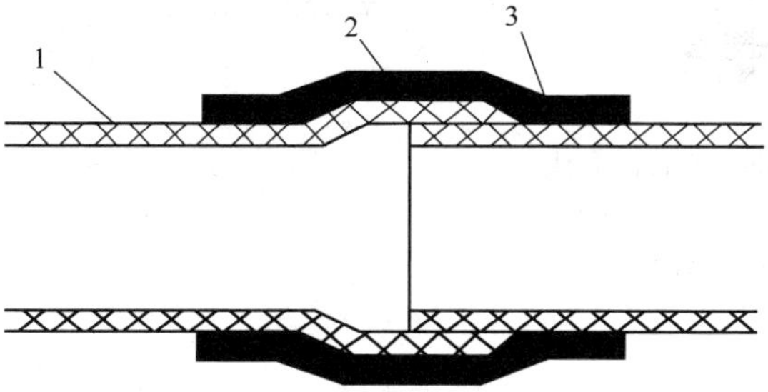

图 4-14　承插胶接外包覆增强

1—玻璃钢管；2—承插口；3—浸透胶合剂的下端布带

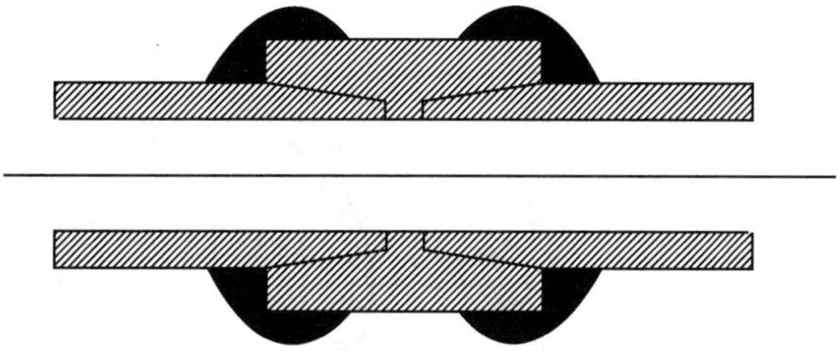

图 4-15　承插胶接改进型外包覆增强

4）法兰连接

所有尺寸的玻璃钢管均可采用与管道额定压力相当的法兰接头，玻璃钢法兰必须满足ANSI/ASME关于法兰压力等级的要求。玻璃钢法兰可以用手糊法、纤维缠绕法和模压法生产。玻璃钢法兰也可以与工艺设备、阀门、管道上的金属法兰连接。玻璃钢法兰的压合面可以是平面，也可以带有沟槽或凸起，以利于压紧密封垫，凸面法兰要求配连接管，以防应力过大。法兰螺孔中心圆是标准尺寸，与金属法兰有互换性。该种连接方式通常用作地上管道、操作仪表的连接、设备的连接以及材料变化不适应玻璃钢黏接或设计中考虑的必须经常拆除维修部件的连接。

常用的法兰如模压玻璃钢法兰，安装在管子两端，用胶合剂把法兰和管子黏结起来即可用于玻璃钢与玻璃钢或玻璃钢与钢管的连接(有的管子出厂时本身已带有法兰)，如图 4-16 所示；金属或玻璃钢对开式活套法兰，管子在制造时，两端已特意制成凸缘的形式，如图 4-17所示；带有密封沟槽的平面法兰连接如图 4-18 所示。

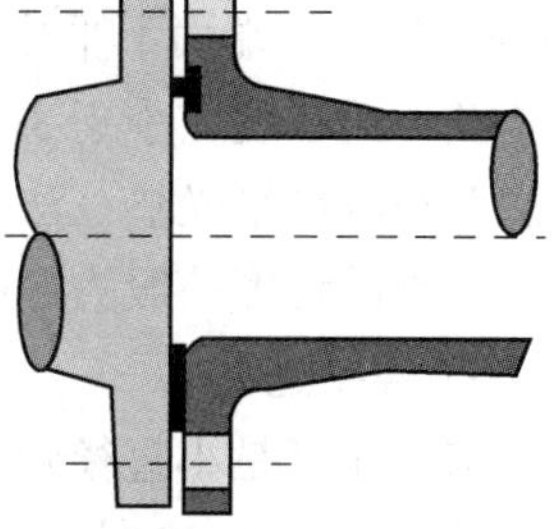

图 4-16　法兰连接

法兰连接操作时螺栓拧紧用力要对称均匀，逐渐拧紧，其顺序如图 4-19 所示。当螺栓数量多于 20 个时，可仿照上述顺序拧紧螺栓。上紧螺栓时要用测力扳手，所用扭距见表4-15。

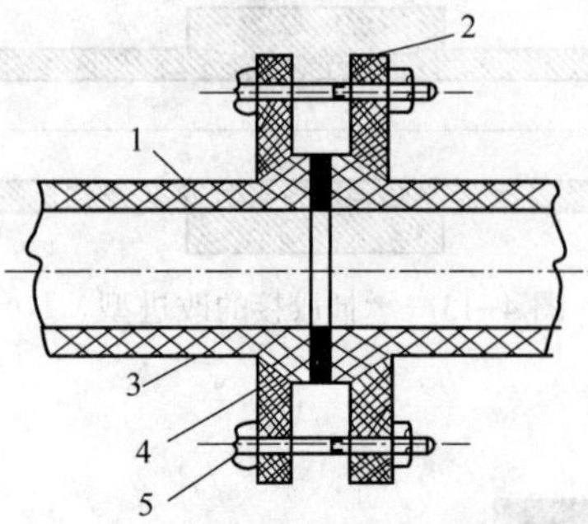

图 4-17　金属或玻璃钢对开式活套法兰

1—玻璃钢管；2—法兰；3—凸缘；
4—垫片；5—螺栓、螺母

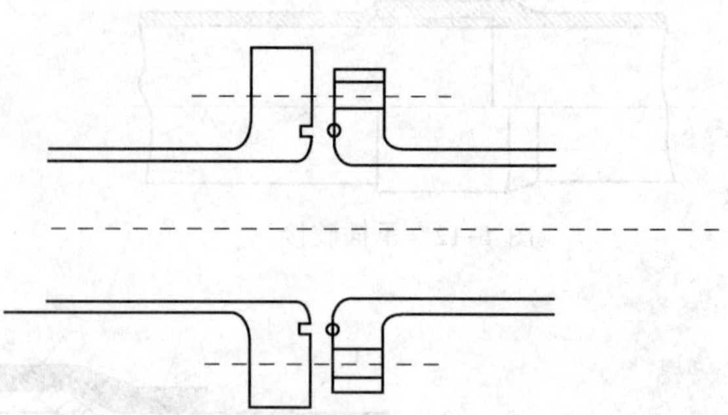

图 4-18　带有密封沟槽的平面法兰连接

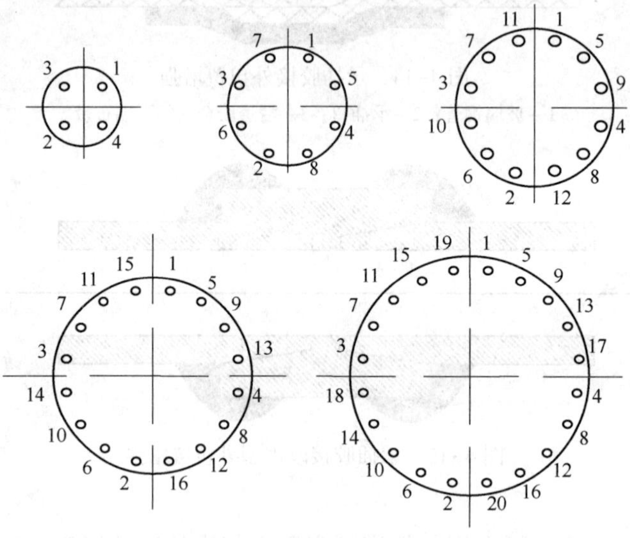

图 4-19　玻璃钢法兰螺栓拧紧顺序

表 4-15　玻璃钢法兰螺栓拧紧扭矩表

螺栓规格/mm	M12	M16	M20	M22	M24	M30	M36	M42	M48
不润滑时/kg · m	6	7	12	12. 7	12. 7	23	40	42	4
润滑时/kg · m	5	5. 2	9	9. 6	9. 6	18	23	31	36

为防止法兰泄漏，玻璃钢法兰面上不应有划痕、分层、气泡、针孔、杂质及贫胶等缺陷，尤其不得有径向沟纹。法兰面与管体轴线的不垂直度要小于 0. 5°，对于直径小于等于 460mm 的法兰端面不平度为±0. 79mm，直径大于 460mm 的法兰端面不平度为±1. 6mm，两个法兰不同心度应小于 3. 2mm，两个法兰相应的两个螺栓孔旋转偏差应小于 1. 6mm。螺母与法兰间需垫平光垫，法兰橡胶密封圈有 O 形密封圈和平面密封圈，橡胶材质应适应耐蚀要求，肖氏硬度一般为 50~70，密封圈的选型则依据实际需要。

5）螺纹连接

螺纹连接是小直径管道常用的机械连接接头方式，这种连接形式又分为套管式和承插式两种类型。图 4-20 是一种承插式螺纹接头，它采用快进式粗牙螺纹。图 4-21 是一种套管式螺纹接头，采用 API 标准规定的 8 圈螺纹。

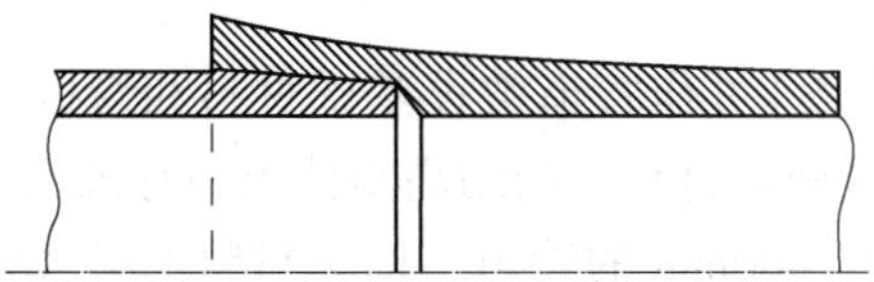

图 4-20　承插式螺纹接头

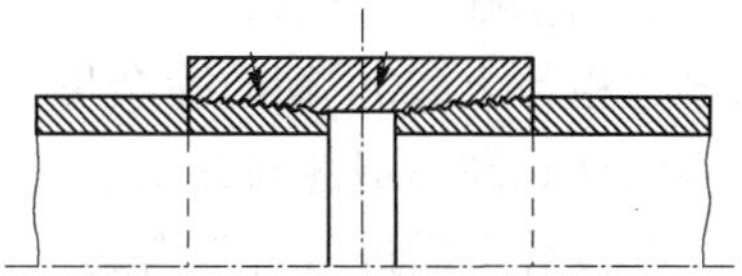

图 4-21　套管式螺纹连接

螺纹连接工艺方法如下：

（1）准备好所需的工具、材料　常用工具有：链钳、带钳、液压钳等紧固工具；可调式支架或管道旋转器；电动金刚砂割刀或其他耐磨材料锋口的圆锯、细齿金属锯；切削工具或电动磨削设备；电吹风、锤子、木块等；电热带或加热包。常用材料有：清洗剂、界面剂、黏结剂、螺纹胶泥。

（2）布管　管子宜放在挖沟不堆土的一边和弯道外侧。连接前，不得除掉丝扣保护套。

（3）清洁、对口　取下丝扣保护套仔细检查丝扣，若有裂纹等应替换，连接时用铁刷或硬毛刷将两端螺纹上尘土和其他杂物刷干净并保证干燥。连接时必须用管架或木块将管子对直。用木块或管架将已连接管道端口垫高，用辅助扳手将管道夹紧。用管架把要连接的管子架起，管架距端口 2/3 管长处，装好紧固工具，将另一支架在靠近连接的端口处，移动管子使承插螺纹接头在同一轴线上。

（4）涂螺纹密封剂　应严格按厂家的使用说明使用螺纹密封剂。一般压力等级小于 8MPa 的管道采用非固化性螺纹密封剂（如拓普 202）；压力等级≥8MPa 的管道宜采用固化性螺纹密封剂（如拓普 201）。严禁使用过期的密封剂。带丝扣保护套的新管子在涂螺纹密封剂之前如黏有油渍，必须先清洗干净，工作人员的手、手套、毛刷及任何接触丝扣的工具都要干净。所有的钢制管件丝扣都黏有一层油膜，使用时必须清除。应使用三氯乙烯、丁酮或丙酮清除螺纹上的油渍及杂质，使用清洁剂后应让清洗过的螺纹部分的溶剂完全挥发。必要时可现场采用电吹风烘干螺纹上的水分。冬季施工环境温度低于 21℃时，清理干净的螺纹需加温，温度应控制在 21～25℃。

按厂家说明书的要求及配方，将密封剂的各种成分配料并搅拌均匀，用专用刷子将螺纹涂上一薄层密封剂，清除过多部分。

（5）对正、连接、紧固　将管子对正，插端缓慢插入承端并先用手拧几扣，检查确定无错扣，再用旋转扳手上至手紧，此时应停止并沿轴向在接头两端做下记号，然后按厂家提供的参考扭矩表及要求选用适当的工具拧紧管道。

4. 玻璃钢管道的敷设

1）埋地管道敷设

（1）地沟开挖的要求

① 地沟的底面必须平整，不得有大于 40mm 的圆光石和大于 20mm 的尖岩石以及潜在的其他硬片，否则必须垫 150mm 以上的砂垫层。

② 底床为有机土壤或其他可变的松软土壤时，必须做好地基处理以防管道不均匀下沉。

③ 管底的宽度应保证一定的操作空间，一般管道外径两边不能小于 300mm。边坡的放量应根据土质情况而定。

④ 管沟开挖深度应根据设计而定。在无设计规定时，穿越稻田管顶以上的复土层厚度不应少于 800mm；穿越公路不能少于 1200mm；穿越便道不能少于 750mm。

(2) 管沟基础

大多数粗粒土(200#筛的筛余量大于50%的土壤)可作管道敷设基础材料和管区回填材料。中等塑性到高等塑性的细土通常适于用作管区回填材料。当用高塑性土和有机土作回填材料时，在设计上需进行特殊考虑。对于管径大于400mm的管道，回填材料的最大颗粒尺寸极限为38mm；管径小于400mm的管道最大颗粒尺寸极限为19mm。

遇到颗粒土壤或松散土壤时，管沟壁必须压实或支撑，或扩大管沟宽度，加固管基础，以免管道产生过大变形。

管沟底部遇到流砂、软有机土或体积随含水量变化的土壤时，必须将上述不适于作基础的土壤掘出，以保证安装基础牢固。施工时必须评价基础的每个部位，按照要求的基础类型确定挖掘深度。挖掘深度加深的地段，基础区的材料及密实度与主要管区回填材料的土壤抗力等效。基础的密实度要一致。

(3) 管道安装

一般情况下，应将管子吊入地沟内进行安装。如确实需要在沟边安装管道应注意接头处不可产生太大的应变。在弯头、三通处应设置止推墩。止推墩由混凝土制作，混凝土止推墩必须座落在实土上，混凝土强度不应低于C30。当管子通过水泥结构或水泥渣壁时，需在浇注水泥前埋设钢套管并预先在钢套管里侧套上一个氯丁橡胶圈；在管道穿越道路时，需加外混凝土或钢保护管，保护管内需加橡胶套或在玻璃钢管外包好保护材料后插入保护管内，以防止玻璃钢管装入时受损；为了防止玻璃钢管受剪切力，在保护管两端处压实回填土时，压实程度应不低于其他部分的压实强度；为了防止玻璃钢管在套管内移动，可以用细砂填实。管子放入地沟时，应使管子整体接触沟底，不允许使用永久性支撑或硬块调整管子的水平尺寸。玻璃钢管需有一个大于管径的复盖厚度，这样可以防止管子排空时上浮。如果小于管径，且地下水位在管子以上，则应采取加锚固措施，防止管子上浮。

(4) 管沟回填与压实

因为管子是通过它的刚度和土壤的支撑防止偏斜的，所以必须正确地压实和回填，否则就会使管子产生过多的变形。所有的管子必须连续一致地座落在稳固的沟底，沟底至少要压实到标准葡氏密度的90%。回填土必须逐层进行，每层厚度不大于300mm，葡氏密度不低于85%；管子两边的回填土必须同时进行，密实程度要一致以防止管子槽移；回填时，管子外壁周围150mm范围内不应有直径大于25mm的硬物；在无太大外载的情况下，管顶150mm以上的回填土可以使用抛填法。在回填时，可以采用振动的方法，在距离管子150~450mm的范围内，建议用手动捣固。当两侧的回填土达到要求的密实度时，在管子顶部填上一层300mm厚的同样土，并经压实，为了防止管子变形不应将该层回填土压得太死。在宽而深的地沟中，离管子侧面600mm外，允许使用地面压强小于0.038MPa的轻型机械。当用振动机械在管顶上面压实时，管顶上方必须要有120mm以上压实的覆盖层。当管子两侧的填土压实时，管子经常会出现一个有益的垂直方向增大的变形，但此径向变形必须控制在5%以内。

在有压力的管道中，当管线方向改变或管径改变时，在管件、设备连接处都可产生足够的轴向约束力，使管道不会产生轴向位移。由于温度变化引起的轴向载荷也可造成轴向约束。有些情况下，由于轴向载荷的存在，那些不能传递轴向载荷的接头系统可能会产生断裂损坏。承受这些载荷的管件和管道需要适当的固定。埋地管道在水平或垂直向转弯处、管径改变处、三通、四通、端头和阀门部位应根据管内设计计算管道轴向推力，当其轴向推力大于管道外部土体的支撑强度和管道纵向四周土体摩擦力时，应在管道上相应的部位浇筑混凝土止推墩。止推墩可按照相应的管道设计规范计算。室内管道应在管道产生轴向推力的部位安装牢固的固定支架。在安装阀门时，阀门重量不能直接作用在管材或管件上，应采取防止外加拉应力的措施。口径大于100mm的阀门应设支墩并进行足够的加固。

2）玻璃钢管道地面及架空安装

地上管道有两种安装方式：一种是直接在地面上安装，另一种是在地面以上悬挂或支撑安装。两种类型的安装要求基本相同。

（1）管道支撑与锚定

玻璃钢管道的刚度比较低，因此不论是地面安装或架空安装都应有支座（支架）支撑、导向和锚固点。并用这种办法使未支撑管线的长期挠度保持在可接受的限度内。

小管径的支架往往根据实际情况，建于墙、柱子或其他结构物上，支架横梁长度方向应水平。对于中等管径以上的管道的支架可采用水泥墩、钢架等形式，具体形式、材质和位置由设计确定。

支座的形式主要有两种：固定支座和滑动支座。

固定支座设置在管道上不允许有任何位移的地方和为承担直线管道所产生的推力并阻止管道的膨胀而以一定距离设置的地方，具体位置由设计部门确定。固定支座的形式和要求见图4-22和表4-16。

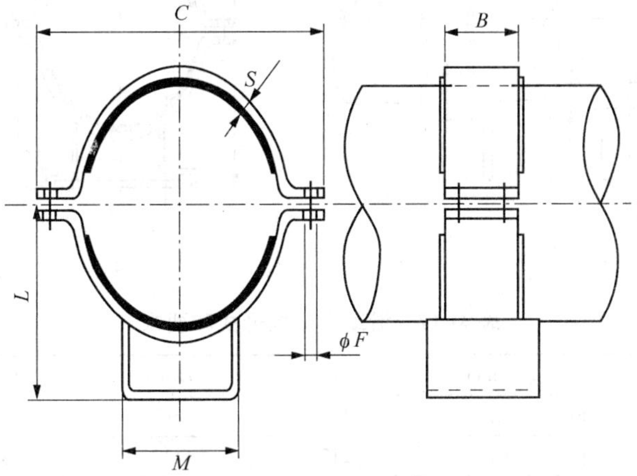

(a) 支座　　(b) 夹持装置

图4-22　固定支座

表4-16　固定支座的形式和要求

管内径/mm	B×S/mm	ϕF/mm	C/mm	L/mm	M/mm	质量/(kg/件)
100	80×6	12	188	97	80	2.8
125	80×6	12	213	112	80	3
150	100×6	12	229	125	100	4.5
200	120×6	14	305	155	120	6.4
250	140×6	14	356	184	160	9.7
300	160×8	14	418	216	160	15.4
350	160×8	14	470	244	200	18.3

续表

管内径/mm	B×S/mm	ϕF/mm	C/mm	L/mm	M/mm	质量/(kg/件)
400	200×8	18	534	274	200	25
450	200×8	18	586	304	240	28.7
500	200×8	18	638	334	240	30.7
600	220×10	18	752	394	240	49.5
700	220×10	22	879	407	300	56
800	220×10	22	943	482	430	62.6
900	250×10	22	1.87	541	500	79.5
1000	250×10	22	1191	592	600	88.9

注：管道与支座间及管道与固定带之间所垫橡胶板厚度应大于或等于4mm。

滑动支座的设置主要是给管道提供必要的支承，且此位置在管道上无垂直位移或垂直位移很小。对于直径小于80mm管道，其滑动支座的形式如图4-23所示；对于直径大于80mm的管道，其滑动支座形式见图4-24和表4-17。

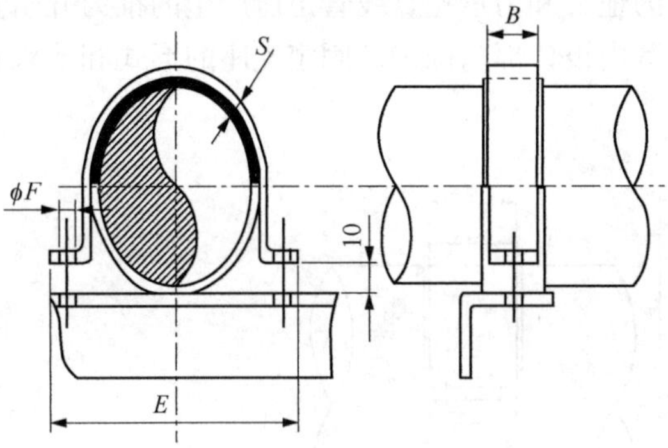

图4-23　滑动支座(1)

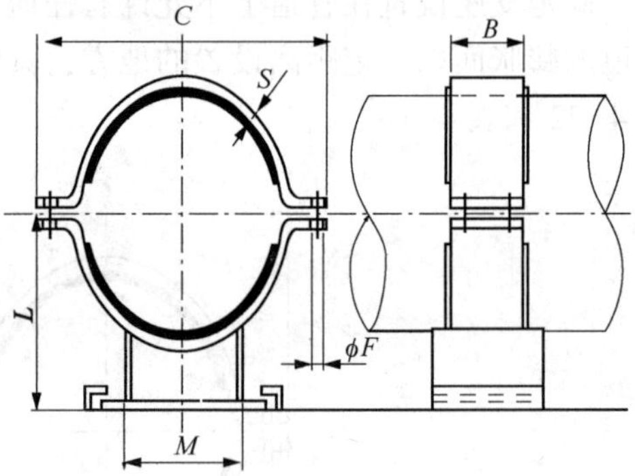

图4-24　滑动支座(2)

表4-17　滑动支座的形式和要求

管内径/mm	B×S/mm	ϕF/mm	C/mm	L/mm	M/mm	质量/(kg/件)
100	80×6	12	188	97	80	2.8
125	80×6	12	213	112	80	3
150	100×6	12	229	125	100	4.5
200	120×6	14	305	155	120	6.4
250	140×6	14	356	184	160	9.7
300	160×8	14	418	216	160	15.4
350	160×8	14	470	244	200	18.3
400	200×8	18	534	274	200	25
450	200×8	18	586	304	240	28.7
500	220×8	18	638	334	240	30.7
600	220×10	18	752	394	240	49.5
700	220×10	22	879	407	300	56
800	220×10	22	943	482	430	62.6
900	250×10	22	1087	541	500	79.5
1000	250×10	22	1191	592	600	88.9

为确保管道在受到任何应力的情况下都不产生位移，需要在管道系统分段锚固。在很多情况下固定设备可起到锚固作用。在安装阀门、管线方向改变及与主要支管连接时，都要另加锚固点。为降低鞍座和由于弯曲造成的应力，应对固定鞍座和横向都进行固定，特别是弯头、三通等部位一定要设置满足要求的止推墩。锚固墩是一种混凝土基座，用于支撑管道，用管箍将管道固定于锚固墩之上。锚固墩的形式及做法由设计确定。图 4-25 是几种典型的锚固形式。

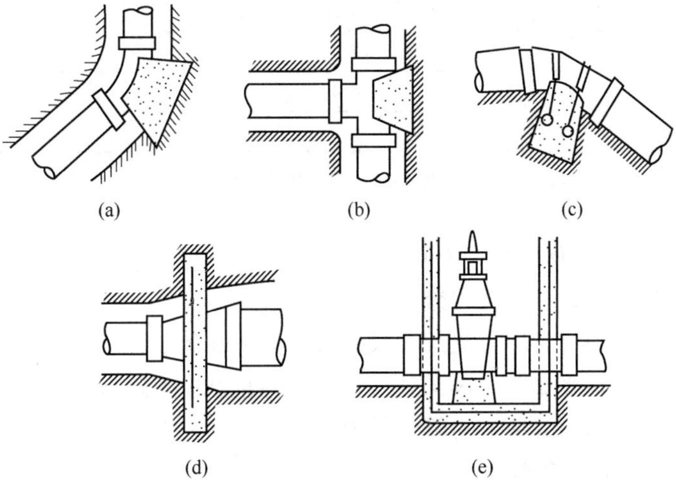

图 4-25　管道锚固

（2）架空管道支架的最大间距及有关要求

架空管道的吊具必须垂直向上吊装；托架与管道的接触包角不小于 120°，宽度不小于 60mm，间距不大于 2m；直立安装的管道最大支撑间距不大于 3m，底部的弯管处应设支墩，不得使弯管承受轴向外力。全部刚性连接的玻璃钢管道，必须设置伸缩节。建议在中间间隔使用活套法兰；弯头、三通等处必须加支撑，并用管卡固定。

地上架空管道支架最大间距应当符合表 4-18 的规定，表中的管道壁厚为最小厚度。

表 4-18　地上架空管道支架最大间距

管直径 D/mm	壁厚 t/mm	最大间距 L/m
10	4.6	1.0
15	4.6	1.2
20	4.6	1.4
25	4.6	1.6
30	4.6	1.8
40	4.6	2.1
50	4.6	2.3
60	4.6	2.5
65	4.6	2.6
80	4.6	2.8
100	4.6	3.0
125	4.6	3.3

续表

管直径 D/mm	壁厚 t/mm	最大间距 L/m
150	4.6	3.5
200	4.6	3.8
250	4.6	4.2
300	4.6	4.4
350	5.3	4.8
400	5.3	5.0
450	5.7	5.5
500	6.4	5.9
≥600	6.8	6.0

注：① 本间距适用条件：①管道输送介质比重≤1.4；②管道缠绕角度≤55°或轴向弯曲弹性模量≥12.5GPa；③管道在常温下使用。

② 不符合上述条件时支架最大间距需重新设计。

(3) 管道与阀门、设备的连接安装

管道阀门连接时，阀门应单设支架，最好在阀门两端装柔性接头。与振动设备如机泵等连接时，在设备与管道间要加装一段柔性接管。在与重型设备连接时，也要加装一段柔性接管，以避免由于设备地基下沉造成对管道的损坏。

(4) 柔性接头管道的支撑安装

为减小在柔性接头管道和支撑处产生的负载，支撑不应限制管道的纵向延伸，但是管道的移动按如下方式引导和控制是非常重要的：即所有的管断面稳定，并且不能超过接头承受纵向移动的能力。

非限制接头具有柔性，由支撑来确保每个管件的稳定是非常重要的。因此每根管至少要用2个支撑，并固定1个支撑，同时其他支撑设计为滑动支撑以允许管道的纵向延伸，但限制侧向移动。

当用两个以上支撑支撑管道时，应将最靠近管道中间的那个支撑用作固定支撑，要有规律地设置固定点以确保在接点处的管道纵向延伸均匀分布。如管道采用柔性连接，两个固定支撑之间的距离为每根管道上设置一个固定支撑，其余为滑动支撑。

当用两个以上支撑支持一根管道时，这些支撑应在同一条直线上，最大偏差值不能超过跨度的0.1%。支撑将会把管道位移限制在直径的0.5%或6mm中的较小值内。支撑位移不使接点处管端产生偏差是非常重要的，管道末端偏差值应控制在直径的0.5%或3mm中的较小值内。管道应直线安装以避免由角度偏移引起的反作用力。

对低压管线，如 $PN \leq 2.5$MPa，在一些特殊情况下，可以在接头处通过角度偏移轻微改变管线方向，此类安装需要特殊考虑，并且确保在角度偏移接点的支撑有足够的止推限制力。在安装角度偏移管道之前，应咨询管道供应商。管道支撑必须邻近接点，以确保接头的稳定。对于直径为500mm或更小口径的管道，从接头中心线到支撑中心线的最大距离为300mm；对于直径为600mm或更大的管道其最大距离为500mm或0.5倍管道直径中的较小值。

(5) 具有固定支座的长距离直线管的安装

因为玻璃钢管道的热应力很小，而且在缓慢的温度变化中，热应力还会产生明显的热应力松弛现象。当管道工作温度与安装温度差小于等于50℃时，不需配置补偿器，管道直线膨胀所产生的热应力，将完全以自身的弹性予以补偿。但是，对于长距离架设的而不是直线的玻璃钢管道，为防止轴向产生过大的位移，应安装适当数量的固定支座，利用坚固的固定支座承担直线管道所产生的推力，并阻止管道的热膨胀。固定支座的距离根据允许的轴向位移而定。

管道膨胀的热伸长量由下式计算：

$$\Delta L = a\Delta T \times 10^3$$

式中 ΔL——管道热伸长量，mm；

a——管道的轴向热膨胀系数，工艺管取 2.0×10^{-5}℃$^{-1}$；

L——管道的计算长度，mm；

ΔT——管道的工作温度与安装温度之差，℃。

(6)具有补偿器的管道安装

对于直管段较长或温度变化较大的情况，可采用定位装置、膨胀圈或膨胀接头，以解决膨胀和收缩问题。当温差较大时，为降低管道的热应力，需要设置补偿器。补偿器分为自然补偿器和人工补偿器。凡因工艺需要，在布置管道时自然形成的弯曲管段称为自然补偿器，如 Z 形补偿器和 L 形补偿器；凡专门设置的用来吸收管道热膨胀的弯曲段和伸缩装置称为人工补偿器，如 π 形补偿器，对于腐蚀性较大的介质，尽量选用该种补偿器。

① Z 形补偿器

Z 形补偿器的垂直壁长度可按下式计算：

$$L = \left[\frac{6\Delta T E_x D}{10^3[\sigma_x](1 + 1.2K)}\right]^{1/2}$$

式中 L——Z 形补偿器的垂直壁长度，cm；

D——管子外径，mm；

$[\sigma_x]$——管子允许轴向弯曲强度，一般取 13MPa；

K——等于 L_1/L_2，L_1 为长臂长，L_2 为短臂长；

E_x——轴向弹性模量，一般取 13000MPa；

ΔT——管道的工作温度与安装温度差，℃。

② L 形补偿器

L 形补偿器的短臂长度可按下式计算：

$$L = \left[\frac{1.5\Delta L E_x D}{[\sigma_x]}\right]^{1/2}$$

式中 L——L 形补偿器的短臂长度，mm；

ΔL——长臂 L 的热膨胀量，mm；

E_x——管子轴向弯曲弹性模量，MPa；

D——管子外径，mm；

$[\sigma_x]$——管子允许轴向弯曲强度，MPa。

③ π 形补偿器

π 形补偿器的伸出长度可按下式计算：

$$H = \left[\frac{1.5\Delta L E_x D}{[\sigma_x](1 + 6K)}\right]^{1/2}$$

式中 H——π 形补偿器的伸出长度，cm；

K——等于 B/H，这里 B 为补偿器的开口距离，cm；

$[\sigma_x]$——管子允许轴向弯曲强度，MPa；

ΔL——两固定支座间管道热伸长量的一半，cm；

其他符号意义同前。

π形补偿器可由四个直角玻璃钢弯头和玻璃钢直管段在现场黏接而成，其特点是热膨胀补偿能力较大，作用在固定支座上的推力小，它本身与管道连接而形成管道的一部分，可与原管道在相同的温度压力下工作而不受限制，还具有制造简单、不需维修的特点。

π形补偿器通常成水平安装，只有在空间较狭窄不能水平安装时，才允许垂直安装。水平安装时，平行臂应与管线坡度及坡向相同，垂直臂呈水平。p形弯可朝上也可朝下，朝上设置时应在最高点安装排气装置，朝下设置时应在最低点安装疏水装置。无论怎样安装，须保持整个补偿器的各个部位处在同一平面上。

π形补偿器必须安装在三个活动支架上，当其安装在有坡度的管线上时，补偿器的两侧垂直臂应以水平仪器测量安装呈水平，补偿器的中间水平臂及与管道连接的端点允许有坡度。在直线段中设置补偿器的最大距离，也就是固定支座的最大距离。

(7) 地上玻璃钢管道的防老化措施

地上玻璃钢管道在阳光照射下外观会发生变化。这类变化是由于树脂在紫外线作用下造成的。外观变化速度与阳光强度、暴晒时间长短有关。表面树脂严重老化会造成玻璃纤维突露，这样就可避免表面进一步与紫外线发生反应。表面老化对玻璃钢管道性能的影响很小。表面喷涂高质量涂料可以改善耐候性。喷涂涂料后放置一段时间再用，可提高涂料和管道表面的黏接力，有利于提高耐候性。

3）玻璃钢管道试压与检验

地下埋设管道应在回填土前进行外观检查，检查管道是否有碰伤，所有接头部位特别是手糊增强部位有无裂纹，有无流胶现象及超过4mm直径的气泡；承插O形圈接头偏角是否不大于1°，插入深度是否符合要求；法兰连接部分中心是否对正，间隙是否均匀，外表是否有损伤存在，螺栓规格是否符合要求。检查支撑间隙是否过大、是否牢固。管道试压前检查全部管线安装与设计图纸和要求是否一致，施工过程中是否符合本工艺的要求。水压试验的管段长度一般不超过500m，试验段与非试验段应用阀或堵板隔绝。应在管件支墩做完并达到强度之后方可进行压力试验，对未做支墩的管件应做临时后背支撑。埋地管线在管身上部回填土不得少于600mm，之后方可进行试压。应在能排除与玻璃钢管道相连接的其他设备或管线对试压有影响的条件下进行。玻璃钢管水压试验时应缓慢充水，水流速小于0.3m/s，以免产生水锤。在确信管内空气已排除后，升至试验压力，观测10min，压力降不大于0.05MPa，管道和接头处无可见泄漏液，然后压力降至工作压力，进行外观检查，不渗漏为合格。在第一次试压时，如发现有局部渗漏应立即标以记号，停止试压对渗漏点进行检查，查明原因，采取措施后重新试压，试验压力应达到工作压力的1.25倍。试验结果应由建设单位、设计单位、施工单位共同签字认可。

4.4.4 非金属管道的维护与维修

不同非金属管道的维修、维护方法不同，下面仅介绍常用几种非金属管道的维修、维护措施。

1. 玻璃钢管道

玻璃钢管道性能稳定，运行过程中一般不会发生腐蚀穿孔现象，其损坏的主要原因是施工过程中留下的安全隐患(如回填土中含有尖硬物体)及机械损伤(如其他工程机械开挖时挖漏玻璃钢管线)所致。可根据不同的损坏情况选择合适的维修方式。

1）一般情况下的维修方案

当管道仅伤及外表面，内衬结构没有受损，这时管道在短时间内不会泄漏，但伤害降低了管道的强度，所以，管道要求降低等级使用，并对管道进行玻璃钢补强修补。

施工方法：先对管道碰伤处进行清洗打磨，选择与管道材质性能相同的材料，根据管材的使用压力，设计需要补强的厚度和面积，然后手糊补强到设计要求。待补强部位凝胶固化，管道可以投入正常使用。

当碰撞伤及管道内衬，管道已经泄漏，但碰伤的面积不大(受损面积小于 $D/2 \times D/2$)而修补时间充分时，可以采用开孔方法修补。若渗漏处较小，作为应急措施，可采用钢卡子或钢带内衬橡胶板进行打卡子处理。

施工方法：首先管线停止输送，将碰伤处的输送介质排除干净，切割受损部位，要求切割区域包含整个破坏区域，选用满足使用要求的原材料，制作与切割面积相同大小的衬板，将衬板固定于开孔处，做好接缝处的防渗处理，外部整体包覆加强，补强厚度要达到可以承受相应的压力，做好外保护层，待固化后，管道可以投入正常使用。

若暂时不能停输，玻璃钢管道泄漏不大，可以采用如下应急措施：将管道内降压，在泄漏处用固化树脂封闭并进行结构补强，待固化后管道可以投入使用，该方案仅为应急措施，需把维修的位置标记清晰，待具备停输条件时，将上述伤及的内衬层用开口方法进行重新维修，保障长期使用。

2）管道大面积受损情况下的维修

当管道大面积受损时，一般方法难以达到维修要求，可以采用换管的方法。即将受损部分的管道完全切除，从同规格的管道上截取同样长度的短管来替换受损管道，利用现场平端糊口把两个接口处糊上。

施工方法：如果维修时间要求充分，可采用现场黏接补强的方法。将切割下来的受损管道移开，换上同规格的替换管段，在需糊口位置打磨。打磨后，管道的切割断面用2层表面毡封闭(用内衬树脂)，然后按照现场接口的操作要求将管道黏接补强，黏接厚度和宽度由管线的使用压力确定，当接口处的玻璃钢完全固化后，管道可以通水运行。

如果修补时间不充分，则可以用钢套管接口，修补方法如下：管道接口附近的管道外壁及断面处理同上面方法，待换管段放置前，先将大于受损管道直径的钢套管套在管段上，管段固定好后，将钢套管移到接逢处，居中固定。将浸泡好的油麻拧成麻股，用捻凿将其塞入套管和玻璃钢管道的缝隙后打实，油麻的外侧缝隙填充石棉水泥，均匀捣实，接口完毕后，用湿草绳或湿泥封口，4h 后可以投入使用。

3）高压玻璃钢管道的维修

管道破损处较小时可采用在破损处黏接玻璃钢卡箍的方法进行维修，具体步骤如下：

用钢丝刷及碎布清理干净管道破损部位；根据所选卡箍的尺寸，将管道破损部位及其周边打磨粗糙，并准备两块聚酯毡；根据厂家说明书调配胶黏剂，并将聚酯毡浸润其中；在卡箍内表面及破损部位粗糙面均匀涂抹胶黏剂、密封剂；将浸润好的聚酯毡铺于粗糙面上，然后将卡箍紧密扣在聚酯毡上，并用钢卡带紧，使玻璃钢管道、聚酯毡、钢卡三者紧密贴合，最后在钢卡上涂一层胶黏剂；将多余的胶黏剂、密封剂刮掉，并用电热带固化。

玻璃钢管道受机械损伤，破坏面较大，应在现场制作螺纹，并将损坏管段切掉，主要用如下两种方法进行维修：

(1) 钢塑转换接头方式　管道损坏部分切除后的两个端面各做一个外螺纹，将两个钢塑转换接头分别连接在这两个外螺纹上。将两个钢塑转换接头与钢管端焊接在一起，如果焊接长度过长(不足)，可以在焊接时将多余部分切除(另外制作玻璃钢短管连接)。

(2) 玻璃钢短管加管箍方式　在切除损坏管段的两个端面打磨锥度，并在一个端面制作螺纹，使其与现场短节螺纹相匹配，分别在外螺纹外表面、管箍内表面涂抹密封剂、胶黏剂。制作双外螺纹短节，并在两端分别拧上管箍。将短节用管箍和现场制作的螺纹连接在一起，然后管道另一侧的外锥面也涂抹密封剂、胶黏剂，并与另一侧管箍承插连接。

4) 玻璃钢管道的维护管理

玻璃钢管道具有良好的耐腐蚀、耐磨和抗冻、抗污等性能，因此玻璃钢管道工程不需要实施防锈防蚀、防污、绝缘等措施，在运行过程中基本上无需任何维护。埋入地下的管道可使用数十年，无需年年检修，可节约工程维护费用70%以上。如遇到意外的破坏也很容易修复。工程维修施工无需动火，安全、环保、简便节约。

为保证玻璃钢管道的长期安全平稳运行，充分发挥其长寿命、高效益的优势，在日常运行管理中，仍需建立完善的巡检、维护制度和措施。埋地管道做好指示标志，定期巡检，及时发现问题，及时处理；地面及架空管道做好防紫外线措施，发现外表面防老化树脂或防紫外线涂漆失效，应及时涂刷；对易发生损坏的管段、部位(如弯头、三通、阀门、设备连接处的接头及支撑、止推墩、架空支架、锚固、穿跨越连接、施工机械作业区、交通车辆过往区、工厂及居民区等处的管道)要制定专门的监控、巡查制度和管理措施，发现异常及时处理，以防各种意外事故的发生。

使用单位及施工服务企业要做好各种维修、抢修预案，准备一定的维修、抢修用料和管件、管段、卡箍等常用物品。建立完善的信息传递和维修队伍快速反应机制。为管道的安全运行做好保障。

2. 钢骨架复合管的维修

管道接口处出现渗漏时，一般排净管内积液，待接头干燥后重新焊接即可修复。如果出现管道渗漏或接头爆裂，可以割去一段有问题的管道，然后用接头重新接一段新管加以解决。

管道本体泄漏时，可以采用换管或补焊的方法解决。对管道进行修补时必须将管道内部压力全部卸掉，严禁带压作业。直管段的漏点可用焊枪补焊，补焊时首先用砂轮机打磨漏点及周围区域，漏点处打磨深度为2~3mm，边缘区域轻磨一遍即可，用酒精或丙酮将焊条及补焊区域擦干净，将焊枪调至合适温度，顺漏点打磨，朝向两边扩展排焊，视破损情况确定补焊面积和厚度，补焊层数至少两层。需更换管段时，短管长度以方便连接为宜，先将管子断面的钢丝磨去1~1.5mm，擦净断面，用焊条由内圈向外圈进行逐层焊接，焊接高度要超出原断面，以保证磨削余量和断面垂直度；磨平端面，保证端面与管子的垂直度；磨削断面的表面至合适尺寸，磨削面长度略大于相应电熔接头长度，然后将电熔接头全部打入管线再进行焊接。法兰连接的管道应整根更换。

以上措施都无法在带液的条件下作业，对于主输配管道来说，维修时整段管道需排空烘干，维修时间较长，将造成大面积、长时间停输，并且钢骨架复合管管件价格较高，修理需要专门设备，维护维修费用较高。

4.5　非金属管道的发展趋势展望

复合材料科学技术的发展，推动了材料工业的巨大革命。玻璃钢管道(简称FRP管)的诞生，标志着非金属管材在材料工业中的崛起，也预示着非金属管材在国民经济建设中的应用领域和市场将不断扩大，并越来越广阔。经过几十年的应用和发展，非金属管道在原材料、制造设备、工艺技术、结构设计、工程设计、施工以及质量管理等方面取得了长足的进步，新产品新技术不断涌现，在管道市场的占有率不断取得新的突破。在一定范围内已经成为金属管道的替代品。随着科学技术的进步和现代工业的发展，非金属管道的用途会越来越广，对管道性能和功能的要求会越来越高。管道科技的发展和迫切的需求将推动非金属管道不断向着性能更完善、应用领域更广阔的方向发展。非金属管道的规模化、系列化、输送介质多元化以及大口径、高强度、高刚度新型纤维增强塑料复合管道将成为今后一个时期的发展趋势。

4.5.1 国内外非金属油气管道发展趋势

国内外油气管道专家预测，在科技进步的大力推动下，未来的油气管道不仅在形态上会发生一定变化，而且运输效率越来越高、用途越来越广、“智慧”越来越多。“智慧管道是数字管道发展的更高阶段”。利用非金属新材料代替金属材料，以提高管道使用寿命及降低能耗是材料技术发展的重要方向之一。

国际能源署表示，全球非常规天然气将进入黄金发展时期。预计到2035年，以页岩气为主的非常规天然气产量，占同期天然气供应增量的近2/3，在天然气总量中的份额也由目前的14%升至32%。同时指出，预测期内，美国和中国是非常规天然气最大的生产国。早在第十六届科博会中国能源战略论坛暨中国天然气产业与管网建设发展大会上，国土资源部相关人士曾呼吁，“我国非常规天然气资源潜力很大，对管网需求非常迫切，相关管网建设已到最佳时期”。国际天然气联盟秘书长托尔施泰因关于“页岩气、致密油等非常规油气资源的勘探开发，正改变世界油气工业格局，同时也为管道建设创造重要机遇”的观点，获得与会专家的广泛认同。据美国能源信息署预测，今后世界管道的长度将以每年约7%的增长率增长，其中天然气管道的建设占据了主导地位，达到10%的增长速度。页岩气产量的提升正在成为管道发展最关键的驱动因素。

全世界范围内，随着能源需求量的增加，管道的建设速度随之加快，管道建设水平也有了极大提高，油气管道的建设正向着网络化、长距离、大口径、高压力、自动化等方向发展。

据统计，目前世界石油及天然气长输管道总长度300多万公里。其中输气管道占近60%，原油和成品油管道各占15%，化工和其他管道不足10%。截至2015年，中国油气管道总长度达到15×10^4km，其中约一半为天然气管道；煤层气管道达到4000km。所用管材基本为钢材。目前我国的油气管道建设仍在高速发展期，仅就中国石油来说，2014~2020年间，年均建设管道里程在8000km以上。从技术层面看，中国管道将朝着更大口径、更高压力和更高钢级的方向发展。管道各项参数将由目前的1219mm管径、X80钢级、0.72设计系数，向1422mm管径、X90/X100钢级、0.8设计系数发展。近年来大口径、高压输气管道新材料的应用研究得到了管道界的高度重视，新型非金属复合材料管道向高压输气领域发展将成为研究的重要课题。

目前，国内外油气长输管道及油气田天然气集输管道普遍采用的全钢质管道，因其强度高、可焊性好、易于连接，百年来备受油气管道界的青睐，给人类管道事业的发展作出了巨大的贡献。由于管道输送效率与管径和压力成正比，大口径、高压输送技术成为天然气管道发展必然选择。随着管径和(或)压力的提高(目前最大管径已达1422mm，压力达12MPa)，为了保证管道壁厚在合理的范围内，需要提高管材的强度。当前国内外管道工程应用较为成熟的是X80以下钢级管材，X90、X100管线钢已被一些钢管厂生产出来，尚处于试验应用阶段。X120 管线钢只限于埃克森美孚和新日铁等个别公司生产应用，尚处于探索阶段。由于高强度钢材会使管道的延性降低，管道止裂性能变差，不利于管道安全运营，国外一些专家不建议采用 X100 以上的高强度钢材。针对全钢质管道存在的问题，大批的国内外管道研究人员顺应油气管道发展趋势，已经把研究目标转移到了复合材质管道。都注意到非金属复合管(钢塑复合管、铝塑复合管、玻璃钢管、热塑性复合管、复合增强钢管等)的应用前景，并致力于非金属复合管材新产品的开发。复合增强钢管综合了钢材和玻璃纤维增强管等塑料材料的优点，利用钢管承载轴向载荷和弯曲载荷，应用玻璃纤维加大钢管的承压能力，管道口径、压力不受严格限制，无需做内外防腐和阴极保护等，便于管理，后期维护工作量小，具有很好的性能和成本优势，被认为是 X100 级以上大口径高压输气管道高强度钢的替代品，是目前油气管道发展中最具前景的方向之一。

近年来我国已在重庆涪陵等地发现大规模页岩气藏，页岩气开发已开始进入快速发展期。页岩气田规模化开发中多采用长井段大规模压裂酸化工艺进行气层改造，气井投产后采出的腐蚀性气水混合物对钢管道的腐蚀问题已严重影响开发生产的正常运行和气田的整体经济效益。如某集气站汇管橇至生产分离器之间集气管线仅投产一年半就出现了底部腐蚀穿孔，切开该段管线后发现管道内壁腐蚀严重。

该管道底部发生严重局部腐蚀的关键因素是积泥积液环境下引起的细菌腐蚀和垢下腐蚀。在积泥积液环境下细菌大量繁殖加剧了局部腐蚀的发生，水中阴阳离子尤其是氯离子含量高加速了垢下孔蚀腐蚀速率，几个因素共同作用导致集气站汇管撬到生产分离器的埋地管道管底部发生腐蚀穿孔。

又如普光气田是目前国内正在开发的含 H_2S、CO_2 最高的含硫气田。所有集输管网沿线所经区域山峦起伏，沟谷纵横，地貌成因属侵蚀构造地形。气田 H_2S 含量为 12.31%~17.05%。CO_2 含量为 7.89%~10.53%，温度为 40~60℃，属于强腐蚀性介质。主要腐蚀介质 H_2S 和 CO_2 不仅对地面集输管线和设备安全构成极大威胁，还会危及人体的生命健康及环境安全。目前集气管道主要采用耐腐蚀合金钢管镍基 825 合金、高酸性气体管线钢 L360MCS、L360QCS 或不锈钢内衬钢管道，同时采取内外涂层与阴极保护联合并投加缓蚀剂进行腐蚀控制，工程造价高，施工难度大，运行管理难度大，运行及维护维修费用高。国外已开始研究使用非金属集输气管道及井下套管。耐 H_2S 腐蚀、防渗性能好，适合腐蚀性天然气高压集输的低成本新型非金属复合材料管道在将来大规模天然气田开发中有着巨大的市场潜力。

随着热塑性树脂基复合材料制作技术的不断成熟以及其可回收利用的优势，增强热塑性复合管(简称 RTP 管)发展较快，欧美发达国家热塑性树脂基复合材料已经占到树脂基复合材料总量的 25%以上。RTP 管在国外应用较多的是芳纶纤维增强的 RTP 管材，目前主要应用于工业领域，特别是石油开采业，如应用在炎热的中东沙漠地区、酷寒的西伯利亚及在海上油井作业中。该管材最突出的优点是柔韧性好，可盘卷供应，可以免除大量的连接工作，灵活适应地形，实现非常迅速和经济的铺设并很容易拆迁异地再应用。RTP 管材优点突出，其应用领域必然会进一步扩大。目前，国外正在努力开展把 RTP 管应用到天然气高压输送管道工程的工作。国外 RTP 管材技术已经比较成熟，从设计、制造到施工逐渐形成了规范。我国在已有引进技术的基础上，可利用国内现有的基础和资源，无需过多投资就可以把这种产品开发出来。在掌握 RTP 管材制造技术的基础上可以进一步开发柔性多层复合增强管道(海洋石油开采)等新产品。

在过去的十年里，中国走过了 RTP 的探索期，今后十年将是中国 RTP 的发展期。在过去的10年多探索期内，国内一些企业通过自主创新，结合引进和消化国外装备，使RTP制造水平和产品质量有了很大的提升。随着行业对使用产品标准的颁布，产品评价体系的完善，给RTP产品的应用带来保障。RTP管道有望突破高压、长距离、含酸性天然气输送难题。因此，芳纶纤维增强热塑性塑料复合管(RTP)、钢带增强挠性管、小直径钢丝编织增强聚乙烯管、钢丝缠绕增强RTP管、聚脂纤维增强RTP管等开发成功后将有广阔的应用前景。

智慧管道是以管道本体及周边环境的全生命周期数据为基础，将物联网技术、云计算技术、大数据分析技术、自动化与智能控制技术等与管道本体高度集成，形成的管道管控一体化系统。随着管道智能化要求的不断提高，未来的管道必须适应智慧管道的需要，具备可观测、能监测、自动化、系统综合优化平衡等几个重要特征。

目前国外已经或正在研究一些具有特种性能的非金属管道。需要在更高压力下使用的防火性能好、可探测定位的新型塑料管道的研究已引起有关研究机构的重视。例如，美国Texas州玻璃纤维管道公司研制成功了一种由玻璃纤维增强环氧树脂材料制成的耐腐蚀玻璃钢管道，其防火性能好，而且重量较轻；美国燃气技术研究院(GTI)正在开发一些对燃气行业非常有益的塑料管道新技术项目。新型塑料聚酰胺PA12管道系统已具备能在更高的运行压力与更大管径条件下安全使用的潜力，并且流动性能也不会受到影响。在继续研究聚乙烯管定位技术和开发商业性定位设备的同时，GTI的一个项目组已经成功地证明，制造一种磁性可探测的塑料管材料可使将来的管道系统很容易定位且安装简单可行。

4.5.2 非开挖施工管材的应用

非开挖管道施工技术具有节省投资、施工速度快、不需开挖路面等优势，是城市主干道和繁华地带管道施工的最佳选择，在城市旧管道更新中也可采用非开挖技术施工。我国正在运行的城市管网中有超万公里管道已到使用年限，需要更新和修复。而非金属管道在非开挖技术施工应用上具有明显优势，将在这一领域得到快速发展。随着社会经济快速发展和城镇化进程加快，推动了城镇基础设施建设发展；南水北调、西气东输、西部大开发等国家大型重点工程的实施，以及城市节水农村水改等政策实施，为塑料管道提供了广阔的市场应用前景。

非金属顶管和牵拉管在非开挖施工中的应用已得到普遍关注。牵拉管施工适应于小口径管道，目前，一般采用钢管、高密度聚乙烯管等管材进行牵拉管施工。由于牵拉管施工要求管线能具有一定曲率半径，但钢管密度大，刚性较大，在弯曲时不仅阻力大，而且容易产生弯曲失稳。高密度聚乙烯管的柔韧性较好，但其抗拉强度小，牵拉长度短，且在牵拉时容易在接口处损坏。玻璃钢牵拉管(添加或不添加石英夹砂层)具有较高轴向抗拉强度，既具有类似钢材般的高强度，又具有热塑性材料的柔韧性，很适宜用于牵拉管的施工。同时，由于玻璃钢牵拉管的管外壁光滑，牵拉时阻力小，施工速度快，既保持了良好的柔韧性，又体现了高强度，一次性拉伸长度长，是一种理想的牵拉管材。玻璃钢牵拉管的关键技术为牵拉管施工时，要求牵拉管具有足够的轴向拉伸强度；此外，施工要求管道在60°~90°的弯度中，不仅要保持足够的柔韧性，而且要求保持足够的弯曲强度。玻璃钢夹砂顶管施工适合于大口径非开挖埋地管道施工，已经得到了一定的应用。该方法不影响路面结构，能很方便地穿越公路、铁路、房屋、河流等铺设地下管道，开挖土方少，机械化程度高，被认为是一种现代化的地下管道铺设方法。以往的顶管使用混凝土管和钢管，非金属管材在非开挖顶管施工中具有重量轻、施工方便、外壁光滑、顶进力小、连续接头密封性能好、外表耐磨性能好等优势，进一步研究开发性能更加优越的非金属复合管道作为非开挖施工管材，将会在今后的非开挖管道工程中发挥较大的作用。

4.5.3 非金属固液两相输送管道的应用前景

2013中国国际管道大会上多名专家形成共识，即"在中国，除了传统油气管道以外，长距离矿浆管道特别是煤浆管道的应用前景十分广阔"。中国石油管道设计院技术中心副主任李可夫介绍，管道不仅可以输送具有流变特性的物体，比如石油、成品油、天然气等，而且可以进行两相流输送，比如矿浆，即先把矿石研磨成粉状，再与水混合后运输。多年来，煤炭运量都占据全国铁路总货运量的50%以上。如果能通过管道输煤，将有效缓解运力不足和运费高昂等压力。李可夫强调："是否推广煤浆管道是战略选择问题，技术上并不存在太多的障碍"。

世界上目前已建成100多条浆体管道。萨马柯铁精矿管道和黑梅萨输煤管道最具代表性。萨马柯铁精矿管道全长399km，设有两座泵站和两座阀室。管道沿途地形复杂，起点标高约1000m，最高点标高1180m。

由于非金属管道特有的内壁光滑，水力摩阻小，耐蚀、耐磨性能远好于金属管道等优点，在油砂、矿浆、煤浆等管道输送领域将有较好的应用前景。进行适应固液两相输送非金属管道的研究将给非金属管道提供更大的发展空间。

4.5.4 非金属管道在其他领域的发展趋势展望

非金属管道的发展除了其性能不断提高、应用规模越来越大外，管道输送介质将日益多元化。除前面介绍的油气、污水、清水及固液两相介质的输送外，在煤化工、二氧化碳捕集、利用与封存(CCUS)、海水淡化、海洋船舶等领域也有较大的需求。如在煤化工领域，煤基甲醇等产品的管道输送、二氧化碳管道输送、乙醇管道输送、送风管道等。

中国的二氧化碳年排放量居世界第二位，仅次于美国。有关部门预计，2030年中国的二氧化碳总排放量达到67亿吨。所以，碳产业受到青睐。CCUS的产业链由4个部分组成，即捕集、利用(运输)、存储和监测。作为CCUS产业链中的运输环节，管道运输是最常用的方法。二氧化碳管道输送技术已成为国际管道研究与发展的关注热点。用长输管道进行长距离、大规模运输二氧化碳在国外已获成功。随着国外二氧化碳捕集与封存技术的推广应用，配套的二氧化碳管道正在持续发展提高。由于非金属管道耐腐蚀、性价比高等特点尤其适合于二氧化碳的输送，有待于进行其防渗等性能和应用技术研究。

目前，世界燃料乙醇工业正在迅速发展。随着乙醇产量的大幅提升，美国、巴西两国已通过管道输送乙醇。这将为非金属管道提供新的发展空间。

非金属管道的独特优点和巨大的工业需求为其长期的高速发展奠定了良好的基础，必将不断催生出更多、更好的非金属新材料和新型管道制造工艺，以满足各种各样的输送管道的需要。非金属管道研究任重道远，今后的研究中需要充分发挥复合材料的优势，切实研究解决构成复合材料的两种或两种以上单体材料之间的物理、力学及化学性能匹配、界面结合强度、抗冲击性、复杂地形环境的适应性、非金属管道工程设计、接头技术、快速施工与抢修、标准规范完善统一、废旧管道的回收再利用等问题，提高管道的综合性能和综合效益，为非金属复合材料管道更广泛、更大规模的发展应用创造条件。

参考文献

[1] 石仁委，龙媛媛．油气管道防腐蚀工程．北京：中国石化出版社，2008.

[2] 石仁委．工程施工安全技术．郑州：郑州大学出版社，2016.

[3] 石仁委．油气管道工程施工安全技术．北京：中国石化出版社，2016.

[4] 石仁委．油气管道泄漏监测巡查技术．北京：中国石化出版社，2016.

[5] 黄春芳．原油管道输送技术．北京：中国石化出版社，2003.

[6] 秦国治，丁良棉，田志明．管道防腐蚀技术．北京：化学工业出版社，2003.

[7] 肖纪美，曹楚南．材料腐蚀学原理．北京：化学工业出版社，2002.

[8] 白新德．材料腐蚀与控制．北京：清华大学出版社，2005.

[9] 龙媛媛，隋国勇，等．油田介质管流 CO_2 腐蚀行为及腐蚀数学模型．腐蚀与防护，2008，29(2).

[10] 纪云岭，张敬武，张丽．油田腐蚀与防护技术．北京：石油工业出版社，2006.

[11] 石仁委．埋地管道腐蚀检测技术的探讨．石油工程建设 2006，32，(2).

[12] 石仁委．埋地管道壁厚瞬变电磁检测技术研究．石油化工腐蚀与防护，2007，24(2).

[13] 石仁委．胜利油田集输管道腐蚀检测与管理．石油工业技术监督，2007，23(4).

[14] 王遂平，隋国勇，石仁委．用电流梯度法检测埋地管道防腐层存在的问题及其改进方法．石油工程建设，2008，34(1).

[15] 李永年，李晓松，姚学虎，等．埋地管道综合参数异常评价法的应用效果．地球物理学进展，2003，18(3).

[16] 龙媛媛，石仁委，柳言国，等．埋地管道不开挖地面腐蚀检测技术在胜利油田纯梁采油厂的应用．石油工程建设，2007，33(3).

[17] 秦熊浦．设备腐蚀与防护．西安：西北工业大学出版社，1995.

[18] 袁厚明．地下管线检测技术．北京：中国石化出版社，2006.

[19] 郭生武，袁鹏斌，张十金．输送管线完整性检测、评价及修复技术．北京：石油工业出版社，2007.

[20] 龙媛媛，张春茂，等．管流动态模拟及现场中试检测评价技术在胜利油田的应用．全面腐蚀控制，2006，20(3).

[21] 龙媛媛．油田管线多相流中试评价研究系统．油气田地面工程，2008，27(1).

[22] 龙媛媛，石仁委，柳言国，等．8 种管线内防腐技术在胜利油田的中试应用及性能评价．材料保护．2007，40(4).

[23] 卢绮敏．石油工业中的腐蚀与防护．北京：化学工业出版社，2001.

[24] 秦国治，田志明．防腐蚀技术及应用实例．北京：化学工业出版社，2002.

[25] [加]Pierre R. Roberge. 腐蚀工程手册．吴荫顺，李久青，曹备译．北京：中国石化出版社，2003.

[26] [美]Peabody，A. W 著．管线腐蚀控制．吴建华，许立坤译．北京：化学工业出版社，2004.

[27] 张炼，马洪臣．管道工程保护技术．北京：化学工业出版社，2014.

[28] 石仁委．天然气管道安全与管理．北京：中国石化出版社，2015.

[29] 石仁委．油气管道安全标准汇编．北京：中国石化出版社，2016.

[30] 孙惠兰．玻璃钢管的性能分析．水利水电技术，2007，38(5)：34-36.

[31] 康勇．现代油气管道工程设计、施工技术与实例．北京：化学工业出版社，2014：25-37.

[32] 王玉江，孙兆厚，杨永军．玻璃钢管道在胜利油田地面工程中的应用．玻璃钢/复合材料，1996，(4)：38-41.

[33] 苏海平，王登海，刘银春，安维杰．非金属管道在天然气输送中的应用分析．内蒙古石油化工，2013，(22).

[34] 张昆．玻璃钢管道在四川气田的应用．石油工程建设，2006，32(3)：59-61 .

[35] 魏伟荣，等．海底管道外防腐涂层设计及涂敷工艺探讨．材料开发及应用，2013，28(2)：30-33.

[36] 胡鹏飞，文九巴，李全安．国内外油气管道腐蚀及防护技术研究现状及进展．河南科技大学学报(自然科学版)．2003，24(2)：100-103.
[37] 陈星，等．油气管道的腐蚀与防护技术研究．管道技术与设备，2010，(2)：49-51.
[38] 王海涛，等．海底油气输送管道材料开发和应用现状．焊管，2014，37(8)：25-29.
[39] 张昭，等．Zn-Fe-P 合金电沉积工艺研究．材料保护，2000，33(10)：4-6.
[40] 王立军，余志峰，王鹏．海底管道施工方法研究．管道技术与设备，2010，(3)：3-5.
[41] 郭静．浅谈海管阳极的设计制造施工及应用．中国造船，2016，57(增刊 1)：458-462.
[42] 陈利琼，李卫杰，孙磊．油气管道阴极保护效果评估技术研究．全面腐蚀控制，2013，27(9)：41-45.
[43] 杨继承，等．管道腐蚀剩余寿命预测方法对比研究．广州化工，2012，40(14)：47-49.
[44] 石仁委，郝毅，宁华东．管道失效的腐蚀因素分析．全面腐蚀控制，2014，28(11).
[45] 石仁委，常贵宁，檀秀英．油气管道维抢修技术．北京：中国石化出版社，2017.
[46] 石仁委．油气管道隐患排查与治理．北京：中国石化出版社，2017.
[47] [英]詹姆斯．马里奥特，米卡．米尼奥．帕卢挨落著．黑丝路——从里海到伦敦的石油溯源之旅．黄煜文译．北京：生活．读书．新知三联书店，2017.